中国名树鉴赏

陈裕　罗小飞　编著

中国建筑工业出版社

图书在版编目（CIP）数据

中国名树鉴赏／陈裕、罗小飞编著.-北京：中国建筑工业出版社，2009
ISBN 978-7-112-10750-6

Ⅰ.中… Ⅱ.①陈…②罗… Ⅲ.树木-鉴赏-中国 Ⅳ.S717.2

中国版本图书馆CIP数据核字（2009）第013717号

中国名木古树资源丰富，种类繁多，早闻名于世。本书选编其中世界瞩目的50种观赏树木，包括"国宝"一级保护植物、珍贵特有佳木、名城名园丽树名花、名人手植秀木、古刹村寨"千岁爷"、旅游胜地华木及珍稀古木。分别就其来源、形态特征、生长发育习性与培育要点作了详细的论述，并且精当品评和欣赏了作为名木古树的优美特点、文化内涵，以及它们所寄托的人类情感。每种树木均配以彩色照片多帧。全书图文并茂，生动直观，通俗实用。本书适合广大读者阅读，亦可供园林科技工作者参考。

责任编辑：吴宇江　许顺法
责任设计：郑秋菊
责任校对：兰曼利　关　健

中国名树鉴赏
陈裕　罗小飞　编著
*
中国建筑工业出版社出版、发行（北京西郊百万庄）
各地新华书店、建筑书店经销
北京图文天地制版印刷有限公司制版
北京顺诚彩色印刷有限公司印刷
*
开本：787×1092毫米　1/16　印张：24$\frac{1}{2}$　字数：650千字
2010年2月第一版　2010年2月第一次印刷
定价：**148.00元**
ISBN 978-7-112-10750-6
　　　（17683）

前　言

中国幅员辽阔，自然条件复杂，孕育了丰富的植物资源，是世界植物种类最多的国家之一。在3万余种高等植物中，约1万多特有种。《中国植物红皮书》所列388种（包括变种）植物，定为濒危种类121种，稀有种类110种，一级"国宝"8种——水杉、桫椤、银杉、水松、秃杉、珙桐、望天树和人参，既是亘古孑遗珍贵稀有古树，也是世界众多树木中的佼佼者。广泛宣传和保护管理好这些珍贵的自然资源，已受到当今世界上许多国家的政府、学术团体和各界人士重视。

中国享有"树木王国"、"世界园林之母"的称誉，在五千年悠久的文明史上，保存了众多世界闻名的珍、奇、名、古、秀的树木，数量之多，种类之繁，与人文关系之密切，世所罕见。这些稀世珍宝是祖先遗留给我们极其重要的财富之一，也是神州大地林木中不可多得的珍品，不论是松柏竹梅，还是桑荼枣栗等，无不体现出中华儿女的精神面貌和勤劳智慧。

名木古树有着丰厚的文化内涵，是古老中华民族传统文化瑰宝之一，璀璨夺目，博大深远；又是非常宝贵的活着的历史文物和自然遗产，每一棵佳木的每一圈年轮都传递着历史风云变幻和岁月沧桑，是幸存的历史的见证者，堪称是华夏一部极富价值的绿色史书，从而赢得古今中外人们的爱戴和呵护；而且在装点神州锦绣山河、构建生态文明、实现经济价值等方面有着不可磨灭的贡献。

近年来，国内外有关园林树木的图书资料画册琳琅满目，为了在书海中增加一本具有特色的科普新书，我们数十年来致力于园林教学、引种栽培实践和广泛调查总结的基础上，选编了部分名木古树的精华进行介绍。希望本书能为弘扬中国悠久的历史文化，引发人们关爱生存环境，热爱自然，建设美好家园，倡导良好生态文明的生活方式，使人与自然和谐相处，并在全社会形成关注和保护名木古树的良好风尚，有所贡献。对我们自己来说，也算是为社会做了一件实事。

在本书的编著过程中，我们参考和引用许多园林专家、学者的有关观赏树木的宝贵资料与图片。同时，还得到了厦门植物园创始人、中国园艺协会资深会员、高级工程师陈榕生主任、福建省亚热带植物研究所南方果树专家庄伊美教授、陕西省科技精英李世全主任中药师、厦门大学生命科学研究院胡宏友副教授、厦门园林植物园科普馆馆长梁育勤农艺师等人的悉心指导，王少峰先生、巫芳记者提供翻拍照片，在此一并表示感谢。

　　我们在编撰过程中，虽已尽心竭力，但由于水平所限，又因名树涉及范围之广，不是编者所能顾及，不足之处在所难免，恳请广大读者和同行予以批评指正，以便日后修改补充。

编著者
2007年10月

序

　　我国疆域辽阔，地跨温、热两大气候带，加之多种地形、地貌的影响，自然生物气候条件颇为复杂，因此孕育出极其丰富的植物种质资源，从而享有"世界园林之母"的称誉。众所周知，植物的现代分布是长期历史形成的，中华民族五千年悠久的生态文明史，更造就了众多的珍、奇、名、古、秀的名木古树。就《中国植物红皮书》所列的国家重点保护植物而言，其中"国宝"一级保护植物8种、濒危植物121种以及稀有植物110种，均属举世罕见之瑰宝。

　　中国的名木古树有着悠久的历史背景、丰富的种质资源、丰厚的文化内涵，以及独特的园林景观。这些名木古树包含了诸多的古老科属和孑遗种类，是地球上不可多得的珍稀植物资源。从维护自然生态环境、保护生物多样性的角度出发，保育国家重点保护野生植物和珍稀濒危植物，则是炎黄子孙应尽的职责。

　　为了满足民众认知和保育中国名木古树之需，福建省亚热带植物研究所高级农艺师陈裕先生，在长期致力于园林植物的引种驯化及资源开发利用研究的基础上，主持编撰了《中国名树》一书。该书系作者此前出版的《中国名花》一书的姐妹著作。陈裕先生虽退休逾十载，然锲而不舍的工作精神仍不减当年，故近年来出版多部科学、实用著作，颇受读者青睐。陈君的此种笔耕不辍的精神实令余深感敬佩。

　　《中国名树》一书，选编了我国珍贵的观赏名木古树50种，分别阐述各树种的来源、形态特征、生长发育习性与培育要点，并就欣赏价值、文化内涵作了评析。全书内容丰富、文笔流畅、图文并茂、通俗实用，系读者认识和保育名木古树的一本好书。经陈裕先生与诸编著者的通力合作，新书终于顺利问世，此乃值得庆幸矣！值此新书付梓之际，余深感欣喜，谨为作序，聊表微衷。

中国园艺学会原果树专业委员会委员

福建省亚热带植物研究所研究员

福建农林大学原兼职教授

2007年11月于鹭岛

目 录

综　述

参照北京市2007年9月1日实施《古树名木评价标准》：一级古树：树龄300（含300）年以上的树木；二级古树：树龄在100（含100）年以上300年以下的树木；名木确认：由国家元首、政府首脑、有重大国际影响的知名人士和团体栽植或题咏过的及珍贵、稀有的树木。中国名木古树正是以其悠久的历史、丰厚的文化内涵、丰富的植物资源和奇绝苍劲的姿容闻名于世。不少发达国家优良园林植物的原始种多源自华夏大地，因而，中国有"树木王国"、"世界园林之母"的称誉。一些国家流行着"没有中国的花木，就称不上一个花园"的说法。

1.闪烁文化光辉

五千年悠久的华夏文化，光辉灿烂。在华夏文化的历史长河中，名树文化同样闪烁着耀眼的光辉。中国历史上保存下来的名树数量之多，种类之繁，与人文关系之密切，世所罕见。众多名树的存在深刻地反映了中国树木文化特色和中华民族的历史传统，也造就了丰富而美丽的树趣文化。古往今来，人们爱它、赏它、养它、赞它、画它、雕它……，给名树赋予了人的品格，表现了独特的生命感悟方式，留下了许多关于名树的文化产品，比如有趣传说、神奇故事、脍炙人口佳诗、美丽画卷、动人歌曲及工艺奇葩等，给名树罩上精美奇妙的文化光环。

比如对于国之瑰宝、花之灵魂的梅花来说，梅诗、梅词、梅画和梅文，在中华民族的文化艺术宝库中，绚丽多彩，熠熠夺目，并成为诗人、画家寄托情感的载体。其中以唐代林逋最负盛名，他一生不娶妻、不做官，在杭州孤山植梅放鹤，称为"梅妻鹤子"。古人认为梅花"禀天质之至美，凌岁寒而独开"是人格的最高理想境界。

在草木萧条、百花凋零的严冬，寒梅傲雪凌霜，灿然怒放，"万花敢问雪中出，一树独先天下春。"而在春回大地之际，它却悄然隐退，正如毛泽东同志的《卜算子·咏梅》词中所云："已是悬崖百丈冰，犹有花枝俏……待到山花烂漫时，她在丛中笑。"表现了梅花在冰冻百丈环境中俏丽开放的斗争精神和报春而不争春的高尚品格。因此，人们自古就将它与松、竹并称为"岁寒三友"，与兰、竹、菊视为"花中四君子"。

梅花冰肌玉骨，独步早春，凌寒留香，素来被喻作高雅、纯洁、刚正的象征，更多地象征中华民族的精神文明，深受国人喜爱。

又比如竹，自古以来是美好的象征。竹，通"足"，为富足、满足、充足、知足常乐之代称，使人见到竹就心满意足。

竹子杆直、空心、清雅有节、不畏逆境、不惧艰辛、坚忍不拔、坚贞不屈、宁折不弯的豪气和中通外直、节外无枝、虚心自持、坦诚无私的度量及高风亮节、朝气蓬勃、无私奉献精神，"依依君子德，无处不相宜"的性格自古以来成为中华民族高尚品格、坚忍不拔、不怕困难、不畏强暴的民族精神的象征。也是"玉可碎，不可改其白；竹可焚，不能毁其节"的中华文化的精神、民族美德的化身。中国被西方誉为"竹子文化的国度"。竹文化成为了解中华民族文化的一个独特窗口。

在中国历史传承下，竹的特殊贡献尽显了竹文明的风采。竹雕、竹编工艺传颂了华夏大地上的精美绝伦，是工艺美术中一朵奇葩；竹刻、竹画艺术表达了人与自然和谐与默契，展现了中华民族风格的古朴素雅之美。以竹造园，竹因园而茂，园因竹而彰；以竹造景，竹因景而活，景因竹而显。竹王国的竹缕情结，造就了令人陶醉的东方文化艺术情调。从古到今，众多名人雅士、诗人、画家赏竹、爱竹、吟竹、画竹，与竹结下了不解之缘。从《诗经》开始，咏竹的诗、文、画，代代皆有佳作，在中华文明中一脉相传。宋代苏东坡一生热爱竹，写下了"宁可食无肉，不可居无竹"的座右铭。杜甫对竹的感情甚深，在成都种竹，并写诗曰："平生憩息地，必种数竿地。"清初扬州八怪之一郑板桥爱竹甚至到了"无竹不入居"的地步。白居易在《题窗竹》留下佳句："千花百草凋零尽，留向纷纷雪里看。"英烈方志敏抒怀篇："雪压竹头低，低头如沾泥；一轮红日起，依旧与天齐。"竹常青不衰，"竹爆平安"、"节节高升"充满了吉祥、长寿、幸福寓意。1993年6月，邮电部发行《竹子》邮票一套4枚，小型张"毛竹"1枚。难怪著名的英国学者李约瑟认为东亚文明乃"竹子文明"。

被誉为"健康之友"的核桃，不仅具有美学的意义，更具有文化的内涵。成熟时它坚硬而圆，一身铁甲，满脸皱纹，老态龙钟，宛如丑八怪，在众多果品中，找不到像它一样有棱有角有性格的。瞧它那凹凸不平、经纬交织的表面何尝不是一种天然的雕刻艺术！它内部的结构异常奇特，像个球形套房，内有相等四间居室，布局幽深曲折，核仁就居于室内，彼此连为一体，可谓分居而不分家。一粒完整的核仁并非浑圆一块，而是深沟险壑、纵横凸出，像一团脑髓镶嵌在这"骨缝石罅"中，彼此结合、包融、呵护，令人惊叹。这种结构上的精巧、细致和曲折美正是中国文化的一种追求。"表里不一"是它又一特点。

大千世界有很多事物是"金玉其外，败絮其中"，而核桃则相反，是"陋室藏金"。它外壳虽难看，内核却可贵。这种内容与形式启示了老庄哲学和魏晋玄学，所谓"不可貌相"则是一种朴素的文化总结，重内容去形式，是中国文化重要的一脉。构造坚固、封闭、内外隔绝，是核桃另一特点。这一点恰好成了中国文化特征。华夏传统文化实质上就是一种保守文化，犹如核仁居于如此坚硬的"铁穴岩缝"里，安全、神秘，可以无忧矣。

诸多名木古树，都同梅、竹、核桃一样，是古老文化标志。人们借以明志树德，作为吉祥美好的象征。中国人民世世爱名树、赏名树、种名树，就是因为名树中蕴含着深厚的文化，凝聚着伟大高尚的中华民族的品德和气节。

2.绮丽景观独特

挺拔端庄的银杏，被誉为"东方的圣者"，为华夏神州大地独有亘古孑遗珍贵活文物，也是中国寿命最长的园林树木之一。它那扇形又似鹅掌的奇特秀丽的叶片，春天浓翠光润、莹洁精巧，犹如朵朵绿色祥云；秋天亮丽金黄、清雅高贵；深秋枝上累累硕果，嫩的绿如翡翠，熟的亮似金黄，展现丰收喜悦；入冬，叶飘落后留下粗壮劲挺的枝干，犹如筋腱骨硬的老人屹立在寒风之中，展示出顽强的生命力。它是亘古孑遗植物，植物学家称它为大自然奥妙的里程碑。若将它确定为中国国树，将更加能鼓舞中国人民奋发前进，奔向小康。

桑，广布于华夏东西南北，不怕雪压狂风、干旱水渍，处处展现健硕的身躯，闪耀着神圣的光辉。春天用美似颜容的桑叶，喂育了蚕蚁，为人类换来了绚丽灿烂的绸缎；盛夏，顶烈日，抗酷暑，浓阴覆地，给人们一片荫凉的休闲之地，此间，枝叶间缀满紫红色桑葚，宛如满天星斗，闪闪烁烁，绚丽多彩，采而食之，宛如琼浆玉液，精神顿爽；秋天，桑叶呈金黄色，素洁幽雅，鸟儿嬉戏枝叶间，好一幅生灵动人的美妙画卷，给人以美的享受，精神熏陶；冬天，用冬桑叶、冬根皮为民驱寒除疾。桑树一生求人甚少，给人甚多，生命不息，奉献不止，在中国传统习俗中是美满幸福的象征，已有5000多年的历史。中国丝绸驰名中外，是华夏的瑰宝，曾作为东方文明的使者，开创了举世瞩目的"丝绸之路"，更开中西交流之先河，并成为中华五千年辉煌灿烂文化的代表。

"舶来宾客"——凤凰木，落户于中国南疆只有近百年的历史，却成了华夏乡土著名风景树种。当春光明媚，百花争艳，它却如痴沉眠，宛不知春，悄然隐退，不与百花争俏。直至"绿肥红瘦"之际，那片奇特似羽毛的新叶才竞相展露，翠绿而柔嫩，缀满枝头荫满地，显现一派生机，给人以初夏清新潇洒、热情洋溢之感，夏日蓓蕾陆续绽满，玲珑精巧，引人注目，在那"绿树浓荫夏日长"的季节里，艳丽五瓣花朵宛如瑞祥梅开五福，瓣中有一瓣白色具红边，瓣上有斑点，宛如天上云锦，美丽之极，俏丽可爱。满枝梢繁花似锦，富丽堂皇，娇艳如火，热情豪放在蓝天之下，犹如"火齐满枝烧夜月"。盛夏，艳丽如火如荼的花朵在浓绿光泽规则排列的羽叶衬托下，相映成趣非常和谐，形成了一道赏心悦目的美景，展示出一派南国风光。阳光普照，流光溢彩，远远望去，一颗颗花树像一把把大红伞，"金泽会蕊滴朝阳"，给南国炎夏大地平添了一道靓丽的风景线。有诗云："远望云烽火当空"。"叶如凤凰之羽，花似丹凤之冠"，称之为"凤凰木"，是最恰如其分的了。当暑气袭人之际，微风摇曳，人们在浓荫树下休憩，来上一小杯茗茶，浅斟细啜，回味无穷，是难得的独特享受。当缤纷落花时节，花撒满了一地，铺成火红地毯；恰似"微风吹万舞，好雨尽千妆"，蔚为壮观，令人目眩神怡。成了东海之滨——厦门的景点主题，吸引海内外旅游观光者。厦门、攀枝花两市，先后经市人大通过确定凤凰木为市树。这是文化的概括，显示了中西文化交流、海纳百川的特色。

3. "天人合一"瑰宝

樟树在南方赫赫有名，无论是乡村、城镇，还是山区、平原，也无论古刹大寺和名胜古迹，随处可见。它四季浓密翠绿遒劲的身姿以及樟脑味的飘香，营造了富有江南特色的美丽旖旎景观；它又与人们的生活息息相关，陪伴着人类走过漫漫历史长河，一生讲奉献，不求索取，一生淡泊名利，为人类做出了伟大贡献。"自古全生贵不材，樟乎匠石忧终用。"（清·龚鼎孽《樟树行》）

这又是中国传统文化的另一种理念。

香樟是坚强、博大、容忍与富强的象征，正是众多城市选定为市树的写照和各城市勇于改革开放、蓬勃向上、腾飞兴旺的表象。因此，深受人们的青睐和厚爱，在南方许多城镇、村庄及刚出生的婴儿多用它来命名。

侧柏四季常青，称为"吉祥树"。北京现存的古树以侧柏数量最多，一、二级古树有12665株，占古树总数的53.8%。这些苍劲挺拔的古柏，是国家的宝贵文物。它，火烧不死，雷电不灭，百折不挠，充分体现了中华民族血肉筑长城、前赴后继、勇往直前的民族精神。它作为活文物，被人们比作坚强、伟大、忠心的象征。美国前国务卿基辛格博士在北京天坛公园考察时，见到由众多参天古柏形成的独特的天坛环境，曾这样评价：以美国的财力，我们可以建造十个甚至上百个祈年殿；以美国的历史，我们却培植不出哪怕一棵这样的古树来。

天下奇松——黄山迎客松，破石而生，傍峰崖绝壑之上，面对邪恶雷霆风暴，冰刀霜剑，从容自若，不屈不挠，傲然挺立，寿逾千年，如同擎天巨人，喜迎天下客，此景此情无不表现了松的情怀。北京人民大会堂安徽厅陈列的名扬中外的巨幅铁画迎客松，成为中华民族热情好客与友谊的象征。迎客松作为国之瑰宝，是当之无愧的。黄山奇松万千和悠久的人文景观，与黄河、长江、长城齐名，是自强拼搏、团结进取、开放奉献精神的象征，也是中华民族伟大品格——刚毅、圣洁、正义、生命永不屈服的天然代表。黄山1992年12月被联合国教科文组织列入"世界文化与自然遗产"名录，黄山迎客松更加闻名于世。

柏木是南方习见的乡土树种，自古以来素为正气、高尚、长寿、吉祥、不朽的象征。国人寓言"百木之长"、"正气凛然"、"松柏常青"和"不畏霜雪"，是神州大地长寿之树种，炎黄子孙十分敬重柏树，许多古刹名寺、帝王园陵栽植的柏树，成为文物而精心保存下来。南宋丞相、民族英雄文天祥在其家乡还留下他少年时栽的一株傲雪凌霜的柏树，同时，也留下"人生自古谁无死，留取丹心照汗青"的千古绝唱。柏木一生在绿化江山、美化家园、养生保健等方面为人类做出了重大贡献，且与它"兄弟"侧柏、圆柏长期以来就融入中国文化中。自古以来人们以松柏来比喻君子坚贞的品德，这也是古老中华民族传统文化瑰宝之一。"观瞻气象耀民魂，喜今朝祠宇重开；老柏千寻抬望眼，收拾山河酬壮志；看此日神州奋起，新程万里驾长车。"这是杭州岳庙楹联，赞颂民族英雄岳飞精忠报国、壮志凌云的民族精神。

白玉兰在木兰科大家族中，以英姿雅质赢得人们厚爱，是富有中国园林民族传统特色、应用最普遍的早春花木，有春天的"寒暑表"之称。她丽质动人，不畏强暴，矢志不渝，年年都在冬春之际同风雪的搏斗中盛开，乐观无畏、高尚坚贞，是春天与纯洁、刚毅的象征，它代表着吉祥与宝贵。民间最熟悉的要数玉兰宝贵图。至于通俗文化方面，可能要数人名了。从古至今，以玉兰为名的人，不可胜数。玉兰也是上海市的市树，象征上海人民有着白玉兰一样的美好品质，有白玉兰一样的顽强精神。

20世纪40～50年代，被世界认为已灭绝的水杉、银杉相继在中国发现，震撼了世界植物界，并被誉为植物"活化石"。在这些珍贵稀有的古老树种身上，记录了山川、气候等环境巨变和生物演替的信息，对研究世界植物区系的发生发展和古生物、古气候、古地理、古地质等都具有重要意义。

4.历史文明见证

历经数百年乃至上千年的名木古树，在历史的长河中，每一棵佳木的每一圈年轮都传递着历史风云的变幻和岁月的沧桑，不论时代的更迭或气象的变迁，都如同烙印一般印记在它苍劲的躯干和枝叶上，因此无数的名木大树是幸存的历史见证者。福建长泰县陈巷镇古苏铁树重达20吨，树龄已有4000年；山东莒县浮莱山的商周银杏王已有3000年以上的树龄；台湾南投县信义乡古樟树达3000年的历史，其树干需15人才能合围；山西太原晋祠的周柏也有3000多年历史；湖北沙市章黄寺内楚梅有2500多岁；山东泰山岱庙汉柏木树龄达2100余年；湖南攸县的南方红豆杉已2400岁；陕西汉中圣水寺内汉桂已2000多年；河南新野县汉桑城汉桑1700多岁；泰山壶天阁下唐槐有1240余年；山东庆云县隋枣历千余载而不衰；山东青州范公祠唐楸生机盎然；福建莆田千余年宋荔枝仍果实累累；浙江瑞安县大罗山1200年树龄"大红金心"山茶树；陕西西安市南台斗母宫院千年古紫薇；福建晋江县磁灶镇井边村明龙眼；西藏拉萨大昭唐柳又称"公主柳"逾1300年历史；山东崂山太清宫千年唐龙头榆；江西上饶弋阳、余江千年古水松；山东沂水县城西明栗等，仍挺拔屹立，绿影婆娑，花香远溢，硕果累累，吸引四海游客前来观赏。这些稀世珍宝可编织成一组新颖的"中国名树史册"。

神州大地还存有众多古老树木，散生在庙宇、祠堂内外、村寨周围，被僧侣、乡民奉为"佛树"、"神树"、"风水树"、"祖宗树"等，具有强烈的教化色彩。名树与宗教、民俗文化融为一体，受到代代的崇敬和爱护。众多名木古树的存在，深刻地反映中国树木文化的特色和中华民族悠久的历史传统，具有丰富的科学内涵，是探索大自然奥秘的钥匙，是研究中国林业史的活资料。

历代保存下来的名木古树，与人文关系甚为密切。北京城区文丞相祠，有棵700年古枣，相传此树是文天祥亲手栽植。这棵枣树很奇特，枝干全部向南自然倾斜，与地面约成45度角。相传，文天祥在1283年1月柴市就义前向南而拜，写有"南望九原何处去？尘沙暗淡路茫茫"的诗句。树随人意，表达了文天祥"臣心一片磁针石，不指南方誓不休"的怀念南方故园心情。此树硕果累累，且从不生虫，似喻示文公"一身正气凛然"的民族英雄气概。

山东曲阜孔庙的桧木，相传为儒家学派的创始人孔子亲手栽植，弥足珍贵，它历经周、秦、汉、晋数千年，于西晋怀帝永嘉三年而枯，至隋恭帝义宁元年复生，唐高宗乾封三年又现枯。枯了374年后，至宋仁宗康定元年复荣。圣人手泽，其荣枯兴衰关乎天下盛衰。宋书法家米芾撰写石碑文"先师手植桧"立于树旁。

江西井冈山大井有两棵名树演绎了一曲枯荣奇的风云变幻，展现了大自然万木有情的奇树佳木。在井冈山大井的田垄，有一幢土坯砌成的"白屋"，后墙有两株约150年的南方红豆杉和椤木石楠。1927年，秋收起义，毛泽东和朱德常在两株大树下观看红军官兵操练。1929年1月，红军撤离井冈山，敌人窜进大井村，多次洗劫，整个村被焚，两株大树也只剩下枯枝焦叶。时隔20年，1949年，竟奇迹般地抽枝长叶，重见生机，与山上的红杜鹃相映成趣。不久，井冈山喜获解放。1965年，毛泽东重游井冈山，这两株树破天荒地开花结果。1976年，两株树莫名其妙地再次枯萎。不久毛泽东同志便与世长辞。1978年后，中国进入新的发展时期，这两株树恰似枯木逢春，又复枝壮叶翠，以崭新的姿容迎接远道而来的观光者。经国务院批准，这两棵树已列为全国重点保护文物。

广西壮族自治区蒙山县武庙一株白玉兰，1852年太平军领袖洪秀全在这株树下分封诸王、建立农民政权，定国号为"太平天国"，并审判叛徒，颁布永安突围诏令，将那场令咸丰皇帝坐卧不安的农民运动推向全国。400多年的历史过去了，如今古玉兰依然枝繁叶茂，花香四溢，成为太平天国这场轰轰烈烈农民运动的历史见证。

名树还与宗教、民俗、传说有着密切关系。从禅家悟道或美化环境，树木花草都是寺庙绿化中不可缺少的，尤以佛家相关的树木令信徒们顶礼膜拜。相传2500多年前，佛祖释迦牟尼年轻时为了摆脱生老病死轮回之苦，解救受苦受难的众生，毅然放弃继承王位和舒适的王族生活，出家修行，寻求人生的真谛。最终在一株菩提树下静修，战胜各种邪恶的诱惑，猛然觉悟，领悟了真谛而成佛。所以佛教的经书都把菩提树当作佛树，此后，菩提树被佛家视为圣树，与婆罗树、阎浮树为佛门三宝树。然而菩提树在中国北方气候条件下不能生长，僧侣们常选银杏等树种来代替。长寿的银杏被誉为"公孙树"，且树体高大雄伟、叶片洁净素雅，有不受凡尘干扰的佛家气质，其叶秋色金黄也为寺庙渲染出特有意境，并有"中国菩提树"之称。此外如松柏类、七叶树、梅花、山茶等也多见栽于寺庙。它们或树龄长寿、姿态挺拔，或花开烂漫、叶茂荫浓，无不体现宗教的肃穆幽玄、佛事兴盛香火不断，也为寺庙建筑增添了无限光彩。

云南德宏傣族和西双版纳傣族十分敬重菩提树，几乎每个村寨和寺庙都有它的足迹，最大的三四个成人都合围不过来。人们把栽种"佛树"当成重要善举，认为能获得佛的庇护，来生将获得幸福或进入仙境。每逢佛节，善男信女们就在大菩提树树干上拴线，献贡品，顶礼膜拜。傣家人还禁忌砍伐菩提树，认为这是罪过。在傣族文化、艺术品中已将菩提树提升为神圣、吉祥和高尚的象征，还代表着一种温存浪漫的爱情。

刺桐树是中国历史文化名城之一的福建泉州市的市树。中国闻名的侨乡人热爱刺桐，把它作为"瑞木"，喻为吉祥如意。传说赤帝（神仙）曾到泉州来旅游，他的3000名仪仗队队员，全都是红色打扮，把整个泉州城都染红了。而与仪仗队相互辉映的刺桐，则是天上的神树种到了泉州这个地方，更使整座城映成了一片灿若云霞的红色海洋。刺桐伴随着泉州的腾飞，越来越展示出"忽惊火伞欲烧空"的旺盛生命力，期待着五湖四海宾客来古城观光游览。明末，郑成功收复台湾，将刺桐带到岛上名为"刺桐城"的半月城，广为栽植，如今，刺桐花依然在台湾岛上盛开，演绎着一衣带水的亲情，两岸骨肉同胞盼望着祖国的统一。明嘉靖初，祖籍厦门同安的林希元升任大理寺丞，返乡到大嶝田乾探望母舅郑撞迟，发现大嶝岛风沙为患，村民贫苦，遂发动村民于海滨及林中以刺桐树大造防风林。至今屹立在街中心的4株古刺桐树龄已达480余年，仍苍劲挺拔，枝繁叶茂，花团锦簇，成为厦门英雄三岛大嶝的一大景观。刺桐是阿根廷国花，被认为是吉祥如意的象征。该国多水灾。相传，只要有刺桐花的地方，就不会被洪水淹没。所以，阿根廷人特别喜欢它。每逢元旦，人们将刺桐鲜花瓣撒向水池里，全家跳入水中，用花瓣搓揉自己的身体，以表示去掉污垢，得到吉祥。刺桐是古城泉州历史的见证，也是古城的特殊标志和象征。

5.妙趣横生奇木

名木古树以其古、怪、奇、俊的特点形成自身独特的植物景观，被人们喻为凝固的诗、活动的画，点缀着自然景观，为山水园林增添异彩，给人们带来美的享受，也成为旅游胜地的景点主题以吸引观光者。

江西安福县素有"樟树之乡"称誉，有株"三绝"珍稀汉代遗樟一是大树的胸围达2150厘米，15个成年人才能合抱，比一间普通住房还大，在1.3米高处萌生整齐枝干，现存8干，分叉处附生棕榈、柞木、朴雀梅藤、大叶薜荔及络石等多种植物，其树围是全国之最；二是树龄长，此树植于西汉后期，已有2000多年，在樟树家庭的花名册中，唯此"老翁"年岁最高；三是奇，巨樟基部内有一个偌大的洞，从树外一个洞"门"进去，树干内壁上还有两个洞，形成两扇天然的"窗户"。村民把巨樟当神树护侍，信奉者，逢年过节仍前往烧香祈福。

浙江江山市大桥镇有棵与众不同的古樟树，下干分离，胸干合体，恰似两条健壮的腿，支撑起一个修长而婀娜多姿的身躯，真是令人赞叹。浙江天台县大横村有株抱娘樟，酷似小孩依偎着娘怀的撒娇姿态。

福建建阳市宋代朱熹讲学之处的考亭村，有棵罕见"母子"樟树，远远望去，像把绿盖大伞撑在溪边，很是雄伟壮观。母樟苍老遒劲，伟岸挺拔，盘根错节，姿态奇特。其主干裸露隆起两个似乳房大疙瘩，干径正中有一蛋形小洞，洞内有一尊佛像，当地尊称"将军爷"，日子久了，佛像便被包进了树里，当地群众视为樟树神，并代代相传至今。子樟生机盎然，似伟岸少年，英姿勃勃。它那张开的两枝正如伸开的双臂，枝繁叶茂的树冠缭绕母冠，犹如孝顺的儿子抚摸着母亲的鬓发。福建龙岩市儿童公园长着一株奇异樟树，树龄300余年，久经风风雨雨洗礼，干中央木质部已枯死脱落，仅剩一层树皮支撑着高大身躯，形似大烟囱。干中部分未枯萎者，似经数百年冲刷而成的熔岩，有的形似海螺，有的像垂吊的冰川，甚为奇特壮观。坐在洞内凉爽宜人，可观到蔚蓝的天空。洞的底部可容纳二三十人，并有3个可自由出入的通道。逢节假日，孩子们穿梭其间，嬉闹玩耍，快乐无穷。

枫香树干魁伟，姿极佳。在我国的大江南北珍贵古枫林众多，经数百年风雨而各显异姿，有的高达30余米，冠若华盖；有的蜿蜒如龙，直冲云霄；有的树姿翻腾，如行云卷雾；有的树有"九桠"，像一把撑开的巨伞；有的怪枝丛生，面目峥嵘；有的与榕、松组成"三合树"，宛如双龙戏凤；有的根部盘突，形如奇禽怪兽；有的主根上提，构成奇异的气生根露爪成趣；有的干处分出，通直平行的树干，恰似两个孪生兄弟同根并肩，昂然耸向云端；有的巧夺天工，酷似人形，正面观宛如练功习武的壮士，侧、背面观，却像一位妇人站在田边翘首观望，等待夫君归来。这些天然成趣，古拙离奇，惟妙惟肖，令人心驰神往。

河南长葛市社稷坛古柏，为汉代所植，距今有2000多年。现存古柏23株，苍劲挺拔，姿态奇异，分别冠以龙柏、凤柏、狮柏、虎柏、鸟柏、龟柏、蛙柏、佛柏等名称，展现出一片龙腾虎跃、狮吼鸟鸣的动人景象。它们经历了千年的风风雨雨，像守护社稷坛的忠实卫士，耸立于豫中大地，向后人叙说着千年历史的沧桑。

河南省孟津县汉光武帝刘秀陵园中有一片会鸟鸣的古侧柏，只要游人在柏树下轻轻拍手，林中便会出现一种"啁啾"、"啁啾"的鸟叫声；如果众人拍手，柏树上便像群鸟欢唱，这种声音和陵园内的黄鹂鸟叫声一模一样。这片侧柏面积约500平方米，会发出鸟鸣的古柏30棵，被大风刮倒一棵，锯开时木板上有清晰小鸟图案。这两宗现象的原因至今仍是个谜。

圆柏长在华夏大地有着悠久历史，自古为著名园景树，它树形优美，特别是老树干枝扭曲，奇姿古态，有的苍劲挺拔，直插云天；有的姿态岿然突兀，气宇轩昂；有的长得威武雄风，颇具大将风度；有的却长得灵秀潇洒，确有贤臣之风；有的粗壮遒劲，宛如一管

"神笔"，重笔浓墨，书写人间沧桑；有的树干极尽扭曲之能，宛如巨龙卧于树干，像只受惊的蛟龙，翻江倒海，兴风作浪；有的曲干扭筋向上，状如老鹰斜视四方，时刻迎击不速之客；有的干枝皮皱和木理扭曲向上，宛如一条扶摇直上的苍龙，抱柱长吟；有的躯体布满众多光怪离奇的疙瘩，宛如"五百罗汉"的头像：大肚罗汉仰天欢笑、苦难罗汉苦思冥想、沉思罗汉端庄安详、尴尬罗汉似笑非笑、似哭非哭、伏虎罗汉满面含怒、降龙罗汉神态威武；有的权展似臂，威武凛凛，像一位气宇轩昂手执兵器的古代大将军；有的树冠好似一只大的凤凰端坐在树顶，正欲展翅高飞……这些形态异彩纷呈，惟妙惟肖的古柏，简直是一件件经过众多名师巧匠精雕细刻的艺术品，蔚为壮观。

在江苏吴县司徒庙有千年四汉柏，因历史悠久，千百年的风霜雨雪，雷击电劈，形成奇特罕见的树姿，被冠为"清、奇、古、怪"四柏。"清"柏挺拔如笏，叶株四垂，苍郁清秀，茂如翠盖；"奇"柏一干上蠢，顶干折裂，分权两旁，薄皮连接，新枝簇护；"古"柏身似苑虫螺，纹理萦绕，斑驳若鳞，如蛟龙蟠；"怪"柏曾遭雷击剖劈两半，着地再生，卧地三曲，如虬似蟠，欲昂首腾空而去，确为天下之奇观，被人们誉为活化石。清诗人孔原湘有诗赞曰："司徒庙中柏四株，但有骨干无皮肤。一株参天鹤立孤，倔强不用旁株抚；一株卧地龙垂胡，翠叶却在苍苔铺；一空其腹如剖瓠，生气欲尽神不枯；其一横裂纹萦行，瘦蛟势欲腾天衢。"1964年1月，剧作家田汉观柏后，感慨赋诗道："裂断腰身剩薄皮，新枝依旧翠云垂。司徒庙里精忠柏，暴雨飙风总不移。""清、奇、古、怪"四汉柏是风景城市——苏州的一绝，年年慕名而来的海内外游客观后交口赞叹。司徒庙也因为古柏成为宾客络绎不绝的观光胜地。

众多的奇树异木，可谓天造地设，鬼斧神工，妙趣横生，构成了闻名于世的旅游景观，迎来了众多的中外宾客，领略了华夏丰富的文化内涵，游人见了无不称奇赞颂。

6.名树效用珍贵

名树古木是神州大地林木资源不可多得的珍品，其效用珍贵，既可观赏，又广具用途，它凝集着历代华夏儿女的辛勤和智慧。几乎名木古树均具有抗大气污染，净化空气、绿化、美化环境的功效，是厂矿、街道、庭园优良的花木。如山茶对二氧化硫有很强抗性，对硫化氢、氯气、氟化氢和铬酸、烟雾亦有明显的抗性，在含有二甲苯酚、甲醛、氮氧化物等污染物的工业烟尘、废气多、空气严重污染的地方，依然可正常生长发育，是保护环境、净化空气的优良花木。玉兰对二氧化硫、氟化氢、氯气有较强的抗性，被称为"自然净化空气机"。雪松防尘、减噪与杀菌能力强，是净化、监测环境污染的优良树种，也是噪声的"消声器"。梅树对氟化氢、二氧化硫等有害气体反应敏感，可作环保监测树木。木棉对烟尘、有毒气体抵抗强，有减噪、滞尘、净化空气的功效，是防污染、绿化的优良树种。椰树不仅是热带海滨独特风景树，而且是净化空气的优良树种，有资料称，667平方米的椰林，一天能吸收674克二氧化碳，释放49公斤氧气，足够65个人吸收之用。榕树对二氧化硫、氟化氢抵抗力较强，1公斤的榕树叶，58天可吸收硫6.4克，吸氯2.47克，具有净化空气，改善环境，释放氧气，并有杀菌、减弱噪声、降温、增加空气湿度作用。松、柏、樟、银杏、海棠、石榴、紫薇等，也都是净化环境、抗污染的树种。

许多名树具有保健与治病的功能，有的本身就是珍贵的中药材，如列为国家一级重点保护植物的红豆杉，可提取抗癌药物成分——紫杉醇，是治疗多种癌症、白血病等的特效药，为国际公认的一种高效广谱抗癌药物；石榴花调经，茶花治痔疮等多种出血症，槐花清热、凉血、止血，合欢皮疗忧郁失眠，均系民间之良药；柏籽仁安心神润肝肾，是仙家上乘之药；枣肉久服轻身延年，张仲景在《伤寒杂病论》中，用大枣的古方达58种之多；荔枝为滋补养颜益寿之品，近代医学证明，对大脑细胞有补养及发挥生理功能的作用；梅含有人体所需多种营养成分和有益物质，食鲜梅对健康大有神益；桂圆营养及药用价值极高，国内外科学家发现龙眼肉有明显的抗衰老、抗癌作用；核桃称"长寿果"，是温补肺肾的良药、养生的"健康之友"。

有些名树产生的气味，能对神经系统、血液循环系统、消化系统以及免疫系统，产生良性刺激，起到治病的作用。如香柏木的天然香味能缓解松弛神经，安抚波动情绪，减轻日常工作压力，有效收缩皮肤毛孔，从而达到清洁皮肤、去屑、生发，对上呼吸道感染等疾病有消炎、镇痛的疗效。槐花挥发产生罗勒烯、壬醛等成分，具有杀菌净化空气作用。玉兰花的香气，可减轻呼吸系统疾病患者的痛苦。丁香花的香气中含有丁香酚等化学物质，杀菌能力比石碳酸强5倍以上，可净化空气、促进伤口的愈合。紫薇能产生挥发性油类，对白喉菌、痢疾菌等病原菌具有明显的杀菌作用。桂花具有促进人体发育，增强抗病免疫力的功效。

有的名树含有丰富的蛋白质、维生素、氨基酸及有益的微量元素，而且有香有色，可供食用，或制作美食。以桂花为原料所制作的桂花酒，博得人们的喜爱，享有很高的声誉；桂花可供制作花糕、糖、晶、蜜和饮料等50多种食品，芬芳可口，营养丰富。椰子浑身是宝，其加工综合利用产品多达300余种；著名的"椰子宴"，非海南莫属。全部宴席上十几道菜肴都围绕着椰子做文章，整个宴会上椰奶芬芳，椰香四溢；海南椰雕，可雕刻上千种风格精美的工艺品及日常生活用品，是南国艺苑中的一朵奇葩。用白玉兰花瓣蘸面浆，油炸成"玉兰片"食用，味极香。

很多名木古树材质坚实耐用，韧性强，干后不翘裂，耐腐蚀，不易遭虫蛀食，且具光泽和香气，易加工，正如建筑大师鲁班在细心斟酌后，将枫木定为第二类栋梁之材，为建筑及器具用材之首选。用红豆杉雕刻佛像，更能展现出神韵，民间视为珍品。竹子被誉为"第二森林"，用材、经济林、风景林三者兼为一身，其弹性好，性能稳定，抗性强度大；竹雕、竹编工艺传颂了华夏大地上的精美绝伦。而古松修竹组成盆景艺术，堪称中国一绝，誉为"无声的诗，立体的画"。又如蜡梅老根枯干经制作桩景，可形成苍劲、虬曲、古雅的造型，配以陶制的盆盎，放置案头、厅堂，使之发叶展花，可获得巧夺天工的意境，亦为怡情遣兴之佳品。玉兰的形象常见于装饰品，如木雕、玉雕、窗花剪纸、刺绣和陶瓷器等。现代工艺品要数玉兰花蕾形的路灯，除首都天安门前外，在其他很多城市也可以见到，而玉兰的商标、招贴画、宣传画及各种展览场馆的会标，在上海更是屡见不鲜，司空见惯。从文化艺术角度宣传白玉兰，宣扬中华文化的博大精深，源远流长。

7.弘扬绿色文明

大千世界里的植物历经白垩纪的繁盛和第四纪冰川的厄难，之前的古老树种多已灭绝。而有少数幸存者，久经磨难，顽强抗争，世代适应自然环境，生长繁衍，成为今日的活化石、稀世珍宝，本书介绍的一级"国宝"水杉、桫椤、银杉、水松、秃杉、珙桐、望天树，既是亘古孑遗珍贵稀有名树，也是世界众多树种的佼佼者。

《中国植物红皮书》之所以将这些国宝定为稀有濒危种，如全球珍稀濒危有名高龄古树之一的秃杉，只顾自己长成"巨人"显耀于众，不大以子孙为念，非到60～70岁"而立"之后，才心不在焉地结点长着翅膀的微型籽实。又如被誉为"绿色大熊猫"的银杉，适应性差，对生态环境要求特殊，留恋着世代一直匿藏于大自然的深山密室，又冠戴"珍"、"稀"、"危"的帽子，难于传播，迄今只局限在中国西南少数深山老林中。再如为世界上著名的古生"活化石"树种之一——水松，华夏大地现存数量相当稀少，百年以上更是罕见，基本见不到野生水松；日趋稀少，除人工砍伐、地球气候变化等外在原因外，还与自身生态弱点有关：果实病虫害严重，健壮种很少，萌芽条件需适宜环境，抗污染能力极差，自然更新十分困难，若不给予特别保护，中国特产的这种古植物可能在若干年后就会趋于灭绝。正因如此，保护管理好这些珍贵的自然资源，已受到当今世界上许多国家政府、学术团体和各界人士的重视。

可喜的是这些稀世珍宝是祖先留给我们的无价之宝，赢得了古今人们的爱戴和呵护。在素有"植物王国"和"物种基因库"的云南高黎贡山，近年在山脚的腾冲县曲石乡一村民挖出深埋沉睡千年古秃杉，材质尚坚硬，仍是好材料，有人以不菲价钱收购，被拒绝了。此种沉睡千年的古树，为考察及研究该地自然、植被、历史文化提供了重要依据。腾冲人素有种秃杉传统。该县小西乡观音寺内有株华夏大地现有最古老的千年秃杉，曾多次遭雷击，由于群众及时抢救，迄今仍巍然屹立、生机盎然，成为民族精神的象征。该古秃杉曾得到民国时代所立"土法律"的保护。今人读碑文，其含义为"谁砍我树，我砍谁头"的誓令，令中饱含腾冲人民对秃杉的钟爱。

被誉为"中国热带雨林之魂"的望天树，历经千难诞生于云南西双版纳傣族自治州勐腊县补蚌乡的密林中。为保护地球上同纬度地区尚存的惟一的一片绿洲，勐腊各族人民付出了艰辛的努力和巨大的代价，即便在"十年浩劫"期间，陷于极度贫困之中的乡亲们也从未打过这片山林的主意，从它身上掠取点什么。如果没有少数民族群众的刻意保护，这些举世无双的国宝，恐怕早就难逃斧钺之灾，被那些贪得无厌的人当作财源。

福建漳平市永福镇李村耸立着一株1300多年古老水杉，树高20.1米，胸径310厘米，堪称"古水杉之王"。虽经数百年风雨沧桑又曾遭受雷击，干成空心，却依然巍然挺立，枝叶仍郁郁葱葱，每年都开花，硕果累累，显现出强大生命力，村民视为"风水树"，十分珍视、喜爱，自觉呵护。可见，弘扬良俗，把对自然生态的尊崇和保护的精神延续下去，江山的国宝就能发扬光大。

2006年3月12日植树节，中国邮政局发行《孑遗特种邮票》一套，共4枚，其中第2枚为"水松"，取材于福建宁德市屏南县岭下乡上楼村成片原生天然水松林，是迄今已发现的全世界保存最完整的水松林，成为世界稀罕的植物活化石。"方寸天地"陶冶人们的情操，增长人们爱护古树名木的知识，并给人们带来美的精神享受。

1. 古老孑遗宝树——秃杉

1.来源

　　秃杉*Taiwania flousiana Gaussen*，别名：老鼠杉、西南台杉、屠杉、滇杉、土杉。中国特有乡土植物，是第三纪遗留下来的古热带植物区系中的珍稀孑遗树种，为世界濒危物种，1991年《中国植物红皮书》（第一册）将其定为稀有濒危种，为世界有名的巨树之一，素有"万木之王"美称，与水杉、桫椤、银杉、珙桐、金花茶、望天树、人参为中国8种一级保护植物，当代的生物考古学家们称它为"植物活化石"。对研究古植物区系、古地理、第四纪冰期气候和杉科植物的系统发育都有重要的科学价值。

　　在世界范围内，仅中国有分布。集中分布于云南横断山脉西部的怒山、高黎贡山一带，怒江流域的福贡、碧江、腾冲、龙陵和澜沧江流域的兰坪、云龙等地；贵州东南部的雷公山等地；湖北西南部的利川毛坝；在福建鹫峰山脉中南段的古田、屏南、尤溪等县也有零星的自然分布；此外，缅甸北部也有少量分布。秃杉地理分布为北纬24°31′～30°08′，东经97°00′～109°06′，呈星散或小块状分布沟谷地常绿阔叶林中，常与针、阔叶树混生成林。垂直分布因地理环境、地形地貌、立地条件不同而异，跨度较大，在原产地一般生于海拔760～2500米之间。分布区气候特点：夏热冬凉、雨量丰沛、云雾日多、光照较少，相对湿度较大。年平均气温11.2～15.4摄氏度，1月平均气温3.6～5.0摄氏度，7月平均气温22.4～24.7摄氏度，极端最低气温-8.6～-11摄氏度，年降水量

1120～1500毫米，土壤为酸性红壤或黄壤。

2.形态特征

秃杉属杉科、台湾杉属常绿大乔木。高可达75米，胸径2米以上，树冠圆锥形，大枝平展，小枝细长下垂。树皮淡褐灰色，裂成不规则长条片，内皮红褐色。大树之叶长3～5毫米，鳞状锥形，密生，微内弯，横切面四菱形，高宽相等，四面有气孔线；幼树及萌芽枝的叶镰状锥形，长6～15毫米，两侧扁平，直伸或微向内弯，两面有气孔线。雌雄同株；雄球花2～7簇生枝顶；雌球花单生枝顶，直立，每球鳞具2枚胚珠，苞鳞退化或无。球果圆柱形或椭圆形，直立，长1.5～2.2厘米，径约1厘米，褐色，种鳞21～35片，革质，扁平，长6～7毫米，通常背部具明显的腺点。每种鳞具种子2粒，种子矩圆状卵形，扁平，两侧具膜质窄翅，连翅长4～7毫米，宽3～4毫米，花期4～5月，球果10～11月成熟。

同属种类主要特征：

台湾杉（taiwanshan）*Taiwania cryptomerioides* Hayata，本种为台湾特产的稀有树种。分布于台湾中央山脉海拔1600～2600米地带的针叶林或常绿阔叶林中。与秃杉的主要区别在于本种的球果具15～21枚种鳞，种鳞背面无明显的腺点；果枝上的叶较宽，下方明显弯曲。

3.生长习性

秃杉为中性偏阳树种，喜光，适生于温凉、夏秋多雨、冬春较干的气候，不耐热湿，适应性强，对土壤选择不严，pH值4.3～5，土层深厚、疏松、湿润而肥沃的酸性红壤、黄壤或棕色森林土生长较好，不耐盐碱和土壤积水；浅根性，无明显主根，侧根发达，不耐干旱瘠薄，幼时可耐中等庇荫，生长快，开花结果迟，一般要60～70年才开花结实，寿命可达千年以上。

4.培育要点

（1）繁殖方法
用种子或扦插繁殖：

1) 种子播种育苗 球果10~12月成熟，趁球果鳞片未张时采下，置通风干燥处阴干，待果鳞开裂，棍棒轻击，种子即脱出，布袋装，放于干燥处，切勿暴晒与受潮发霉。翌年1~3月播种，每亩播种量0.5~1.0公斤。播前用40摄氏度的温水浸种催芽24小时，再用0.1%高锰酸钾消毒20分钟。条播，行距20厘米，沟宽5厘米，深3~5厘米。种子轻而小，混3~4倍细沙或草木灰均匀播下。播后用筛过火烧土或黄心土覆盖，厚度以不见种子为度，盖草淋透水。播后15天萌发，20天幼芽出土，约30天出齐。苗期注意浇水，保持土壤湿润，切忌时干时湿，适当遮荫，防鸟鼠危害，勤除草、松土，适量施薄肥，育苗1个月后至木质化阶段，每月施复合肥1~2次，速生期施尿素，秋季停施氮肥，增施钾肥。及时间苗补苗，第一次苗高5厘米时间苗及补植，8月份定苗，每平方米保留100~110株，当苗木进入速生期后，应增加光照时间，定苗后即可撤除荫棚。幼苗易罹患猝倒病，除注意选择生荒地外，播前要进行土壤消毒，幼苗出齐后每隔一周用1%硫酸铜或500倍敌克松液喷洒，一直到木质化为止。经加强抚育管理，一年生苗高可达30厘米，根径3厘米。一年生苗可用于造林。培育绿化大苗，需移栽稀植，初植密度株行距1米×1米，每亩栽植667株，培育两年后，达1.5米左右高，可带土球移栽。

2) 扦插育苗 于1月底至2月初扦插为好。插穗选生长健壮、无病虫害的幼树当年生枝条，长约15厘米左右，株行距(7~10)厘米×20厘米，入土2/3，露出地面1/3，插后压实，随即浇透水，常保持床面湿润，1个月后长出新根，加强水肥管理，2~3个月移入营养杯中蒔养，1~2年后可上山种植。

(2) 造林技术

秃杉对立地条件适应性较强，一般选湿度较大的中心凹地或半阴坡地，土层深厚疏松，排水良好的地段为佳，采用常规造林即可。干燥、多石、土薄的阳坡、山脊不宜造林。冬季炼山除杂，按2.7米行距水平通带，带宽50厘米，深20厘米，按2.3米的株行距开穴，规格67厘米×50厘米×33厘米，将穴中土挖起，填回表土至水平，于翌年2月下旬至3月上旬栽植，起苗根系保持完整，适当栽深、栽正、根系舒展。提倡与杉木混交造林。造林后头3年松土培苗，铲除杂草每年5、6月和8、9月各进行1次。第4年抚育1次，直至郁闭成林为止。

秃杉主要培育中大径材，间伐宜在15年左右进行，间伐强度视立地条件情况而定，立地好的主伐株数为80~100株/亩，立地一般的为120株/亩。至于主伐期，依市场需求而定，一般30~40年左右。

5.欣赏与应用价值

秃杉是中国独有珍稀孑遗树种，全球珍稀濒危树种，是世界上有名的高龄老树之一，还是森林树种的"老寿星"。在云南省高黎贡山，人们已经找到了树龄2000多年的秃杉：它个头高75米以上，约有20层楼高，是肃穆端庄、古朴典雅的活化石水杉及仪态高雅、刚健秀美的"绿色熊猫"银杉三杉中最高的树木。这位三杉"老大"要是与隐居密林深处的擎天巨树——望天树相比，却是"小巫见大巫"了。虽如此，仍然是世界有名的巨树之一，为名副其实的"万木之王"。

它与热带森林之魂——望天树很相似，笔立树干，奇粗奇高，无一枝杈，直到20米高处才伸枝展叶，犹如一把撑开的大绿伞，昂首云天，极为飘逸豪放，潇洒壮观；虽树冠稀疏却片片云状，四季常青，挺拔如巍然山般的雪松，而又透出几分秀色。那赭红色的树干，油亮亮的，闪烁着旺盛的生命力，不愧是位"巨人"，犹如一位伟人、一座丰碑、一座殿堂，让人心头响起生命壮美的交响曲，令人敬仰。

秃杉因其自然状态下数量稀少而成为享受国家特殊保护的"宠儿"。而导致它数量稀少的原因主要有：①人为过度砍伐。秃杉有"老阴木"之称，因为材质坚固耐腐，是作棺木的上好材料，因而难逃斧钺之灾。②自身繁殖能力弱，天然更新不良。许多类似的常绿乔木的种族，长了十几年就可以扬花结籽、传宗接代了，可是它只顾自己长成"巨人"，显耀自己，不大以子孙为念，直到60～70岁才心不在焉地于小球果内结点扁圆的长着翅膀的微型籽实。有人推算，1公斤杉种至少有30万粒之多，如此"轻浮"的种子从高空飘落到地上，若遇上不利的生存环境，就更难萌发生根了。加之身躯高大，人们采种十分困难，不光危险性大，还得把握好时机。杉果寒冬时节成熟，采摘仅数天，采早了成熟力度差，不萌芽；晚了，随风飘走，可谓稍纵即逝。这些原因无不把"对研究古植物区系、古地理、第四纪冰期和杉科植物系统发育都具有重要的科学价值"的秃杉逼向了"濒危"的死角。然而，这一举世罕有的"孑遗"宝树在云南保山、腾冲境内的高黎贡山腹地的天台山上不仅郁然成林，且规模之大，单位蓄材之丰，均为全国乃至全球之最！这无疑是个奇迹，更弥足珍贵。

它只有一个"孪生兄弟"台湾杉，同长在一个地区，又长相相似，通称为台湾杉。两者还是有区别的：秃杉叶较台湾杉的叶窄，球果的种鳞比台湾杉多一些。它们虽说都是珍稀树种，但相比之下，秃杉的居群不多，数量更稀少，因此，秃杉被列为国家一级保护植物，台湾杉属居于第二类。应认真保护并将其作为园林结合生产的优良树种推广应用。

秃杉枝叶茂密，叶色深绿，生长迅速而寿命长，是很好的庭园观赏树木，孤植或群植、丛植均能成景；又是营造用材林、风景林、水源林、园林绿化、行道树的良好树种中的后起之秀。其木材具浓郁的香气，心材与边材区分明显，边材白色，心材黄色、橘红色或褐色，制材后具美丽的花纹，轻软细致，纹理通直，加工容易，切面光滑细腻，粘胶及油漆性能良好。木材耐腐性强，干缩小，材质优良，可用于建筑、船舶、桥梁、家具、装饰上等用材及胶合板及高级纸张的原料。随着国家生态建设的进行和社会对秃杉重点保护，应将其作为园林结合生产的后起之秀的树种推广应用。

6.树趣文化

秃杉，世界古生物的一种，是全球珍稀濒危树种。所幸，在贵州省雷山县国家级森林公园的东南麓中的格头村还保存着人类惟一的一片神秘的秃杉林，当地称其格头秃杉群落，成片生长，是目前中国乃至世界上保存最完好、数量最多、原生性最强的一片，因此，格头村有"秃杉之乡"的美誉。

在素有"植物王国"和"物种基因库"之称的云南高黎贡山是一片绿野的世界，近年在此山南斋公房山脚的腾冲县曲石乡大坝村何家沟的半坡沼泽地内，一村民挖出深埋沉睡千年的古秃杉，经测量，足有18米长，树径为1.6米，树皮尚存，清晰表明是秃杉，树龄已有1000多年历史，因埋入土中长期有水浸泡，除表皮部分腐朽外，树质尚坚硬，仍是好材料，有人以不菲的价钱欲收购被拒绝。此为腾冲第一次发现沉睡千年的古树，为考察及研究该地自然、植被、历史文化提供了重要依据。提起腾冲人，素有种秃杉的传统。在该县小西乡大罗绮坪村观音寺内有一株国内现存最古老的秃杉，据树碑记载，这株秃杉种植于1200年前的唐朝，树高21.5米，胸径2.7米，现号称"千年秃杉王"，这棵树曾多次遭雷击，由于当地群众及时抢救，树梢虽被打断，主干下部已腐朽，树洞内可容5人，内还供有神龛。迄今仍巍然屹立、生机盎然，已成为民族精神的象征。该古秃杉曾得到民国时代所立的"土法律"的保护，今人读碑，含义为"谁砍我树，我砍谁头"，字里行间饱含着腾冲人民对秃杉的钟爱。更令人欣喜的是：该县天台山腰有一片约4公顷、林龄55年的人工秃杉林。林中的秃杉平均树高25米，胸径70厘米，每公顷活立木材积高达1370立方米，是全国林龄最大、面积最大的人工秃杉成林。据传，现天台山上修炼的是一位全真派道士。20世纪初叶，这位道士的师祖高云道长曾经做过一件让中国植物界赞叹不已的大事：他几乎全凭个人的痴迷与气力，将秃杉在自家道观门外的数十亩山地栽种得遍地都是。如今，天台山麓的秃杉林还独以每公顷2700立方米的活立木蓄积量位居全球之冠，更将它繁茂多姿的子孙后代源源不断地移民到七省八乡，以区区一人的力量而令濒危的佳木回春。"贵生、齐特"道家的真意或许正在这里。

在湖北省利川市东南沟谷海拔800~1200米的山地上，零星生长着82株秃杉，其中最大一株矗立于沙溪区石门乡中心村龙头溪，海拔1168米，树高42米，胸径138厘米，立木蓄积约22立方米，树龄约140余年。在众多树木中，有鹤立鸡群之势，令人赞叹不已。

在福建省古田松吉乡燕坑自然村，在海拔365米的村边，生长着一株巨大的秃杉，树高42米（包括35米以上已枯死的树干），胸径238厘米，单株材积（包括枯朽部分）72立方米，冠幅7.5米×13米，树龄600多年。这株大秃杉着生地是福建境内发现秃杉中海拔最低、胸径也最大，并为在低海拔地区营造人工秃杉提供了可靠依据。

1992年3月10日，邮电部发行了一套"杉树"邮票，共4枚，由曾孝濂设计。第一枚"水杉"，为落叶大乔木，杉科单种属植物，现已普遍栽培，为国内外常见的园林树种；第二枚"银杉"，为常绿乔木，松科单种属植物，为第三纪残遗种；第三枚"秃杉"，为常绿乔木，杉科台湾杉属，秃杉成材快且材质优良，已被列为速生造林树种之一；第四枚"百山祖冷杉"，为常绿乔木，松科冷杉属，这种新冷杉仅在浙江庆元县百山祖南坡海拔1700米地带的针阔叶混交林中保存四株，并且难开花结果，因而已被列为世界亟待保护的濒危植物。

贵州雷山县"秃杉乡"千年秃杉

全球珍稀濒危的"宠儿"

2. 中国热带雨林之魂——望天树

1.来源

望天树*Parashorea chinensis*，别名：擎天树；傣族语称"麦浪昂"、"麦撑伞"；爱伲人称"吴都阿波"。是中国云南特产珍稀树种，被《中国植物红皮书》列入国家一级珍稀濒危保护植物之一。1974年在西双版纳首次发现，经植物学家鉴定为一新种，属龙脑香科柳安属，这一属在中国发现尚属首次。该属家族共有11名成员，大多分布在东南亚一带。

龙脑香科植物是热带雨林中的一个优势科，在东南亚，这个科的植物是热带雨林的代表树种和重要标志之一。过去，某些外国学者曾断言"中国十分缺乏龙脑香科植物"，"中国没有热带雨林"。然而，望天树的发现，不仅使得这些结论被彻底推翻，而且还证实了中国存在真正意义上的热带雨林，是东南亚地区龙脑香科植物树种生长最北、海拔最高的天然分布区。它的发现与中国特产水杉活化石等珍稀植物一样，立刻引起世界植物界的震动。普遍认为这是一项了不起的发现。从此，在中国植物名录中又多了"望天树"三个闪闪发光的大字。

望天树主要分布于云南南部西双版纳的勐腊屏边和东南部的河口、马关等县，以及广西西南部一带的巴马、都安、龙州、那坡、田阳和大新等县的局部地区。生于海拔350~1100米的山地峡谷及两侧坡地上，组成单优种季节性雨林，常与山红树、八宝树、大叶木兰、黑毛柿等珍贵树种混生。

中国园林科技工作者正在保护区中试行人工栽培，以扩大这一珍贵的种质资源，进而远离故乡，到遥远的异地安家落户，让雨林之魂大放异彩。与此同时，为了保护和研究中国的热带雨林，1990年西双版纳国家自然保护区管理局与美国自然综合保护研究会合作，在望天树林中架设一条500米长的"空中树冠走廊"，它是迄今为止世界第一条"树冠走廊"。1991年已正式对外开放。

2. 形态特征

望天树为龙脑香科柳安属常绿大乔木，高40～80米，胸径1.3～3米，树干通直，枝下高多在30米以上，大树具板根；树皮褐色或深褐色，上部纵裂，下部呈块状或不规则脱落；1～2年生枝密被鳞片状毛和细毛。裸芽为一对托叶包藏。叶互生，革质，椭圆形、卵状椭圆形或披针状椭圆形，长2～6厘米，宽3～8厘米，先端急尖或渐尖，基部圆形或宽楔形，侧脉14～19对，近平行，下面脉序突起；被鳞片状毛和细毛。花序腋生和顶生，穗状、总状或圆锥状，被柔毛，顶生花序长5～12厘米，分枝；腋生花序长1.9～5.2厘米，分枝或不分枝，花萼5裂，内外均被毛；花瓣5，黄白色，芳香，具10～14条细纵纹；雄蕊12～15，两轮排列，子房3室，每室有胚珠2，柱头微3裂。坚果卵状椭圆形，长2.2～2.8厘米，直径1.1～1.5厘米，密被白色绢毛，先端急尖或渐尖，3裂；宿萼裂片增大而成3长2短的果翅，倒披针形或椭圆状披针形，长翅长6～9厘米，短翅长3.5～5厘米，具5～7条平等纵脉和细密的横脉与网脉，5～6月开花；8～9月果熟期。落果现象比较严重，主要由于虫害所致。

3. 生长习性

望天树适应能力强，适生于年平均气温20.6～22.5摄氏度，最冷月平均气温12～14摄氏度，最热月平均气温28摄氏度以上，年降水量1200～1700毫米，相对湿度85%，雾日170天左右。喜光，不耐寒，全年高温、高湿、静风、无霜；终年温暖湿润，干湿季交替明显的生态环境。喜生于深厚、疏松、肥沃而排水良好的赤红壤、砂壤及石灰壤。生长速度快，板根发达，寿命长，一株70龄的望天树，高可达50余米，有的甚至达70～80米，胸径130厘米左右。种子较大，无休眠期；结果稀少，落果严重，种子不易采收，落于地上很快发芽或腐烂，或于自然条件下，有的尚未脱离母体就已萌芽，影响了种子远处传播及传宗接代。大约2万粒种子才有一株长成大树，极为珍贵。

4.培育要点

播种繁殖，8～10月果实成熟，及时采种，随采随播。若需储藏，务必跟苔藓和锯末混藏，然后置于通风、低温和具一定湿度的地方，否则会丧失发芽力。播后覆薄土，保持土壤湿润，1～3天可发芽。用塑料袋育苗效果好，3～5个月即可达40～50厘米，平均地径0.5～0.6厘米，可上山定植，或幼苗再培育一年后定植。

5.欣赏与应用价值

望天树，当它历经千难诞生于世，便以昂扬、坚忍顽强的品格和意志向着高处伸长，奋力争强，渴望与阳光拥抱，希冀与蓝天接吻，在阳光、雨露的滋润下飞速苗壮成长，毫不谦虚地坐上热带雨林"巨人"的"头把交椅"，让棵棵身躯伟岸挺拔，圆满笔直，光滑无枝杈，没斑痕与寄生物，类同金玉质，巍然屹立在森林绿树丛中，雄踞绿海，傲视苍穹，那风度、那气质，俨然是"森林主宰"，也无疑是"拔剑平四海，横戈却万夫"的最高统帅，"绿色天书"中的头号主人公！

它个头矮者也有50～60米，高个头达80余米，比周围30～40米的大乔木还要高出20～30米，自成一层壮观的"林上林"，如一把利剑直通九霄，大有刺破青天"欲与天公试比高"架势，仿佛它从来不知世上还有"卑躬屈膝"之谓。植物学家赋予它一个形象生动的名字——望天树，意思是"仰头看天才能看到树顶"，难怪最灵敏的测高器在它身下也无济于事。因而就有诸多美誉："吻天巨木"、"林中巨人"、"林中美王子"、"冲天王"、"倔强树"、"黄金树"等。称得上是博大精深大自然博物馆难得的珍品，难怪植物学家说："真正的热带雨林在勐腊，望天树是中国热带雨林之魂。"

世上有2000多种类纷繁、形形色色的乔木树种，哪一种树能匹敌于高得惊人的望天树？中国的活化石——水杉，通直挺拔，古朴典雅，肃穆端庄，个头40多米高，特产于西藏雅鲁藏布江流域的巨柏，高大挺拔，2000多年生的大树可长到46米；高大魁梧，堪称栋梁之材，长于长白山、小兴安岭的红松，高达50米以上；称雄于亚洲中国台湾著名的"阿里山神木——红桧"寿命长达三四千年，高达60米，要10来个人才能合抱。这些树木"巨人"若与高达75米的珍稀树种秃杉相比，又都"小巫见大巫了"。然而，中国乃至整个亚洲现存的热带雨林植被中最高的树，非望天树莫属，如果各家族每四年都来参加"林木奥运会"，望天树一定是篮排球运动员的最佳候选人。

它与众不同，在瑰丽而神奇的热带雨林，大千世界，各色各样的植物为着生存激烈竞争，只有望天树高风亮节，鹤立鸡群，其躯体待长到10层楼高时，才生枝长杈，青枝绿叶全聚集于树的顶端，把枝、叶高高地举在半空中，犹如一把撑开的大绿伞，极为飘逸豪放，潇洒壮观，难怪当地的傣族人称为"埋干仲"（伞把树）。它以敏锐的目光睥睨着林间那些无声的勾心斗角，却用慈祥般的华盖庇护着冠下弱者的生灵，令人深深地崇敬与仰慕。

常言道："树大根深"。"林上林"的参天"巨人"之所以能巍峨昂扬，挺拔雄伟，除适者生存，磨炼出一副独特长相，还与四薮木一样地长有裸露在地表外的板根，使树基大得惊人，有人测量过，它基部向外伸展的几条数米高的大板根，形成了好几米粗的树基周圆，四五平方米的占地面积，将自己的根基深深地扎入土地，八九级大风也很难把它拔断，给人宏大伟岸感觉，那不是一般树木所能媲美的。

春夏之际，那撑开的绿色叶儿上，吐落芳香黄白色的花朵，显得清新剔透，走在"空中树冠走廊"上，阵阵幽香直沁人心脾，令人顿感精神气爽。金秋时节，绿叶变得清色金黄，展现出烂漫艳丽妩媚，为西双版纳热带雨林平添艳丽色彩。

望天树以材质优良和单株积材率高而著称于国际木材市场，它不仅是热带优良树种，同时，对研究中国的热带植物区域有着重要意义。据资料记载，望天树一棵高60米左右，主干木材可达10立方米以上；材质较重、坚硬，结构均匀，纹理通直美观，且不易变形，加工性能好，不怕腐蚀和病虫侵害，承压力又强，是优良的工业用材树种，也是制造高级家具、乐器、建筑、造船、桥梁等理想的材料。望天树的木材还含丰富的树胶，花中含有香料油，这些都是重要的工业原料。

6.树趣文化

国外热带雨林专家从地理位置分析就片面地否定了中国热带雨林的存在（在他们眼里，如果没有巍然耸立的望天树，这"热带雨林"便名不副实）。过去，"热带雨林"的桂冠之所以没有戴上西双版纳那高昂的头颅上，是因为当时还没觅到望天树这一最关键的"要件"。自新中国开国之初，以蔡希陶为领军人物的植物学家们，在西双版纳雨林里从事多学科的科研考察。终在1975年云南省林业科学研究所人员进行热带树种调查，同前来进行教学实习的西南林学院教授和学生，在西双版纳傣族自治州勐腊县补蚌乡的密林深处，调查到一片很特殊的林子，林中擎天巨树足有五六十米高，雄踞于林冠之上，冠下有三四十种乔灌木组成复层植被，显现出一派典型的热带雨林景观。通过对花、叶、果的分析鉴定，终于发现了热带雨林龙脑香科树种的望天树，后来，经专家继续深入调查，又在滇南一些河流的沟谷中，发现多处龙脑香科树种，如羯布罗香林、小叶船板树（擎天木）林等7种类型的热带雨林；随后，广西也发现热带珍贵树种望天树（广西叫擎天树）。以此充分证明了中国确实分布热带雨林，从而摘掉了中国无热带雨林的帽子，中国成为世界上森林类型最完整的国家之一。随之，望天树的美名也传遍了世界各地，科学家、旅游者都纷至沓来，一睹望天树这一万树之王、林中"巨人"的风采。

望天树伟岸挺立，坚韧不屈，勇往直前的形象正是西双版纳勐腊各族人民崇高精神境界和优秀品质的象征。为了保护地球上同纬度地区尚存的惟一的一片绿洲，勐腊各族人民付出了艰辛的努力和巨大的代价。即便在"十年浩劫"期间，陷于极度贫困之中的乡亲们也从未打过这片山林的主意，也从未想从它身上掠取点什么。如果没有少数民族群众的刻意保护，这些举世无双的国宝，恐怕早就难逃斧钺之灾，被那些贪得无厌的人当作财源。

"隐士托山林，遁世以保真"，望天树这版纳雨林中最大的"隐士"一旦露出庐山真面目，便石破惊天。世界上所有植物学家的目光都惊异地投向了西双版纳。为便于域外学者的考察，为使游人零距离欣赏望天树，版纳人在这望天树的族群里，用钢绳悬吊、铝合金梯子作踏板，尼龙绳网作护栏，凌空架起一道离地面20米高、长2.5公里的"藤桥"，将粗大的望天树连接起来，美其名曰"空中树冠走廊"。像一条长蛇，组成一幅美妙绝伦的画卷，踏上晃晃悠悠的"空中走廊"犹如太空漫步，空中揽月"云梯"，凌空颤悠，行人飘然欲仙，真正领略有惊无险、高瞻远瞩的内涵，还可以"会当凌绝顶，一览众山小"，从高空俯视观赏整个原始热带雨林的全貌美景，令人倍感神奇的自然之美。美国生态学家毛尔惊叹不已，激动地说："我到过世界许多国家的热带雨林考察，马来西亚的一条树冠走廊仅高20米。中国西双版纳树冠走廊堪称当今世界上最高的树冠走廊"。旅游界专家说："攀登望天树空中走廊的奇感不亚于攀登澳大利亚悉尼大桥。"游人赞叹说："望天树景点完全可称为天下奇观。""空中走廊"充分体现了勐腊人民的勤劳与智慧，有诗曰：

你这热带雨林神圣的标志，
你这绿色航母上高举的旗杆，
挺拔在80米的高空迎风飞扬，
守望初升的太阳。

我多想扶摇直上，
专采摘天空的云朵，

做成一件绚丽的霓裳，
把生命点缀得灿烂。

或把想象做成火红的花朵，
萦绕在你的枝头绽放，
或变成一只蚂蚁沿着你蓝色的血脉，
在上筑巢与你比邻而居以天为伴。

风吹不断对你的思念，
雨笼罩不了对你的渴望，
你的伟岸你的顽强，
是引领丛林吹响号角的先驱。

贴紧你光滑的皮肤，
感受你骨子里的坚强，
用冲天的豪气，
彰显回归的绿洲依然。

天下奇观揽月"云梯"

望天树群林景观——"林中美王子"

3. 亿年幸存活化石——水杉

1. 来源

水杉*Metasequoia glyptostroboides* Hu et Cheng，别名水桫。中国特产，是古老而稀有的孑遗植物和活化石，为中国一级重点珍稀濒危保护植物之一。半个世纪以前，许多国家和地区见不到它的踪影，人们以为水杉已在地球上消失了，仅仅是一种存在于化石标本中的远古植物。早在1亿多年前中生代的白垩纪，水杉曾广布于欧亚大陆，由于受第四纪冰川的影响，各洲水杉相继灭绝，仅仅在中国小部分地区幸存下来。1941年中国植物学者首先在四川万县和湖北利川发现。1948年由著名的林学家胡先骕和郑万钧两名教授共同将它定名为水杉，引起世界植物学界的震动，被誉为植物学界20世纪重大新发现。

水杉天然分布于川东、鄂西南和湘西北海拔800～1500米山区，生于山谷或山麓附近地势平缓、土层深厚、湿润或稍有积水的地方。目前中国长城以南广大地区，即北起辽宁南部，南至两广、云贵高原，东临黄海、东海之滨及台湾，西至四川盆地26个省、市、自治区和特别行政区普遍有栽培，成为园林绿化用材、沿海防护林、农田防护林及世界上著名的风景景观树种之一，迄今水杉已遍及欧洲、亚洲、非洲、美洲、拉丁美洲五大洲50多个国家和地区安家落户，成为世界上引种最广的树种。为湖北省武汉市、江苏省邳州市的市树。

水杉的发现，为中国绿色宝库增添了一个新的特有物种，也丰富了世界的植物景观，也是中国科学家对世界植物界的伟大贡献之一。

2.形态特征

水杉为杉科、水杉属落叶乔木，高可达40米，胸径2.5米。树皮灰褐色或深灰色，浅纵裂，条片状剥落，内皮红褐色；树干基部常膨大，幼年树冠成尖塔形，老年呈椭圆形，枝丫横展，冠形如伞。大枝斜展不规则轮生，侧生小枝对生或近对生而下垂。叶交互对生，在绿色脱落的侧生小枝上排成羽状二裂，线形，扁平，柔软，几无柄，长1~2.5毫米，嫩绿色，入冬与小枝同时凋落，叶表面中脉凹下，叶背面沿中脉两侧有4~8条气孔线。球花单性，雌雄同株，雄球花单生叶腋或苞腋，卵圆形，交互对生排或总状或圆锥花序状，雄蕊交互对生，约20枚，花蕊3，花丝短，蕊隔显著；雌球花单生侧枝顶端，由22~28枚交互对生的苞鳞或珠鳞所组成，各有5~9胚珠。球果下垂，当年成熟，近球形或长圆状球形，微具四棱，长1.8~2.5厘米，种鳞极薄，透明；苞鳞木质，盾形，背面横菱形，有一横槽，熟时深褐色；种子倒卵形，扁平，周围有窄翅，先端有凹缺。子叶2，发芽时出土。花期2~3月；果10~11月成熟。

3.生长习性

水杉对气候适应范围较广，适生于年平均气温在12~20摄氏度、年降水量1000~1500毫米地区，冬季能耐-25摄氏度低温而不致受冻。强阳性树，喜光，不耐庇荫，但幼苗略耐阴。喜温暖湿润气候及深厚疏松、肥沃而排水良好的酸性土、黄褐土、石灰性土壤、轻度盐碱土均可生长，pH值在5~8.5，但不耐水涝、干旱、瘠薄、土层浅薄、多石、土壤过于黏重、地下水位高、排水不良均不适宜。根系发达，生长极为迅速，幼龄阶段，每年长高1米以上，少病虫害，耐修剪，寿命长，可达950~1200年。在立地条件适宜下，10~15年即可成材。25年以上树始结实，40~60年大量结实，迄100年而不衰。种子多瘪粒。

对二氧化硫、氟化氢的抗性较强，对氯、铅吸收能力较强，并有隔声和减弱噪声能力。

水杉在南方表现为速成、丰产、成林性、成材性好、抗性强，被列为主要造林绿化树种和速生丰产造林树种。

4.培育要点

（1）繁殖方法

繁殖水杉，有播种、扦插及组织培养等方法。以扦插法最为普遍。

1）种子播种育苗：种粒小，空粒多，应选20～25年健壮母树，于10～11月球果成熟即采。种子细小有翅，幼苗柔弱，忌旱怕涝，圃地应选择地势平坦、排水方便、疏松沙壤土。春季于土温12摄氏度以上高床撒播或条播，行距25厘米，播幅3厘米，每亩（667平方米）播种量1公斤左右，选无风时拌沙或细土播种。播后覆盖细土，厚以不见种子为度，略镇压、覆草，播后10天萌发，15天开始出土时，分次揭草及时遮荫，防日晒灼伤及猝倒病，20天出齐。幼苗初期生长缓慢，扎根不深，要精细抚育。城镇绿化，需再分床栽培。

2）扦插　分硬枝插和嫩枝插。硬枝插于春季3月中下旬～4月上旬，插穗选2～3年龄母株侧枝上当年生木质化的枝条，落叶后剪取15～18厘米长，捆扎成束，沙藏过冬。株行距（7～10）厘米×20厘米，入土2/3，露出地面1/3，插后揿实，随即浇水，保持床面湿润。发芽展叶期勤浇水，亦搭荫棚。亦可行全光照育苗。扦插前用50ppm萘乙酸浸20～24小时插穗，可促进提早生根和增加生根量。嫩枝插于6月上旬，在清晨露水未干时，选取长约12～15厘米的半木质化嫩枝，留顶部2～4片叶子，插入土中4～6厘米，株行距5～15厘米。夏插要有叶喷雾设备，宜勤洒水，还要严遮荫，20～25天发根，当年苗高可达25～35厘米。或初秋用半成熟枝的枝端扦插，插后当年不萌新枝，而是完成生根、冬季发育和苗干木质化的过程，翌年春移植后培育成苗。

（2）栽培管理

春季栽植成活率高，随起随栽。远途运输，苗木应浸根吸足水分。栽前挖大穴、施足基肥。小苗带宿土，大苗带土球，勿伤根。栽得苗正，根舒，踏实。填入细土，浇足、浇透水。造林苗木以2年生、高1～1.5米、地径2～3厘米为宜，密度不宜过大，以2米×3米的株行距，每亩110株为宜。10～15年进行第一次间伐，强度为株数的20%～30%，间隔期为8～10年。单行栽植株距2米。生长期追肥，苗期适当修剪，4～5年后不必修剪，以免破坏树形。

危害水杉的病虫害较少，病害主要有赤枯病，于9～10月为害叶部，每周用1600倍液的1:1波尔多液喷洒1次，连续喷3～4次。害虫主要有大袋蛾为害叶及嫩枝梢、水杉色卷蛾的幼虫为害叶部。人工及灯光诱杀及喷"敌百虫"或"敌敌畏"等药剂。

（3）盆景要领

水杉树姿优美，叶形秀丽，色彩多变，生长迅速，是制作盆景观赏的好材料。要使水杉盆景显示出古老而美丽，需做好以下工作：

1）造型　冬季落叶后至春季发芽前以修剪为主，用金属丝蟠扎为辅。制作可单株造型，选粗壮树，截去顶部，按造型要求，逐年修剪并稍加蟠扎，形成自然树冠。或从幼树蟠扎与修剪并施，将枝叶剪扎成层片状。可制作成直干式、双干式、多干式、斜干式、临水式、曲干式等。更宜制丛林式盆景，常选3～5年生的幼树，主干保持原状不加工，侧枝进行修剪或扎成下垂状，配树要与主树协调，使之呈高大挺拔、姿态优美、郁郁葱葱的丛株风光。

2）盆钵　宜选配釉盆和紫砂盆。单株造型用中深圆形、方形、六角形、长方形、椭圆形等形状的盆钵；丛林式盆景多用圆形、长方形或椭圆形浅盆，较大树桩也可用石盆。

3）栽种翻盆　宜春季2～3月发芽前或冬季落叶后进行。盆土以酸性山泥为基质，园土、腐殖土掺入少量沙子。丛林式盆浅，用金属丝绑扎固定根部，使之为一体，翻盆每隔2～3年一次，去除绑扎物及2/3以上宿土，可适当修剪根部与枝条，置于阳光充足、温暖湿润处，盛夏幼树遮荫，大树可不用。冬季连盆埋于室外背风向阳处，或室内越冬，温度0摄氏度左右即可，翌年3月上旬出房。

4）适时浇水，追肥　盆土常保持湿润，见干见湿为宜，勿积水，发芽后逐渐增加浇水量，春夏生长期多浇，秋凉后少浇，高温干燥，叶面多喷水，落叶后控制浇水。生长期每半个月施一次腐殖饼肥、绿肥或人粪尿等。梅雨季节和盛夏高温及冬季落叶后不施肥。

5）及时修剪　每年落叶后至发芽前，应剪除枯枝、病弱枝、交叉枝、重叠枝、轮生枝、过密枝等，并短截长枝；春季发芽后，及时去除过多、过密、位置不当的萌芽，使营养集中。生长期亦可剪除影响造型的多余枝条。

5.欣赏与应用价值

水杉是世界著名的古生树种之一，亿年幸存的活化石，最动人之处在于树干通直挺拔，既似松非松，又似杉非杉，拔地凌空，昂首云天，既不怕风霜雨雪的欺凌，也不怕电闪雷鸣的恐吓，无论面对多么恶劣的环境，都会将自己的根基深深地扎入土地，株株威武雄壮，英姿飒爽，给人宏大伟岸感觉，那不是一般树木所能媲美的。它枝叶扶疏葱茏，枝条向侧面斜伸出，奔放昂扬，宛如欢迎前来观赏的宾客，其身形秀丽，轻盈优雅，既古朴典雅，又肃穆端庄，犹如一座宝塔，人们不仅油然而生阴凉清爽雅静之感，而且为其蔚然壮观及其顽强的生命力和坚强的意志而激励。它枝上行列整齐排成羽状二列柔软线形之叶，片片如凤尾，就像春天里美丽展翅的孔雀，优美怡人，让人赏心悦目。水杉的叶色有着显赫的季相变化：春日嫩绿，点缀着春光更明媚迷人；夏日青葱翠绿欲滴，风过无声，遮天蔽日，给人以绿荫纳凉之感；秋日橙黄至艳紫，为迷人的秋色增辉不少，给人秋风送爽之感；临冬叶色转红，别具一格，极具观赏性，随风飘拂，蔚为奇观。冬日凋落，洁净枝丫仍傲然挺立，伸展在蔚蓝的天空，展现出顽强的生命力，让人更觉它的峻伟气势。是人见人爱的风景树。"在绿树浓荫夏日长"的季节里，那水晶般的苞蕾宛如一粒粒明珠，却又白里透红，微风拂过，荡出缕缕清香，仿佛一首轻音乐。

水杉树姿优美，叶色秀丽，是著名的庭园观赏与绿化树种，最适宜配植堤岸、溪边、湖畔、江河、滩地和水网地区，列植、群植皆宜，在公园绿地中，低洼地可与池杉大片群植，呈现一派郁郁莽苍；在草坪中也可群植，与绿叶阔叶树相混交，每当金秋，叶色更显鲜明，是一大景观；若在湖边、池岸近水处宜作成丛点缀，背衬柳杉或松柏，非常和谐，会相互辉映，景观效果更好；在湖河、港湾周围造林，亦是固土护堤的优良树种；且能吸收有害气体，是工厂、矿山绿化树种，也可盆栽作盆景观赏。

水杉心材褐色，边材白色，材质轻柔，纹理直，易加工，可供造船、建筑、桥梁、电杆、家具及木纤维工业原料等用，亦是质地优良的造纸材料。

6.树趣文化

人类了解水杉是从化石开始的。1941年，日本植物学家山本茂展示水杉果球化石标本，宣称：水杉这种植物地球上已经绝种。这一观点被当时植物界普遍认同。与此同时，一大批中国知识分子都在科学的道路上坚忍不拔，执著追求。1941年冬，鄂西银装素裹，白雪皑皑，在由恩施至万县的古老石板大道上，前南京林业大学副校长干铎，正顶风冒雪，艰难跋涉。当他进到磨刀溪时，发现路边有一株从未见过的高大古树。时值寒冬，无法采集标本，托当地人代办。1942年，干铎收到枝叶标本，鉴定未得出结果，他把情况介绍给了树木学家——南京林业大学第一任校长郑万钧教授。1943~1944年，郑教授先后四次托人采集这株古树标本，确定为一个新种。为做到更加确切，郑教授将标本带到北京静生生物所，请胡先骕教授协助鉴定。两教授经过仔细的查对和研究后一致认为：这个新种就是日本山本茂描述的植物化石新属的一种。1945年，两教授联名在《静生生物调查所汇报》上宣布了这一重大发现，并把这一植物命名为水杉，引起了世界植物界的震动，被誉为植物学界20世纪重大新发现。

干铎先生是"天下第一杉"的最早发现者，鉴于他在水杉学术上作出的贡献，他逝世后，周恩来总理指示将其遗体葬于南京雨花台公墓。"天下第一杉"是世界上树龄最大、胸径最粗的水杉母树，它既是中国的国宝，也是世界之宝。水杉被列为国家一级保护树种。1992年，邓小平同志南巡时说到了生长在湖北利川谋道的"天下第一杉"就是这棵水杉国宝。1988年，日本古植物学家山本茂82岁的妻子千里迢迢来到利川谋道，否决了丈夫生前"水杉灭绝"的断言，当她看到"天下第一杉"不仅没有"灭绝"，而且长得更加葱郁、繁茂时，情不自禁地抱着古树流下了泪水。

2002年8月，利川召开了首届国际水杉会议，专家经实地考察，发现利川有5700多株水杉母树，保存着水杉坝、交椅台、红砂溪等多个原生水杉群落，认为利川是世界现存的唯一的水杉原生种群栖息地，是水杉之乡。

水杉发现后，成为世界和平和友谊的象征，在中国对外交往中，水杉被视为"国宝"，深受各国人民的喜爱。1950年，周恩来总理将水杉种子送给朝鲜，当时金日成首相亲自用花钵培育，以表达对中国人民的友好情谊。1951年，由毛泽东主席赠给苏联。1978年2月，邓小平副总理访问尼泊尔时，将两棵水杉树苗送给首相比斯塔，并亲手栽培在尼泊尔皇家植物园，被尼泊尔人民称为"中尼友谊树"。尼克松任总统时，把心爱的游艇命名为"水杉号"。1979年，中国植物学家代表团访美，哈佛大学安诺德植物园将用有机玻璃熔铸的水杉叶片及果球标本赠送给代表团，并附有美国植物学家、著名美籍华人胡秀英女士用中文写的一首诗："植物学家昔命作，水杉宝树得繁播。友谊互相今复燃，比活化石延年多。"

水杉传入日本后，成为日本三大庭院树种之一。1950年郭沫若听到日本别府大学引种水杉培育成功的消息后，即兴赋诗祝贺："闻道水杉种，青青已发芽。蜀山辞故园，别府结新家。树木犹如此，人生祝有涯。再当游地狱，把酒醉流霞。"

著名学者胡先骕《泳水杉》长诗赞颂："纪追白垩年一亿，莽莽坤维风景好"，"亿年远离今幸存，绝域闻风剧惊异"，"水杉大园成曹剑，四大部洲绝侪类"，"群求珍植遍退疆，地无南北争传扬"，"春风广被国五十，到处孙枝郁莽苍"，"化石龙骸夸禄丰，水杉并过争长雄"。描述各地引种栽培水杉盛况，为中国科技工作者对人类的贡献自豪。

1992年3月10日，邮电部发行一组以水杉为首枚的"杉树"特种邮票，与之配套的水杉首日封也由湖北省集邮公司与利川集邮公司联合即制推出，并于同日在利川举行了隆重的首发式。

水杉 第一树（李世全 摄）

生长在湖水利川

水杉叶片片如凤尾

水杉（李世全 摄）国家确定的公路标准行道树种

贵州植物园水杉黄澄澄秋风送爽

水杉群林景观绿树浓荫

4. 蜚声国际的"中国鸽子树"——珙桐

1.来源

珙桐*Davidia involucrata* Baill，别名鸽子树、中国鸽子树、岩桑、水梨子。中国特产。是世界珍稀和古老的子遗植物。大约在一百万年前的新生代第三纪初期，地球上的植被十分丰富，珙桐的家族也曾繁荣一时，但在第四纪冰川侵袭之后，许多植物惨遭灭绝，绝大部分珙桐在这场浩大的冰灾中消逝了。由于中国名山大川甚多，使冰灾的"魔爪"伸不进来，从而使珙桐在中国小部分地区奇迹般地幸存下来，并坚贞地保持着原来的植物形态。当代的生物考古学家们称它为"植物活化石"，植物学家们誉为"林海中的珍珠"、"绿色熊猫"。被中国列为国家一级重点珍稀濒危保护植物。在生长有大面积珙桐的地方已建立了国家自然保护区。

珙桐在中国于清代同治八年（1869年）首次发现。法国的一位传教士戴维在四川密坪（今宝兴县境内）发现之后，引起了世界上许多植物学家的很大兴趣。1900年，英伦园艺公司，聘请美国的植物学家威尔逊（1856～1939年）来四川考察，发现峨眉山的珙桐很富有代表性，便将种子带至英国，从此珙桐得以在欧洲大陆一展芳容。如今，藏在深山的"中国白鸽"带着和平的使命，正在飞向世界各地，成为闻名于世的园林观赏树之一。

珙桐自然分布带主要在中国西南部，生长在海拔700～2500米的深山密林峡谷之中。最高可达3150米，尤以四川的峨眉山及雷波、马边等县最为集中，湖北的神农架、贵州的梵净山、湖南的张家界和天平山以及云南的东北部和甘肃、陕西等地约10多个市县有间断性的零星分布。中国科技工作者已在多学科深入开展研究，迄今已在许多地方有了珙桐的栽植。近年来，又在神农架发现大面积野生珙桐林，被誉为世界植物奇观。

2. 形态特征

珙桐为珙桐科、珙桐属落叶乔木，高15～25米，最高30米，胸径可达1米，树皮深灰色或深褐色不规则薄片剥落。树枝向上斜生，当年生枝紫红色，无毛，多年生枝深褐色或深灰色。冬芽锥形，具4～5对卵形鳞片，常成覆瓦状排列。单叶互生，叶纸质，无托叶，常密集于嫩枝的顶端，阔卵形或近于圆形，长9～15厘米，宽7～12厘米，先端锐尖，基部心形，具2白色叶状大苞片，形如飞鸽，边缘有三角形而尖端锐尖的粗锯齿，叶表面初时有毛，背面密生短柔毛。叶柄长4～5厘米，少量可达7厘米。花杂性，两性花与雄性花同株，多数雄花与1个雌花或两性花成近于球形的头状花序，着生于嫩枝的顶端，雄花环绕于其同位，基部具长卵圆形或长倒卵圆形花瓣状的白色苞片2～3枚，长7～15厘米，宽3～5厘米，初系淡绿色，继变为乳白色，后变为棕黄色而脱落。雄花无花萼及花瓣，有雄蕊1～7枚，雌花或两性花具下位子房，6～10室，与花托合生，子房顶端具退化的花被及短小的雄蕊，花柱粗壮，分成6～10枝，柱头向外平展，每室有1枚胚珠，常下垂。果实为长卵圆形核果，单生，长3～4厘米，直径1.5～2.0厘米，外果皮很薄，中果皮肉质，内果皮骨质具沟纹，3～5室，每室1种子，具胚乳。4～5月开花，果实成熟期10月。

珙桐为单种科属植物，变种光叶珙桐var. *vilmoriniana* (Dode) Wanger.的特点主要是叶背无毛，或嫩叶时叶脉上被稀疏的短柔毛及粗毛，有时背面被白霜；常与珙桐混生。在欧美栽培的通常是其变种。

3. 生长习性

珙桐分布区的气候为凉湿型气候，年平均气温8.3～16.3摄氏度，相对湿度在80%以上，年降水量1000～1400毫米，多分布在崇山峻岭的沟谷两侧，对土壤适应性强，山地黄壤、黄棕壤、棕壤及红壤均能生长，对土壤酸碱适应性广，pH值小于或等于8的微碱性土壤中均可正常生长。

从分布区气候可见，珙桐的生长需具有潮湿、多雨、多雾、夏凉冬寒的气候特点。从引种适应性表明，珙桐对温度的要求并不严格，中亚热带、北亚热带、暖温带气候条件下均可栽培；而湿度条件要求较高，潮湿的地方比干旱地区生长更好；土壤为酸性的山地黄壤，在腐殖质层厚、湿润、疏松、团粒结构和肥力较高、有机质含量在50%以上的生境，在空气阴湿、云雾朦胧的山涧谷地或溪沟两侧生长最好。

珙桐幼树较耐庇荫，是喜光中庸浅根性树种，无明显主根，侧根发达，毛细根特别多，形成庞大的侧根系。光叶珙桐一般8～10年开花结实，树龄10年后生长迅速，寿命长达800年左右，花期长达5个月之久，盛果期很长，结实有隔年现象，天然更新不良，种子休眠期长，少病虫害。

4.培育要点

（1）繁殖方法

繁殖珙桐，有播种、扦插、高压、嫁接及组织培养等方法。

1）播种 10月下旬～11月上旬将采收毛种（含中、外果皮的果实）置寒冬露地让其自然冷冻，次年3月，将过冬处理毛种埋于露地坑内，保持湿润，到10月下旬取出催芽毛种，或用简便易行尿泡法，新鲜种用鲜人尿淹泡桶内，经1.5～2个月浸泡，果肉及果核壳腐烂，洗净拌草木灰播种。采用点播，株行距20厘米×30厘米，播种深5～8厘米，播后覆细土3厘米左右。出芽时，早晚各浇水一次，次年3月下旬幼苗开始出土，发芽率可达90%，低海拔地区出苗时间更早。幼苗真叶出现前，土壤不能太湿，做好排水，防晚霜，注意通风透气及苗木防病，可喷洒托布津1000倍液或代森锌500倍液预防。真叶出现后结合除草、防病虫害，施0.5%～1%复合液肥或低浓度农家肥。当年苗高50厘米以上，第二年秋达1米以上可出圃移植。

2）扦插 用一年生嫩枝作插穗，长15～20厘米、直径0.9～1厘米，每个插穗上至少要有2个节间，2个芽，去掉下部叶，留上部叶，切口平滑不伤皮。于6月上旬直插到经精细整地的苗床，株行距20厘米×10厘米，切勿倒插，插后踏实，浇透水，常保持床土湿润，约30～40天生根。也可用全光照自动迷雾设备喷雾。为促进生根，提高成苗率，扦插前用ABT生根粉或50ppmα－萘乙酸或吲哚丁酸处理。

3）高压 于3～8月选树冠中上部直径0.5～1.5厘米枝条，纵切约长3厘米，深达木质部，或削去枝条两侧的皮层，宽度为枝条的1/2，用1号ABT生根粉蘸涂切口，用已灭菌湿润草灰土或苔藓包住，外套塑料薄膜筒，两头扎紧，经25～30天，根萌后，去套筒，定植遮荫棚的苗圃，除去少量叶片。此法操作简单，管理方便，育苗期长。

4）嫁接 用2～3年生实生苗作砧木。取已开花树的树冠外围、向阳、无病虫害、健壮的当年生枝条，于落叶后采集，最迟在枝条萌发前2～3周采集。枝接和"T"字形芽接，前者在砧木树液开始流动时进行，后者7～9月树木生长旺盛季节进行。

（2）栽培抚育

苗木移栽宜在落叶后或翌年春芽苞萌动前进行。中、小苗一般可裸根栽植，大苗需带土球。起苗勿伤根皮和顶芽，过长侧根、细弱侧枝适当修剪。植穴上大底平，栽得苗正根舒，踏实，填入细土，浇足浇透水，立支架加固。

珙桐养护应依其特性的要求，即培养10年以上才能开花，幼苗期喜欢阴湿环境，成年树适宜半阴，它叶片大而薄、夏季蒸腾快而量大易因失水造成枯死，怕阳光暴晒和炎热，因此栽培应用中最大制约因素是空气湿度以及夏季高温，这正是引种到低海拔地带栽植成败的关键。处理方法：将移植苗木的土块划分成1.5米宽条带，长度不限，在每块之间挖50厘米的深沟，每到傍晚，将沟内灌满水，让其自然渗透，与此同时，在苗木上方搭建遮阳网或在地面铺适量稻草，以提高空气湿度，降低地面温度，增强苗木光合作用，从而使苗木顺利越夏。目前人工栽培，采用盆栽形式，较容易满足珙桐栽培时环境条件要求。

5.欣赏与应用价值

珙桐被植物学家称为"绿色熊猫"，是世界珍稀和古老的孑遗植物。它虽然树姿壮实，挺拔亭立，有玉树临风之态，却像一位羞答答的姑娘一样，世世代代过着"隐居"的生活，"锁在深山人未识"，那密枝上斜，阔叶浓冠，玉树呈圆锥形，恰似一具鸽笼，"关"着无数只跃跃欲飞的"白鸽"。"桐林深秀，静若太古，云天一碧，夏令如秋"形象地描绘了隐居深山的珙桐。当它跨出了大门，展现出美丽芳容被世人所识，很快成为"和平友谊使者"，成了大千世界的"宠儿"。

初夏是观赏鸽子花开的好时光，晨雾中它含露而放，花形似鸽子展翅，洁白如雪，天姿不染，显得楚楚动人。初开时呈淡绿色，活泼俏丽，生机盎然；盛开时变成乳白色，淡洁素雅，风姿宜人；凋谢时转为棕褐色，姿色不减，风韵不凡。从初开到凋谢色彩多变，一树之花，次第开放，异彩纷呈。此时，奇异而美丽的"花"漫游于绿色长廊上，株株挺秀的枝条上，手掌般大的苞片，成双成对，托着圆形状的花序，在万绿丛中，宛如万千白鸽栖息于树上，洁白的苞片酷似白鸽的双翼，紫红色的花序如同鸽头，黄绿色的柱头又像鸽的嘴喙。山风吹拂，万花齐动，漫山雪白，蔚为壮观，远远望去，有如千万只白鸽摆动，可爱的翅膀振翅欲飞，蔚为奇观，正如《诗·小雅》"如鸟斯革，如翚斯飞"那种飞动之势的意境。这种天生美的自然奇景，实在是别的树木望尘莫及的，令人观赏时乐趣无穷，赏心悦目，流连忘返。

珙桐的果也是很奇特的，秋天果熟时，它们很像一个个未熟透的野梨，给人们带来欢乐的情趣，也给浓重的金秋增添了无限生机。当地老乡都叫它"山梨儿"或"野梨子"，逢人在山中赶路，口渴之际，既能解燃眉之急，又能饱尝这"山梨"发涩粗糙风味。

鸽子树树干挺直，树形高大，美丽典雅，是园林中极其难得的春季观花乔木，孤植于庭园中，可独木成景；丛植或列植于池畔、溪旁，如与常绿树混栽，其景象更加壮观。近百年来，它不仅在国外许多著名植物园中扎下了根，且在欧美许多城市的街头巷尾，直至进入普通居民的庭院，成了世界最著名的园林观赏树种，在欧美被誉为"北温带最美丽的观赏树种"。

珙桐木材色白、坚重、细致、纹理通直、不易腐烂，是建筑、家具、模具、室内装修和工艺美术及雕刻等用材的优质原料。种子、果实都能榨油，油呈黄色，半干性，味道浓纯、清香，是优质的食用油，也可作为工业用油。据测定，果实内的含油量可达47%～67%，还是食品加工用的香料，果内皮可提炼香精。果核含蛋白质14%左右。花是蜜源，树皮与果皮可提取烤胶或作活性炭原料。

6.树趣与文化

在中国的珍稀植物中，有一个以外国人命名的树，这就是珙桐。当初全世界公认它已灭绝，是法国神父大卫·戴维来华当传教士，在四川宝兴邓池沟天主教堂生活期间的重大发现，震动了西方世界。于是西方在给珙桐确定拉丁名时，用了戴维的姓氏（David）作为属名，而以"具苞片的"作种加词（种名）。被世界上誉为"中国鸽子树"。1954年4月，周恩来总理出席日内瓦会议期间，适逢珙桐盛花时节，主人向总理介绍院中那洁白的"鸽子"花是来自"中国鸽子树"（珙桐）开放的。周总理对这种奇特美丽的花十分赞赏，当即指示有关人员，一定要对珙桐的研究加以重视，让我们的城市和花圃中出现"白鸽展翅"，也要有这样象征和平、友好、吉祥的"鸽子"花。正如唐代诗人刘禹锡诗曰："华表千年鹤一归，凝丹为顶雪为衣。星星仙语人听尽，欲向五云翻翅飞。"

1933年罗斯福当选为美国第32届总统，那时白宫有株中国鸽子树，罗斯福常以此树作为幸运的象征，并向他人夸耀。后因气候关系，此树很快就枯萎，罗斯福非常心急，马上向世人宣告，谁有此树，愿以重金相求。四川大学一位教授电告，说中国峨眉山上有很多鸽子树，于是罗斯福立即派他的儿子远涉重洋来到中国四川，从峨眉山移植一株，从此，峨眉山的鸽子树便在美国的土地上开始繁殖起来。它在植物分类中属于单科、单属，有

"独生小姐"的雅号。

关于鸽子树，流传着很多美丽的传说。据说，汉代王昭君出塞，远嫁匈奴的呼韩邪单于。她日夜思念故乡，写下了一封家书，托一群白鸽为她送去。白鸽不停地飞，飞过了千山万水，终于在一个寒冷的夜晚飞到昭君的故乡。这时它们已十分疲倦，便在珙桐树下停下来休息，立时，全被冻僵在枝头上，化成了美丽洁白的鸽子花。

还有个传说更凄楚动人：古时有位叫白鸽的公主，爱上纯朴善良的青年农民珙桐。她把碧玉簪掰为两截，一截赠与珙桐，以表终身。残暴的国王知道后，大发雷霆，马上派人在深山杀死珙桐。公主得知后，不顾一切，逃出宫，奔到珙桐被害处，痛哭不止，忽然在她面前长出一棵形如碧玉簪的小树，顷刻之间，小树长成一棵枝繁叶茂的大树。公主知是珙桐化成，便伸开两臂向这棵树扑去，顿时变成千万朵形如白鸽、洁白美丽的花朵挂满枝头。后人把这种树称作珙桐，以纪念这对忠贞不渝的情人。美国威尔逊博士根据这一美丽的传说，并结合花冠两片巴掌大的叶片，在花盛开时，随风舞动如鸽飞舞，将珙桐命名为"中国鸽子树"，并传遍了世界各地。

据说，珙桐有个"怪脾气"，每逢灾害年头，枝不发达，叶片稀落，花也迟开；而每当风调雨顺年景，都是枝繁叶茂、花开满枝，因此，当地百姓把珙桐开花，当作康泰平安、人寿年丰的象征。

美丽动人的珙桐深受人们青睐。近代诗人钱惕元《珙桐花》诗，描写生动："幽然九老洞，产得珙桐花；双瓣如合掌，对开若破瓜。惟希争雪白，不欲以香夸；怪底人饶舌，偏令泛海槎。"擅长花鸟画的陈子庄先生题《峨眉珙桐花》诗，更是别富雅趣："春去还飘雪，珙桐正试花。凤鸟今未至，不许乱栖雅（鸦）。"四川大学校长程大放，1938年畅游峨眉，正值珙桐盛开，赋诗赞其奇："名山不愧称山府，嘉开端宜植玉京。安得结庐依绝二，便从九老学长生。"诗人表示愿在这深山绝险之地结庐而居，像九老仙人那样远离尘俗，静修其间，以期终生相伴。唐代高僧可朋，是禅林中的杰出诗人，世居峨眉山下，咏有《桐花凤》诗曰："五色毛衣比凤雏，深花丛里马如元。美人买得偏怜惜，移向金钗重几株。"诗中说，桐花凤毛色美如小凤，体形小像蜜蜂似的深隐于桐花丛中，爱美的少女常将它和金钗并在一起，作为头上的装饰。

四川峨眉山万年寺内的珙桐林　玉树临风

鸽子花，张家界国家森林公园　美丽的公主

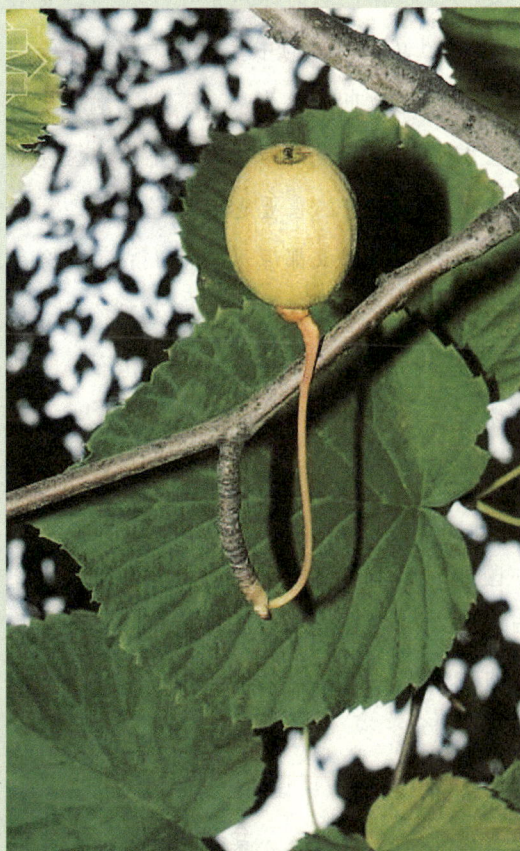
珙桐果实："熟透的野梨"

5. 亿年前恐龙的主食——桫椤

1.来源

桫椤*Alsophia spinulosa*，别名：树蕨、蕨树、水桫椤、刺桫椤、大贯众、龙骨风、七叶树。是一种起源古老的冰川前孑遗植物，是古老蕨类家族的后裔。早在距今约1.8亿年前的中生代侏罗纪时期曾与鳞木、封印木等木本蕨类植物广泛分布，极为繁盛，成为地球上的"统治者"。它和恐龙同生共荣，亦是当时草食性恐龙等大型动物的主食，成为生物界在远古时代地球上的重要标志。经过第四纪冰川的侵袭，大量种类绝灭，多数蕨类树木都埋于地下，成了迄今的煤炭。然而桫椤家庭一些成员于热带和亚热带中适宜生态环境"避难所"里残存并繁衍至今，被誉为木本蕨类植物的"活化石"，为世界珍贵物种，与银杉、水杉、秃杉、望天树、珙桐、人参、金花茶等列为中国一级保护的珍稀濒危植物，并在贵州赤水和四川自贡建立了国家桫椤自然保护区，依托自然保护区内大片桫椤，贵州省赤水市正在计划打造"中国侏罗纪生态公园"，向世人展现侏罗纪时代的场景。富有热带雨林奇色异彩的海南省尖峰岭保护区内的桫椤林被选为联合国教科文组织"人与生物圈"热带生态系统研究定位站之一。

桫椤科在全世界共有6属500余种，中国2属、14种和2变种，种类虽不多，但地处于该科植物分布的北缘，其种类和分布有一定的特色，亦广布于境内北纬18°30′～30°30′的福建、台湾、海南、广东、广西、贵州、四川、云南、西藏等省（区）。尼泊尔、不丹、印度、缅甸、泰国、越南、菲律宾和日本南部也有分布。一般生长在海拔250～900米沟深谷狭、溪边或林缘灌丛的静风、高湿、荫蔽的生境中，常与山蕉伴生，最高可达海拔1500～1600米，相对湿度80%以上，年均气温15摄氏度，年均降雨量1000毫米以上。

2.形态特征

桫椤为桫椤科桫椤属多年生树形蕨类植物，染色体数目为$2n=138$。孢子体的茎直立，高通常1～6米，有的可达10米以上，胸径10～20厘米，上部有残存的叶柄，向下密被交织的不定根。叶螺旋状排列于茎顶端，茎和拳卷叶以及叶柄的基部被密鳞片和糠秕状鳞毛，鳞片暗棕色，有光泽，狭披针形，先端呈棕色刚毛状，两侧有窄而色淡的啮食状薄边；叶柄长30～50厘米，通常棕色或上面较淡，连同叶轴和羽轴有刺状凸起，背面两侧各有一条不连续的皮孔线，向上延至叶轴；叶片大，长椭圆形，长1～3米，宽0.4～0.8米，三回羽状深裂；羽片17～20对，互生，基部一对缩短，长约30厘米，中部羽片长40～50厘米，宽14～18厘米，长椭圆形，二回羽状深裂；小叶片18～20对，基部小羽片稍缩短，中部的长9～12厘米，宽1.2～1.6厘米，披针形，先端渐尖而具长尾，基部宽楔形，无柄或具短柄，羽状深裂；裂片18～20对，斜展，基部裂片稍缩短，中部的长约7厘米，宽约4厘米，镰状披针形，短尖头，边缘有钝齿，叶脉在裂片上羽状分叉，基部下侧小脉出自中脉的基部；叶纸质，干后绿色；羽轴、小羽轴和中脉上面被糙硬毛，下面被灰白色小鳞片。孢子呈钝三角形，黄褐色，孢子囊群着生在叶片背面侧脉分叉处，靠近中脉，有隔丝，囊托凸起，囊群盖球形，膜质。

同属其他种：黑桫椤 *C. podophylla*.叶柄、叶轴和羽轴均为栗黑色至深紫红色，稍有光泽。

3.生长习性

性喜温暖湿润的气候，耐荫蔽，畏干旱，忌水涝与阳光暴晒，亦不耐寒，5摄氏度可安全越冬，要求夏无烈日灼烤、冬无严寒侵袭、降雨丰富、云雾多、日照少的特殊生境。适生于肥沃疏松的酸性沙质壤土，尤以沙壤中壤质地的土壤为宜，土壤pH值为4.5～5.5。桫椤生长发育特性：腋芽3月上旬开始抽发，5月出现发叶量的第一个高峰，9月为第二个高峰，从11月上旬至翌年3月上旬为休眠或半休眠，10年以上的植株才进入生理成熟期，1.2米以上的植株才开始生长孢子。在西双版纳，孢子囊群2～3月份开始孕育，4月发育，

5月趋于成熟，6月开始成熟，在人工条件下，从孢子的萌发到丝状体，原叶体到幼孢子成熟整个生活周期约10个月。

4.培育要点

繁殖方法采用分株、孢子播种、组织培养等。

（1）分株法

指从野外采掘后移回种植，可地栽，也可盆栽或桶栽。无论采用何种栽培，相对湿度要大，应抓如下环节：

1）土质　选用林中腐叶土。使用前用70%甲基托布津或50%多菌灵等200～300倍液药剂消毒杀菌，栽植时土拌呋喃丹毒杀地下害虫。

2）植穴　按植株大小，挖深50～100厘米，60～120厘米见方的穴。四周做好排水沟。

3）掘苗　树高1米，挖60厘米的树盘，盘外的根全部断开，深30～50厘米。将10厘米以上的羽状主叶全部剪掉，10厘米以下的2～3个主嫩叶留下。供异地用苗，用鲜苔藓泡水后挤去70%左右的水，将根茎部包扎，上绳，装入木箱，箱内空间再用苔藓填满就可远运。

4）定植　春秋进行。应随挖随种，栽得苗正，填入细土，踏实，浇足浇透水，搭60%的遮光网，常向叶面和茎干喷雾状水，高温时不宜进行，冬季应防霜冻。30天后新主叶就可长大，其他嫩叶也开始萌动。

5）施肥　每年施2次腐熟有机肥，每株20～50公斤；除冬季外，每2个月每株追施一次0.1～1公斤复合肥。每次施肥后应浇水，松土。

6）修剪　当羽状主叶长出10～12片，应由下至上剪除多余的老叶残叶，以促进植株生长健旺。

7）病虫害防治　桫椤在自然环境下基本无病害，移植后应预防为主，每月对树体和树盘喷洒一次70%甲基托布津或50%多菌灵600～800倍液。害虫主要有蚂蚁和蜗牛，蚂蚁用百树得或功夫农药喷雾灭杀。蜗牛用螨克星和灭蜗灵等撒在树盘表面灭杀和人工捕捉。

（2）孢子繁殖

利用就地自然环境进行孢子繁殖，其成活率高，幼苗生长快，移植后适应性强，既节约成本，又达到快速繁殖的目的。主要技术措施：

1）采集孢子　于8～9月份，选10年以上、枝叶繁茂、健壮、成熟、无病虫害、孢子饱满的母树采集孢子。用薄布盛满（薄布以雨水渗透流下为准），每隔2~3小时收集孢子一次；或直接采集孢子较多的叶片，随时采集随时播种。

2）就地播种　圈地选距母树30米处的林地，不必全垦松土，只清除杂草，保留2米以上的灌木和乔木，作遮荫之用，四周做好排水沟，土壤经消毒。一周后播种。播时应极为细心，轻轻均匀地将孢子撒播于圈地里。

3）苗期管理　播后15~20天，孢子萌发成丝状体，继而扩展成匙形或扇形的早期原叶体，当原叶体长至宽约6毫米时，精子器和颈卵器已形成，原叶体颜色变褐色时，已成老化阶段。幼孢子体长出的只是很小一个叉形叶，以后逐渐长成幼苗，经1年精细抚育，幼苗5~7片叶时，移植到浅栽苗床上。移植后仍要勤除草、勤喷水、遮好荫，并适当施复合肥。

人工繁殖亦可直接将孢子播种于腐殖土加酸性田土的基质上，经配子体世代产生孢子体幼苗植株。

（3）组织培养

桫椤的孢子体生长缓慢，生殖周期长，孢子的萌动和配子的发育及配子的交配都需要温暖和湿润的环境。而用桫椤的嫩叶和孢子通过组织培养获得桫椤的小植株，从而促进了桫椤人工快速繁殖，将有利于桫椤资源的保护和开发利用。

5.欣赏与应用价值

桫椤茎干亭亭玉立，苍劲挺拔，高者可达10米以上，形如椰子，风姿袅娜，婆娑雅态；矮者不盈丈，有点像苏铁，秀丽端庄，风姿绰约，远近高低错落有致，引人思古，令人遐想。它树形多姿，双株并生，宛如一对亲生姐妹在窃窃私语，倾叙如何远嫁，再为享有"蕨类植物之王"美誉争辉。那深褐色或深黑色茎十分独特，微呈上下粗、中间细的哑铃形，表面布满六角形斑纹，脱落清晰叶痕明显呈菱形交互排列，茎干外面长满相互交织的气生根，形成厚厚一层"根被"，十分好看，呈现出神奇的植物景观，激发着人们的探索欲与无限的游兴。茎的顶端一片片大大的羽状分裂叶片螺旋排列，向四周伸展、铺洒，状如华盖，遮天蔽日，远看像少女撑开的一把大绿伞，雄姿撑在地面，四季常青，冬夏披绿。微风吹拂，形如凤尾，随风起舞，风采动人，像招手欢迎来自五湖四海的宾客。幼苗好似金毛狗脊，形态幽雅、素装，清奇美观。桫椤没有花，也不结果实和种子，而是靠毫米内几百上千粒肉眼看不见的"小孢子"来传宗接代。现有1.2万多种蕨类植物，是一个"人丁兴旺"的大家族，但当今的它，不论是美味佳肴的蕨菜也好，还是生长在雨林中状似王冠的"王冠蕨"也好，它们都是植株矮小的草本中的成员，只有桫椤呈木本性状，故十分珍贵，且是研究物种的形成和植物地理分布关系的理想对象，视为国宝。

桫椤茎干挺拔，树姿优美，叶色鲜绿，是优秀的庭园观赏植物，可植于庭院阴湿处、大树下、沟坡间，也可盆栽供室内、客厅、阳台陈列大型观赏佳品，还可作覆盖植物和绿化树种，是水土保持的优良蕨类植物。其茎部干后常被称为蛇木，可制蛇木板、蛇木柱、蛇木屑等，作附生类植物的支撑物，如热带气生兰等，均有良好的观赏效果。

桫椤树干外皮坚硬，花纹美观，可制笔筒、镜架、花瓶等器物或其他工艺装饰品。髓心较柔软，富含淀粉约27.4%，可提取淀粉代食品，并能直接烤食或进行酿酒。髓心还可入药，可驱风湿，强筋骨，清热止咳。中药里称为龙骨风，常用于治疗跌打损伤、风湿痹痛、肺热咳嗽、预防流感、流脑及肾炎、水肿、肾虚腰痛、妇女崩漏、虫积腹痛、蛔虫、蛲虫和牛瘟等。内茎汁液，外用可治癣症。

6.树趣文化

1983年，专家在"桫椤之乡"贵州赤水市发现上万顷"恐龙食物"桫椤树。该市宝源乡村发现，在这个村的一些巨型岩石上有形状像鸡爪的脚印，乡亲叫它"天鸡石"。"天鸡脚印"长约42厘米，宽28厘米，不仅每个脚迹的长、宽相等，且脚迹之间的距离也几乎相等，约60厘米。科学家推测这是一种巨蜥类动物走过后留下的脚印化石，很可能就是生活在侏罗纪时代的恐龙。而在自然保护区的四川自贡已发现200多个恐龙化石点，出土的恐龙化石骨骼数以万计，几乎囊括了侏罗纪时期的恐龙类别。科学家一直努力跋山涉水搞研究，企图在这些地区找到恐龙的蛛丝马迹，可至今仍是个谜，令人遐想。

有则张果老仙手栽桫椤的神话传说。"孔雀彩屏戏溪涧，虬蛟恐龙任川游。不是果老植神树，奈何留却活化石。"诗中将桫椤神话了。说的是：八仙之一的张果老，倒骑毛驴云游天下，至四川乐山落脚在五通桥的石麟镇，见蓝天白云，洞水潺潺，悬崖峭壁，青山绿水，风景绮丽，但仍觉美中不足，缺了苍翠欲滴、挺拔秀雅的桫椤宝树。于是仙人神手一挥，将名贵的桫椤种在李家沟的坡崖上，造就了此处大片的桫椤林。这就是如今闻名中外，被专家定名的桫椤保护区，并成为乐山大佛旅游区的新景点。

福建南靖亚热带雨林保护区400余年桫椤群

四川乐山桫椤群　神奇景观迎四海宾客

四川乐山凌云寺桫椤　祈福太平

四川乐山桫椤　孔雀展屏

四川乐山桫椤群"恐龙食物"

6. 古植物的活化石——水松

1.来源

水松*Glyptostrobus pensilis*，别名稷木、水石松、水绵。水松在中国古代称为稷，公元前3世纪《山海经·西山经》中记载"又西四百里稷阳之山，其木多稷、枏、豫章"。晋代郭璞注："稷似松，有刺，细理。"晋代嵇含《南方草木状》中："水松，叶如桧而细长，出南海。"在白垩纪和第三纪时，它与水杉、落羽杉曾广布于欧洲、亚洲、美洲，至少有5~6种。在第四纪冰川期后几乎绝灭，现全世界只遗存一种留在中国，系第三纪的孑遗树种，是世界上著名的古生"活化石"树种之一，为中国特有的单种属树种，被列为国家一级重点保护植物之一，且被世界保护监测中心（WCW）列为稀有种，《中国植物红皮书》列为濒危树种，国际松杉植物专家组（CSG）列为二级渐危种。美、英、日等国先后从中国引种繁殖。水松在中国主要分布在广东、广西、福建、江西等省（自治区）的部分地区。生长于海拔1000米以下的河流两岸、水边、田埂、湖畔潮湿环境。在福建屏南县、浦城县等地尚保留有小片天然纯林。现长江流域各城市都有栽培。

2.形态特征

水松为松科水松属落叶或半落叶乔木。高达8~16米，少数可达20米以上，胸径达1.2米，树冠圆锥形，树皮呈长条状浅裂，干基部膨大成柱槽状，并有屈膝状呼吸根露出地面，大枝平展或斜伸，小枝绿色。叶互生，二型；主枝的叶为条状钻状形，叶螺旋排列，侧枝的叶为条形，基部扭成2列状，上面深绿色，下面有粉白色气孔带2条，中脉明显，冬季与小枝同落；鳞形叶较小，紧贴生于小枝上，冬季宿存。球花雌雄同株，雄球花单生于枝顶，椭圆形，雄蕊15～20个，雌球花卵圆形，有珠鳞20～22个，包鳞着生于其背面，转珠鳞大，珠鳞腹面基部有2胚珠。球果倒卵形，直立，果长2～2.5厘米，种鳞木质，背部上缘具三角形尖齿6～10，近中部有一反曲尖头，发育种鳞具种子2粒，种子椭圆形，微扁，褐色，基部有向下生长的长翅。花期1～2月，球果10～11月成熟。隔年结果一次。

3.生长习性

强喜光，不耐庇荫，喜暖热湿润气候，年平均气温15～22摄氏度，年降水量1000～2200毫米，水热同步，生长良好，亦具有一定耐寒性，其低温不低于10摄氏度。极耐水湿，耐水淹；生长在沼泽地的植株具膝状呼吸根，在河、湖水面以上15～30厘米处的植株生长状况最佳。对土壤适应性较强，在中性、微酸性土上生长尤佳，抗盐碱能力强，最适富含水分的冲积土。主根明显，根系发达，萌芽、萌蘖力强，寿命长，不耐环境污染，尤忌含硫的气体。

4.培育要点

（1）繁殖方法
多采用播种、扦插法繁殖。

1）播种繁殖　其发芽率达85％以上。选20年以上生的母树，于10～11月球果由粉绿色转浅黄色，鳞片微裂时采种。暴晒数日，取出净种即可播种。在无霜地区的华南宜在当年随采随播或翌年2～3月播种。高床条播，行间距离20厘米覆土0.5厘米，播后浇透水、盖草、搭棚、遮荫。苗高20厘米左右，于5～6月分床移栽，株行距(20～25)厘米×(30～40)厘米。移栽可用水养法育苗，夏季气温高，日间自流灌溉，水可浸过苗床3～5厘米，晚间将水排出。经分栽培育，苗高1.5米以上，可出圃定植，株行距以(1.5×1.5)米～(1.5×2.0)米为宜，长江流域一带栽植时，通常不必修剪，植后2～3年内应注意保护幼树主干顶芽，除草培土及防寒越冬，以免受冻害。

2）扦插繁殖　春插于2月下旬至3月中旬进行。宜选用冬芽饱满的一年生壮枝，长12～15厘米。插穗基部用50ppm萘乙酸溶液浸20～24小时，插后保持土壤湿润，切忌过湿或过干燥。20天后开始生根。

（2）盆景栽培

据广东佛山盆景专家刘锐泉先生多年培植水松经验，要做好水松盆景要注意以下几点：

1）截枝法　挖地植水松，根系发达，制大树型盆景；前根大，后根小，制大飘枝盆景；弱小的制景悬崖型和回头型盆景。制大树型，干径以10～15厘米为宜，第一次于5月份，树干离地面20～25厘米截干，树桩斜放于密底瓦盆莳养。长新芽后，选一粗壮枝，其余剪除。1～2年后新芽长到树下桩2/3大，与树上桩之间成为30度角曲位，第二次挖起全株，于第一次锯断层上20厘米处锯断，亦与第一次反方向斜放盆中；第三次按第二次做法则可。经三次截干，水松树桩形成笋形而三曲线上升，树干造型就达到目的。

2）定托枝法　依树型确定托位，一般第一枝托应在树干1/3的高度处留托最佳。2～5托位，依树干高低而定。定托后，剪掉多余枝条，且以品字形向上递减，其枝托走向应有前后、左右、上下的布局。定托掌握"枝法三刀"。即枝托长到适合度留3厘米处剪去，第二节应比第一节短，对朝天枝、下垂枝可在每枝托中留一二点衬托。剪后第一节长新枝，让它换方向用铜线或铝线捆扎枝条扭曲成跌枝或平枝、飘枝，三个月左右枝条定型后去铜线，任其自然生长。枝托出芽以凸位出现较理想。对死曲枝、交叉枝、平等枝、重枝、倒后枝应及时剪去。经枝法三刀，可形成枝托有力，跌拓有势，走向适中，使观者有自然美的感受。

3）修顶枝法　其法一，控制顶端高度，在锁定的位置上，去顶，留三叉状新芽，去掉多余芽。待新芽长到适合高度再剪去，三枝变成六七枝，相互相生，高度就锁定了；其法二，顶部走向跟着树头走向，形成上下呼应，顾盼传神；其法三，修顶结束时，以不等三角形、疏而有度为佳。

5.欣赏与应用价值

水松树形高大，高峻而益显巍峨，挺拔秀丽而不失俊俏，像一位美貌仙子端坐云霄。广东省韶关市南华寺的九龙泉下，长着5株亭亭玉立的古水松，其中最大一株，胸径120厘米，高达40.6米，树干端直笔挺，超凡脱俗，直指苍穹，相传是明代修建六祖庙时为高僧丹田所植，树龄600余年，堪称水松家族的老寿星。

瑞士有位作家说得好："树木是圣物，它向人们宣讲自然的原始法则。"南华寺这些历久不衰的古水松，富含自然界历史长河的韵律，具有壮美雄奇的魅力，吸引许多中外专家学者和游人前来参观考察，采访寻踪。

江西上饶水松在弋阳，余江河湖沼泽水湿地带安家，与水结下不解之缘，沿湖残存6株，树龄达千年以上，最大一株胸围7米，高20～22米。每株背有膨大的柱槽状瘤体增生，最多一株达13个，最大的瘤的围径达10米，并沿水面伸出屈膝状的吸收根，一簇簇出水堆坐，且错落有序，形似假山，甚为奇特，给水乡带来了别具一格的植物生态地理景观。据艾姓族谱记载：本族迁来已有38代，在迁来之前水松已存在，依此推算，为唐代遗物，皆为千年遗老了。

水松树冠春夏秋三季苍绿若绒球，临风摇曳，亭亭玉立，生机盎然，显得自然俊美。它的枝叶精巧，疏淡有致，柔滑坚韧，叶质柔中有刚，入秋后叶变褐色，微风一吹，甚为可爱。叶姿潇洒：鳞叶，宛如菱带，落落大方，在小枝上宿存2～3年之久才脱落，线叶，似麦门冬，菅茅，秀美纤巧，条形叶，酷似长剑指天，刚劲峻拔，它们组成了一曲绿的神韵，宛如团团云彩辉映着蓝天。可惜后两种叶好景不长，到了秋冬季节都会随着小枝一同飘落。

水松树姿端庄优美，是江南优良的观赏树种，列植或群植堤岸、河边、湖畔及池塘低湿处栽植观赏，在湖中小岛植数株尤为雅致，也可盆栽观赏。水松根系发达，可作防风护堤及水边湿地绿化树种，也常植于园林水边观赏。

木材淡红黄色，材质轻软，纹理细，耐水湿，耐腐而不变形，耐腐力比杉木强，相对密度0.37～0.42，可供造船、建筑和造桥梁、家具等用。根部木质轻松，相对密度0.12，浮力大，是裸子植物中材质最轻的一种，可供制作救生圈、渔网浮子、瓶塞，或用于建筑恒温室和冷藏库，其他木材无法替代。水松的球果、树皮含单宁，为栲胶的原料。果和枝叶入药，有祛风除湿、收敛止痛之效。

水松用途不菲，又为中国特有的单种属植物，为古老的残存种，对研究杉科植物的系统发育、古植物学及第四纪冰期气候等都有较重要的科学价值。迄今华夏大地现存数量相当稀少，百年以上的更是罕见。据查，广东中部，尤其广州白云山脚，数千年前有大面积的水松林，后来，人们在兴修水利或搞基本建设的过程中，在挖出的泥炭土层中，发现很多古代遗留下来的水松的树头和根，而现在基本上看不到野生的水松生长了，目前残存的系人工栽植。水松之所以日趋稀少，除人工砍伐、地球气候变化原因外，还跟其本身的生态弱点有关：果实病虫害严重，健壮种很少，萌芽条件需适宜环境，抗污染能力极差，自然更新十分困难，若不给予特别保护，中国特产的这种古植物可能在若干年后就会趋于灭绝。

6.树趣文化

先人认为松是坚忍、顽强、高风亮节精神的象征。林木使人们有栖身之所、生活之源，因此，人们广植树木、热爱树木、尊敬树木，与树木结下不解之缘，把它看成是村寨人的保护神，是美好、幸福和希望的象征，从而使得村前寨后一片翠绿，风景秀丽，空气清新，就是这种图腾崇拜的村规民俗带来的结果。如生长在云南省富宁县者桑乡百恩村芭河寨前的一棵树龄达500多年、树高30多米、胸径1.86米、冠幅11.4米的水松，由于人们把它作为"神树"加以保护，至今仍干形圆满通直，枝叶旺发，树姿优美、古雅、结实，成为云南水松之最。可见，人们应发扬良俗，把对自然生态的尊崇保护精神延续下去，江山的国宝就能发扬光大。

有则古水松险些成了瓶塞的故事：1980年的一天，广东高明市新圩镇鹿岗村的村民在村边挖鱼塘时，发现了一片密密麻麻、粗细不同的树根，分布面积达数十亩。当地村民知道找到了水松树头，便开始大面积施工，把古树鼓胀的根部做成保温瓶塞。专家们闻讯，立即赶赴当地制止挖掘。据专家研究发现，原来该地区在历史上曾经是西江边上的一片湿地，生长着成千上万棵十分喜温喜湿的水松。经测定，这片水松全部是被冻死的，死亡时间大约是距今2030年前。据介绍，中国的气候学家曾经推断该时期为中国历史上的"新冰期"，但却一直没有更多的证据。这片水松的出土，无疑成为"新冰期"的一个实物证据。

此后，广州地理所的专家对现在树干园内的古水松进行了年轮宽度的研究，为预测中国乃至全球未来气候变暖提供了科学依据。

广西浦北县江城镇大新村有对400多年古水松，二松根部相连，并立生长，枝条互相搂抱，犹如一对孪生兄弟亲密无间。相传，此树是该村宋氏家族宋宗公栽植，其用意是：如果宋氏家族中有人考上状元，就在树上挂彩旗，敲锣打鼓，在树下集会庆贺，所以人们称为状元松。新中国成立后，村里有人考上大学，村民们在树下隆重欢送，以此激励学子勤奋读书、多出人才。

福建漳平市永福镇李村耸立着一株1300多年古老水松，树高20.1米，胸径310厘米，堪称"古水松之王"。俯视，其庞大的根系像龙爪一样，深深扎进地里，仰视，树形高大如塔，雄伟苍劲，树姿美丽。虽经数百年风雨沧桑又曾遭受雷击，干成空心，却依然巍然挺立，枝叶仍郁郁葱葱，每年都开花，硕果累累，显现出强大生命力，村民视为"风水树"，十分珍视、喜爱、自觉呵护。

2006年3月12日植树节，中国邮政局发行《孑遗特种邮票》一套，共4枚，其中，第2

枚为"水松"，取材于福建宁德市屏南县岭下乡上楼村成片原生天然水松林，是至今为止已发现的全世界保存最完整的水松林，成为世界稀罕的植物活化石。让"方寸天地"陶冶人们的情操，增长人们爱护古树名木的知识，并给人们带来美的精神享受。

春江一曲绿的神韵

宠松湖面倒影水中

树树出水堆坐如山

高峻巍峨直上云天

水松果枝

（来源：《中国植物红皮书》）

水松，美貌仙女舞娉婷

7. 植物王国里的大熊猫——银杉

1.来源

银杉 *Cathaya argyrophylla* Chun et Kuang，别名：杉公子。中国特有的植物。是世界珍稀和古老的孑遗植物。远在地质时期的新生代第三纪时，曾广布于北半球的欧亚大陆，在德国、波兰、法国及前苏联曾发现过银杉的化石，但是，距今200～300万年前，地球发生大量冰川，几乎席卷整个欧洲和北美，许多植物惨遭灭绝，绝大部分地区银杉在这场浩大的冰灾中绝迹了。然而，在寒冷的冰川中难于生存的许多古老的植物却在中国群山耸立、地形复杂的西南部找到了立足之地，并坚贞地保持着原来植物的倩影，银杉、水杉、珙桐和银杏等珍稀植物就这样被保存了下来，成为历史的见证者。当代的生物考古学家们称它为"植物活化石"，植物学家誉为"林海的珍珠"、"绿色熊猫"。1991年《中国植物红皮书》（第一册）定为稀有濒危国家一级保护植物，有"国宝"、"世界之宝"的美称。在最早发现银杉的广西龙胜花坪林区建立了国家自然保护区。

银杉是20世纪50年代继水杉之后发现的又一活化石植物（即《水杉歌》中所提"近有银杉堪继武"）。不久，在四川金佛山、贵州的道真、湖南的新宁，又陆续发现。这些残遗分布区，具有着共同特点：分布区为北纬24°8′～29°13′，东经107°10′～113°42′，海拔900～1800米多云雾、少日照、湿度大的石灰岩地区，生长于狭窄山脊、山顶或悬崖陡坡，要求温暖的向阳坡；立体环境几乎都是古生代泥盆纪以前地层，植物区系原始古老性较强，且其主要组成树种大都为较古老的中国特有种类，土壤浅薄呈酸性反应。

2.形态特征

银杉为松科银杉属常绿乔木，高达2米，胸径40厘米以上；树干通直，树皮暗灰色，裂成不规则的薄片；小枝浅黄褐色，无毛，具微隆起的叶枕，大枝平展；芽无树脂，芽鳞脱落。叶条形，扁平，略镰状弯曲或直，长4～6厘米，宽2.5～3毫米，端圆，螺旋状排列，辐射伸展，边缘略反卷，下面沿中脉两侧具极显著的粉白色气孔带；雄球花大于雌球花，雌雄同株，雄球花穗状圆柱形，长5～6厘米，生于老枝之顶叶腋；雌球花生于新枝下部叶腋。球果卵形、长卵形或长圆形，长3～5厘米，直径1.5～3厘米，下垂，熟时淡褐色或栗褐色，种鳞13～16枚，木质，蚌壳状，近圆形，背面有短毛，腹面基部着生两粒种子，宿存；种子倒卵圆形，长5～6毫米，暗橄榄绿色，具不规则斑点，种翅长1～1.5厘米。5月开花授粉，翌年6月受精，球果10月成熟。

3.生长习性

喜光，阳性树，喜温暖湿润气候和排水良好的酸性土壤，pH值为4.5～6.0；根系发达，多生于土层浅薄、岩石裸露、坡度较陡的山脊，表土有机质含量较高，可达10%，具喜湿喜雾、耐寒、耐旱、耐土壤瘠薄和抗风特性；年平均气温在8～14摄氏度，年降水量约1500毫米；枝条多集中在树冠上部，多平展，叶片密集于1～3年生枝上，老枝叶脱落，树冠之下多见枯枝，生于阳坡山脊的植株结果较多，长在陡坡、岩壁的常形成偏冠。银杉残存的个体少，生活力弱，适应性差，生长缓慢，结实期晚，发芽率低。

4.培育要点

（1）繁殖方法
多用种子繁殖。用扦插法或嫁接法繁殖时成活率低。

1）采种：种子成熟很特殊，当年授粉但球果不发育成熟，授粉一年（约13个月）之后才受精，球果才发育成可繁殖种子，其过程约需16个月，幸存者不多，自然坐果率约20%，大小年明显，间隔2～3年，才有一次丰收年，每球果仅有种子3～5粒，多至8～9粒，且发育不良，多瘪粒，种子饱满度约为62%，有时更低。

球果9月下旬~10月上旬成熟，球果由青绿变青黄褐色即已成熟，应及时采收，置于阴凉通风处阴干，忌烈日暴晒，待种鳞裂开，筛出种子，轻搓种翅，得纯种。千粒重17~22.6克，应随采随播，不能干藏。若不能即播，以湿润沙贮藏，沙种比为4:1或5:1，且不宜层积贮藏，否则易霉变，每10天检查一次，严防鼠害，湿沙贮藏时间最长不超过90天。

2）细致播种，苔藓覆盖：床面平整，条播沟深约1厘米，条距10厘米，种子摆匀，株距3~5厘米，用过筛山灰覆盖，厚约0.5厘米，苔藓床面全覆盖，即播，以活动竹帘荫棚护荫，圈地覆盖薄膜，可增加空气湿度，防病虫、鸟危害。

3）栽培技术：丘陵区引种栽培，各项技术应模拟天然银杉林的自然生态，经培育2年后，于立春至雨水期间移苗，适当带土，切勿伤根。栽植时，穴内放一撮菌根菌土，苗栽正，分层压实，浇透水，表层盖2~3厘米松土，并用苔藓覆盖，大苗带土球，定植穴要大、深，长、宽、深各1米，穴底铺垫20厘米石块以利透水，再填20厘米厚的松材表层菌根菌土，植后，至少精心管护2年，常保持土壤湿润，勿过于潮湿，适时调整透光度，盛夏以30%为宜，秋季40%~50%，阴雨天揭开荫棚，适当施肥，原则"少食多餐"，可结合抗旱施0.5%尿素溶液或复合肥溶液，切忌淋过浓人粪或化肥，不宜施基肥，及时防病虫害，大苗不需修剪，只宜修去枯枝、病枝及内膛过密的弱小枝等。

（2）盆栽技术

盆栽于早春进行，盆土以疏松、团粒结构好、利通风、透气、渗水、pH值4.5~5.5之间富含有机质腐叶或山土；盆宜选用具砂质釉陶盆。盆底填碎瓦片。带土团粒植于中央、回填肥沃培养土、压实、浇透水，置于阴凉通风处，一周后逐渐移到阳光充足处，可正常管理。生长季节每半月或20天施1次腐熟的稀薄有机肥液体肥料，也可每月追施1次颗粒复合肥或混合颗粒肥。

浇水次数和浇水量根据气候环境等条件而定，一般春季每10天半月浇水1次，遇春旱、风大，水分蒸发快，每5~7天浇1次，保持土壤湿润，夏季是生长旺期，要保持盆土绝对湿润。三伏天增加浇水量，每天浇1~2次。

（3）修枝整形

银杉萌发力强，不论盆栽或地栽，均应修枝整形。地栽，要趁早修去基部的侧枝，以促进主干生长；盆栽多为矮壮植株，应提早摘除主干顶梢，以促进侧枝生长，以形成笼状，更具观赏价值。

（4）主要病虫害

主要病害：立枯病、细菌性梢腐病、白叶病；虫害：金龟子、小地老虎、小蓑蛾、松毛虫幼虫及蜗牛、鸟、鼠害等。

立枯病：用0.5％青矾液（硫酸亚铁）喷施茎秆及地面，15分钟后再用清水喷雾洗苗，以防药害，每隔10天淋一次，连续2次，或用1000倍甲基托布津、半量式波尔多液交替使用。细菌性梢腐病：入冬后银杉苗全面喷一次1000倍甲基托布津；芽膨大期（3月中旬）喷一次半量式波尔多液，7～10天后再喷一次1000倍甲基托布津；发现萎缩病枝，集中烧毁，及时搭荫棚或遮阳网，可降低发病率。白叶病：圃地增加一层3～5厘米厚黄心土，此病可自然消失，药剂无效。

金龟子：幼虫用氧化乐果和石蒜水混合液最有效。做法是石蒜捣烂成泥，加7倍水浸泡10天左右待用，用时每100公斤清水加氧化乐果100克、石蒜水5000克充分搅拌后淋于银杉蔸部周围，并于6、7、8三个月内，每月要淋1次。

小蓑蛾：于每年4～6月大量发生时进行人工捕捉。

小地老虎：早晚人工捕捉或毒饵诱杀，在步道中，每隔1～1.5米，堆上喷过农药的新鲜嫩草。

松毛虫：用800～1000倍氧化乐果液喷杀。

蜗牛：早晨反复多次捕捉。

(5) 造林技术

选10～25度缓坡地、排水良好、土质肥沃深厚、松材采伐迹地，秋季整地挖穴长、宽各70厘米、深50厘米，株行距2米×4米，每亩种83株，苗木选3～4年生、高30厘米以上、地径粗0.5厘米以上的壮苗，带土球移栽，于立春至雨水为栽植最佳时间，最迟不超过"春分"。栽后，头3年每年中耕除草2次，第一次5月上旬～6月上旬，第二次于10月进行。其次，护荫保护，每株搭盖一小荫棚，并配栽伴生树种——木兰、白玉兰、含笑、蓝果树、红翅槭等。株行距1米×1米，连续护荫2年，伴生树种能有效护荫后，才能拆荫棚，并做好抗旱施肥、补植及防治病虫害管理工作。

5.欣赏与应用价值

银杉在大千世界的植物王国里唯华夏独有，与水杉兄弟均为世界著名的古生树种之一，亿年幸存的活化石。它的名字中虽冠之"杉"字，却似杉非杉，与杉木并非同一家族，植物学家把它归属于裸子植物的松科，是裸子植物四季常绿的针叶树的一棵大明珠。它仪态高雅，刚健秀美，姿势如苍虬，挺拔亭立，有玉树临风之态，壮丽可观。然而它与有"绿色熊猫"之美誉的珙桐一样，像位羞答答的少女，世代一直藏匿于深山"大自然的密室"里，比起水杉却"娇气"多了，当它"庐山真面目"被世人所识，很快美名传天下，身价贵如金，成了大千世界的"宠儿"。瞧它那暗灰色的树皮，龟裂成不规则的薄片，恰似一些古朴典雅的图案，天然成趣，异彩怡人。通直树干，雄健挺拔，在阳光普照下，熠熠生辉，树冠如华盖，秀美端庄，酷似一把巨大的绿伞；而在侧光散射处，则形成偏冠，宛如插在林冠上的几把"半边伞"，登高而望，如临仙境，令人心旷神怡。四川南川金佛山自然保护区，是银杉的主要生长地区之一，有大小银杉近2000株，最大一株高16米，胸径50厘米，是世界上最古老的银杉树。这株"千岁老翁"仪态庄雅，刚健秀丽，生机盎然，傲然挺立于海拔1250米的山脊之上，表露出不惧寒流与烈日照射的气概，给人一种坚忍不拔、蒸蒸日上的力与美。它枝干平展，挺拔秀丽，深绿色的树叶，像螺旋般呈辐射状伸展，条形中略带镰状大弯曲，一丛丛，一簇簇，十分奇特，蔚为壮观，尤其是在碧绿的条形叶背面有两条银白色的气孔带，宛若碧玉片上镶嵌的银白色的花边，和风吹拂，银光闪烁，明丽多姿，极富韵情，给人一种高雅华贵而不娇揉造作，洒脱风流而不落于凡俗的清新感觉，实是不可多得的观赏树种。它每年三四月间开花，花色娇黄淡绿色，好像一般阔叶树，刚绽出的娇芽，显现出一派生机，十分美丽可爱。

银杉枝繁叶茂，挺拔秀丽，树姿优美，具有很高的观赏价值，是世界上观赏价值和经济价值极高的风景树木之一。但由于它适应性差，对生态环境要求特殊，留恋故土，又戴着"珍"、"稀"、"危"的帽子，还难于传播，迄今只局限在中国西南少数深山老林中，园林科学工作者在加强保护之下，正通过不同渠道，努力探索，加速培育，使这一华夏瑰宝家丁兴旺，子孙满堂，扎根于大江南北，更好点缀祖国大好河山，为各地旅游和园林事业增添异彩。

银杉是一种优良名贵的材用树种，是十分难得的栋梁之材，其木质坚硬纹理细密，耐腐蚀，入土不易朽烂，是建筑业、造船业及家具的优质木材；树皮、树叶、果壳含药用成分，种子含油率高，需待进一步开发利用。

6.树趣文化

银杉为古老的孑遗植物，该种的花粉化石曾在法国西南部渐新世至中新世交界的沉积物中发现；在前苏联的阿尔丹流域马芸托山下层第三纪沉积物中也发现过银杉球果的化石。第四纪冰川侵袭之后，许多植物惨遭灭绝，人们认为银杉也可能在地球上早已绝迹。然而，在1954年，中国华南植物研究所钟济新教授在广西龙胜花坪林区进行科学考察时，在海拔1300米的原始森林中，发现一小片奇特的树木，它似松非松，似杉非杉，1955年，人们终于采集到有花、果、叶较完整的标本，经专家深入研究，认为当时世界上还没有这种活标本的文献记载。1962年，《银杉——我国特产的松柏类植物》正式发表，轰动了全世界。国际上认为花坪银杉的发现，是20世纪世界植物学界的重大发现。这次银杉的发现被认为是"活化石的发现"，对研究古植物、古地理和裸子植物进化亦有极其重要的意义。科学家为了说明银杉是中国特有的古老植物，就把它的拉丁文学名也叫做Cathaya（注：中国在被译为China之前，还有一个古老的英译名，就是Cathaya）。有些外国植物学家来中国旅行，最大的愿望是想亲眼看到Cathaya。国外一些植物园、博物馆不惜花重金以求得它的标本。世界植物学家们在衡量国内外植物标本室的标本价值时，首先看是否有银杉的标本，足见它的珍贵程度及价值之高。

银杉群林
（来源：《中国植物红皮书》）

银杉
（来源：《中国植物红皮书》）

8. "茶族皇后"——金花茶

1.来源

金花茶Camellia chrysantha，别名：金茶花、黄茶花。与中国名茶同科属，在1991年版《中国植物红皮书》（第一册）将其定为国家8种稀有濒危一级保护植物之一。素有"植物界的大熊猫"、"茶族皇后"、"花卉中的超级明星"美誉，国外则称之为"幻想中的黄色山茶"，在国际上负有盛名。

1960年，在我国的广西十万大山中首次发现黄色山茶花，1965年由中国著名植物学家胡先骕先生将此黄色山茶命名为"金花茶"，并正式发表，从此金花茶一举成名，震惊世界花坛。它有很高的观赏、科研和开发利用价值，为世界各国的园艺学家们提供了黄色色泽能够遗传的山茶花种质资源，引起了国际山茶学会对它的高度重视。目前，已在广西金花茶主产区防城成立第一个自然保护区，建立了80亩金花茶物种基因库。

现已知的金花茶植物有24种5变种，其中除产于越南北部的五室金花茶Camellia aurea、黄花茶Camellia flava和产于中国云南河口的簇蕊金花茶Camellia fscicularis外，其余21种5变种均产于中国广西南部和西南部的亚热带南缘和热带北缘地区，地处热带季风气候区。广西成为金花茶的现代地理分布中心，被誉为金花茶的故乡。

金花茶种类分布区，主要在北回归线以南，向北可分布到中国广西平果和田中两县，南达广西防城和越南和平省，西至广西龙州县、云南河口和越南凉山等省，东至广西邕宁县。主要集中分布于广西防城、邕宁、龙州、宁明、扶绥、崇左和凭祥等县市。地理分布范围约在北纬20°52′～23°30′，东经104°～108°56′，垂直分布主要在海拔50～650米的丘陵低山、台地和山间的沟谷两旁或溪边处及石灰岩峰丛谷地，尤以海拔120～350米的常绿阔叶林下较为常见，有时形成群落；还有极个别种类可出现于900米以下的林下或灌丛中。目前，金花茶在美国、日本、澳大利亚等五个国家已引种栽培获得成功。金花茶已开遍神州大地，走向了世界，为国争光。为使这一国宝繁衍生息，中国科学工作者正在通力合作进行杂交选育试验，以培育出更多的优良观赏品种。

2.形态特征

金花茶为山茶科山茶属常绿灌木或小乔木，高2.5～5米；树皮灰白色或灰褐色，平滑，嫩枝淡紫色，无毛。叶革质，狭长圆形、倒卵状长圆形或披针形，长11～21厘米，宽2.5～6.5厘米，先端尾状渐尖，基部楔形，边缘具细锯齿，上面深绿色，有光泽，下面浅绿色，两面无毛，叶脉在上面凹陷，下面隆起，侧脉6～11对，叶柄长7～15毫米。花单生或2朵聚生叶腋，稍下垂，直径3.5～6厘米，花梗长5～13毫米；小苞片5，宽卵形；萼片5，卵形，长4～10毫米，宽7～13毫米，疏被短柔毛；花瓣8～13，金黄色，肉质，具蜡质光泽，近圆形，长2.5～4.5厘米，宽1.2～2.5厘米，基部稍合生；雄蕊约280～360，成4轮排列，与花瓣连生，花丝长12～20毫米，黄白色，疏被短柔毛，花药椭圆色，丁字形着生；子房近球形，3～4室，无毛，花柱3～4，完全分离，长1.2～3.3厘米，无毛，胚珠多数。蒴果三棱状扁球形或四棱状扁球形，直径4.5～6.5厘米，成熟时黄绿色或带淡紫色，室背开裂，果皮厚8～9毫米，每室有种子1～3粒；种子近球形或具角棱，长1.5～2.5厘米，直径1.2～2.2厘米，淡黑褐色。花期11月至次年3月；10～11月果熟。

同属种类有显脉金花茶、东兴金花茶、平果金花茶、毛瓣金花茶，均为珍贵的稀有植物，列为国家二级保护植物。主要特征：

1) 显脉金花茶(xianmai jinhua cha)*Camellia euphlebia* Merr.ex Sealy 苞片5～7；萼5；花瓣深黄色，长1.2～2.5厘米；雄蕊长3～3.5厘米，外轮花丝基部连生，叶长11～19厘米，宽5～7.5厘米，侧脉9～11对，下面明显隆起。花期11月至翌年3月。

2) 东兴金花茶(dongxing jinhua cha)*Camellia tunghinensis* H.T.Chang 花瓣淡黄色，长1.5～2厘米，花柱3，果较小，直径2厘米，果皮厚1.5～2毫米；叶长5～10厘米。花期3～4月。

3) 平果金花茶(pingguo jinhua cha)*Camellia pingguoensi* D.Fang 苞片3～7，花瓣淡黄色，长7～13毫米；雄蕊长7～10毫米，近离生；叶通常4.5～9.5厘米，宽1.4～3.5厘米，下面有黑棕色腺点，侧脉5～7对。花期11月至翌年1月。

4) 毛瓣金花茶(maoban jinhua cha)*Camellia pubipetala* Y. Wan et S.Z.Huang　子房有毛，花柱下部合生，上端3~4裂，花无梗或几无梗，苞片、萼片和外瓣的外面、花丝、花柱均被短柔毛。花期11月至翌年4月。

3.生长习性

金花茶是喜温、好湿、耐阴、忌强光照射的阴性树种。喜排水良好的酸性土壤及半荫环境。分布区气候特点：太阳辐射较强，日照较充足，气温高，雨量多，湿度大；夏长而热，冬短而暖，无霜期长，冰雪罕见，秋季温度高于春季，季风显著，干湿分明，雨量多集中于夏季。年平均气温20.6~22.4摄氏度，最冷月平均气温11.8~14.5摄氏度，最热月平均气温27.1~28.5摄氏度，极端最低气温-2.1摄氏度，极端最高气温35.3~38.9摄氏度，年积温7029.4~8054.3摄氏度，年降雨量1222.3~2904.2毫米，多雨年份可达3500毫米，相对湿度78%~82%，土壤为砂岩、页岩等风化发育而成的砖红壤、红壤，pH值4.0~5.5。

金花茶为深根性树种，主根发达，侧根和须根很少。萌发力强，可以萌芽更新。其物候：幼苗期每年于春、夏、秋三季抽梢长叶；壮龄树每年发新梢2次，嫩叶紫红色。7~8月现蕾，11月开花，次年4月终花，盛花期1~2月，每朵花开放约10天；10~11月果熟。在天然条件下，温度在10摄氏度以上，湿度适宜，种子落地后，较易发芽。

4.培育要点

(1) 繁殖方法

繁殖金花茶有播种、扦插、嫁接、高压及组织培养等方法。

1) 播种繁殖　果实10~12月成熟，种子成熟后无后熟休眠期。果皮由浅绿色变为褐绿色，果壳尚未开裂，及时采收。采回后，切忌日晒，置于通风处阴干，待开裂取出种子，立即播种。播前用0.5%高锰酸钾消毒20~30分钟，再用35摄氏度温水浸种1~2天。以秋季点播为宜，每亩用100公斤种，株行距10厘米×30厘米，覆土厚约3~4厘米，常保持土壤湿润。若未能秋播，用含水量5%粗河沙分层埋藏，待翌年春播种育苗。种子发芽出土后，搭简易荫棚，透光度为20%~30%，入冬棚上盖稻草，防霜害。苗期加强莳养，1年生苗高可达15~25厘米，次年春即可出圃种植。

2) 扦插繁殖　一年四季都可行，以6月左右进行为好。插穗选取树冠外部组织充实、叶片完整、叶芽饱满和无病虫害、当年刚木质化的枝。穗长15厘米，先端留2叶片，基部带踵。用萘乙酸300ppm溶液浸泡12~16小时后，按株行距(10~14)厘米×(3~4)厘米，直插苗床，入土为插穗长度2/3。育苗期保持足够的湿度，勤喷水，切忌阳光直射，并控制气温在25摄氏度左右。1个月后，待新根长出后，逐步增加光照，并淋施0.1%~0.5%稀薄尿素水溶液，培育2~3个月移入营养杯中莳养，1~2年后可上山种植。

3) 嫁接繁殖　分芽苗砧嫁接和半熟枝嫁接。

芽苗砧嫁接，以5~6月嫁接最为适宜。砧木选单瓣山茶花和油茶花。先将砧木种子播于沙床，幼苗4~5厘米即可嫁接。接前，挖取砧木芽苗，去净沙粒，于叶上方1~1.5厘米处短截，去根尖部分，取出6~7厘米；选取生长良好的半木质化枝条作接穗，采用劈接法。接好的嫁接苗按8厘米×2厘米的株行距种植于肥沃、疏松的沙质苗床中。种后搭棚用塑料薄膜保温。一般10~15天嫁接苗接口开始愈合，20~25天左右于夜间揭开薄膜。其后逐步加强通风，增加光照至新芽萌发后，全部揭去薄膜。

半熟枝嫁接，通常利用粗种山茶或油茶成年苗作砧木。直径1厘米以上的砧木枝条，采用拉皮接；砧木粗度与接穗相近，则采用腹接法。掌握嫁接适宜温度为25~30摄氏度，嫁接适期为5~8月，接后加强抚育，可获得成活率高、苗壮的嫁接苗。

4) 高压繁殖　于5~6月梅雨季节，选母树1~2年生刚木质化的健壮枝条，粗6~8毫米，留梢25~35厘米，在其下皮部光滑处环剥2.5~3厘米宽的皮层，切口要整齐，刮净残留的形成层，用苔藓混以细土加水拌匀或湿润的蛭石基质包住环剥处，薄膜紧密包扎，经2~3个月生根后，从高压处下方剪离母体，解除薄膜，移植于苗圃地或上盆培育，翌年早春上山定植。为促进早生根，每高压枝用萘乙酸和3-吲哚丁酸混合生长激素0.5~1.5毫克处理，25~30天内生根，90天后可剪离母体定植，比常规法提早2~3个月，是行之有效的方法。

5) 组织培养　中国学者通过金花茶胚培养、子叶离体培养、茎尖和单芽培养研究已获成功。

胚培养：于幼果未成熟期取胚，在ER和MS培养基的基础上加0.5~1毫克/升6-BA、0.01毫克/升NAA、6%~8%蔗糖、500毫克/升水解乳蛋白等附加成分进行培养，1周左右长根，2周后上胚轴萌动，抽出新芽。

子叶离体培养　金花茶子叶是诱导胚状体的良好材料，尤其是靠近下胚轴的部分，诱导频率较高，为15%~25%。诱导时将子叶切成0.5毫克大小，诱导培养基为1/2MS，附加0.2毫克/升6-BA、0.2毫克/升NAA成分。在诱导过程中，同时出现不定芽和假珠芽。假珠芽具有很强的分生能力，利用假珠芽，又可诱导产生胚状体、不定芽和假珠芽。

茎尖和单芽培养 茎尖和单芽培养是金花茶快速繁殖的重要途径,它取材方便,增殖率高,遗传性稳定。外植体取当年生的幼嫩茎尖和单芽,培养基为MS,附加6-BA或KT。研究表明,茎尖和单芽的增殖数随6-BA浓度的升高而增多,但6-BA浓度达5.0毫克/升时,畸形苗率高,长势差。6-BA2.0毫克/升与KT0.5毫克/升配合使用,试管苗生长健壮、畸形苗率低,增殖数多,是诱导增殖的理想生长调节剂配比。

(2) 盆栽方法

盆栽金花茶,选瓦盆或陶质泥盆为好。盆大小与苗大小相适应。盆底垫上3块碎瓦片,盖好排水孔。盆土用腐殖的酸性沙质壤土和15%的腐熟饼肥拌匀,加少量过磷酸钙等无机肥料。于秋末或早春带宿根土团移栽,浇足定根水,置荫棚内,透光度为40%~50%。生长期常保持盆土稍偏湿润为好,1~2月后施一次1%尿素加0.5%的磷酸二氢钾水肥,冬季低温注意防霜冻。每隔2~3年换盆1次,在培养土中加些腐殖的有机肥或复合肥作基肥。以后可每隔3~6年换盆1次。

(3) 病虫害防治

金花茶主要病虫害有炭疽病、赤叶枯病、藻斑病、白绢病、蚜虫、介壳虫、木蠹蛾、象鼻虫等。防治方法如下:

1)新梢期,喷洒1%波尔多液;发病初期,喷洒70%托布津1000~1500倍液或25%灭菌丹400倍液。

2)严格种苗检疫,发现重病株,予以烧毁,并用石灰消毒;播前土壤用70%五氯硝基苯消毒;种子用0.2%赛力散或50%退菌特1000倍液浸种24小时。

3)加强抚育管理,苗木适当遮荫,注意排灌、清除杂草,及时修剪,合理施肥,提高苗木抗性。

4)蚜虫发生盛期,用50%磷胺乳剂2000倍液,或50%乐果乳剂1000倍液喷杀;轻烟筋0.5公斤,生石灰0.25公斤,加水10~15公斤浸泡一昼夜,过滤去渣,喷雾防治效果高。

5)结合秋冬垦覆,消灭越冬幼虫,人工捕杀成虫,用松脂合剂(3:2:10),冬季10倍左右,夏季20倍左右;用40%氧化乐果5倍液涂干。

5.欣赏与应用价值

金花茶,这名字取得响亮而优美,在国际上与"花中西施"杜鹃花同享盛名,是艺苑五光多彩品中的佼佼者。世界花坛之尊山茶花有上千个品种,绝大多数为白色或者红色,惟有广西南部边境及毗邻地区具有金黄色花瓣的种类。因此，一举成名，并成为山茶花贵族的奇葩。

它! 虽没有杜鹃花把漫山遍野装点得烈焰般火红壮观的激情，也没有家庭里一大群姐妹们奔放潇洒的风采，更没有"花中之王"、"国色天香"的牡丹花雍容华贵的傲气，然而，"养在深闺人未识"的茶花仙子，一旦露出真颜而"成名天下知"。它像淑女般怡静自若，谦和沉稳，一点也不浮躁喧张，在树木的掩隐下悄悄地绽放艳丽、灿若繁星的金黄色花朵，是那样纯净幽然，灿灿鲜亮，显得自然俊美。远远望去，那金黄艳艳的花朵，像是一团团金色银色的云雾镶嵌在绿色的灌木丛中，给山野添上了亮丽的景色，又似一片金色花海在冬日阳光下，鲜艳夺目，蔚然壮观；走近细看，不像娇生惯养的靓女，而像内敛含蓄、不爱张扬的美丽村姑，恬静而健壮。

它两米余的身躯，亭亭玉立，优雅美观，婀娜多姿，嫩绿的衣裳上点缀着比蜡梅稍大的金灿花蕾，金瓣玉蕊，仿佛涂着一层蜡，晶莹无瑕，纤尘不染，给人以一种半透明之感。花色金碧辉煌，艳如朝霞，璀璨似锦；花朵单生于叶腋，有的像金杯，有的似金壶，还有的如同纯金打就的小碗，千姿百态，风姿绰约，娇柔艳丽，极惹人喜爱。随风溢散的花香气味独特，既无烈而刺鼻，也非浓而生腻，十分柔和怡人，沁人心脾，使人心清气爽，不由得让人陶醉。它笑脸一直从金秋绽放到翌年的早春，且总躲在枝叶背后羞答答地低着头，尽吐芳华，多的一株竟达580余朵花，向人们展示其娇艳姿容，并给予人们以春天的温馨，其灵性和品格蕴含着青春魅力。

它! 墨绿的叶子，浓浓翠欲滴，光滑明亮，像一面晶莹的花镜，显示出一派东方的情调，与花黄得金灿，相互辉映，秀雅别致，趣致盎然，是园艺上极高的一朵观赏奇葩。

金花茶既是茶又是药，既能保健又可治病，它的芳名早已写进了唐、宋、元、明、清的医学药典，李时珍的《本草纲目》就有记载。它的叶具有清热解毒、明目益思、利尿去湿等功能，民间传统常用于治疗肝、肾及消化系统等方面的疾病。近年来，医学专家发现，金花茶的叶中含有锗、硒、钼、锰、锌等多种天然微量元素，其中锗和硒是天然植物少有的。于是，专家认为它在抑制肿瘤生长、抗衰老、增强智力、保护心脏等方面具有特殊功能；金花茶还含有茶多酚、黄酮类、维生素以及几十种人体必需的氨基酸，在治疗高血压、痢疾、抑制肿瘤生长、抗化学致癌、降低胆固醇和β脂蛋白、降血糖、改善动脉粥样硬化等方面有显著效果，这无疑是人类健康的一个福音。当地民间有"常饮金花茶，健康又长寿"之说，称金花茶为"神茶"。叶煮出的茶，不仅颜色淡黄清亮，口感清纯，且自然存数天仍不变色，不变味。据报道，防城港市开发的"十万山村"品牌金花茶养生保健品，畅销海内外，在南亚各国众多商家纷纷争抢经销权，可见金花茶对人体养生的非凡功力。

金花茶木材质地坚硬，结构致密，可雕刻精美的工艺品及其他器具。此外，其种子可榨油、食用或工业上用作润滑油及其他溶剂的原料。花朵可制作黄色染料。

6.树趣文化

茶花是寓意春光、吉祥的瑞花，又是花形多变、多彩的名花，现在全世界通过各种技术已育成约2000多个茶花观赏品种，但是金黄色的山茶花却很少见。40多年前，已故的日本茶花专家津山尚，梦想寻找一种世界稀有的金黄色茶花，不远万里，独自绕道越南，进入中国境内的丛林中，几经凶险，历经艰辛，最终还是一无所获，失望而归，写下了悲剧性遗作《幻想的金色茶花历险记》传于民间，他推论：中国是山茶花的原产地，也许中国南部会藏有黄色的山茶花原种。

自然界找不到，人工诱变失败，正当世界茶花界陷入迷惘的时候，中国神州大地南疆"珍珠之乡"，却有位传奇养蜂出身的农民，在十万大山养蜂时无意中发现几株风姿绰约的野花。当时他还不知道这就是国内外学者呕心沥血寻觅了几十年的稀世珍宝。经植物学家胡先骕先生鉴定，正是濒于灭绝的"国宝茶花皇后"——金花茶。经过20余年孜孜不倦的奋斗，一举揭开了"茶族皇后"的神秘面纱，最终圆了美丽的金花茶之梦，他就是开发国宝金花茶的先驱者、广西合浦佳永金花茶开发有限公司总经理傅镜远先生。如今，他亲手经营的300公顷（4000多亩）金花茶种植园成为世界上最大的金花茶人工无性繁殖基地。2004年，广西北海市政府授予傅镜远首届"科技种养大王"荣誉称号。

傅先生引种栽培金花茶的成功消息，在世界园艺界引起了巨大轰动，日本、美国、加拿大等发达国家的专家学者远涉重洋，亲临金花茶基地考察，有幸一睹"茶族皇后"的芳容，并愿以每株2.5万美元的价格购买金花茶，却被傅先生谢绝了，他就像保护人的尊严、民族的尊严那样，维护中国的金花茶在世界的绝无仅有的地位。对方深为这位普通中国农民的铮铮骨气所折服。事后老傅坦率地说："一株种苗就值2.5万美金，确实诱人，我一夜之间就可以成为亿万富翁，但这样做会落得千秋骂名，日后对不起子孙后代。"

傅先生通过多年与专家教授们探索研究，终于研制成功金花茶保健系列产品，引起了国内外广泛瞩目。1990年春，傅镜远携带第一代金花茶保健系列产品赴广州举办展览，轰动了整个羊城。累计有22万广州市民及中外旅游者排长队购买参观门票，《人民日报》等40余家媒体对此盛况竞相报道。据中央电视台报道：该公司已研制出金花茶浓缩液、精华液、芽尖茶和保健饮料等系列产品，填补了金花茶世界上应用领域的空白。

在防城自然保护区流传着两则金花茶传奇的故事：

某日，王母娘娘派茶仙陆羽到十万大山培育仙茶，屡屡播下茶籽都不翼而飞，经多次探查才发现是条周身黄黄绿绿的金花蛇精在偷食，陆羽非常气愤，挥起王母娘娘给他的驱云鞭狠狠地抽打着金花蛇，被击中的金花蛇痛得腾空打滚，挣扎着逃向海边，最终跌落到十万大山南麓的密林里，一命呜呼了。

金花蛇死后，茶籽在蛇肚子里孕育发了芽，撑破了腐烂的尸体，被适时而下的暴雨冲散于山坡上落地生根，长成棵棵异样的茶树，经几度春风夏雨，便繁衍成一片片茶林。也许因受金花蛇颜色的影响，所开的茶花奇特，硕大无比，金黄耀目，时人依据花色特征，称它为金花茶。

据说，金花茶色香味与众不同，且具有长生不老的特异功效呢！当年，十万大山里有个叫廖三宝的看牛娃，他为了跟随山中仙人学仙修道，把所看管的大水牛拴在茶林里，一去不回头。被拴着的大水牛饿得十分难受。正好水牛身边有一石槽，无论天多干旱，这石槽长年都有泉水汩汩流出，长年累月都有飘落的茶叶、茶花浸泡在石槽里，长年散发出香气。那牛吃不到青草，只好喝石槽里的"茶水"充饥。久而久之，水牛拉出的黄澄澄的牛尿渗流遍山坡茶林间，成了茶林的特效肥。茶树生得更粗更壮，茶叶更大更绿，茶花更是金瓣玉蕊，晶莹光洁，蜡质透亮，点缀于玉叶琼枝间，风姿绰约，美轮美奂，人见人爱。山里人喜欢直话直说，他们见牛尿淋了茶树，茶更绿，花更艳，就直呼金花茶为牛尿茶。那头水牛不吃青草，只喝茶水却不觉饥饿，反能长膘，且成了长生不老的神牛。神牛虽上天界去了，依然忘不了金花茶的故乡，每当天清月朗夜，抬头观天象星星，便见那神牛在九天银河边眨巴着眼睛，俯视着十万大山，思念着使它长生不老的金花茶呢！

金花茶还登上了邮票与明信片。2002年中国与马来西亚合作发行了一套"珍稀花卉"邮票，共2枚，其中第一枚为"金花茶"。作为金花茶的重要产地，广西防城金花茶久负盛名，其市邮政局成功开发制作了《金花茶》明信片（普通型和本册式两种），图案囊括了金花茶的名贵品种，色彩逼真，形态各异。

广西平果金花茶花枝
（来源：《中国植物红皮书》）

金花茶
（来源：《中国植物红皮书》）

广西东兴金花茶花枝
（来源：《中国植物红皮书》）

广西东兴金花茶果
（来源：《中国植物红皮书》）

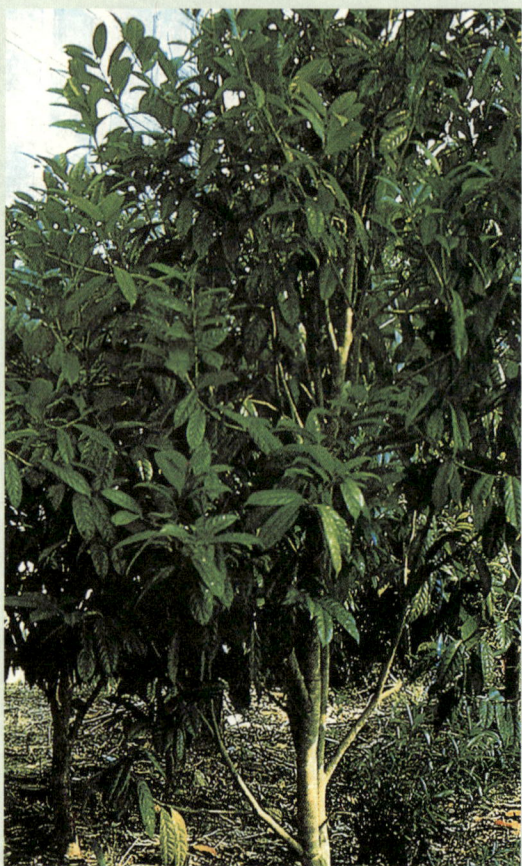

金花茶树
（来源：《中国树木奇观》）

9. 东方圣者，历史见证——银杏

1.来源

银杏*Ginkgo biloba* L.，别名白果、公孙树、鸭脚、鸭脚木。为银杏科银杏属落叶大乔木。中国特产。栽植历史悠久，技术也最先进，科学研究一直走在世界前列。它为举世公认的"活化石"，被誉称"东方的圣者"，是四川省成都，辽宁省丹东，江苏省徐州、通州、连云港，湖北省鄂州，浙江省诸暨、临安、临海等九市的市树。

据中国林学会2005年9月22日公布，在国树评选确定7个候选树种公众投票活动中，有近99%的公众主张选择银杏为中国国树，象征古老文明。该会已将此次公众投票结果上报，提出将银杏定为国树的建议。

银杏为3.45亿年前遗留下来的单科、单属、单种的裸子植物，为华夏大地独有珍贵的活文物，它与梅花、兰花合称"园林三宝"。银杏树姿挺拔雄伟，傲雪凌霜，古朴壮丽，叶形奇特秀美，多功能用途遥溯古今，象征着中华民族悠久历史、灿烂文化和前赴后继的民族精神之魂，深受国人喜爱。若将它确定为中国国树，将更加有力地鼓舞中国人民奋发前进，奔向小康。

据研究，银杏属起源于1.9亿年前的侏罗纪早期。现存的银杏其历史可追溯到7000万年以前的古新世（第三纪早期），到了白垩纪后期及新生代第三纪银杏逐渐由盛变衰，第四纪冰川之后在中欧及北美等地的银杏全部灭绝，只在中国保存一种，成为中国独有的稀有珍贵树种，'是现存种子植物中最古老最著名的孑遗植物，它以历史悠久而著称于世，被视为"中国人文的有生命的纪念塔"，为中国重点保护植物之一。银杏分布广泛，北起辽宁沈阳，南至广东广州，东起台湾省，西至云南、贵州，均广为栽培，江苏、山东、安徽、浙江、河南为其栽培中心。江苏的邳州、泰兴，山东的郯城、高密以及四川、浙江等地已逐步形成种苗、果实、盆景、干叶、叶子提取物、保健茶、保健酒、建筑生活用材等相关的支柱产业。浙江天目山、四川和湖北交界的神农架地区，河南和安徽邻接的大别山狭小深谷和云南昭通尚有野生状态的银杏林。宋代传至日本、朝鲜，后又被引至欧洲，至今世界各地现有银杏树均是从中华大地"移民去的"。银杏是中国寿命最长的园林树木之一，有些古银杏树龄竟达3000多年。

2.形态特征

银杏树高可达40米，胸径4米，冠幅36米。树干端直，树皮灰褐色，深纵裂。幼年及壮年树冠圆锥形，老树广卵形，枝斜生而匀称，枝有长短枝之分。叶扇形，具长柄，在长枝上互生，短枝上簇生，具多数分歧平行脉，先端常2裂，全缘或略波状，表面淡绿色，秋季金黄色。雌雄异株，花单生，雄株枝有斜展耸立，雌株则平伸，结实老株稍下垂。球花生于短枝顶端的叶腋或苞腋，雄球花柔荑花序状，淡黄色，雌球花亦无花被，数个生于短枝顶端叶丛中，淡绿色，有长柄，顶端有1~2盘状珠座，每座上着生一个直立的胚珠。种子核果状，椭圆形至卵状椭圆形，熟时呈淡黄色或橙黄色，外被白粉，外种皮肉质，有恶臭气味，中种皮白色，骨质，内种皮膜质。花期4~5月，果熟期9~10月。

常见栽培观赏的变种有：

黄叶银杏var.*aurea*，叶鲜黄色。

塔形银杏var.*fastigiata*，枝上升成窄，大枝开展度较小，树冠呈尖塔形。

大叶银杏var.*laciniata*，叶形大而缺刻深。

垂枝银杏var.*pendula*，小枝下垂。

斑叶银杏var.*variegata*，叶有黄色斑纹。

常见作为果用栽培品种有洞庭小佛手、鸭尾银杏、佛指、卵果佛手、圆底佛手、橄榄佛手、无心银杏、大梅核、桐籽果、棉花果、大马铃等。

3.生长习性

银杏一般分布于海拔1000米以下的平缓山区、丘陵和平原上，系强阳性树，忌庇荫。

年最高气温42摄氏度到最低温−25摄氏度的地区均可生长，亦能适应高温多雨气候。以年平均气温16摄氏度左右最适宜，大多产地在14～18摄氏度之间，相对湿度74%～80%左右；年平均气温高于20摄氏度地区生长不良。秋落至春萌需经低温休眠期，在完成自然休眠后，才能进入生长发育期，大多数种植地区能正常开花结果。喜生于温凉湿润、光照充足、土层深厚通气、土质肥沃、排水良好的沙质壤土，对酸性土、石灰性土（pH值4.5～8）均能适应，而以中性或微酸性土最宜。抗干旱性较强，但不耐水涝，盐碱土、黏重土及低洼地不宜种植。根深、根系发达，萌蘖力强，生长较慢，结果迟，一般约20年开始结果，树龄40年进入盛果期，采用嫁接可提早8～10年结果。对臭氧的抗性极强，对二氧化硫、氟化氢的抗性和吸收能力强，对氯气、氨气抗性强，吸附烟尘能力较强。

4.培育要点

（1）繁殖方法

银杏繁殖能力强，有播种、扦插、压条、分株和嫁接等方法。以播种繁殖为主，扦插、嫁接则为获得雌株和提早结果。

1）播种育苗：种子采自果粒大、优质丰产、抗逆性强的20～80年生嫁接树或树龄百年左右的优良母树。10月果熟种皮变黄、具白粉时采收，此时仅形态成熟，尚未生理成熟，采收后堆沤腐烂，洗净勿残留肉质，摊晒略干后，袋藏或沙藏过冬，翌年3月上旬至4月上旬，用40～50摄氏度温水浸泡6～8天，两天换水一次，待种子吸足水分后，置30～35摄氏度温室催芽，2天2夜即可发根，北方采用平畦秋播，南方高畦秋播，株行距5厘米点播，播种量约1100～1500公斤/公顷，种子横放，覆土3～4厘米，播后40天出苗，当年苗高达20厘米，翌春分床移栽，经2年培育，苗高100厘米、胸径10～15厘米，即可出圃定植。

2）嫁接繁殖：用8～10年生实生苗或分株幼苗为砧木，选取30～40年结果早、丰产、品质优的雌树和生长健壮雄树，按雌雄树(10～20)：1比例，于向阴树冠中上部剪取2～3年生皮色有光泽，带有3～6个短枝条，于清明节前后发芽前，采用插皮接、切接、劈接法嫁接，也可夏季芽接。

3）扦插繁殖：于5、6月剪取20～40年生，生长健壮叶大的优良母树1～2年生嫩枝，长15厘米左右，上切口平剪，下方削斜面，上部留3～4片叶，用50毫克/公斤ABT 6号生根粉或25～50毫克/公斤NAA（萘乙酸）溶液浸泡2～4小时按株行距5厘米×10厘米插于蛭石+沙（1：1）混合或纯河沙的插床内，深度为插条的1/3～1/2，插后浇水，覆盖塑料薄膜，并适当遮荫保温，1个月后生根，经1年培育，于翌年早春发芽前定植。

4）分株繁殖：从壮龄雌株母树的根蘖苗中选留4～5株高约1米左右，直径1～4厘米健壮苗，于2～3月间多带细根切离母株分栽，不宜过深，根部刚好埋入土中就行，先在苗圃移植一年后定植，定植时不宜浇水，以防烂根。

（2）良种丰产培育技术

银杏经长期栽培实践，全国已培育出许多各具特点的优良品种，应根据种植区生态环境和需要择优选择。以种子为目的，应选大种型、核仁洁白、糯米性强、香味浓，出核率和出仁率高的品种，如"大佛手"、"大马铃"、"大梅核"、"大龙眼"。南方宜选高湿品种，北方选耐干旱耐寒冷品种，以材用目的选干形通直，速生冠窄品种。为发挥良种丰产优势，应抓好如下环节：

1）选好宜地：应选择向阳避风、通风良好、地势高燥、排水良好、土层深厚、肥沃疏松、微酸性、水源充足和交通便利之处。

2）适时栽植：宜在落叶后至萌芽前定植。小苗裸根，大苗带土球，按株行距5米×6米或7米×8米挖大穴施足基肥，栽后加强水肥管理，防治病虫害。

3）科学施肥：植后3年内坚持勤施薄肥原则，一般4月上中旬春梢萌动开动，每隔40天施一次，以复合肥、尿素或腐熟人畜粪水等速效肥料，植后4年至挂果前一般于3月中旬、4月底、6月初增施磷肥一次；结果期每年施肥4次，萌芽发枝阶段，以速效肥为主；开花幼果期以磷钾肥或复合肥为主，果实增长期以氮磷钾配合腐熟人畜粪尿；采果落叶前以充分腐熟厩肥加草木灰或人畜粪尿。根外追肥每年4次，用1%过磷酸钙、0.5%～1.0%复合肥、0.05%～0.1%稀土微肥溶液，分别在嫩叶老熟前幼果生长、果实生长期喷洒叶片，喷时加少量洗衣粉等黏着剂，效果显著。

4）人工授粉：为使雌花授粉均匀，提高产量，除在雌树上接雄枝，还可采用人工辅助授粉。雄花粉选生长健壮、无病虫害、抗性强、花期和主栽雌性品种相遇，开花量多，花粉萌发率高，授粉亲和力强，于清明至谷雨选晴天无风上午10时左右，雄花序由青转黄时采集，花粉与水混合比例1：250，用高压喷雾器均匀喷到雌株的树冠上，随配随用，两小时内喷完，可大大提高结果率。

5）整形修剪：苗木栽植后，凭自然生长，不必修剪，但对主干顶端主枝上的直立强枝进行短截，剪口留外芽，以减缓树势，或对强枝行拉枝，开张角度，以扶助弱枝间生长保持平衡，并及时疏除主干上的密生枝、衰弱枝、病虫枝等。银杏成年树短枝多于长枝，结果多，树冠内枝条不易密生，宜少修剪，注意将竞争枝、枯死枝、下垂衰老的侧枝疏剪或短截，使其尽快更新而形成结果枝。嫁接后4～5年，分枝过密、徒长枝或结果多年的衰老植株短枝，均需修剪，自基部除去。产量少的母树可截顶更新复壮，借以增产。

6）合理采收加工：采收白果要待充分成熟，即外种皮呈橙黄色，并开始自然脱落，只要稍加摇晃，就能落地，此时收获有利提高果实品质，也利于保护结果枝。将采回的种子堆放数天，剥去外种皮，淘洗干净，晒干即可。采果后，入冬前浇一次封冻水，树干刷白1.2～1.5米。病虫害少。

（3）盆景制作

银杏是观果、观叶、观干、观根的优良树种，它具幼树可塑性、枝干柔韧、易于扭曲蟠扎，不易折断伤死枝条，植株成长较快，根蔓生长较好，能够悬根露爪、移栽成活高，不易死亡特点，所制盆景典雅端庄，深受盆景爱好者的喜爱。

制作时，根据银杏自然的树干形态，直立的制作直干式，弯曲的制作曲干式。主干的粗度由下而上、由粗到细过渡要自然，由主干决定的选型形式一旦确定，枝、根、冠等部位的造型一定要为之辅助，才能达到整体协调的理想效果。

主枝在主干上的分布，一般上紧下松，常采用扎（春季发芽前进行）、拉（生长期间进行）、剪（达到粗度后休眠期进行）结合的手法，调整主枝伸展的方向和枝群分布。处于最下部主枝的出枝点一般不能低于树桩高度1/3，培养上部主枝，前期要摘心、摘叶、曲枝，控制生长，以促进下部主枝成型。

叶丛的分布，树干两侧的叶丛要大，前、后侧的叶丛要小，树干上部的叶丛及前后侧的叶丛中间应隆起，两侧的宜平。银杏根茎膨大强有力，应配合主干逐年提露，放射根配合直干式，侧向根配合斜干式，盘龙根配合曲干式。经制作后就能像一棵古老的银杏大树盆景。

5.欣赏与应用价值

银杏是中国林木中罕见的"老寿星"。它高耸通直的躯干，犹如嶙峋巨大的圆柱，遒劲直入参天，云冠巍峨，葱茏庄重，奔放昂扬，给人以开阔舒展的感觉。它树姿挺拔雄伟，端庄壮丽，古朴有致，巨影婆娑。树冠犹如华盖，碧绿荫浓，遮天蔽日，荫布满地，别具古朴清幽之致，望之令人油然而生超然洒脱之意，微风吹拂，阵阵清爽，沁人心脾。春夏之际，枝条蓬勃苍劲，清俊幽雅，柔蔓的枝条上撑开着密密层层的鲜嫩绿色叶儿，那簇状丛生叶片就像一把展开的小折扇，又似鹅掌，奇特秀丽，青翠光润，莹洁精巧，犹如一朵朵金色祥云，浮悬在凌空苍茫的暮霭中，看去格外令人赏心悦目。深秋时节，绿叶变得清一色金黄，清雅而高贵，展现特别烂漫艳丽妩媚。虽然它会随着秋风而飘落，但它们依然黄得透明，黄得清新，继续葆有绿叶初萌时那种水灵灵的质地和色泽，构成一道秋景特色。清乾隆皇帝曾为银杏题诗"古柯不计数人围，叶茂枝孙绿荫肥，世外沧桑阅如幻，开山大定记依稀"。尤其是巨树枝头上的果实，嫩的绿如翡翠，熟的亮似黄金，阳光映照，闪闪发光，向人们显示着丰收的喜悦。入冬之后，银杏叶落尽，只留下粗壮劲挺的枝干，犹如筋坚骨硬的中老人屹立在寒风之中，展现出顽强的生命力，仍依然悠闲自得，傲然挺拔，让人倍觉它的俊伟与气势；逢场纷纷扬扬的大雪之后，满树银装素裹，显得更加肃穆，令人可歌可敬。

千百年来，银杏深受人们喜爱和呵护。前人留下各地的古银杏颇多。如山东莒县定林寺前一棵古银杏，高24.7米，胸径5米，需9个人才能合抱。相传为商代所栽，树龄已有3000多年，可算华夏大地林木中罕见的"老寿星"了。据考证，鲁隐公八年（公元715年）九月，鲁、莒两国诸侯曾在该树下会盟，在树的周围至今尚存留历代许多名人碑刻。此树虽饱经风雨，历尽沧桑，仍枝繁叶茂，果实累累，联合国教科文组织于1982年向全世界播放了此树的风姿，被誉为"天下银杏第一树"。

福建泰宁县大田乡有一丛盛唐时期古银杏（1000多年），树高35米，胸径61厘米，树冠形如宝塔，直插入云，极为庄严美观，所露出地面侧根，衍生着63株子孙树，好似儿孙满堂，环绕膝下，把母树团团环抱，母子相依，生机旺盛，无一枯萎，令人叹为观止。

迄今仍在中国生长存活的著名古银杏有：山东莒县春秋时代银杏、四川灌县青城山汉代银杏、江西庐山黄龙寺中晋代银杏、北京西郊潭柘寺辽代银杏、湖南衡山福严寺和福建泰宁大田乡唐代银杏等古银杏树，仍挺拔屹立，绿影婆娑，果实累累，每年吸引着四海游客前来观赏。

银杏具多功能用途，集食用、药用、材用、保健和观赏价值一体，是一个重要特种经济生态型的名贵树种。

银杏叶药效奇特，所含黄酮类化合物，是医治冠心病、心脑血管和抗衰老等良药，其提取物达160余种，已制成片剂、胶囊、口服液、滴剂、针剂等多种剂型，应用于临床治疗；拾几片叶夹于书页之中，不仅清香幽雅，还可驱除书内蠹虫；银杏花粉含有人体所需要的氨基酸、不饱和脂肪酸、矿物元素和维生素E，对延缓皮肤老化、防治肿瘤和心血管病功效很好；银杏外种皮含大量的氢化白果酸和银杏黄酮，可镇咳祛痰、降压、降低心肌耗氧量、抗急慢性炎症及抑制多种临床常见致病真菌。上述服用无任何副作用。银杏外种皮水提取物，用以制农药和兽药，可有效防治多种植物病菌、虫害及多种家畜病症。

银杏（白果）为上等干果，食用历史已有1000余年，果仁含有丰富的营养成分，药用价值高，广泛用于食品烹调和饮料酿制，是人们喜爱的滋补保健品。生食能解毒降痰；熟食温肺、益气、通经、定喘止咳及治疗遗精、带下、小便频数、痤疮等功效。

银杏木材质优，光滑轻软、纹理细致、花纹美观、耐腐性强、加工容易、不翘裂变形，是工艺雕刻、乐器体育、文化用品、高级建筑、豪华装饰、高档家具的上等木材；工业上常用于纺织印染磙、翻砂机模型、漆器模型等。历史上银杏木材价格十分昂贵，群众誉称为"银香木"。

银杏树自古以来，以它形美、色艳、品高、意远，不仅守护了各大山、古刹名寺和房前宅后，也是园林、城市、庭园绿化的珍贵树种，又以它具有抗污染、抗尘埃、抗辐射、调节气温、涵养水源、防风固沙、虫害天敌的特性，是农业区周围、工厂、矿山和污染区改善生态环境的重要树种。银杏老根古干是制作盆景的好材料。

6.树趣文化

银杏高大雄伟，寿命长，它象征着中华民族的高大形象是亘古长存的。自古以来，被寺庙尊之为"圣树"、"中国菩提树"、"老寿星"。宋代政治家兼诗人刘敞在《僧寺银杏》曰："百岁蟠根地，双荫净梵居；凌云枝已密，似蹼叶非疏"。说明江南寺庙百年前已种植银杏来护庙。

关于银杏流传着甚多美好传说，表达了人们对银杏的喜爱。

在上海黄浦江边春申庙前有两棵宋代种植的银杏树，高5丈，两人合围，树虽空心，枝叶仍茂。相传元代有一年盛夏，上海大旱，黄浦江水位剧落，田土龟裂。有一远地来春申庙烧香求水的农民，因耐不住干渴的煎熬，想上树摘几片树叶润喉，刚靠近大树，就听到树干内水声潺潺。他欣喜若狂，马上从树干开了一个洞口，一股水流顿时像喷泉一样涌出来。第二天，庙前就现出一口碧波荡漾的池塘——今天的春申塘。

湘西苗族还流传着"凤姑观花"的民间故事。苗家凤姑是位热爱森林的好姑娘，因只见银杏结果不见花疑惑不解，便去请教寨子里的一位智者。智者告诉她，银杏花夜晚开放，便一连数夜守在树下观察。糊涂的爹娘以为女儿芳心不正，狠狠地打了她一顿。凤姑又羞又气，一头撞死在银杏树上。如今苗族群众还管银杏叫"凤果（姑）"哩。

银杏的生命力极强，死而复苏者不乏其数。南岳衡山福严司寺殿西侧，有棵近两千岁的古银杏，相传1400多年前，中国佛教禅宗二祖慧思和尚，曾用艾火在它的主干树皮上灸了几处疤痕，表示和他一起受戒出家。1972年惨遭雷击，主干仅剩5米，现又枯木逢春，一片生机勃勃，郁郁葱葱，十分惹人喜爱。又如《泰山记》记载："五庙前，银杏大者围三仞，火空其中，独一面不枯，其上枝叶蔽荟，如新植。"清代钱咏《履园丛话》"永和银杏"篇，也载有扬州钞关官署东隅一棵"其大数围，直干凌霄，春华秋实"的古银杏，被火烧死后又"既而复青"的史实。据说1945年广岛原子弹袭击后，所有植物荡然无存，银杏却照样活下来。

在浩如烟海的古代诗词中也有众多赞咏银杏的篇章。宋朝把白果列为贡品，皇帝品尝后大加赞扬，并赐雅号"银杏"。从此，白果身价百倍。有首咏银杏诗："历劫参天地，载誉满古今。甘为民众侣，不必绛纱红。"又有诗云："绛囊初入贡，银杏贵中州。"由此可知古时银杏极为名贵，需用紫红色的缯来包装，贡献给皇帝品尝。北宋著名文学家欧阳修在诗中写道"……公卿不及识，天子百金酬。主人名好客，赠我比珠投"。"鹅毛赠千里，所重以其人。鸭脚虽百个，得之诚可珍"。宋诗人杨万里咏诗曰："深灰浅水略相遭，小苦微甘韵最高。未必鸡头如鸭脚，不妨银杏作金桃。"宋诗人梅尧臣看到家乡宣城盛产白果，便即兴为诗："今喜生都下，荐酒压葡萄，初闻帝苑夸，又复王弟褒，累累谁采报，玉碗上金鳌"。清人张敬葳有诗赞郯城县（迄今中国银杏之乡）云："出门无所见，满目白果园；屈指难数尽，何止株万千"。因受上下推崇，一时举国南北，皆推银杏为至高圣品。

唐诗人王维隐居陕西蓝田县辋川时，曾写诗："文杏栽为梁，香茅结为宇。不知栋里云，去作人间雨。"为银杏而发。宋诗人苏东坡，在河南光山县净居寺读书时，咏诗曰："四壁峰山，满目清秀如画。一树擎天，圈圈点点文章。"郭沫若《赞白果》曰："我爱它那独立不依、孤直挺劲的姿态，我爱它那鸭掌形的碧叶，那如夏云静涌的树冠，当然，我更爱吃它那果仁。"都为后人留下了诗情画意。不仅在文学上有极高的价值，也是我国银杏栽培的见证。

银杏果

陕西西安楼观台银杏，道教始祖老子所植，距今2800年，现虽已枯死，但不倒，仍然英姿挺立，雄风犹在。树高30余米，胸径3米多（1987年李世全 摄）

河南少林寺古银杏，树高35米，径2米，据说为唐太宗李世民所植（2003年6月10日李世全 摄）

贵州贵阳银杏树

10. 庄严肃穆，富贵博大——苏铁

1.来源

苏铁Cycas revoluta Thunb，别名凤尾蕉、避火蕉、铁树等，为苏铁科苏铁属，系地球上最古老的孑遗植物，最为原始的种群之一，曾与恐龙同时称霸地球，被誉为"植物活化石"。它起源于古生代的二叠纪，于中生代的三叠纪（距今2.25亿年）开始繁盛，侏罗纪（距今1.9亿年）进入最盛期，几乎遍布整个地球，至白垩纪（距今1.36亿年）时期，由于被子植物开始繁盛，才逐渐走向衰落。到第四纪（距今250万年）冰川来临，北方寒流南侵，苏铁科植物大量灭绝，但由于中国青藏高原、秦岭等阻隔，在四川、云南等地有部分苏铁科植物幸免于难。现存3科11属约240多种，分布于亚洲、非洲、大洋洲和美洲的热带、亚热带稀疏林下。原产中国的苏铁仅1科1属（苏铁属），约有17种，大多是形体优美的观赏树种，主要分布于福建、广东、云南、台湾、海南、贵州、湖南等地。日本、印尼也有。早在1000多年前的唐朝已有栽培，现各地多有栽培。深圳市仙湖植物园自1989年开始引种栽培苏铁，开辟了苏铁专类园。1993年开始着手建立国际苏铁迁地保存中心，已引入国内外苏铁10属100多种。

2.形态特征

苏铁为多年生棕榈状常绿植物，株高1米至数米，最高可达8米。茎干粗大多为圆柱形，偶有分枝，茎顶具绒毛，表面上有密布鳞状宿存的叶基。叶羽状深裂浓绿亮泽、丛生于茎干的顶端，形成倒伞形树冠，长0.5~2米，叶柄两侧有稀疏的短刺，羽状叶具多数狭窄的羽片，可达100对以上，条形，质坚硬，长9~18厘米，宽0.4~0.6厘米，中脉明显隆起，边缘向下反卷，先端尖锐。花为雌雄异株，花序生于茎干、顶端叶丛的中央，雄花序圆柱形，直立生长，高30~60厘米，粗10~15厘米，雄蕊螺旋着生，小孢子叶长方形，有黄色绒毛，雌花序圆球状，大孢子叶扁平，密生黄褐色绒毛，羽状分裂，其下方两侧生有数枚近似球形的胚珠。种子生于大孢子叶叶柄的两侧，卵球形，橘红色。花期6~8月，果10月成熟。同属植物常见栽培观赏品种：

篦齿苏铁 *C.pectinata*，又称凤尾蕉，羽叶基部之小叶成两列等长针刺。

华南苏铁 *C.rumphii*，又称刺叶苏铁，羽状叶片大而长，开展，叶轴两侧有短刺。

云南苏铁 *C.tonkinensis*，羽状叶片大，具有较狭的小羽片。

攀枝花苏铁 *C.panzhihuaensis*，叶的羽状裂片之边缘向下反卷，下面通常有毛。

四川苏铁 *C.szechuanensis*，叶的羽状裂片长20~30厘米，宽1~1.3厘米，中脉两面显著隆起。

3.生长习性

性喜温暖湿润、阳光充足、通风良好和肥沃壤土的环境。产地年平均气温为19.0~25.5摄氏度，降雨量为760~2000毫米，土壤pH值5.0~6.5之间，开花积温4000摄氏度以上。苏铁树性强健，抗大气污染，耐半阴、耐干旱、耐高温、有一定的耐寒性，但忌严寒，不耐霜冻，忌积水；喜排水良好、富含有机质、有微潮中性或微酸性的沙质壤土。易移植，生长缓慢，每年茎干只上长1~2厘米，寿命甚长，可达千年以上，在原产地栽培十几二十年即可开花，一般雄株每隔一两年开花一次，雌株每隔三四年开一次花；在长江流域以北常作盆栽，温室越冬，由于日照较长及积温不够，难于开花，故有"60年一花"或"千年铁树难开花"、"铁树开花，哑巴说话"之说。

4.培育要点

(1) 繁殖方法

可用播种、扦插、分株及压干繁殖苏铁。

1）播种繁殖：10月间采成熟饱满种子，随采随播，或剥去种皮湿沙贮藏，来年早春（3~4月）播种。播前，以50摄氏度左右温水浸泡种子24小时后，用稀硫酸浸泡10~15分钟、清水冲洗干净，浸种时，每隔一天换清水一次，待种子充分吸收，按5厘米×20厘米的株行距播入床中，深3厘米左右，覆土厚3～5厘米，盖草保湿。北方春季气温较低，可用地膜保温。

2）扦插繁殖：取3年生以上直径5厘米以下的吸芽，或将直径15厘米以上的干茎横切或纵切2～3块，每块长15～20厘米，涂上多菌灵粉剂，置阴凉通风处，待伤口干燥后扦插，或截取健壮树干的分枝，直接茎干扦插。于3月上旬将吸芽或茎干的干基一端插入沙床、沙盆或沙壤土中，茎块则要将树皮一面朝上埋入土中，不宜倒置，全埋或微露插穗顶部。保持土壤湿润，两个月后发根发叶。培育1～2年再移栽。

3）分株繁殖：于3～4月，将根茎附近已生根的蘖芽从母株上切割分出，尽量不伤茎皮，切口稍干后，随即植于粗沙拌营养土的盆钵内，置于半阴处养护，温度保持27～30摄氏度，容易成活。

4）埋干繁殖：将生长吸芽的干基全部埋入土中，待基部芽生根后，再从母体分离成为新植株；或把整个铁树树干横倒埋入土中，以扩大吸芽数量与生长速度，之后或切取吸芽再作扦插繁殖或将树干切断分株繁殖。

（2）栽培管理

苏铁多露地栽植与盆栽。盆栽时，应抓好如下环节：

1）盆土　用排水良好、富含腐殖质、丰富的铁元素的沙质性培养土。可用沙质、锯末各2份，腐叶土、菜籽饼粉各3份，加少量铁粉，混均腐熟后，曝晒2～3天即可使用。忌用未发酵的堆肥及碱性黏重的园土。

2）花盆　宜小不宜大，根据球茎大小，栽于不同型号的花盆内，8～10厘米大小的球茎，用口径20厘米花盆来种；球茎在20厘米以上的，种于口径40～60厘米的盆中。切忌大盆栽小苗。盆底要开大孔，铺10～20厘米碎瓦片作排水层。2～3年换土一次，以春季气温15摄氏度左右换土最佳。

3）水分　春季叶片生长旺盛，浇水应"见干见湿"、"宁湿勿干"，除浇水外，还需早晚叶面喷水，以清除叶面的粉尘，保持叶片清新翠绿；盛夏气温高，要多浇水；入秋后，控制3～5天浇一次；冬季应保持盆土微润稍干即可。雨季应及时排水，注意盆土板结松土、通气，勿伤根。北方水质含碱，每半月浇灌1/500硫酸亚铁水溶液一次。

4）光照　苏铁喜光，四季要求在阳光充足处养护，过于荫蔽，易导致新叶抽生柔弱细长，影响观赏效果。在高温炎夏季节，及新叶抽生期，应置于通风阴凉处，若过于暴晒，会导致处于半休眠或停止生长，新叶灼伤枯黄现象。

5）施肥　苏铁喜肥，且耐肥，春秋两季值生长期，每20～30天施一次腐熟的稀薄液肥（麻酱渣水或豆饼水最好），或专用肥，加适量硫酸亚铁（黑矾），也可在土内掺少量铁屑，以防黄叶、茎腐、根腐等生理病害发生，促进叶色黑绿光亮。此外每10~15天，枝叶均匀喷洒一次0.1%硫酸镁、0.1%硫酸锌、0.2%尿素、0.2%磷酸二氢钾混合液，以增加叶色与叶面厚度，加速茎球增大。

6）修剪　每年新叶展开成熟后，将下部老叶、畸形干瘪叶及病虫叶剪除，集中烧毁，以促进植株通风、透光，减少病虫害发生，保持姿态青翠古雅。剪叶宜选择天高气爽、空气干燥的秋季进行；剪口涂抹草木灰，以防发生流胶及细菌感染；雄花谢后及时割掉，以免影响顶芽生长，形成偏生歪斜；雌株果熟后，也应及时将大孢子叶剪去。

7）病虫害防治　常见有炭疽病、茎腐病、叶斑病、介壳虫和红蜘蛛等病虫害，叶片为害后逐渐萎黄或枯死。因此，对露地与盆栽的苏铁应加强肥水养护，及时清除病残叶，保持通风良好，出现病害初期，可喷70%甲基托布津、百菌清800~1000倍液或50%多菌灵800倍液，每7~10天喷一次，连喷3次。对介壳虫，于虫害发生期用敌百虫1%稀释液，5天喷一次，连喷3次。预防时，每月喷一次。对红蜘蛛和螨虫类，可从三氯杀螨醇、吡虫灵、敌杀死等药剂中，任选一种进行喷洒。

8）越冬管理　北方冬季入低温温室越冬，保持温度5摄氏度以上，最低室温不能低于-5摄氏度，否则叶片会冻伤，影响观赏效果。若室内空气干燥，可每隔5天用温水喷洒叶面一次，越冬期间，每天温水清洗叶片一次，以保持叶片的色泽。来年4月移到室外，出室不宜太早，防春寒袭击；出室后，应置于背风向阳处养护。

5.欣赏与应用价值

苏铁树形独特，古朴优美，婆娑多姿，风流潇洒，终年大型而美丽的叶丛苍劲翠绿，颇为壮观，极富热带色彩，给人以庄严、刚强之感，英姿勃发，犹如卫士，威风肃穆。它树冠宛如一把倒挂的绿色大伞，潇洒飘逸，大型羽叶坚挺舒展，油绿生辉，更加显出雄姿勃勃，英武不凡；片片如凤尾，数十片簇生于茎干的顶端，就像春天里美丽的孔雀频频展翅，优美怡人，独具风格，给人一种清新秀丽、富贵博大的气派。它树干粗壮，一副铁干钢骨之躯，在自然与人的和谐下，虽没有鲜艳夺目的花朵，然而它以千姿百态的树形、枝干、叶形和青翠碧绿的色彩，使人赏心悦目。树干上还披着层层宿存叶痕，色泽质朴，显着苍老醒目，给人一种历经沧桑而稳重之感，可歌可敬。瞧那宝塔形的雄花，挺立于青绿的羽叶中，黄褐色花球，金光灿灿，内含昂然生机，外溢虎虎生气，傲岸而庄严，蔚然壮观；而雌球花仿佛一枚淡黄色大型绒球，如淡泊宁静的处女安详而柔顺地接受宇宙间阳光雨露，熠熠生辉，美丽之极。待到秋冬收获之际，核桃大、红彤彤的种子镶嵌于密集的大孢子叶之间，更富艺术的韵味。

苏铁铁骨铮铮，孤芳自妍，十天半月甚至一个月浇一次水，它仍然会生长旺盛，即使不给任何营养，它也会毫不吝啬地向你奉献满目的苍翠，显出无比生命活力，健康向上，自古以来赢得了人们的钟爱。

苏铁树型坚韧挺拔，气势雄伟，充满生机活力，富有南国情调，在园林绿地上应用范围十分广泛，且景观效果特佳。在南方地区，可孤植、对植、丛植或列植于风景区、园林绿地、街心行道、海滨、河岸或土丘山冈、岩石边等地。最能体现南国风光，是优美的风景林；与宫殿、庙坛、府第、教堂、古塔、古城等古建筑的庭园配置既非常和谐，又充分体现苏铁外形外貌的苍劲，且可加深古建筑物的历史感及其旺盛生命力。它株形美丽，叶片柔韧，在室外中心花坛和广场、宾馆、酒楼等公共场所摆设，枝叶苍翠，相互衬托，相得益彰，美观大方，又可室内观赏，是理想的室内绿化装饰上乘的观叶植物，可增强室内环境的表现力和感染力，使室内气氛活跃怡人。若点缀宽敞居室内、走廊、过道、阳台等处，浓郁葱绿，叶影摇曳，迎风生凉，给人以静谧、安详之感，且又显得格外庄重而有气魄；若摆在会场内，则增加庄严隆重，充满生气；若在豪华门厅两侧摆上，则更加气宇轩昂。叶油润光洁，是做切花配置花束、花篮、花圈的高档材料。近年，欧洲应用其嫩叶加工成色彩鲜艳的干叶，成为新型的插花材料，其卷曲的嫩叶，可作蔬菜食用，茎髓提取的淀粉叫"西米"，可加工成各种味道鲜美的甜品。根、茎、叶、花均可入药。叶性微温，味甘酸，有小毒，具有收敛止血、解毒止痛之功，常疗胃痛、吐血、妇女闭经、宫颈癌等症；花性微温，味甘，有小毒，有理气止痛，益肾固精之效，用于遗精、妇女白带、经痛等症；果有消炎止血之效，用于痰多咳嗽、肠炎痢疾、消化不良、支气管炎、呃逆等症；种子可降压、舒肝；根有祛风活络、补肾之效，可治筋骨疼痛、风湿麻木等症。种子、根及茎顶心有毒性，须慎用，孕妇和小儿忌服。

6. 树趣文化

"铁树开花"以往被比喻事物非常罕见或难以实现。其实，这是误识，铁树在热带地区长到一定年限后即可年年开花，只是到长江流域或北方才很少开花，若在温室里，给予一定温度条件，也可以开花，所以在北国铁树开花才是罕见。

铁树在中国是吉祥长寿之树，自古以来视铁树开花为吉祥如意、自由幸福的象征。其韵为庄严、刚强。民间传说，哪户人家铁树开了花，这户人家就会福禄临门，将会大富大贵，生活幸福。古时，人们常将要开花的铁树，移至堂上，饮酒欢庆，吟诗称贺，有诗曰："流水下山非有意，片云归洞本无心。人生若得如云水，铁树开花遍地春。"现代人喜欢向亲朋好友赠送铁树盆景，寓意吉祥如意、财星高照；向老人和长辈祝寿时赠送，象征铁骨铮铮、健康长寿、生活幸福；向乔迁新居朋友赠送，寓意根基如铁，兴旺发达；向有难处亲属赠送，寓意铁树开花，即使极难办的事，只要有信心定会成功。

铁树是斯里兰卡的国树，人民对它情有独钟，在形容美女时，爱用奇特比喻，说她们的芳唇像铁树一样迷人，因当地铁树嫩芽不是鹅黄，而是鲜红，十分明艳。

相传，宋代著名文学家苏东坡与铁树有一段不解之缘。苏东坡能诗善画，为人刚正不阿，得罪了朝中权臣，官职一再被贬，直贬到海南岛。海南老乡很尊敬他，有位老者送给他一株铁树，并讲述一曲动人故事，有只金凤凰被一个官家逮住关在笼子里，想让为他唱歌跳舞，金凤凰宁死不从，被燃起大火烧死，大火熄灭后，在灰烬中长出一棵像铁打一般坚硬小树，人称作铁树。苏东坡听后十分感动，鼓起了生活的信心和勇气。经他精心抚育，不久铁树便开了花。后来朝廷赦免了苏东坡，他将那棵铁树带回中原，并在中原大地繁衍开来，人们就称之为苏铁。

江西省南昌市人民公园南大门有两株十分醒目的古苏铁，据专家考察已有1500多年的历史，系一雌一雄，犹如一对恩爱夫妻，朝朝夕夕，世世代代，长相厮守。不少年轻人谈恋爱或结婚时，喜欢到此照相留念，以示"铁了心"、白头偕老。

铁树寿命很长，20世纪40年代在澳大利亚布里斯班砍伐一株高7.5米的铁树，竟活了15000岁！当地人称它为"彼得老太祖"。中国南方古老铁树可列一串清单。福建省福州市鼓山涌泉寺有三株古苏铁，据记载其中一株系五代梁开平二年（公元908年）时栽种，至今有1088年，树形巨大奇特，闻名东南。福建省漳州市长泰县陈巷镇后坊村上庙林，一棵古铁树，经专家测得，树龄已4000余年，树高6米余，重近20吨，树头胸径1米多，需两人合抱，树干胸径约80厘米，是目前已知福建乃至全国最古老的铁树。广西壮族自治区贺县铺门镇梵安寺的凤尾草（四川苏铁）植于北宋宣和年间，至今已870多年，其主干形如龙身，叶如凤尾，郁郁葱葱，占地达30多平方米，每年四五月，凤草便长出无数形如翠鸟的嫩叶，吸引国内外众多游客前往游览观赏，前人赋诗曰："千年凤草世间稀，历雪经霜志不移，最爱三春新蕊发，游人赞赏续新诗。"古代先民为纪念治水英雄大禹建立黄陵庙，东汉末年，诸葛亮入川经过此地时，亲手在庙内种下一株苏铁树，迄今有1700余年。邓小平故居，在古朴灵秀的三合庭院前，挺立着一雌一雄两棵苏铁，其茎干浑圆，枝叶似羽，铺盖如伞。奇异的是，这两棵铁树从小平同志第三次复出，年年含苞，岁岁吐蕊，竞相绽放20载，吸引无数中外游客参观。1980年新西兰著名作家路易·艾黎首访小平故居，赋诗赞颂铁树"树干不高，壮实挺拔，直立不阿，叶生茎顶，类若凤尾，花开树巅，黄英灿烂，玉心离离，香远溢清。"

四川省新都县新繁东湖在古树中，有株龙形苏铁最负盛名。一般苏铁多为独枝，而这株却有四股分枝，丛叶苍茂。它的干形弯曲像龙身，干上分枝如龙爪，枝干叶痕似龙鳞，故被称为"龙形苏铁"。此树系明代遗物，树龄达500余年，从20世纪80年代至今连年开花，被人们誉为"稀世之宝"。

邮电部于1996年5月2日发行一套苏铁邮票，全套4枚，第一枚苏铁；第二枚攀枝花苏铁；第三枚篦齿苏铁；第四枚多岐苏铁。苏铁是现在地球上最古老的种子植物，它生长慢，寿命长，树形美观，四季常青，开花别致，是观赏价值很高的珍贵园艺花卉植物。

一株长了雄蕊罕见

厦门湖里公园苏铁群

苏铁雄蕊

苏铁雄蕊（李世全 摄）

苏铁雄蕊

苏铁雌球花

苏铁群

苏铁雌球花（种子成熟期）

厦门园博园苏铁

11. 植物王国里的"黄金树"

——南方红豆杉

1.来源

　　南方红豆杉*Taxus mairei*，别名：美丽红豆杉、松公子、海罗松。为中国特有树种，是第四纪冰川期遗留下来的古老残遗植物，至今已有250万年历史。由于它散生于林中，生长极为缓慢，再生能力差，繁殖困难，种群数量极为有限，野生资源又是典型的衰退型类群，因此现已濒临灭绝，1996年，联合国教科文组织将红豆杉列为世界珍稀濒危植物，2004年世界自然基金会将其列入世界十大濒危物种。全世界11种红豆杉分布在北半球的温带至热带地区。目前中国共有4种和1个变种，即云南红豆杉、西藏红豆杉、东北红豆杉、中国红豆杉和南方红豆杉（变种）。各种红豆杉均列为国家一级重点保护植物，且都能提取抗癌药物成分——紫杉醇，它是治疗多种癌症、白血病等疾病的特效药，为国际公认的一种高效广谱抗癌药物，因此，红豆杉在植物王国里有"活化石"和"黄金树"之称。为满足癌症病人对紫杉醇新药不断增长的需求，中国许多科研院校和工厂，相继开展了红豆杉人工大面积引种栽培和紫杉醇提取工艺及临床试验研究，并取得了突破性进展。其资源丰富居世界首位。

　　南方红豆杉在本家族中分布区域较广泛、面积也较大。主要产于长江流域及其以南各省。福建、安徽、浙江、江西、台湾、湖南、湖北、四川、云南、贵州、广西、广东及陕西南部均有分布。生长在海拔600米以上的林中、林缘、沟谷和村边，常与其他阔叶树、竹类及针叶树混生。在福建上杭县梅花山国家自然保护区边缘地带发现成片南方红豆杉群，面积约200亩，数量达1000多株，其中树龄五六百年、胸径达1米以上的近20株。如此数量众多的野生南方红豆杉群，在国内十分罕见。南方红豆杉还是江西省井冈山市选定的市树。

2.形态特征

南方红豆杉属红豆杉科红豆杉属常绿乔木，高可达20余米。树皮红褐色，浅纵裂。小枝互生，稠密。叶螺旋状着生，宽长2～4.5厘米，排成二列，条形，微弯，多呈镰刀状，先端渐尖或急尖，边缘通常不反曲，上面中脉隆起，下面有两条黄绿色带，中脉带上有排列均匀的角质乳头状突起点。雌雄异株，少见雌雄同株，球花单生，3～4月开花。种子倒卵形或宽卵形，着生于红色、肉质的杯状假种皮中。11月成熟。

常见栽培种及杂交种

1）东北红豆杉（紫杉）*Taxus cuspidate*，树高大，叶稍弯曲，边缘略反卷，背面中脉与气孔带同为灰绿色，成羽状二列。其变种矮紫杉（cv. Nana）又名迦罗木，灌木状，高达2米，叶短、质厚、密生。常栽作盆景。

2）云南红豆杉 *Taxus yunnanensis*，形态同红豆杉。是以云南为中心分布区的地方特有种，主要散生于海拔2500～3500米的亚高山杂木林中。其紫杉醇含量最高，成为治癌植物资源中的佼佼者。

3）中国红豆杉 *Taxus chinensis* (Pilger) Rehd.，树高大，叶条形稍弯或直，叶缘微反曲，背面中脉与气孔带同色，成羽状二列。

4）西藏红豆杉 *Taxus wallichiannzuc*，又称喜马拉雅红豆杉，是西藏特有树种。常绿小乔木和灌木，具开展或向上伸展的枝条。其是中国分布区及资源蕴藏最小的种类，但资源基本未遭破坏。

5）曼地亚红豆杉 *Taxus media*，系天然杂交品种，其母本为东北红豆杉（*T. cuspidata*），父本为欧洲红豆杉（*T. baccata*），在20世纪末引种中国，在美国和加拿大仅有80年的历史。多为灌木型，不能长成乔木，四季常青，容易繁殖，生长快，生长优势明显，且抗病虫能力强，是绿化观赏和室内盆栽的优良品种。

3.生长习性

红豆杉是强阴性慢长树种。喜温暖湿润气候。其侧根发达，主根不明显，须根密集生长着极细小透明状根毛。喜生长在土壤肥沃疏松、湿润排水良好、土壤有机质含量较高的酸性土，尤喜生长在风小、雾多、湿度大的小气候条件下。中性土、钙质土的山地及微碱性土壤上均能生长。平原高燥处引种栽培，高生长明显受抑制，常形成灌木状。耐寒性较强。寿命长。入冬后叶由深绿转为暗紫绿色。

4.培育要点

（1）繁殖方法

1）播种育苗　10～12月采下种子，去掉肉质种皮和种壳上蜡质，洗净以种子和沙比例为1：2沙藏。采用"暖温25摄氏度层积36周和低温5摄氏度层积12周"沙藏处理，使其完成后熟和打破种子休眠，待80％露白时，2月份点播，株行距为5厘米×10厘米，100％覆盖遮荫。播后即覆盖1～2厘米火烧土和新鲜稻草，一般3个月后出苗率可达50％以上。后期幼苗每隔15天喷施3％～5％复合肥水，"秋分"时停止施肥；4～5月雨季，以70％敌克松500～800倍液浇施，预防茎腐病和根腐病；6～8月高温季节，用1％波尔多液喷洒叶面，预防叶枯病、赤枯病和炭疽病。育苗期应经常保持湿润与遮荫。幼苗生长缓慢，需留床2年。

2）扦插育苗　插穗选当年生枝或2年生的中下部枝条，长度8～10厘米；扦插于秋季或2月份芽尚未膨胀之前进行；一般采用1/3粗沙，1/3火烧土，1/3黄心土混合配制基质，扦插时用100ppm生根粉+50ppm6糠基氨基嘌呤浸泡穗条6～12小时；初期插条易感染病菌，每隔10天对基质喷1次托布津。扦插苗尚未生根前，必须低棚遮荫，喷雾保湿，扦插基质的地温平均在15摄氏度左右，15天插穗切口开始愈合，30天不定根开始生长。精心管理，成苗率可达90％以上。

3）组织培养　利用红豆杉植株嫩茎、针叶、树皮、假种皮、胚等作为外植体进行培养，接种于培养基中经过愈伤组织的形成、生根、幼苗芽丛的形成等步骤，可获得大量组培苗，经过基质移栽、练苗、检疫后成为生产用苗，在国内外取得了显著成果。资料表明：一定浓度水解酪蛋白（CA）能促进南方红豆杉愈伤组织生长，当浓度为0.1％时即能促进愈伤组织生长，又有利紫杉醇的积累，2.4—D有利于愈伤组织的形成，诱导率提高，在含有2.4—D培养基的愈伤组织颜色新鲜、块大、松软，总的来说红豆杉植物愈伤组织的诱导比较容易，50％～100％可形成可继代的愈伤组织。

（2）造林技术

1）山地选择　宜选择阴坡、半阴坡的中下坡和山脚、沟边、山谷以及覆盖度在

40%~50%的树冠下造林。以土层深厚黑土、黄土、沙壤土为宜。

2）种植时间与密度　从11月底至翌年3月上、中旬为最佳种植期。选择苗高20厘米以上，地径0.25厘米以上的1年生健壮苗木，于阴雨天气栽植。培育3年生的短周期原料林，株行距为1米×0.6米，每亩栽植800~1000株；培育中大径材每亩栽植40~50株，应随移随种，需带土球移栽，栽后即浇透水。

3）管理关键　第一年于4、6、9月份结合施肥各锄草1次，尤其9月份要锄好，林地要确保雨天不积水，干旱不失水，连续降雨天气要及时排除积水；适时施肥，每年于清明前后、4月下旬、6月上旬及8月下旬各施一次有机肥或无机复合肥，采取深施方法。

4）及时防治病虫害　主要病害有根腐病、茎腐病。根腐病可用70%敌克松800倍液浇根；茎腐病可用75%甲基托布津1500倍液喷雾。主要虫害有蝗虫、尺蠖、蚜虫等。蝗虫和尺蠖防治药剂可选用锐劲特、敌杀死、功夫等，防治蚜虫可选用莫比朗、灭蚜威、快灵等农药。

5.欣赏与应用价值

自发现红豆杉是癌症克星，可从它树皮和枝叶提取治疗多种癌症的活性物质——紫杉醇后，这个曾"养在深闺人未识"的针叶树种，很快就成了世界许多国家争相开发的植物明星。紫杉醇通过对遭癌细胞自由基破坏的键进行修复，将缺损的异常细胞修复成正常细胞，从而达到治愈癌症的目的，因此，它没有副作用。以治疗子宫癌和乳腺癌为例，对初期治愈率可达96%，后期达40%以上，疗效十分显著。正如美国国家肿瘤研究所（NCL）所长Samuel Broder博士预言："紫杉醇是人类发现的最有效的抗菌素治癌物之一，是今后相当长时期内使用的主要抗癌药物"，"是晚期癌症的最后一道防线"。因市场需求很大，现有野生红豆杉资源又极其稀少，所以，目前紫杉醇价格相当昂贵。在野生红豆杉的树皮和枝叶中紫杉醇的含量仅为0.004%~0.01%，每提炼1公斤紫杉醇，大约要剥下5000~8000株树龄在50年以上的红豆杉树的树皮，每千克在国际市场的价格为800万美元左右。大约可治疗500多个肿瘤病人。因此，要积极地，多渠道、多途径寻求解决资源问题，让癌症患者的"希望之树"、"植物界的大熊猫"在人类的文明建设中、世界和谐大家庭里永远繁茂常青。

红豆杉以它的科学价值为世人所瞩目，不仅是一个绿色环保、健康的植物，且集观赏、绿化、材用于一身。它跟银杏、水杉、桫椤、珙桐等国宝一样，历经了第四纪冰川的劫难，从九死一生的绝境中艰难地闯出来。它的每一圈年轮传递着风云的变幻，记录了岁月沧海桑田，演绎兴替的历史，这不仅是中国历史见证，也是人类变迁和生息繁衍的见证，并顽强不畏、坚贞不屈地把自己那高贵和雍容的生命延续和繁衍至今，被世人敬仰赞颂。

红豆杉因其叶形似杉树，果实圆豆形，酷似南方的"相思豆"且假种皮是红色，因而得名。它树姿古朴端庄，挺直而硕大，枝干繁茂，树叶苍绿，一直浓郁到树顶。近看像一尊庄严的宝塔，远看似一柱峭耸的峰，别有一番风姿，煞是动人。它那雄伟的树干直逼云端，像一把擎天华盖，严严实实地遮挡着烈日或骤雨，给人以绿荫、给人以庇护，在它庇荫下尽情休闲，何等惬意！何等有福！与此同时，它也庇佑着周围的弱小生灵。有趣的是，在它庇荫下，演绎着奇异的自然造化：烈日当空，大树底下乘凉都要撑伞遮雨。在湖南新晃侗族自治县晏家村一株250余年的红豆杉，每年5～10月的晴朗天气，从9：00～16：00，呈现"树外日当头，树下雨霖霖"的奇观，酷暑难耐的小伙们，纷纷光着膀子聚集在树下享受这难得的"森林浴"。无独有偶，湖南新化县冲口镇和平村亦有4株树龄近1000年的野生南方红豆杉，晴天也下雨。其主要原因：盛夏日照强，叶蒸腾强烈，过多水分从气孔流出，从而形成"下雨"现象。更有趣的是，夏日晴空万里的日子，翠叶间会升起一股股、一缕缕如絮的青烟（雾气），从树梢冲天而上，随着微风在高远的天际飘散，成为奇特的旅游景观。

每当金秋之际，那树上的绿叶中，便挤满了鲜艳殷红的果实，在绿叶的衬托下，犹如红玛瑙镶嵌在绿绒衣上，显得分外美丽夺目。果实跟黄豆粒般大小，圆圆滚滚、清香甜蜜，非常可口诱人。既招来群鸟啄食，绕树飞鸣；儿童们也争相采吃，树上树下热闹非凡，一派丰收的喜悦。

红豆杉树姿巍峨，挺拔俏丽，四季苍翠，小枝纤细下垂，金秋果实鲜艳，是珍贵稀有的庭园绿化观赏树种。孤植、丛植、列植、群植均宜，最宜植于庭园阴处作园景树，或与其他高大乔木组成观赏树丛，或于风景林中作为中下层树种配植。还可修剪成圆形、伞形、塔形等各种艺术物象，栽种于道路两侧、庭院、公园及建筑物周围。可作为园林结合生产的优良树种推广应用。

红豆杉木材纹理均匀，结构细致，心材橘红色或紫色，有光泽和香气，材质坚实耐用，韧性强，干后不翘裂，耐腐蚀，不易遭虫蛀食，常用作高档家具、装饰工艺的用材，尤其用以雕刻佛像，更能展现出神韵，民间视为珍品。

红豆杉的树皮是珍贵的药材，能提制紫杉醇，具独特药效。民间用它的果实和枝叶煎汤，用于驱虫、消积、润燥、利尿、通经及消杀各种肠道寄生虫。果仁味甜可食，富含油酸、棕榈酸和硬脂酸，可制皂和润滑油。

6.树趣文化

红豆杉，尤其是饱经沧桑的千年古树，不但具有重要生态、社会及经济效益，且拥有深厚文化内涵。红豆杉是长寿、吉祥、如意、福寿、安康的象征，民间视为"保护神"、"风水宝树"而对其严加看管、精心呵护，代代相传，使得千年古树丝毫无损。

江西井冈山大井有两棵名树演绎了一曲枯荣奇的风云变幻，展现了大自然的万木有情。在井冈山大井的田垄，有一幢土坯砌成的"白屋"，后墙有两株约150年的南方红豆杉和椤木石楠。1927年9月秋收起义后，毛泽东和朱德常在这两株大树下观看红军官兵操练。1929年1月红军撤离井冈山，敌人窜进大井村，多次洗劫，整个村被焚，两株大树也只剩下枯枝焦叶，时隔20年，1949年，竟奇迹般地抽枝长叶，重现生机，与山上的红杜鹃相映成趣。不久，井冈山喜获解放；1965年，毛泽东重游井冈山，这两株树破天荒地开花结果。1976年，两株树莫名其妙再次枯萎。不久毛泽东便与世长辞。1978年后，中国进入新的发展时期，这两株树恰似枯木逢春，又复枝壮叶翠，以崭新的姿容迎接远道而来的观光者。

福建将乐县龙栖自然保护区，有棵千年红豆杉，树高24米，树形高大挺拔，雄伟壮观，于4米处的干桠间，竟稳稳地长着一棵高3.1米的棕榈。据传说，当年济公和尚云游，到了将军顶，由于贪恋景色，不觉到了午时，就在红豆杉树下休息，因龙栖山山高林密，气候凉爽，济公和尚顺手把他的烂蒲葵插在红豆杉的树桠上就睡着了。等一觉醒来，已是夜色蒙蒙，急于赶路，将扇子忘在树上，经日月精华，竟苗壮成长。其实棕榈树只不过是被鸟儿衔来或被风吹来的种子碰巧落在千年古树枝桠上，而生根、发芽、生长成两棵连理树为一体。

各地红豆杉古树轶闻不少，如福建屏南县路下乡岭头树，一株高30米的南方红豆杉，树干一侧已腐朽空心，于1972年丛中长株毛竹，不断繁衍，至今树干中共生长出11株毛竹。树竹枝繁叶茂，相映成趣，生机盎然。

又如浙江省磐安县峰乡榉溪村孔氏婺州南故里有一株树龄800多年、树高23米的红豆杉，其周围有大小不等31条纵向管状突起，远观似有31株小红豆杉连体并生；近观树干条条苍劲，色如古铜，叩之有声，游人无不称奇。主干挺拔、雄伟，侧枝粗大、苍翠，枝繁叶茂，生机盎然。

一部反映保护珍稀濒危物种的电影故事片《红豆杉》由湖南潇湘电影集团和攸县县委、县政府联合拍摄完成。拍摄地为攸县千年古树"南方红豆杉"的栖息地。该县红豆杉分布面积达210公顷、3万余棵，其中，古树20棵，树龄最长的有2400岁。最近又发现了

36棵野生的古红豆杉，最大一棵，树围达6米，比2400岁那棵红豆杉还要大1.8米，世界罕见。电影故事片《红豆杉》就是在这种背景下，以湖南省株洲市攸县基层林场护林员和人民群众如何保护红豆杉的故事进行创作，旨在加强对古树名木的保护，展示风景区的自然风光和独特风土人情。

广东省连州市500余年南方红豆杉

12. 天下奇松迎风招客——黄山松

1.来源

黄山松*Pinus taiwanensis* Hayata，别名：台湾松、台湾油松、台湾二针松、天目松、短叶松、长穗松、玉山赤松。它原本只是南方丘陵地带常见的普通油松，由于独特地貌、气候才使油松嬗变为松树家族中的"另类"，成了独具一格的新种。由于它最先在黄山被发现，中国植物学家于1936年将其命名为黄山松，为中国特有的树种。1961年，著名林学家郑万钧教授认定黄山松与台湾松实为同一种，终定中文学名仍为黄山松。

黄山松在华夏大地分布广泛，尤以台湾中央山脉、安徽黄山为多，大多见于海拔600～1800米的山地，在海拔1000米以下、土层深厚的山坡、谷地常与壳斗科树木组成混交林，在更高处则以纯林出现。福建、浙江、江西、河南、湖北、湖南、贵州诸省山区均有栽培。近年来，在福建戴云山国家级自然保护区发现9.5万亩的黄山松群落，这是目前发现的中国面积最大、分布最集中、天然更新状态最好的黄山松群落，对保护中国黄山松种质资源，开展科学研究，以及保持戴云山水土具有重要作用。

黄山"峰奇、石奇、松更奇"名扬天下。黄山园林部门从1982年3月开始，陆续为黄山古树名木登记建档，已完成110株古树名木的登录工作，其隶属于21科，32属，36种。1988年，联合国教科文组织总部考察官员吉姆·桑塞尔博士在黄山实地考察评估报告上赞道："中国黄山自然风光世上罕见"。1990年12月16日，在澳大利亚召开的联合国世界遗产委员会全体委员会上一致通过：中国黄山以世界文化遗产和自然遗产的双重身份被列入《世界遗产名录》。从此，黄山大踏步走向世界，黄山松成为中华神州的象征，是中华民族精神的杰出代表。

2. 形态特征

黄山松为松科松属常绿乔木，高达30米，胸径80厘米；树皮灰褐色，鳞状脱落。大枝平展，主茎与枝条成直角。幼树树冠圆锥形，老树冠顶较平，呈广伞形。一年生枝淡黄褐色或暗红色，无白粉，无毛。冬芽深褐色，微被树脂，针叶二针一束，通常长7～10厘米，短而较粗硬，浓绿，缘有细齿，叶鞘宿存，树脂道3～9个，中生。球果卵圆形或圆卵形，长4～6厘米，径3～4厘米，近无柄，成熟后栗褐色，宿存数年不落。鳞盾扁菱形，稍厚突起，横脊显著；鳞脐具短刺。种子倒卵状椭圆形，长4～6毫米，有红色斑纹；种翅浅褐色，翅长约6毫米。子叶6～7。花期4～5月，球果翌年10月成熟。

3. 生长习性

黄山松为中国亚热带至温带的针叶树种。喜凉润、多云雾的高山气候。适生于年均气温7.7～15摄氏度，最低温度不低于-22摄氏度，海拔800米以上，空气相对湿度较大、土层深厚、排水良好的酸性黄壤向阳坡上。该种为喜光、深根性树种。生长速度较马尾松慢，耐寒，耐旱，耐贫瘠，抗风雪，病虫害少，但畏酷暑，在高峰山巅，风强土薄处或岩石裸处的山脊或岩、峭壁上均能生长，但生长缓慢，树干弯曲，呈低矮之小乔木。在平原地区引种栽培常生长不良，最适于长江中下游地区海拔700米以上的山地生长。

4. 培育要点

（1）繁殖方法

多采用播种繁殖，由于低山地带黄山松常与马尾松混生，采种时务必严格区分，以免混淆。黄山松球果有短柄，鳞盾肥厚隆起，横脊明显，鳞脐有短刺，与马尾松鳞盾平，微有横脊，鳞脐无刺尖，显然各异，易区分。

1）采种　选干形通直、树冠茂密、30年以上生的无病虫害的健壮母树，"霜降"至"立冬"球果褐色时采饱满者，经脱脂处理，在晴天摊晒，约10天种鳞开裂，种子脱落，采用人工加热干燥法，使种子脱落；收集种子去翅，除杂后装于袋中，置于通风干燥处贮藏。种子纯度为85%～95%，千粒重10～12克，每公斤纯种子1～1.2万粒，发芽率80%～85%。

2）育苗　在海拔600～1000米选择在山地就近、人畜活动较少且土壤肥沃、湿润、疏松平缓地育苗，也可选择山坡地、梯地或梯田作圃地。精耕细作，施基肥，整平筑100～115厘米高床，苗床以南北向为好。"春分"前后撒播，每亩播种子7.5公斤。播前种子消毒，用0.5%硫酸铜溶液浸泡4～6小时或0.3%福尔马林喷洒种子闷半小时，每公斤种子拌钙镁肥0.5公斤，播后覆细土、火烧土或焦泥灰盖种，以仍能见到部分种子为宜，稍加镇压，随即盖草，保持床面湿润，防雨水冲击床面。

播种后约1个月陆续出土，待70%幼苗出土后，阴天或傍晚揭除盖草，防鸟雀啄食。幼苗出土后40天内应特别注意保持苗床湿润，还应做好圃地除草、松土、排水工作，5～7月上旬每月施化肥1～2次，每亩施硫酸铵2～5公斤。经精心培育，1年生苗高可达25厘米左右，地径粗0.3厘米。

(2) 造林技术

黄山松为800米以上山地的先锋造林树种。造林前的秋冬进行劈山。块状整地不小于50厘米×50厘米，深度均不小于20厘米。栽植穴底径不小于30厘米，深不小于25厘米。整地时，杂草山只将块内的草先铲除，灌丛山须将块内的灌木根挖掉。

造林一般从"惊蛰"至"春分"进行。用一年生一级苗高15厘米以上，地径0.3厘米以上裸根苗栽植。造林密度为200～375株/亩，株行距(1×1.7)米～(1.5×2)米。

块状整地造林的，造林后，即封山护林，严禁放牧及砍柴，做好防火工作。幼林一般不抚育。未经块状整地造林的，栽植后头3年需进行块状劈草抚育，每年1～2次，只割草，不松土。第4年如尚未郁闭，继续抚育1年。注意做好防治松瘿瘤病、松梢螟、松黑叶蜂等病虫害。

当林分郁闭度达0.9以上，被压木总株数为20%～30%时，即进行间伐。间伐起始年限一般为10年左右。采用下层抚育间伐方式，第一次间伐强度为林分总株数的25%～35%，以后为20%～30%，间伐后林分郁闭度不小于0.7，间伐间隔年限为5年左右。

主伐期：速生丰产林为30年，一般林分为30～50年。

(3) 盆景要领

黄山松树姿雄伟优美，具有松树的典型特征，是十分理想的盆景树种。要使黄山松显示出"奇松"而美丽，应抓住以下关键：

1）造型　以冬季至早春发芽前或梅雨季节新枝已长成熟时造型加工为宜。用金属丝蟠扎为主，修剪为辅。伤口用蜡和黏土封住，防松脂溢出。2～3年生粗壮实生苗即可制作，先粗略加工，后逐年整形；先蟠扎主干，再加工大枝，最后是小枝，枝叶可剪扎成片，不必过于规则。可制作成直干式、斜干式、曲干式、卧干式、悬崖式、提根式、丛株式、文人树式等。

2）盆钵 宜选古朴素雅、色泽较深的紫砂陶盆，盆形应与树姿配合得当，一般多用较浅的盆钵，悬崖式用深千筒盆或中深的圆形、方形盆。

3）栽种与翻盆 宜春季2～3月发芽前，或秋冬季亦可。盆土酸性山土作基质为佳，腐殖土掺少量沙土。每隔3～4年翻盆一次，去除2/3宿土，剪除枯根、腐烂根、过长根，修剪枝叶，其剪口均需用蜡或黏土封住，上盆或翻盆后浇透水，置于半阴半阳处，半月后正常管理。宜置于阳光充足、湿润通风的场地。炎夏，宜稍加遮荫，冬季可连盆埋入背风向阳地，或搬进光线良好、通风透气的室内越冬，室温保持0～15摄氏度为宜，翌年3月出房。

4）适时浇水、追肥 盆土常保持湿润，见干见湿为宜。春夏生长期多浇水，秋凉后少浇水，高温干燥，枝叶和地面多喷水，冬季休眠期控制浇水。春季发芽期施1～2次腐熟饼肥，秋季10～11月再施一次即可。可适当施用矾肥水，以调节土壤酸碱度。梅雨季节、炎夏高温时不宜施肥。

5）及时修剪 每年冬季应剪除病虫枝、枯弱枝、交叉枝、重叠枝、过密枝等，并短截长枝；春季，发新针叶时，于晴天摘去顶芽1/2～2/3。摘芽多少可根据生长势和造型需要而定。通过多年的修剪和摘芽，可使枝叶短密，树形紧凑优美。

6）病虫害防治 主要病害有松针锈病、叶枯病等，可用波尔多液、托布津、多菌灵等药剂防治；害虫主要有针梢螟、蚜虫、介壳虫、红蜘蛛等，可用锌硫磷、敌敌畏、氧化乐果、三氯杀螨醇等药剂喷雾防治。

7）观赏 盆景黄山松郁郁苍苍，生气勃勃，枝干挺立，凌霄直上，瘦叶如针，梳风掩翠，四季常青，是松类最佳观赏树种之一。唐代大诗人白居易曾赞美其品格曰："亭亭山上松，一一生朝阳，森森上参天，柯条百尺光；岁暮满山雪，松色郁苍苍；彼如君子心，秉操贯冰霜。"

5.欣赏与应用价值

黄山美景冠天下，在很大程度上应归功于黄山奇松。"黄山无峰不石，无石不松、无松不奇。"将黄山奇松做了很精辟、很准确的描述。"奇松、怪石、云海、温泉"著称于世，号称黄山四绝，奇松被列为"四绝"之首，正说明了黄山松的奇、特、绝、灵，不同凡响。

黄山松破岩裂石，长在花岗岩的绝壁上，以"云为乳，石为母，黄山奇松不识土"，这首诗道出黄山松的个性。它破石而生，傍崖生长，为抗拒恶劣的生存环境，居然侠肝义胆，刚毅不屈，扎扎稳稳地攀附在黄山母亲的怀中，既不张扬、显示自己，也不求生长的挺拔高大，只愿每条侧枝都能粗短坚实，呈水平横向伸展，让树冠扁平而异于常松，以形成黄山松独有的神韵。远远望去，平平整整，清清爽爽，恰似一幅剪贴画，给人一种古朴、肃穆、刚劲而不屈服的感觉。

它盘根于危岩峭壁之中，挺立于峰崖绝壑之上，面对邪恶雷霆风暴，冰刀霜剑，都从容自若，不屈不挠，傲然挺立。峰愈高，环境越恶，松越奇，形态越美，千姿百态，或倚岸挺拔，如同擎天巨人，欲与奇峰比高；或盘曲遒劲，独立峰巅，宛如苍龙凌波，或倒悬绝壁，冠平如盖，状似行云；或尖削似剑，矫健威武，如猛虎归山。有的循崖度壑，绕石而过；有的穿罅穴缝，负石绝出。忽悬、忽横、忽卧、忽起、忽俯、忽仰，多彩多姿，美得让人称奇，奇得让人叫绝。

它的种子有着旺盛的活力，一旦借助风力或鸟啄迁徙，落在岩缝里，裂隙中，或险峰绝壁的稀薄的沙土上，任谁也不能阻挡它发芽、生根、生长，伟岸挺立，气概非凡。它顽强的生长过程，深含哲理，很富诗意。它无私无畏，默默奉献社会，这种不凡的气质和高尚品格，充分体现了黄山松仪态美与内在美的统一。这种顽强的生命力不能不让人叹服，令人敬仰。

它虽坚韧傲然，美丽奇特，但生长的环境却十分艰苦，因而生长速度异常缓慢，一棵高不盈丈的黄山松，树龄往往也在几百年，甚至上千年；根部常常比树干长几倍、几十倍，根又扎得很深，它分泌一种有机酸能溶解岩石，从中获取养料，虽历经风霜雪雨，却依然坚强地立于岩石之上，永葆青春。

在黄山诸多名松中，名气最大、知名度最高的要数迎客松。它挺立于玉屏峰东侧，文殊洞上，破石而生，寿命逾千年。松名始见于民国时期的《黄山指南》。树高10多米，胸径64厘米，地径75厘米，枝下高2.5米，树干中部伸出长7.6米的两侧枝展向前方，状如一位慈祥的老翁，正挥展双臂恭迎八方来客。它是黄山松的一个杰出代表。姿态苍劲，翠叶如盖，刚健挺拔，彬彬有礼，形象可爱。有诗赞曰："奇松傲立玉屏前，阅尽沧桑色更鲜。双臂垂迎天下客，包客四海寿千年。"游人到此，目睹此松，顿时游兴倍增，纷纷摄影留念，引以为幸。与毗邻的"陪客松"、"送客松"、"望客松"五株奇松浑然一体，相映成趣，构成玉屏的胜景，成为黄山奇松的佼佼者，仿佛姐妹们组成接待站，使中外游客充分感受到黄山松殷勤、好客、礼貌、周到。北京人民大会堂安徽厅陈列的巨幅铁画

《迎客松》，就是根据它的形象制作的。迎客松早已蜚声海内外，成为中华民族热情好客与友谊的象征。迎客松作为黄山松的代表、国之瑰宝，是当之无愧的。

黄山松树姿雄健优美，适于天然公园中成片栽植，在山岳风景区、山林绿地中尤为适合。黄山风光就是以松称绝而蜚声中外。应用时，植于岩际、道旁，或聚或散，或与枫、栎混植，无不相宜。庭园中假山或草坪上，均可栽植。若取其低矮古奇之植株制作树桩盆景，则多为上品之作。

木材纹理直，坚实有光泽，供建筑、家具、室内装饰、柱桩生活用具、农具，以及造纸等。树干可提取松脂。南唐李延珪曾用黄山松松烟为原料，制作出丰肌腻理、光辉如漆、经久不褪、香味浓郁的佳墨，直到今天，李延珪墨仍然是文房四宝之一徽墨中的一个响当当的品牌。

6.树趣文化

黄山位于中国安徽南部，其中精粹而绝伦的风景区约154平方公里。黄山并非因颜色而得名，而是来源于中华远古的神话，传说中华远祖黄帝轩辕氏曾在此山炼丹，后来修炼成仙驾鹤升天去，故此地就被后人称为黄山。

黄山以它奇美自然的山石绝崖、风云流幻、奇松万千和悠久的人文景观与黄河、长江、长城而齐名，成为伟大中华民族的天然象征。1990年12月被联合国教科文组织列入"世界文化与自然遗产"名录。黄山更加闻名于世界。

"黄山之美始于松"，黄山松破石而生，盘曲遒劲，仪态万方，是自强拼搏、团结进取、开放奉献精神的象征，也是中华民族伟大品格——刚毅、圣洁、正义、生命永不屈服的天然代表。

黄山松多姿多彩，著名的黄山十大名松有迎客松、蒲团松、探海松、麒麟松、凤凰松、黑虎松、连理松、龙爪松、接引松和卧龙松。其实，每个人都可依据自己的审美情趣重新评定。五百里黄山奇松无数，一棵黄山松就是一首美妙的诗，是一首优雅的画，也是一个美丽的传说。

如探海松在黄山天都峰顶，它有一侧枝很长，倾伸前海，犹如苍龙探取海中之物，故名"探海松"。相传，有位仙人应邀去天都赴宴，行至桥上，只见云海翻腾，浩气临空，千峰万壑，倏忽变幻，他看得如醉如痴，将赴宴忘得一干二净。另一位仙人东方朔见此光景，即拍拍他的肩膀，笑曰："老翁老翁，犹似老松，不尝他酒，独饮海风，一醉千年，其乐无穷。"那仙翁一听，觉得此话颇有道理，心想：这里比仙宫还美，何不在此一醉千年？于是便摇身一变，化作一棵苍劲的松树，日夜饱饮云海上的烟霞。因其造型奇特，故旧志将它列入黄山"十大名松"。有诗咏之："天都绝壁一松奇，古干倾斜势欲离。要与龙王争海域，侧身欲跳舞披靡。"

又如黄山松中最高大魁梧的当数黑虎松。它长在北海至始信峰的岔道，高约15米，胸径65厘米，冠幅投影面积约100平方米，树龄约千年，虎视眈眈，八面威风。相传，早先有一僧人到狮子林，路过此处，忽见一只黑虎卧于崖顶，转瞬间，黑虎不知去向，只留下一株高大古松；又因它树干粗壮，针叶浓绿近于黑，虬曲的枝杈远望就像草写的"虎"字，故称黑虎松。中国著名国画大师张大千先生曾三次登临黄山作画，游山，绘松，而对黑虎松情有独钟，每次都到此摹画。晚年还在台湾的家中养了四株黄山松盆景，可见他对黄山松的钟爱之情。

玉屏楼的迎客松有一段很有趣的故事。1992年，一名游客在天都峰吸烟，引起一场山火，火借风势，大有向玉屏峰漫延之势，火警逐级向上报告，传到党中央，当时，国务院总理周恩来得知这一情况，立即在电话中指示："一定要保住迎客松"。在大家的扑救下迎客松安然无恙。1994年，由黄山籍画家刘晖画的一幅迎客松挂在北京人民大会堂东大厅。现在迎客松已成为黄山的象征、中国人民热情好客的标志。

九华山有被世人誉为天下第一松的凤凰松，也就是黄山松，据传为晋代高僧柘渡手植；至今已有1400多年的历史了，仍郁郁葱葱，生机勃勃，形如凤凰展翅，惟妙惟肖。关于凤凰松还有一个动人的传说：山中闵园村有一位美丽又擅长画凤绣凤的"凤凰姑娘"，不堪封建权贵的凌辱，纵身悬崖，与她所画的凤凰一同飞去，天长日久，崖畔长出的青松，越来越像凤凰，从而遂了父兄和乡亲们的思念之情。据说，每当晨昏雾笼或夜雨潇潇之时，便能听到"凤凰"轻歌慢吟、祈福于"妙有二分气"的灵山九华山。千百年来，无数的善男信女、游侣高僧，虽饱经"芒鞋特藤枝"的艰辛，亦求"卧听松风眠"的雅兴，以虔诚之心悟"涅槃"的崇高与永恒。

黄山是"黄山文化"的发祥地，而黄山松则有使人陶醉的魅力、富有雄浑浪漫的诗意和含蓄深邃的意境。古往今来，咏赞黄山的诗词歌赋不计其数。明代诗人朱鹭《黄山松》诗赞："松无五仞高，矮者二三尺。敷枝或横亩，平翠可布席。咄咄离奇者，石端绝上滋。根大于其本，短干特修枝。高既不盈寻，大亦不盈斗。霜藓封苍肤，纠结百重厚。一松王一石，苍古看不厌……"清代黄景仁《黄山松歌》中赞叹"黟山三十有六峰，峰峰石骨峰峰松。有时松石不可辨，一理交化千年中。"当代诗人张万舒在《黄山松》中大声叫道："好！黄山松，我大声为你叫好，谁有你挺得硬，扎得稳，站得高；九万里雷霆，八千里风暴，劈不歪，砍不动，轰不倒！要站就站上云头，七十二峰你峰峰皆到；要飞就飞上九霄，把美妙的天堂看个饱！你的雄姿像千古高峰不动摇，每一根针叶都闪烁着骄傲；那背阳的阴处，你横眉怒扫，向着阳光，你迸出劲枝千万条！……"

郭沫若登黄山时作《黄山即景》诗一首："松从岩上出，峰向雾中消。峭壁苔衣白，云奔山欲摇。"来形容黄山松坚忍不拔，何等顽强的生命力！

元曲有："挂绝壁松枯倒倚，落残霞孤鹜齐飞"。何其相似李白诗句："枯松倒挂倚绝壁"。毕竟是词曲源于诗，但也应承认有创新，正所谓"各领风骚数百年"。

时任中共中央总书记的江泽民同志登黄山作诗一首，其中"倚客松"则是气象万千："遥望天都倚客松，莲花始信两飞峰。且持梦笔书奇景，日破云涛万里红。"在西海的团结松前，他还亲自带领大家唱响了《团结就是力量》，团结松象征着中华民族的大团结。

安徽省委、省政府号召全省人民学习黄山松"顶风傲雪的自强精神；坚忍不拔的拼搏精神；众木成林的团结精神；百折不挠的进取精神；广迎四海的开放精神；全心全意的奉献精神"。

黄山松在中国乃至全世界人民的关心爱护下，一定会焕发出勃勃生机，生长得更加奇美无比。

美景冠天下

自然风光世上罕见

黄山松擎天巨人

13. 凌寒不凋显其德——圆柏

1.来源

圆柏*Sabina chinensis* (L.) Ant.，别名：桧柏、桧、龙柏、刺柏、红心柏、珍珠柏、子孙柏、柏木香、柏木。原产中国，栽培历史悠久，《尔雅》称圆柏是"柏叶松身，叶尖硬，也叫做栝。"《西京杂记》中记载，汉武帝修上林苑，诏群臣献奇花异木，其中有栝十株。上林苑今已无存，然而古圆柏具有民族历史的丰富文化内涵，中国许多名胜古迹及历代先贤名人手植弥足珍贵古圆柏，迄今留下大量各有特色的古圆柏。《史记》称其为百木之长。《诗经·国风·卫风》："桧楫松舟"。《广群芳谱》引《洛阳伽蓝记》："永宁寺僧房楼观一千余间，栝、椿、松柏、扶疏拂檐。"古代称之为松柏。全世界已记载的圆柏品种约100个，中国已知栽培、记载品种50余个，广布于东北南部、华北各省，南达长江流域至两广，西至四川、云南等地，现广泛栽于20个省（自治区），垂直分布多在500~1000米，最高可达3600米（西藏拉萨）。是中国自古喜用的园林树种之一，也是城市、农村绿化的主要树种之一。朝鲜半岛、日本和缅甸也产。欧美多有栽培。辽宁省锦州市、山东省曲阜市将圆柏选为市树。

2.形态特征

圆柏为柏科圆柏属常绿乔木。高达30米，胸径达3.5米。树皮灰褐色，浅纵裂，呈长条剥离。树冠尖塔形或圆锥形，老树呈宽卵形、球形或钟形；老枝常扭曲状，平展；小枝通常直立或斜上展，也有略下垂者。冬芽不显著。幼树多为刺形叶，常3枚交互轮生，在枝上斜展，着生疏松，亦有交互对生者，刺叶披针形，长6～12毫米，基部下延，上面微凹，有2条白色气孔带；鳞叶小，菱状卵形，多见于老树，叶长1.5～2.5毫米，先端钝，叶背近中部有椭圆形微凹腺体，通常交互对生；老树多为鳞形叶，交互对生；壮龄树多兼有刺叶与鳞叶。雌雄异株，稀为同株，雌雄球花均生于短枝顶端。球果近球形，肉质，直径6～8毫米，熟时暗褐色，被白粉，不开裂。球果内有种子1～4粒，卵圆形，略扁，有棱脊，无翅。花期4月；种子在翌年10～11月成熟。

常见变种、栽培品种

1）龙柏 cv.Kaizuka，树冠窄圆柱状塔形，侧枝短而抱主干，端梢扭转上升，如龙舞空，小枝密，以鳞叶为主，翠绿色；球果蓝绿色，略有白粉。

2）偃柏 var.*sargentii* (Henry) Cheng et L.K.Fu，常绿匍匐灌木，大枝匐地生，小枝上伸密丛状，幼树叶多为刺形，常交互对生，鲜绿或蓝绿色；老树多鳞叶，蓝绿色；球果蓝色，被白粉。

3）金叶桧 cv.Aurea，常绿直立灌木，树冠阔圆锥形，高3～5米，有刺叶和鳞叶，鳞叶初为金黄色，后渐变为绿色。

4）塔柏 cv.Pyramidalis，树冠圆柱形，枝直伸密集，叶几乎全为刺形。

5）鹿角桧 cv.Pfilzeriana，丛生灌木，干枝自地面而向四周斜展、上伸，全为鳞叶，灰绿色，形态优美。

6）球柏 cv.Globosa，矮小灌木，树冠球形，枝密生，多为鳞叶，间有刺叶。

7）金枝球柏 cv.Aureoglobosa，丛生灌木，树冠近球形，多为鳞叶，小枝顶端叶初呈金黄色。

8）垂枝圆柏 f.*pendula*，别名垂条桧。乔木，小枝细长，下垂，叶具刺叶、鳞叶两种。

9）匍地龙柏 cv.Kaizuce Procumbens，匍匐灌木，由龙柏侧枝扦插培育之品种。

10）翠柏 var.*uariegata*，丛生灌木，顶端小枝乳白色，叶多为鳞片状。

3. 生长习性

喜光，但耐阴性很强；喜温凉稍干燥气候，耐寒、耐热、耐干旱瘠薄；适应性强，对土壤要求不严，在酸性、中性及钙质土上均能生长，但以中性、深厚、肥沃、湿润、排水良好的土壤上生长最佳。忌水湿，深根性，侧根也发达，萌芽力强，耐修剪，易整形，生长速度中等，寿命长。对氯气、氟化氢、二氧化氮、光气、铬酸及酸雨的抗性强，具有吸收二氧化硫的能力，对粉尘的吸滞能力很强，并有隔声、减弱噪声的功能。

4.培育要点

（1）繁殖方法

以播种繁殖为主，园艺品种多行扦插繁殖。

1）播种繁殖　圆柏种子种皮坚硬致密，表面含桧脂，不易透水，且胚具明显后熟休眠期。洗净松脂，播前要进行催芽处理，打破休眠，使胚充分发育，是播种育苗技术的关键。选40年以上生的健壮母树，11月球果呈赭褐色采收，选粒小，优良度在60%以上的优质种子，于5～6月将种子用恒温60摄氏度水浸泡5～6日后，加10：1洗涤净搓磨冲洗，混湿沙层积于室内凉爽处催芽，每隔10天翻查，或5%的福尔马林溶液浸种3分钟，再用清水洗净，混沙置5摄氏度低温处理100天。冬季地冻前或早春播种。采用双层地膜覆盖法。育苗地选荫蔽、近水源生地，土质稍黏的肥沃壤土，忌用生茬、蔬菜及盐碱地。肥料以农家肥经充分腐熟，薄肥量少。条播，行距20～25厘米，播幅5～7厘米，每亩播种量20～25千克。播后覆土1～1.5厘米，压实并盖草，约20～30天幼苗出土，苗出齐，气温稳定，去除覆盖物，注意幼苗期的管理，加强除草、松土和灌溉，促进幼苗健壮生长，当年苗高15～20厘米，次年移植。播种苗常出现类型分化，移植时分别选优分类栽培，二年生苗高30～50厘米，即可用于造林。

2）扦插繁殖　园艺上多采用。研究表明，2～9年生的枝条上均有明显的丘状突起，为根源始体，其中以5年的根原始体生活力最强，采用这类枝条作插穗，成活率达100%。一般多采用嫩枝扦插育苗。取健壮、无病虫害、生长旺盛的2年生半木质化枝条，长10～15厘米的插穗，下端削成马蹄形，基部用500ppm萘乙酸溶液浸5分钟，稍晾，插于透水透气性较好的干净河沙，扦插密度7厘米×7厘米或5厘米×5厘米，以7月份扦插为宜，插后压实，充分浇水，搭双层荫棚遮荫。嫩枝扦插要特别留意，经常保持空气和土壤湿润，并每隔7～10天用50%多菌灵600～800倍液消毒杀菌一次。30～45天开始生根，生根后要加强管理。翌春4月逐渐炼苗，通风、见光，10～15天后可移栽大田。

3）嫁接繁殖　多用于龙柏嫁接。常用2～3年生侧柏作砧木，接穗选择生长健壮的母树侧枝顶梢，长10～15厘米，于春分前后切接或腹接法进行嫁接。

（2）栽培技术

1）栽植　地栽以选择土层肥厚、pH值在6～6.5之间的沙质土壤，栽植前适量穴施基肥，以土杂肥为主。春、夏、秋三季均可趁阴天进行栽植，出圃和移植宜在春季进行，株行距40厘米×40厘米，生长两年后，隔株间苗，株行距变为80厘米×80厘米。起苗不伤根系、随起随栽；小苗带宿土，大苗带土球；栽正根舒，分层压实，浇透水，上覆细土，立支架，防歪倒。栽后2～3年内应加强松土除草工作。

　　盆栽用大小适宜的陶瓷花盆，培养土用森林腐叶土3份、沙质菜园土3份、肥田泥2份，堆积干杂肥2份配制。经堆积腐熟，暴晒整细，过筛后上盆，于早春新芽尚未萌动时进行。幼苗带土团，植正、压实、浇透水，置通风荫蔽处，缓苗数日，便可正常养护。置阳台窗台莳养，可用0.2%～0.3%浓度尿素、磷酸二氢钾等浇灌，春季每月2～3次，夏季每月1～2次，三伏天停施，秋季每月3～4次。冬季停施。为防止土壤板结，每季度结合施肥松土，保持土壤疏松透气。圆柏喜湿润，浇水应按季节气温高低，水分蒸发的强弱，合理浇灌。并常清水冲洗叶片上灰尘，使之嫩绿光亮，更具观赏价值。

　　2）整形修剪　通过整形，营造优美树姿。幼树主干上距地面20厘米范围内的枝全部疏去，选好第一个主枝、剪除多余小枝条，每轮只保留一个枝条作主枝。要求各主枝错落分布、下长上短，呈螺旋式上升。如创造游龙形树冠，则可将各主枝短截，剪口处留向上的小侧枝，以便使主枝下侧芽大量萌生，向里生长出紧抱主干的小枝。在生长期内当新枝长到10～15厘米时，修剪1次，全年修剪2～8次，抑制枝梢徒长，使枝叶稠密成为群龙抱柱形。应剪去主干顶端产生的竞争枝，以利通风透光。对主枝向上向外伸展的侧枝及时摘心、剪梢、短截，以改变侧枝生长方向，造成螺旋式上升的优美姿态。

　　作绿篱用的桧柏，内膛枝易枯，应每年4月和9月份各修剪（抹头）1次，以保持整洁、优美的树姿。

　　（3）病虫害防治

　　1）双条杉天牛，在10月上旬用90%敌百虫1500倍液喷杀成虫。

　　2）侧柏毒蛾：幼虫期喷800～1000倍8%的敌敌畏杀灭幼虫；利用黑光灯诱杀成虫。

　　3）柏红蜘蛛：发芽前喷30～40倍的20号石油乳剂毒杀过冬卵；春、夏喷1200倍40%的三氯杀螨醇，或1000倍50%的三硫磷乳剂，或过1000倍80%的敌敌畏乳油。用药剂防治的同时，要注意保护和利用益鸟和食蚜虻天敌，如肿腿蜂、红头茧蜂等。

　　4）桧柏锈病，为防止此病发生及危害，勿在梨树、苹果、海棠、石楠、山楂等树种附近栽植圆柏，苗木需带土球移植。

　　（4）盆景的制作

　　取材于山野老柏树桩。初春圆柏未萌发前挖掘，经"养坯"，待根系发育、老干生新叶，再上盆加工，或用播种苗木攀扎修剪，制作成盆景。宜用紫砂陶盆或釉陶盆，以衬托翠绿枝叶。一般曲干式多用长方形盆；直干式用中深的圆形盆或椭圆形盆；悬崖式用高深千筒盆。以3～4月上盆，底孔垫瓦片，填层粗沙，再用肥沃疏松、透水性好的沙质壤土；老桩盆景用山土为宜。其造型可制成直干式、斜干式、曲干式或悬崖式。枝叶剪成半圆形或层片状。造型宜在秋后进行，通常先剪去顶梢，促生侧枝，去强留弱，去高留矮，控制生长，使枝叶丰满，姿态古朴。莳养着重：①浇水不可偏湿，不干不浇，做到见干见湿。雨季防盆内积水，盛夏早晚浇水，常喷叶面水。②不宜多施肥，以免徒长影响树形美观。每年3～5月施稀薄腐熟饼肥水或有机肥2～3次，秋季施1～2次，保持枝叶鲜绿浓密，生长健壮。③成型后盆景，以摘心为主，对徒长枝打梢，剪去顶尖，促生侧枝，尤其生长旺盛期，及时摘心打梢；④每隔3～4年翻盆一次，以春季3～4月间为好。翻盆时剪去部分老根，换去1/2宿土，培上肥沃疏松的培养土。

5.欣赏与应用价值

圆柏长在华夏大地有着悠久历史，自古为著名园景树，它树形优美，特别是老树干枝扭曲，奇姿古姿，有的苍劲挺拔，直插云天；有的姿态岿然突兀，气宇轩昂；有的长得威武雄风，颇具大将风度；有的却长得灵秀潇洒，确有贤臣之风；有的粗壮遒劲，宛如一管"神笔"，重笔浓墨，书写人间沧桑；有的树干极尽扭曲之能，宛如巨龙卧于树干，像只受惊的蛟龙，翻江倒海，兴风作浪；有的曲干扭筋向上，状如老鹰斜视四方，时刻迎击不速之客；有的干枝皮皱和木理扭曲向上，宛如一条扶摇直上的苍龙，抱柱长吟；有的躯体布满众多光怪离奇的疙瘩，宛如"五百罗汉"的头像：大肚罗汉仰天欢笑，苦难罗汉苦思冥想；沉思罗汉端庄安详；尴尬罗汉似笑非笑，似哭非哭，伏虎罗汉满面含怒；降龙罗汉神态威武。有的权展似臂，威风凛凛，像一位气宇轩昂手执兵器的古代大将军；有的树冠好似一只大的凤凰端坐在树顶，正欲展翅高飞……这些形态异彩纷呈，惟妙惟肖的古柏，简直是一件件经过众多名师巧匠精雕细刻的艺术品，蔚为壮观。

在江苏吴县司徒庙有千年四汉柏，因历史悠久，千百年的霜雨雪，雷击电劈，形成奇特罕见的树姿，被冠为"清、奇、古、怪"四柏。"清"柏挺拔如笏，叶株四垂，苍郁清秀，茂如翠盖；"奇"柏一干上矗，顶干折裂，分权两旁，薄皮连接，新枝簇护；"古"柏身似苑虫螺，纹理萦绕，斑驳若鳞，如蛟龙蟠；"怪"柏曾遭雷击剖劈两半，着地再生，卧地三曲，如虬似蟠，欲昂首腾空而去，确为天下之奇观，被人们誉为活化石。清诗人孔原湘有诗赞："司徒庙中柏四株，但有骨干无皮肤。一株参天鹤立孤，倔强不用旁株抚；一株卧地龙垂胡，翠叶却在苍苔铺；一空其腹如剖瓠，生气欲尽神不枯；其一横裂纹萦行，瘦蛟势欲腾天衢。"1964年1月，剧作家田汉观柏后，感慨赋诗道："裂断腰身剩薄皮，新枝依旧翠云垂。司徒庙里精忠柏，暴雨飙风总不移。""清、奇、古、怪"四汉柏是风景城市——苏州的一绝，年年慕名而来的海内外游客观后交口赞叹。司徒庙也因为古柏成为宾客络绎不绝的观光胜地。

桧柏枝叶密集葱郁，不论阴晴霜雪，依然凌云气昂，四季苍翠，婵娟挺秀，深得人们喜爱，有趣的是它就像京剧里"变脸"戏法：龄叶形呈针状，似营茅，秀美纤巧，树冠呈美丽的尖塔形；老龄却转变为鳞状、广圆形或钟形，宛如菱带，落落大方；针叶3片轮生，鳞叶交互对生，给人一种匀称、端庄、安详和稳定的美感；逢枯木逢春，新绿如盖，神韵高雅，大有饱经风霜、乐观向上、欣欣向荣之意，赏心悦目，因此，圆柏是人们自古以来喜用的园景树种之一，也是中国古典园林中不可缺少的观赏树种。尤其是在缺乏常绿树种的北方，在万木凋零的冬天，能见到绿色景观柏树，使平淡大地呈现出一派生机。圆柏多配置于陵园、通道、坛庙寺观中作墓道树，令人颇增庄严肃穆之感。将圆柏于亭殿楼阁附近丛植、对植、列植，或于草坪及树丛边缘自然种植作主景树的背景，在道路分车带及人行道里侧绿化带中列植亦为适宜，而孤植常可自成一景，还可做绿篱、柏墙及盘扎整形、桩景、盆景材料。其诸多变种及品种姿态优美，异彩纷呈，观赏性强，庭园中常被广泛应用，尤以龙柏为最，其树形挺秀，枝叶紧密，叶色苍翠，稍加整扎，形似宝塔，侧枝扭转，宛若游龙盘旋。常植于悬崖、池畔、石隙、草坪、墙隅等处，皆可取得良好的景观效果。饶有诗情画意，耐人品赏。

圆柏对多种有害气体抗性较强，有一定的吸收功能，防尘、隔声、减弱噪声能力也强，很适城市工矿区绿化。

圆柏心材淡褐红色，边材淡黄褐色，有光泽、香气，坚韧致密，耐腐朽，抗蚁性强，可供建筑、家具、室内装饰、文化体育用品、工艺品等用。根、枝、叶可提取柏木脑及柏木油；枝叶入药，能祛风散寒、活血、利尿；种子可提制润滑油。

6.树趣文化

古人视圆柏为吉祥的象征，相信桧木是有再生之瑞，所谓"生于枯朽表受命于败德之时，苍翠繁茂，见征延庆之兆。"山东曲阜孔庙的桧木，相传为儒家学派的创始人孔子亲手栽植，弥足珍贵，它历经周、秦、汉、晋数千年，至西晋怀帝永嘉三年而枯，至隋恭帝义宁元年复生，至唐高宗乾封三年再枯。枯了374年后，至宋仁宗康定元年复荣。圣人手泽，其荣枯兴衰关乎天下盛衰。宋代书法家米芾撰写石碑文"先师手植桧"立于树旁。

《红楼梦》中宝玉因怡红院前的海棠无故枯萎，心生感触而想起象征天地气运的孔庙桧木。明、清多有文人墨客，以孔子手植桧为题吟诗赞颂。明代钟羽正《孔庙手植桧歌》中赞叹道："冰霜剥落操尤坚，雷电凭陵节不改。"清代施闰章《孔子手植桧》中颂扬："柔桧无枝叶，虬龙百尺长。何人见荣落，终古一青苍。元年收东岳，孤根接大荒。迟回思手泽，俯仰愧升堂。"唐代杜甫《古柏行》诗："孔明庙前有老柏，柯如青铜根如石。霜雨溜雨四十围，黛色参无二千尺。崔嵬枝干郊原古，窈窕丹青户牖空。落落盘踞虽得地，冥冥孤高多烈风。"宋代苏轼《桧》："依依右松子，郁郁绿毛身。每长须成节，明年渐庇人。"明代李东阳《咏桧》："双枝出墙头，亭亭雨高盖。雨色爱青葱，天声听灵籁。"

孔子在一次讲课中阐述了好的德行，要像松柏常青，如公孙树久远。得意门生闵子骞深领孔子教诲，在他故地（安徽宿县闵祠内）种下"闵柏"和"闵公孙"（银杏）两株。2500年的闵柏饱经劫难，仍浑圆壮实，不裂不腐，生长旺盛。"经霜不坠地，岁寒无异心"，闵柏一直被人们视为尊贤吉祥的象征。

有关圆柏树的趣闻甚多：在河南新密市米村镇前寺郭村报恩寺有株树形伟岸，枝叶繁茂，树龄2100年以上古圆柏。相传西汉末年，王莽篡位，建立新朝。刘邦后代刘秀举义旗，兴汉室，于南阳大战王莽时兵败，被王莽一路追杀，连夜逃至前寺郭村，人困马乏，无力再逃，巧好躲进破寺内，见院后有株柏树，遂爬树而上，无奈树身光滑，难于爬上，刘秀长叹一声，说："桧树！桧树！"柏树错听成"救我，救我"，低头见树下一人头顶五彩祥光，抱树欲上，柏树知是真龙天子，就在树身上长出4个疙瘩，刘秀才得以爬上柏树藏身，瞧他坐立不稳，枝梢又变为床椅，让刘秀稳坐在上面。王莽追到树下，不见刘秀，怀疑他藏在树上，遂命士卒爬树搜索，连爬数次，均因树身光滑而摔下。王莽见此情景，断定刘秀不在树上，领兵而去。刘秀躲过王莽追杀，后登上皇位称汉光武帝，下诏重新建寺，并亲笔手书"报恩寺"。现此柏树身光滑，惟有4个疙瘩十分明显。

北京孔庙大成殿的圆柏，人称"除奸柏"。据说，明嘉靖年间奸相严嵩权倾朝野，作恶多端，人们对他恨之入骨。一次严嵩代嘉靖皇帝祭孔时，行至这株柏树下，突然冷风骤起，伸向东南的侧枝掀掉了严嵩的帽子，使他狼狈不堪，丑态百出。还在明朝天启年间，宦官魏忠贤专横跋扈，擅权乱政，朝野无不痛恨，当他走过这株柏树下，树枝再次掀掉奸臣的帽子。于是人们认为古柏颇有灵知，能辨忠奸，故称之"除奸柏"。

江苏连云港云台花果山有株植于唐代的桧柏，人称"拐杖柏"，树高10米，于海拔420米山地上幸存至今，实属奇异。相传，孙悟空大闹天官后，杀出南天门，回到花果山，立竿树旗，自称"齐天大圣"。太白金星参奏玉帝：这猴头神通广大，不如免兴师旅，把他传到天上来，封个"齐天大圣"，省得他再惹是非，玉帝准奏，即命太白金星下界招安。太白金星足纵祥云，手拄龙头拐杖来到花果山，把来意向孙悟空讲，只见孙悟空高兴万分，猴态显露，又蹦又跳，抓身挠腮，猛然看到太白金星手中拐杖甚为奇特，顺手抢过来挥舞，舞着舞着，拐杖破裂，金星见拐杖被弄坏，就顺水人情送给悟空当见面礼，悟空随手把它插在"五十三参"的平台上，谁知这柄拐杖天生灵气，触地后即刻生根，长成了现在的"龙头"（即拐杖柏）。

浙江金华太平天国侍王府，迄今仍幸存着两株苍劲翠绿的千年古柏，东为圆柏，西为龙柏，两柏"颇有清香凝画戟"，是大自然与历史赋予的稀世珍宝。《新民晚报》社曾组织全国名木评选，侍王府千年古柏被评为全国十大名柏之一。

山西太原晋祠的"周柏"已近3000年，宋代欧阳修为此树写下"地灵草木得余润，郁郁古柏含苍烟"的诗句，明代傅山题碑"晋源之柏第一章"。山东泰安岱庙炳灵殿前的5株"汉柏"最为古老，迄今已2100年。北京中山公园内的"辽柏"也有千年树龄，堪称"国宝"。大江南北，千年以上古树多处可见，桧柏自古以来被人们视为四季常青的吉祥树，其寓言深远，故又被用作友谊树种。1966年4月29日，周恩来总理陪同阿尔巴尼亚总理谢胡到河北遵化市沙石峪村访问，结束前，作为友谊的象征，各栽一棵圆柏，如今树高，叶茂盛。

厦门鼓浪屿皖明园奇特圆柏的造型

厦门园林植物园鹿角桧

厦门鼓浪屿皖明园多姿多态圆柏的造型

厦门南湖公园圆柏造型

厦门陵园烈士墓龙柏

圆柏的盆景

孔子植桧
　　(来源:《中国树木奇观》)

14. 多寿之木辟邪恶——柏木

1.来源

柏木Cupressus funebris Endl，别名：垂丝柏、香扁柏、璎珞柏、柏枝树、柏香树、扫帚柏、密密柏等。为中国特产，栽培历史悠久，《诗经·国风·邶风》中有"泛彼柏舟"。先人把松柏称百木之长，是中国现存的数量较多的古树名种。据考古发掘发现，中国四大盆地之一的柴达木盆地，在1000多年前，曾遍布柏木，是一个温暖湿润的地方，如今这里仍有不少叫柏树林、柏树山的地方。

柏木分布广，北起秦岭、淮河流域，南至两广北部延伸至云南南部，东自浙江、福建沿海，西达四川西部、大相岭以东，多生于海拔1200米以下低山丘陵、温暖多雨地区，在云南中部海拔可高达1800～2000米地带，在石灰山地和钙质紫色土上常组成纯林，是亚热带针叶树种及钙质土的指示树种，亦是观赏及实用上均有价值的树种。以四川、湖北、贵州栽培最多，是长江以南石灰岩山地的造林树种之一，亦是四川省西昌、广元的乡土树种，被两市选定为市树。

2.形态特征

柏木属常绿乔木，高达35米，胸径2米。树冠圆锥形，树皮灰褐色，幼时红褐色，裂成窄条片剥落，大枝开展，小枝扁平，细长下垂，排成一平面，两面绿色，较老的小枝圆柱形。鳞叶交互对生，先端尖，中部叶背有腺点。雌雄同株，球花单生枝顶，雄球花具多数雄蕊；雌球花具4～8对珠鳞，中部珠鳞具有5至多数胚珠。球果两年成熟，卵圆形，直径8～12毫米，种鳞4对，木质，盾形，熟时张开，各具5至多数种子。种子矩圆形，两侧具窄翅，淡褐色。花期3～5月；球果翌年9～11月成熟，黄绿色。

3.生长习性

柏木性喜光，幼龄树稍耐阴，喜温暖湿润气候，具有一定耐寒性，能耐-10摄氏度最低气温，也能抗40摄氏度以上的高温，适于生长在年平均气温13～19摄氏度、年降水量1000毫米以上的地区。对土壤适应性强，中性、微酸性、微碱性的各种石灰土与钙质土生长最为普遍与常见，耐干旱瘠薄，稍耐水湿。喜土层深厚肥沃、排水良好的中性、微酸性土壤。主根浅，侧根、须根均发达，能在石缝中伸展，易移植；枝叶浓密，挥发产生萜烯类化合物，杀菌、滞尘、降噪能力强，对二氧化硫、氯化氢抗性强。生长速度较快，寿命可达千年以上。

4.培育要点

（1）繁殖方法

以播种繁殖为主，选20～40年生无病虫害的健壮母树，于翌年9～11月采两年生成熟的球果由青绿色变为黄褐色或暗褐色、种鳞硬化且微裂时采种。球果摊晒数日，脱出净种，干藏或密封冷藏。播前用45摄氏度温水浸种24小时催芽，半数以上萌动即可播种。圃地应选土层深厚肥沃湿润的中性或微碱性土壤。播种分秋、春季，以白露前后（9月上、中旬）最适宜。高床条播，条距20～25厘米，播幅5厘米，播种量每公顷约80公斤。覆土厚度以不见种子为度，约30天左右发芽出土。生长初期，应及时除草、松土、间苗、培土。速生期要适时灌溉，勤施速效追肥。春播苗当年高20～30厘米。秋播苗翌年秋季可达50厘米以上，即可出圃造林。

（2）栽培管理

1）栽植　造林宜在"立春"到"雨水"期间。整地要细致，块状整地不小于60厘米×60厘米，深度不小于20厘米。栽植穴底直径及深度不小于40厘米。株行距1.3米×1.3米或1.3米×1.6米，每亩造林密度300～375株。起苗带宿土勿伤根，抢阴天随起随栽，栽正根舒，上覆细土，浇足定根水，防歪倒。城市绿化应移植培育2年以上，大苗移栽须带泥球，树穴规格为80厘米×80厘米×30厘米。

2）抚育　柏木幼年生长较慢，宜加强抚育，当年及次年，每年夏秋两季应除草松土2次，以后每年1次。柏木修枝不宜过早、过强，一般只宜修去下部干枯枝条。

3）间、主伐期　当林分郁闭度达0.9以上，被压木为总株数的20%～30%时，即可进行间伐。间伐起始年限一般不小于5年。采用下层抚育间伐方式，第一次间伐强度为林分总株数的25%～30%，以后为20%～30%，前次间伐林分郁闭度不小于0.7，间伐间隔期不小于5年。主伐期一般柏木在30～40年采伐为宜。

4）主要病虫害及其防治　①赤枯病，又名油头病，以2年生苗受害最为严重。受害苗木初期上部针叶变黄，向上蔓延，苗稍缩成爪状，最后整株枯死。发病初期结合苗期管理喷施0.5～1.0波美度的石硫合剂。②柏毛虫，又名柏木毒蛾，幼虫吃食叶子，严重时整株树叶被吃光。可于早春用击树震荡法捕捉幼虫，用灯火诱杀成虫蛾，剪去有茧、卵的枝条并烧毁，亦可用90%敌百虫或50%杀螟松乳剂1500倍液喷杀幼虫。

5.欣赏与应用价值

在柏的家族，与它的"兄弟"均被誉为"百木之长"，在绿化江山、美化家园、养生保健等方面为人类做出了重大的贡献，自古以来深受人们敬重和爱戴。柏木树姿优美，干直挺拔，直插云霄，酷似参天巨木，苍劲古雅，可与松媲美，"柯如青铜根如石，霜皮耸干参云霞。"它枝叶碧翠妍秀，不畏严寒，无视冰雪，生机勃勃，四季常青，"岁寒然后知松柏之不凋也"。虽历经千百年风霜雪雨的洗礼而各显异姿，惟妙惟肖：有的如巨伞遮荫，傲指长空；有的岿然突兀，气宇轩昂；有的如武士挺立，矗立不朽；有的如龙虎争斗，气势雄浑；有的如飞龙游天，蔚为壮观，登高而望，犹如朵朵翠云飘逸霄汉，如临仙境，令人心旷神怡。柏与松一样无艳丽的花朵，无迷人的芬芳，却姿态苍劲，终年常绿，是中国长寿之树种，许多古刹名寺，帝王园陵，常植古柏，成为文物而精心保存下来，诸如：四川成都南郊武侯祠内，原有两株古柏木，长得古峭可爱，浓荫蔽日，相传是刘备安葬时诸葛亮亲手种植，称"双文柏"，又名"武侯柏"。唐代伟大诗人杜甫赋诗赞道："丞相祠堂何处寻，锦官城外柏森森。"这是他在成都时留下的诗中瑰宝之一。唐代诗人李商隐留下"蜀相阶前柏，龙蛇捧闭宫，阴城江外畔，老向惠陵东"的诗句。江西南昌市西山万寿宫有株世人所瞻仰的东晋古柏，距今已有1650年，相传是被皇帝封为"神功妙济真君"的许逊手植。广东梅州灵光寺有两株古柏已经历了1100多个春秋，是该寺开基始祖唐代高僧潘了拳所植。四川阆中市鹤丰乡蒲山村汪家土县有株古柏，从树蔸上萌生了8株子树，且株株成材，被当地称为"九根柏"，相传是明末农民起义领袖张献忠所栽，距今已有300余年。四川南江皇柏林，相传三国时，蜀汉名将张飞镇守阆中（现阆中市）为太守令期间所创植，故又称"张飞柏"或"张飞林"。这些名树古柏，虽饱经沧桑，屡遭劫难，至今却大多古朴遒劲，苍翠挺拔，高耸云表，是历史的见证者，实为国之瑰宝。

柏木是南方习见乡土树种，亦是重要的造林树种。柏木树姿秀丽清幽，树冠浓密枝叶下垂，营造出虚怀若谷或垂首哀悼的环境，适宜散植；若成丛配植在山麓坡地、林缘及草坪角隅，则形成柏林森森的景观与气氛，特适合陵园、甬道及纪念性建筑物四周使用；若对植或列植于门庭两边、道路入口两侧，效果不亚于龙柏；若丛植于需要隐蔽遮挡或设障景之处，并于其前配植红枫、杜鹃，俏丽葱绿，恰到好处；柏木对有害气体抗性较强，是城乡四旁、工矿绿化优良树种。柏树四季常青，姿色雅致，其苍劲气势和枯而不死之艺术形象，常作为盆景观赏，其古朴高雅，发人幽思，在中国花苑中占有很重要的地位，为盆景界重要的品种。

木材优质，木纹细致清晰，材质坚硬，色淡黄，耐湿、抗腐、不发黑，有天然香味，为建筑、造船、家具、细木工等上等材料。《唐本草》记载，香柏木性味甘平，入心、肝、脾、肾、膀胱诸经，具有美容美肤保健等作用。香柏木能缓解松弛神经，安抚波动情绪，减轻日常工作压力，有效收缩皮肤毛孔，从而达到清洁皮肤、去屑、生发，对上呼吸道感染等疾病有消炎、镇痛的疗效。李时珍曰："柏性后凋而耐久，禀坚凝之质，为多寿之木。可以服食。麝食之而身体有香气，人食之而体轻，均有据可查。"据说柏叶做成汤。常服可杀五脏虫，益健康。《本草纲目》云："长期服用柏之果实，安心神润肝肾，可使人润泽美色，耳聪目明，不饥不老，轻身延年，是仙家上乘之药，为滋补品也。"其枝、叶、根部均可提炼出口物资柏木脑、柏木油，其碎木，经粉碎成粉后作为香料，出口东南亚。种子榨油，用于制皂、油漆、油、墨及润滑油等。

柏木及侧柏、圆柏皆为柏科植物，三者作用各有差异。药材中常见圆柏和柏木的带叶嫩枝混淆在中药"侧柏叶"中，它们的鉴别要点是：圆柏叶有二型，上部的为鳞片状，交互对生，下部的为刺状，常3枚轮生，最易辨认。侧柏叶与柏木叶相似，均为一型。但侧柏叶先端微钝，尖头下方有腺点；柏木叶先端锐尖，叶背中部有腺点，可资区别。

6.树趣文化

柏木邃古以来素为正气、高尚、长寿、吉祥、不朽的象征。国人寓言"百木之长"、"正气凛然"、"松柏常青"和"不畏霜雪"。而在国外是"悲哀"和"哀悼"的情感载体，所以柏树总是出现在墓地。《布留沃成语与寓言词典》曰："柏为殡丧用之树木。柏枝一旦为断，则期枝不复生也。"所以罗马人以此奉阴间之神"冥王"普路托。据称古罗马的棺木通常是用柏木制成的。莎士比亚在《第十二夜》中有句"葬吾于哀柏兮"。希腊人和罗马人往往习惯将柏枝放入死者的灵柩中，亦用它制作十字架。在东方，中国人也有在死者的坟上及坟地栽柏的传统，这是寄托一种让死者"长眠不朽"的愿望，认为它刚直不阿，能驱除妖孽，保护死者的灵魂，另一象征是"长生不老"，古代的统治者喜欢在祭祀中种植，据说汉代一位皇帝曾八上泰山祭祀，种下了1000多棵柏树。这与西方人观念并不一致。

据希腊神话载，有名叫赛帕里西亚的少年，爱好骑马和狩猎，一次狩猎时误将神鹿射死，悲痛欲绝。于是爱神厄洛斯建议众神将他变成柏树，既不让他死，又让他终身悲哀，柏树的名字即从男孩的名字演变而来，柏树于是也就成了悲哀和哀悼的象征。

柏树有特殊香味，被视为爱情植物。在阿拉伯世界叫"东方爱情树"，当地人们称赞女孩子的曼妙身段为"柏树身材"；保加利亚人喜欢在新年里用装饰好的柏树轻轻地拍打别人表示祝福他生活幸福，身体健康，诸事如意。在远古时期西藏男人出征或狩猎归来，必点燃柏树枝叶熏身后才能进村，据说这样能除污秽之气。另外，柏木不易腐烂，腓尼基人及克里特人利用它建造房屋及制造船只，埃及人则用柏木做棺木。柏树果实不能食用，因此，在西方盛行这样一句谚语：你的言谈似柏树，高而大，但不结果。

中华民族十分敬重柏树，常将柏与松并称，在民间流传着许多有关柏的故事。在陕西城固汉博望侯张骞墓旁长着15株树龄均在2000年以上、景色各异的垂丝柏，迄今古柏千年不衰，风韵犹存。公元前138年起，张骞两次出使西域，不但开辟了中西方之间的交通要道，建立了友好的中西关系，而且把中国先进文化和养蚕、缫丝、冶铁、造纸及先进农业技术传播到西域，又把西域的音乐、舞蹈艺术及葡萄、石榴、西瓜、核桃、苜蓿等土特产带回内地，对中西方经济、文化交流做出了杰出的贡献。公元前123年张骞被封为博望侯，张骞出使西域，坚强不屈的意志和坚忍不拔的毅力，成为中华民族的一种美德，受到后人的崇敬。他去世后，家乡人修亭栽柏以表达怀念、敬仰之情。

四川遂宁市灵泉寺是川中古刹佛教圣地，始建于唐朝初年，在寺庙众多古柏木中，尤以其中观音柏（树高31米，树龄在千年以上）最为传奇，这里还流传着美妙的神话故事：相传，大慈大悲的观音菩萨常思念人间乡情，观音三姐妹云游到灵泉寺上空，见到寺内人流如潮，香火旺盛，纸火烛光映红了半边天，人们叩拜观音神像十分虔诚，观音十分感动，便念咒语，使朝拜者去灾增寿，同时用手指弹出一滴宝瓶圣水，洒落到灵泉寺，此处得天地之灵气，集日月之精华，不久便长出了一棵有3枝主干的柏树，分别象征观音三姐妹，故名观音柏。

　　福建长汀县博物馆（古汀州府贡院）保存着两株枝叶苍劲、树冠回环互抱，缭绕于廊檐之上，气势雄伟、树龄已有1200多年的柏树，堪称是福建的柏木王。传说，清代大文豪纪晓岚莅临汀州举试时，住汀州贡院，夜间赏月，曾见两红衣人作揖，及答揖，红衣人遂飘于双柏间慢慢隐去，于是拟联云："参天黛色常如此，点首朱衣或是君。"从此，人们认为这两红衣人是双柏的化身，乃尊双柏为"神树"。以其枝作为避邪之物，常将它挂在门口驱赶恶魔。20世纪60～70年代，某香料厂愿出2万元购买双柏，幸得群众力阻，才免于难。1983年，长汀县人民政府公布双柏为长汀县重点文物保护对象。

　　柏木、侧柏与圆柏长期以来就融入了中国文化中，自古以来人们用松柏来比喻君子坚贞的品德。"人生自古谁无死，留取丹心照汗青。"这是南宋丞相、英雄文天祥的千古绝唱，也是他留给后人巨大的精神财富，在他家乡江西吉安县还留下了他少年时栽的一株傲雪凌霜的柏树。清代诗人胡友梅在《吊候城书院古柏》一诗云："候城古院外，翠柏挺然立，三株中独特，左右若拱揖，皮皱修蛇蚴，根盘老龙蛰，枝叶干有冥，烟霞森呼吸，信国逝去遥，遗闻故老习，岂伊微木年，英光马文绳，燕市黄沙静，崖山晚潮急，何处问赵家，冬青杜鹃泣。"

　　"观瞻气象耀民魂，喜今朝祠宇重开，老柏千寻抬望眼；收拾山河酬壮志，看此日神州奋起，新程万里驾长车。"这是杭州岳庙楹联，赞颂了民族英雄岳飞精忠报国、壮志凌云的民族精神。

黄帝手植柏
（来源：《中国树木奇观》）

六祖慧能手植柏，树龄1300多年
（来源：《中国树木奇观》）

四川广元剑阁翠云廊两边千年古柏

陕西汉中勉县武侯墓三国古柏（李世全 摄）

成都武侯祠内参天古柏（李世全 摄）

西藏巨柏王，树龄2500年以上，被誉
为中国柏科树木之最

四川九寨沟人间瑶池百年古柏

蜀道古柏

15. 悠悠古树，渊源文化——侧柏

1.来源

侧柏*Platycladus orientalis* (L.) Franco，别名：扁柏、黄柏、黄心柏、柏树、松柏、扁松、扁桧、香树、柏实等。为中国特产，独属独种，栽培已有4000多年悠久历史，自古以来常栽于宫殿、寺庙、宗祠、陵墓和庭园中，是中国应用最广的园林观赏树种之一。分布以黄河、淮河流域为主，北自内蒙古、吉林省南部，南至广东、广西北部，东自沿海，西至陕西、甘肃，西南至四川、云南，西藏也有栽培。垂直分布自吉林省海拔250米、黄河流域1000~1500米，到云南省3300米。多生于低、中海拔处。朝鲜半岛亦有分布。日本约18世纪从中国引种。现除新疆、青海外，几乎遍及全国，多为人工栽培。侧柏为低山和平原地区人工林中的主要的常绿造林树种之一，亦是北京的乡土树种，被北京市定为市树。

2.形态特征

侧柏为柏科、侧柏属常绿乔木，高可达20余米，胸径1米以上。幼树树冠圆锥形或卵状尖塔形，老时树冠常不规则，形态各异；树皮淡褐色或灰褐色，纵裂，成薄片状的细条状剥落；一年生小枝细，绿色，向上直展或斜展，扁平，排成一平面，两面均同形、同色，侧面着生；二年生枝褐色、圆形。鳞状叶紧贴小枝，交叉互生，淡绿色，冬转土褐色。雌雄同株，球花单生于枝顶，雄球花黄色，卵圆形，长2~4毫米；雌球花球形，无柄，紫色，被白粉，通常下弯。球果卵圆形，通常种鳞4对，长1～2厘米，熟前近肉质，蓝绿色，被白粉，形似香炉状，成熟后木质且厚，红褐色，开裂，背部顶端下方有一个三角形小弯钩头。种子卵形，顶端稍尖，基部圆形，灰褐色至紫褐色，梢3棱，无翅或有极窄翅。花期3～4月，种熟期9～10月。

常见栽培变种有：

1）千头柏 cv.Sieboldii，丛生灌木，无明显主干，高3～5米，枝密生直展，树冠卵状球形，叶鲜绿色；

2）金枝千头柏 cv.Aurea，外形与千头柏相似，高约1.5米，嫩叶黄色；

3）金黄球柏 cv.Semperaurescens，矮型密灌木，树冠近球形，高达3米，叶全年金黄色；

4）金塔柏 cv.Beverleyensis，小乔木，树冠塔形，叶金黄色。

3.生长习性

为温带阳性树种，喜光，幼苗、幼树稍耐阴。喜温暖气候，耐干旱及寒冷，在年降雨量300～1600毫米，年平均温度8～16摄氏度下正常生长，能耐－35摄氏度的绝对低温。对土壤要求不严，能在干燥、瘠薄之地生长；对土壤酸碱度适应范围广，适生于中性、酸性及微盐碱土；在石灰岩山地，pH值7～8时生长最旺盛，但以土层深厚、湿润、肥沃、排水良好的向阳山坡或平地种植生长速度较快，怕涝，地下水位过高，或排水不良的低洼地，易烂根死亡；浅根性，侧根、须根发达，抗风力弱，迎风面生长不良，会导致顶梢干枯；萌蘖性强，耐修剪，寿命长，可达5000年，而千年以上古树多处可见。抗烟尘，有较强的隔、吸滞粉尘能力，抗二氧化硫、氯气、氟化氢等有害气体。是常绿针叶树种、抗性最强的树种之一。

4.培育要点

（1）繁殖方法

侧柏以播种繁殖为主；园艺品种采用扦插繁殖。

1）播种育苗　选20～30年以上健壮母树，于9～10月球果呈黄褐色，鳞片尚未开裂及时采收，日晒脱粒，水选或风选后干藏。3月下旬至4月上旬播种，播前种子用0.5%福尔马林消毒15～30分钟，再用温水40～50摄氏度温水浸泡，捞出放入草袋内，盖上湿布，置于温暖处催芽，每天清水冲淋1～2次，常翻动，3～4天萌芽，待有半数开裂，即可播种，春季高床或垄式条播，条距20厘米，播幅5～7厘米，覆土厚度1～2厘米，其上盖草，15～20天发芽出土。幼苗出齐后，揭草，及时浇透水，即喷洒0.5%～1%波尔多液，以后每隔7～10天喷1次，连续喷3～4次，可防止立枯病发生。苗高3～5厘米间苗，定苗后每平方米床面留苗100株为宜。苗木生长期常保持种子层土壤湿润，防止鸟兽为害，及时浇水、除草松土，要"除早、除小、除了"；结合浇灌追肥2～3次，用腐熟人粪尿或硫酸铵等化肥。土壤封冻前灌足冻水，冬季寒冷多风地区，应覆土防寒。当年苗高15～25厘米，茎径0.25厘米，翌年春季移植后可达45厘米；3年生可达70～80厘米。

2）扦插繁殖　分休眠枝和半木质枝，前者于3月下旬扦插，插后搭棚庇荫；后者于6～7月间进行，需搭双层遮荫。插穗选自健壮的幼龄母树上当年生半木质化枝条，长10～20厘米，剪去下部叶片，插入土中5～6厘米，插后压实，充分浇水，以后常保持空气和土壤湿润。

(2) 栽培管理

1）栽植　出圃和移植宜在春季雨季进行，株行距30厘米×30厘米，培育2～3年，即可用于绿化，如需求更大苗木，则再分床培育，其年限视所需苗木规格而定。起苗挖掘时不伤根，随起随栽，带宿土。栽正根舒，分层压实，上覆细土，防歪倒。若裸根栽植，注意保护根系不受风干日晒。

2）抚育　侧柏生长缓慢，易受杂草压抑，幼龄应加强松土除草，培育良好树形，对萌生侧枝及衰弱枝疏剪，以保持完美株形，并促进当年新芽的生长，为使整个树势呈现有柔和感，修枝强度为树高的1/3，以后2～3年修枝1次。作绿篱用的侧柏，内膛枝易枯，应每年4～9月份各修剪（抹头）1次。早春萌动至雨季之前，应浇水3～4次；11中旬浇冻水。

(3) 病虫害防治

主要病虫害有侧柏衰弱病、侧柏毒蛾、双条杉天牛、柏树小蠹。预防措施：①加强栽培管理，增强树势，避免树木严重伤根和不良生态环境，是控制病虫害、治理衰弱病、挽救古柏的重要措施；②灯光诱杀、捕杀幼虫和蛹；③害虫幼虫期喷洒氧化乐果、敌百虫或马拉硫磷等药剂。

5.欣赏与应用价值

侧柏树干遒劲，气魄雄伟，树形高大，树姿优美，华夏大地，珍贵古侧柏处处留下它的踪迹，历经千百年风雨霜雪的洗礼而各显异姿，惟妙惟肖：有的苍劲挺拔，直插云天；有的悠然自得，憨态可掬；有的岿然突兀，气宇轩昂；有的扭结上耸，扭纹赫然；有的威武雄风，大将风度；有的灵秀潇洒，贤臣之风；有的碧翠妍秀，相偎相依；有的枝干扭曲，佛肚炸裂；有的槐、松合抱，双龙戏凤；有的龙飞凤舞，似腾似翔……这些古柏铺青叠翠，黛染蓝天，千姿百态，生机盎然，郁郁葱葱，形影森然，宛如海涛，波澜起伏，远望正气凛凛，威而不容犯，近闻碧涛波鸣，心愧魄撼，那一片片，一耸耸的柏林，使人心旷神怡，眼明界宽，给人一种坚忍不拔，曲折向上的力与美。

华夏大地，名胜古迹均保存着各有特色的古侧柏：北京中山公园社稷坛南门外的7棵"辽柏"；广西洪洞广胜寺"左扭右扭唐柏"；山东临朐东镇庙二千余年"四汉柏"；北京密云新城子的唐代"九楼十八杈古柏"；北京天坛回音壁外西北侧"九龙柏"、孔庙大成殿前的"除奸柏"、故宫御花园天一门内的"连理柏"、中南海静谷的"人字柏"、颐和园介寿堂"介字柏"、西山樱桃沟的"石上柏"；华山脚下1700多年的"拴马柏"；陕西西安市南五台千余年的"母子柏"；山东泰山仙楼的"三义柏"；山东济南历城区1400多年的"九顶柏"；及伏羲庙的"八卦柏"等，它们如一座座丰碑，记录着人间沧桑、时代兴衰，构成了闻名于世的旅游景观，迎来了众多的中外宾客，领略了华夏丰富的文化内涵，游人见了无不称奇赞颂。

侧柏适应性强，树形多姿，枝叶低垂，宛如碧盖，四季常青，是庭园观赏绿化树种。在庭园、花坛、环岛中心或绿地孤植或丛植亦相宜，群植中混交观叶树种，则斑斓若霞，交相辉映，艳丽夺目。古代常在皇家园林和千年古刹坛庙中成片栽植以营造庄严肃穆优美和秀丽的环境。也可片植或利用其萌芽力强、耐修剪的特性栽作绿篱颇为别致，是石灰岩山地绿化的好树种。侧柏是很好的抗污净化树种之一，尤其在华北、西北、东北等冬季常绿树种贫乏地区，值得提倡发展。在成材种植时，配置与桧柏、油松、黄栌、臭椿等混交，比纯林为佳，尤以桧柏混交更佳，能形成优于纯林的艺术效果，管理上亦可防止病虫蔓延。如北京天坛，大片侧柏和桧柏混交，与皇穹宇、祈年殿的汉白玉栏杆及青砖石路形成强烈的烘托，充分突出了主体建筑，明确地表达了主题思想。大片的侧柏营造出了肃静清幽的气氛，与古建筑群及环境整体的色彩上相互呼应，巧妙地表达了"大地与天通灵"的主题。

侧柏自11月至翌年3月，翠绿叶片变成了土褐色，不雅观，是其缺点。新近流行的侧柏品种，如"洒金千头柏"、"金叶千头柏"，其色彩艳丽炫幻，在城市绿化带配置色块中更是异军突起，与"金叶女贞"、"红叶小檗"、"红花木"等配置，争黄斗紫，相映成趣。

侧柏木材色泽鲜艳，淡黄色，纹理斜行，具芳香，富含油脂，材质坚韧致密，耐腐易加工，耐用，为优良用材，可作建筑、造船、桥梁、家具、雕刻的良材；叶磨粉做线香，种子榨油可食及制皂；枝、叶、根、皮均可入药，《神农本草经》列为上品，为常用中药。自古沿用至今，为历代名医凉血止血之要药。枝叶具有清热凉血、收敛止血、祛风湿、利尿止咳、健胃、散瘀解肿毒的功效，柏子仁具滋补强壮、养心安神、止汗润肠作用，疗神经衰弱、心悸失眠、盗汗、便秘等症。

6.树趣文化

侧柏是中国文化的亘古证人，在华夏5000年文明史上有着它厚重的文化内涵，象征着中华民族古老悠久历史。侧柏火烧不死、雷电不灭，充分体现了中华民族血肉筑长城、前赴后继、勇往直前的民族精神。侧柏作为活的文物，被人比作是坚强、伟大、忠心的象征。侧柏四季常青，被看作是"吉祥树"。先人在门前挂柏枝有驱鬼避邪之意。现代青年人结婚时也有在门前挂柏枝的，这正像西方人用橄榄枝象征和平一样，他们在用柏枝期盼平安、吉祥和幸福。侧柏叶作香料被一些人看成是传递爱情的理想信物，在礼仪交往中，还是一种生日花。

古柏树趣闻甚多：在山西洪洞县广胜寺有两株侧柏，人称"唐柏"。有趣的是左边一株，树皮纹理向左扭，右边一株向右扭。相传大唐贞观年间，寺里住着方丈和2个分别来自南北且经常闹矛盾的小和尚。有一天，方丈罚二人各栽一株树，它们栽的树一个左扭，一个右扭。有人题一副对联："东柏左扭迎朝阳，西柏右转送暮光。"为何广胜寺甚多侧柏主干皮纹都向左扭？还有个故事呢：相传还是那一老两小3个和尚，方丈养两头毛驴，两个小和尚每天上山割草喂它。一个总能带回又嫩又鲜的草满载而归，另一个满山奔波，草筐总是不满，方丈就称他为"笨和尚"。笨和尚不服，暗中跟踪另一个和尚，只见他睡足觉，夕阳快落山了才背着筐很快割满草，割过后翌日草又复长如初，天天如此。笨和尚将此事告知方丈，方丈听后认为这是一块宝地，地下必有宝物，便带着两个小和尚挖地数尺寸，只挖出个破铁盆，只好当喂狗器具。一天，小和尚喂狗不慎将一枚铜钱掉在盆里，之后每天都能从盆内捡到一枚铜钱，小和尚大叫"聚宝盆！聚宝盆！"方丈得到聚宝盆后，往盆里放金子出金子，放银子出银子。县里一个恶霸得知后便来抢。3个和尚急中生智，把聚宝盆埋在山上一株皮纹左扭的柏树下，谁知第二天，山上所有的柏树都向左扭，聚宝盆再也找不到了。

河南长葛市社稷坛古柏，为汉代所植，距今有2000多年，现存古柏23株，苍劲挺拔，姿态奇异，分别冠以龙柏、凤柏、狮柏、虎柏、鸟柏、龟柏、蛙柏、佛柏等名称，展现出一片龙腾虎跃，狮吼鸟鸣的动人景象。它们经历千年的风风雨雨，像守护社稷坛的忠实卫士，耸立于豫中大地，向后人叙说着千年历史沧桑。

河南省孟津县汉光武帝刘秀陵园中有一片会鸟鸣的古侧柏，只要游人在柏树下轻轻拍手，林中便会出现一种"喞啾"、"喞啾"的鸟叫声；如果众人拍手，柏树上便像群鸟欢唱，这种声音和陵园内的黄鹂鸟叫声一模一样，这片侧柏面积约500平方米，会发出鸟鸣的古柏30棵，被大风刮倒一棵，锯开时木板上有清晰小鸟图案。这两宗现象的来源至今无人知晓。

汉武帝刘彻是中国第一个祭祖的皇帝，曾8次登封泰山，植柏树千株，首开泰山植树先河。他亲手所植距今已有2100余年的历史。在岱庙内有3株最为奇特的柏树，分别被誉为"汉柏凌寒"、"挂印封侯"、"昂首天外"。

陕西黄帝陵轩辕庙内有众多侧柏，有古柏8万余株，其中超过千年的老者有2万余株，是中国最大古柏群，其中有一株称轩辕柏，相传为黄帝手植，在树旁石碑上书"此柏高五十八市尺，下围三十一市尺，上围六市尺，为群柏之冠。相传距今已五千余年"。据传，黄帝定居桥山后，曾遇山洪暴发，人们生命财产遭受巨大损失。他巡查发现，是人们砍老树木酿成灾害，于是动员百姓植树造林，"轩辕柏"是黄帝带头植树保留的，虽历经人间沧桑巨变，全身已遍布历史的痕迹，但仍枝叶繁茂，英姿勃发，伟岸壮观。整棵树高19.3米，胸围10.7米，冠幅178平方米，集"古、幽、奇"于一体，凝端庄、凛然、壮美为一身，展现了炎黄子孙憨厚旷达、勤劳朴实的浩然正气，是中国最老的古柏，堪称中国柏树之王，外国友人赞誉它是"世界柏树之父"。

轩辕黄帝是5000年中华文明古国的奠基者，黄帝倡导人们植桑养蚕，发展农业，制造弓箭，车轮和衣冠，开创了华夏文化，古今中华儿女都敬奉黄帝为中华民族的人文始祖，受到普天下中华儿女的无比崇敬，因此黄帝手植柏被看成是黄帝精神，也是中华民族精神的象征。

侧柏在北京现存的古树树种中数量最多，一、二级古树有12665株，占古树总数的53.8%。这些苍劲挺拔的古柏，是国家的宝贵文物。美国前国务卿基辛格博士来到北京天坛公园考察，见到由众多参天古柏形成那独特的天坛环境时，曾这样评价说："以美国的财力，我们可以建造十个甚至上百个祈年殿；以美国历史，我们却培植不出哪怕一棵这样的古树来。"

侧柏长期以来就融入了中国文化中，《论语·子罕》"岁寒然后知松柏之后凋也。"后人以松柏喻君子坚贞的品德。历代文人墨客留下许多赞颂侧柏佳作："桃李艳春日，松柏黯无光。贞心结千古，誓不随众芽。"（清代曹一士《咏古柏》诗）。"高徒桥山上，关河万里长。泪流声潺潺，柏干色苍苍。"（宋代范仲淹《祭黄陵》）。"五千年庙几兴废，老柏数十常青葱。蟠根怒出托负重，孙枝旁挺虬拿空。元碑为柏记年岁，开天辟地洪荒洪。武皇逐虏三千里，解甲挂树来献功。此树至今两千载，以视巨者孙从翁。"（近代谢觉哉《黄陵古柏》）；"地灵草木得余润，郁郁古柏含苍烟"（宋代欧阳修为山西晋祠3000余年"周柏"写下诗句）。"暮色苍苍起石鳞，虬枝伛偻已千春。峙邀夜月闲相诉，似恨当年轻转身。"（清代杨在阶为陕西耀县药王庙孙思邈手植"转纹柏"赞词）。"翠盖摩天回，盘根拔地雄。赐封来汉代，结种在鸿蒙。皮沁千里雪，叶留万古风。茂陵人已矣，此柏自青葱。"（清代李觐光为河南中州第一柏赋诗赞）。乾隆皇帝登泰山时见汉柏树龄近2000年，枝叶仍苍茏可爱，亲绘图"御制汉柏图赞"，刻于石碑上立在树旁，并题诗曰："汉柏曾经手自图，郁葱映照翠阴扶，殿旁亭里相望近，名实宾主谁是乎。"艺术大师徐悲鸿曾以古柏为题作国画一幅，并在题记中写道："北京为世界古树最多之都会，尤多辽、金、元、明以来之古柏，盘根错节，苍翠弥天，斧斤所赦，历劫不磨。"

扁柏果实

福建平和三坪寺侧柏行道树景观

福建平和三坪寺扁柏行道树景观

福建省亚热带植物所办公楼扁柏行道树景观

16. 东方文明的使者——桑

1. 来源

桑树Morus alba L.别名家桑、黄桑、荆桑、桑葚树。原产中国中部地区及北部，分布在海拔1200米以下低山丘陵及平原地带，在西部可达1500米地带。现南北各地广泛栽培，尤以长江中下游各地为多，江苏、四川、浙江、山东等蚕桑主产省的桑树种质资源十分丰富，特别是鲁桑、白桑等栽培种更为常见；而贵州、湖南、湖北、云南等省的野生资源相对丰富。朝鲜、蒙古、日本、俄罗斯、欧洲及北美也有栽培。

中国是世界蚕桑生产发源国，也是桑树的起源中心，已有5000多年的历史。中国有15种和4个变种，是世界上桑树种类最多的国家。早在旧石器时代，就有养蚕业的存在，传说黄帝轩辕氏之妻嫘姐，治丝纺织。在殷商时代（公元前1562～1066年）甲骨文中就有桑、丝、帛等字记载。《夏·小正》中有"三月摄桑"、"三月妾始桑"等蚕桑生产的记载。《诗经》中也多处有蚕桑及桑田之描述。到春秋时，孔子说："麻冕，礼也。今也纯，俭，吾从众。""从众"已是普遍衣着。中国古人对蚕桑技术的发展是世界一大创造，一大典范，汉唐盛世，亚欧大交流，莫不与此相关。桑树的种植伴随着养蚕及丝绸技术的传播而传到南亚、中亚及欧洲、北美洲的温带地区及亚洲、非洲和拉丁美洲的热带地区，成为广为种植的一种树木。

中国的蚕桑事业，已有4000年的历史，生产的丝绸驰名中外。它是中国的瑰宝，曾作为东方文明的使者，开创了举世瞩目的"丝绸之路"，并成为中华辉煌灿烂文化的代表。

2.形态特征

桑树高可达10~20米，胸径1米以上；树皮黄褐色，韧皮纤维发达，不规则浅纵裂；树皮富含乳浆；树冠扩展成圆形。单叶互生，卵形，纸质，长6~15厘米，宽4~8厘米，萌条枝之叶更大，先端尖基部近心形，叶缘具粗钝锯齿，上面鲜绿色，下面沿叶脉疏生毛，掌状3~5出脉；单性花，雌雄异株，腋生假穗状花序，雄花序柔荑状下垂，雌花序不下垂。花绿色，具缘毛，子房圆柱形，柱头2裂。聚花果圆筒形，长1~2.5厘米。熟时白、紫、黑色，种子小，黑色。花期4~5月，果实5~7月成熟。

常见有以下两个观赏栽培变种：

1)龙桑 *Tortuosa*，枝条扭曲，状如龙游。

2)垂枝桑 *Pendula*，枝细长下垂。

3.生长习性

桑树为喜光树种，幼龄时稍耐庇荫。喜温暖湿润气候，耐寒、耐干旱瘠薄，喜水湿，但畏涝，在微酸性、中性、石灰质和轻盐碱土中能生长。以土层深厚、湿润、肥沃、排水良好之地生长最佳。深根型，根系发达，抗风能力强，生长迅速，萌芽性强，耐修剪及易更新复壮。

对烟尘、二氧化硫、氯气、氟化氢、二氧化氮、硫化氢、硝酸雾、苯、苯酚、乙醚等抗性强，并对二氧化硫、氟化氢、氯气、汞蒸气、铝蒸气具有一定的吸收能力，对杆菌和球菌杀菌能力很强。

4.培育要点

（1）繁殖方法

1)播种繁殖　5~6月果实呈紫黑色分批采收充分成熟的桑葚，置桶内揉搓，冲洗，晾干即可播种，或置于阴凉通风处密封贮存，种子应含水量5%~7%，翌年春播种。夏播或秋播应随采随播。春播前用45摄氏度温水浸种。高床条播，行距25厘米，每公顷播种量约7.5公斤，覆土厚0.5厘米，盖草，保持床面湿润。幼苗2~4片真叶时间苗、定苗，去弱留强，株距在10~15厘米。5~6片叶时进入苗木速生期，应加强水肥管理。当年即可育成壮苗。

2)嫁接繁殖　以1年生实生苗为砧木，从优良母株上选取粗约1厘米无病害、1年生的枝条为接穗，嫁接前20天左右，芽尚未萌动时采集，沙藏于室内阴凉处，于3月下旬至5月中旬用袋接法或芽接法进行嫁接。接时要掌握剪砧木、削接穗、插接穗和壅土4个环节，做到随削随接随壅土。

3）扦插繁殖　在休眠期采集1年生木质或半木质化枝条，剪成15厘米的插穗，插条上下端削成斜面，于春季直插或斜插于土中，踏实，盖土，遮荫，保持土壤湿润。

移植于春秋两季进行，以秋季为好。供园林绿化用的苗要进行修枝、抹芽，促使干高，并形成自然广卵形树冠。

危害桑树的主要害虫中以桑天牛、桑毛虫为害较重，桑毛虫越冬幼虫以束草诱杀，敌百虫或敌敌畏1000～1500倍喷杀为害幼虫，点灯诱杀成虫。

（2）栽培管理

主要掌握以下关键：

1）适时栽植　植桑春秋两季均可。秋桑于落叶后种植。春桑于2月下旬到清明前栽种。穴开大，宽各50厘米。深沟栽植以沟深30厘米为宜。行距1～1.2米，株距0.8～1米，每亩植500～800株。

2）合理用水　要掌握桑地防积水，及时开好排灌系统，降低地下水位；其次发芽展叶期和夏秋季节，应适时通过灌溉满足用水要求。

3）巧施肥　施肥应根据桑树生长发育等特点分为：冬肥，又称基肥，于休眠期开沟施入。冬肥以腐熟的家栏肥和土杂肥为主；春肥，又称催芽肥，一般于3月下旬和4月中旬分2次施入。以速效化肥为主；夏肥，又称产妇肥、谢桑肥，是一年施肥的重中之重，分夏伐后7天内和夏蚕用叶后2次施入速效全肥；秋肥，又称嫩壮肥，于8月下旬施入以氮钾为主的速效肥。四季施肥应结合中耕除草进行，冬耕深度达到15～20厘米；春、夏、秋耕深度以5～10厘米为宜。

4）适度疏芽、摘心　桑树夏伐后，定芽、潜伏芽大量萌发，消耗大量养分，应疏除弱芽、过密芽，并根据长势及栽植密度，适量留芽，以每株留12根左右的新梢。摘心，摘去新梢上嫩芽，促进嫩叶生长，使叶片成熟度趋于一致，一般在用叶前10～15天进行。

5）合理修枝剪梢、冬伐　对着生的细弱小枝、密集枝、下垂枝、病虫枝等应剪除，并集中烧毁，剪锯口应平齐，避免损伤留疤痕。于落叶或早春萌芽前，剪去徒长枝梢，对湖桑系统可剪去枝条上部的嫩绿部分，对花果多的山桑系统行重剪梢，其长度为枝条长度的1/3～1/2。对于长势弱和老弱衰败桑树，采用冬伐，枝条从基部全部剪伐，经抚育管理，达到枝粗、条壮、增产的目的。

6）刷干　既美化又消毒树体。方法：用20倍新鲜石灰水，加2%食盐或波美3度石硫合剂，对主干进行均匀的刷白处理。

7）病虫害防治　桑树主要病虫害有桑赤锈病、桑萎缩病、桑青枯病、桑紫纹羽病、桑疫病、桑尺蠖、桑毛虫、桑螟、桑蓟马、桑粉虱等。用药要求高效低毒、残留期短。虫害常用药：90％敌百虫晶体2000倍、敌敌畏、普通乐果、锌硫磷各1000倍；病害常用药：甲基托布津、多菌灵各1000倍。

（3）盆景要领

中国北方桑树资源丰富，野生桑较多，很适宜做各种盆景。利用细小（铅笔粗细）实生桑苗，采用长方形或椭圆形浅盆，做成盆径5～7厘米大小的微型盆景，配上山石、小桥和亭台楼阁等，组合成为雅致秀丽的盆中景观，在管理上应注意以下几项：

1）要勤于修剪。桑树生长迅速，树形变化快，应及时打顶或抹去多余的芽，摘掉枯黄残叶，并剪除徒长枝、下垂枝、并生枝等，使树形生长美观。

2）浇水应以小眼喷壶喷水于叶面，不可大水浇灌。冬季盆土要偏干些，夏秋季节盆土稍湿些为好。

3）每年须换盆一次，于清明节前10～15天，将陈旧的盆土倒出，剪除过多的卷曲须根，再换上新的培养土，换盆后于背阴避风处养护4～5天。

4）施肥要施液体肥，量要小，全年可分2～3次施入。换盆时，可在盆土中施腐熟的有机肥料，以免灼伤根系。

5.欣赏与应用价值

植桑饲蚕，是中国5000年灿烂文明的重要构成。丝绸之路更开中西交流之先河。被一部旷古奇书《山海经》赋予多种誉称，或简洁、或含蓄、或神秘，呈现出桑树斑斓神异的身世风采。在西藏林芝县日角山麓海拔2940米的地方，生长着无双古桑，高8米，胸径411厘米，树龄已有1500余年，是世界上最粗的桑树王，仍然生机勃勃。桑树广泛分布于华夏南北东西，不怕雪压狂风、干旱水渍，处处展现健硕的身躯，闪耀着神圣的光辉。曾是"黄帝战蚩尤"的古战场——河北涿鹿县有株1000余年古桑仍苍劲挺拔，巨冠如伞盖，丝毫无衰老现象，当地人引以为傲，称为"天下第一桑"。河南省新野县汉桑城"汉桑"，已有1700多岁，为东汉末年关羽所植，仍为"不朽稽古之物"。而甘肃天水市的甘谷，古称冀城，有株500多岁古桑，通体长满树瘤，呈疤状，细观树干，犹如一幅精雕细刻的"兽嬉图"，如狮似虎，似龟似蛙，个个形态逼真，真是大自然绝好的奇观，令人翘首驻足，赞不绝口。这一奇特的大自然景观给古冀城增添了一道亮丽的奇景。风姿绰约的古桑，枝繁叶茂，绿叶扶疏，柔美沃若。春天它毫不吝啬地用美似颜容的桑叶，喂育了蚕蚁，为人类唤来了绚丽灿烂的绸缎；盛夏，它顶烈日，抗酷暑，浓荫覆地，为纳凉的人们赢得一片荫凉的休闲之地。此间枝叶间亦缀满白色或紫黑色粒粒桑葚，宛如满天星斗，闪闪烁烁，绮丽多彩，采而食之，一如琼浆玉液，精神顿爽；秋天，桑叶呈金黄色，姿态婆娑，树枝随风摇曳，顿感既清丽飘逸，又素洁幽雅，鸟儿嬉戏枝叶间，好一幅生灵动人的美妙画卷，给人以美的享受，精神熏陶；冬天，它义无反顾，用冬桑叶、冬根皮为民驱寒除疾。桑树一生求人甚少，给人甚多，生命不息，奉献不止，历来深受人们的赞颂。

桑树冠幅宽广，枝叶繁茂，夏季红果累累，入秋叶黄色，宜作观赏树、庭荫树，也是秋色叶树种，用作行道树，可孤植于草坪、树坛中，增添林园野趣；且抗烟尘及有毒气体，是城市、工矿区及农村四旁绿化、防护林树种，又是很好的蜜源树种，其花粉多，散植、丛植于绿地可诱引病虫害的天敌。桑树有着强大的贮水、遏制风沙、保持水土的能力，是北方生态环境建设中的重要树种。

桑树全身是宝，除养蚕时，材质黄色坚硬，有弹性，耐腐，是制作乐器、农具及家具的良材。树皮纤维细柔，供作人造棉、人造丝及造纸原料。叶、枝、皮和果皆为良药，《神农本草经》中将其列为中品。桑叶有疏风清热、清肺润燥、清肝明目、凉血止血之功，桑叶做茶亦是很好的保健饮料；桑枝有祛风活络、通利关节、燥湿利水之功效；桑根皮又名桑白皮，有泻肺平喘、利尿、消肿的功能；桑果又称桑葚，营养丰富，含糖、果酸、果胶、矿物质及多种人体所需的氨基酸和维生素，有明显的医疗保健效果，具有滋阴补血、润肠通便之功。除鲜食外，桑果还可制成汁、醋、酒、酱、膏和果干等。

6.树趣文化

桑育蚕，蚕吐丝，丝织锦，锦富民，故桑树寓意"母爱"。在中国传统习俗中，桑树是美满幸福的象征，人们以桑树茂盛长势比喻新婚夫妇感情的融洽，以桑叶的凋零喻示情人变心带给自己的凄苦。古人喜欢在自己的住宅附近种桑树和梓树，所以远离家乡的游子常称故乡为"桑梓"。《诗经·小雅·小弁》篇有"维桑与梓，必恭敬止"，说明人们见到了前人种植的桑树和梓树，即生崇敬和怀念之情。陆游也有"恭敬桑梓，爱其人及其木，自古已然"的说法。"谢病始告归，依依入桑梓。"诗人王维惟妙惟肖借物抒发古人热爱家乡、依恋家乡的心情。中国南方的白族流传着——桑曾挽救了自己的祖先的故事，因此对桑树异常地崇拜。在欧洲桑象征着"生命"、"智慧"。《布留沃成语与寓言词典》载：桑果（桑葚）原本为白色，后因派拉麦斯的鲜血将它染成血一样殷红。其花被誉为

"百花之最慧者"，因为它要等待严寒退尽方才结果。15世纪，桑树被视为"生产的象征"，意大利米兰城公爵鲁道维柯把桑树作为他的纹章，据说国王西萨利的女儿爱格兰蒂娜，生前十分爱桑而死后变成了一棵桑树。第二次世界大战期间，桑树曾作为通向法国诺曼底海岸预构港口的代号。幽静的桑树林曾是英国剑桥大学的胜景之一。一些民族可能模仿中国人的古老习俗：喜欢在坟冢的顶端种植一棵桑树，用以象征天堂和大地连接。

福建泉州开元寺大雄宝殿右侧寺廊边，由明代书法家张瑞图题區"桑莲法界"的支院处，有株唐代古桑树，距今已有1300多岁，植于唐代"泉缎"盛行时期。传说，此地原是一位大财主的桑园。一天，财主梦见一个和尚要在桑园里建佛寺，他不好拒绝，故意出难题，要等桑树三天后开出白莲花才能施舍。三天过后，园内桑树果然开了白莲花。财主无奈，只好履约，因而开元寺又称"莲花寺"。这棵桑树历经地震、台风、水灾、旱灾、兵燹及朝代迭换、风雨岁月的磨砺、摧残，主干多次断裂，心材虽腐，而树皮厚且具很强生命力，在寺院的通力保护下，目前树高（距原地面）10.5米，占地150多平方米，依然枝繁叶茂，一派生机，且年年开花。郭沫若《咏泉州》诗："刺桐花谢刺桐城，法界桑莲接大瀛"。这株古树，历经时代兴衰，是文化古城泉州辉煌历史的见证。

据传，西汉末年外戚掌权，王莽篡位，刘秀被迫出走，他一路上颠沛流离，食不果腹，历尽坎坷。有一次竟饿昏于荒郊，因得以桑葚充饥才幸免于难。后来刘秀称帝，始建东汉，因感念桑葚救命之恩，特御笔亲题"树王"两字，制成金牌，令大臣去桑林钦封。然而糊涂大臣把"树王"金牌错挂在椿树上，真个张冠李戴，直把桑树气破了肚皮，因而如今桑树之皮大抵多开裂。三国时，杨沛蓄葚救曹军的故事一直流传至今：一次曹操率大军经过新郑，因粮草一时接济不上，正在犯难，新郑县令杨沛得知后，急令百姓将贮存的桑葚献于大军暂充军粮，解决了曹军断粮之急。曹操大喜，杨沛自此得以重用。看来用桑葚救荒，古已有之。

历代文人歌颂桑蚕的诗词不胜枚举，"柔桑采尽绿阴稀，芦箔蚕成密茧肥。聊向村家问风俗，如何勤苦尚凶饥？"（宋代王安石《郊行》）。"漠漠春阴洒半酣。风透春衫，雨透春山，人家蚕事欲眠三。桑葚筐篮，柘满筐篮。""先自离怀百不堪，檐燕呢喃，梁燕呢喃。篝灯强把锦书看。人在江南，心在江南。"（佚名《一剪梅》）。"诗人安得有青衫？今岁和戎百万缣。从此西湖休插柳，剩栽桑树养吴蚕。"（宋代刘克庄《戊辰即事》）。"江头竹枝青复黄，纤纤织作养蚕筐。乍可采桑南陌上，不愿黄金逢贵郎。"（宋代吕诚《和铁崖西湖竹枝词》）。宋代陆游诗："桑拓成荫百草香，缲车声里午风凉。"南朝宋代谢灵运《种桑》诗："诗人陈条柯，亦有美攘别，前修为谁故，后事资纺绩。常佩知方诫，愧微富教益。浮阳骛嘉月，艺桑迫间隙。疏栏发近郊，长行达广场。旷流枯悤泉，洄途犹跬迹。俾比将大成，慰我海我役。"

河北省涿鹿县千年桑树冠如伞盖

桑树果实

17. 花团锦簇百日红——紫薇

1.来源

　　紫薇Lagerstroemia indica L.，别名百日红、满堂红、痒痒树、海棠树、猴刺脱、官样花、红薇花、佛相花、宝幡花、五爪金龙和怕痒花等。

　　紫薇原产于中国长江流域及以南地区。同属植物有50余种，中国有16种，已有1500多年栽培历史。自唐朝以来，帝王宠臣就将紫薇栽于皇官、官邸。《群芳谱》中有"唐时省（内阁办公处）中多植此花"的记载。又据《唐书·百官志》载：唐开元元年（公元713年）紫薇成为中书令和中书侍郎官职的代名词。到了宋代，紫薇的栽培已十分盛行。中国为紫薇分布中心，除过于严寒的长城以北地区外，几乎全国均可露地栽植紫薇。在河北、江西、湖南、四川和浙江等地的低海拔山地及林缘地带，至今仍有紫薇野生种。在昆明、苏州和成都，至今仍保留有500～700年的古紫薇。

2.形态特征

　　为千屈菜科、紫薇属落叶灌木或小乔木。高可达7米。树冠不整齐，枝干多扭曲，树皮灰褐色，呈薄片状剥落，干光滑。小枝四棱形，有狭翅。单叶对生，椭圆形或倒卵形，长3～7厘米，全缘，近无柄。圆锥花序着生于当年生枝条顶端，有多数花；花冠淡紫红色，花瓣6片，有长爪，边缘有波状皱褶；花色主要为紫色，还有白、粉、红和紫堇色，直径4厘米，雄蕊多数，生于萼筒基部。子房上位。蒴果近球形，6瓣裂，直径约1.2厘米，基部具宿存花萼。

常见的栽培品种及其形态特征如下：

1）大花紫薇*L.speciosa*，花紫红色或淡紫色。花大，花序也大。

2）银薇*L.indica var.alba*，花白色。枝和叶浅绿色。

3）红薇*L.indica var.rubra*，花粉色至红色。

4）翠薇*L.indica var.amabilis*，花紫色，或带蓝色，还有浅蓝、紫蓝等色，叶色翠绿。

其他尚有浙江紫薇、福建紫薇和广东紫薇，绒高的有毛紫薇等。

3.生长习性

紫薇性喜阳光充足、温暖湿润气候，稍耐寒，耐半阴，耐旱，不耐涝，抗大气污染。喜肥沃、湿润而排水良好的壤土或沙质壤土。萌芽力和萌蘖力强，生长缓慢，寿命长，可达数百年。花芽形成在新梢停止生长后，高温少雨，有利于花芽分化。单朵花期5～8天，全株花期120天以上。在中国南北均能栽植，其适应性强，且不择土壤，立生易长，极好栽种。

紫薇对二氧化硫、氟化氢和氯气等多种有害气体有较强的抗性，并有一定的吸收能力。每千克紫薇叶能吸硫10克左右。紫薇吸滞粉尘的能力也很强，每平方米叶能吸滞粉尘4.4克左右。因此，它是良好的环保花木。

4.培育要点

（1）繁殖方法

常用播种、扦插及分株法繁殖。扦插易成活。早春用硬枝扦插，夏季用嫩枝扦插。插后注意保湿与庇荫，成活率高。分株，于春季萌芽前，将植株根部的萌蘖分离后栽植。播种常于早春进行，当年小苗需防寒越冬。

（2）栽培管理

紫薇多在早春萌芽前栽植。整个生长季节需保湿。每年秋后重施基肥，5～6月份追肥要酌加磷、钾肥。紫薇修剪，以休眠期修剪为主，将二年生枝留2～4个芽后进行短截，萌芽后每枝仅留两个苗壮芽，使之生长开花。如作为乔木，植后保留40厘米左右的一段主干后短截，培养三个侧主枝。如作为灌木，则可留5～8个干。如果将紫薇作为特殊观赏用，可以在栽培地点，根据需要扎成亭、牌楼、拱门及其他造型，在枝条交贴处还可进行靠接，使交点愈合成为一体。

（3）盆栽莳养

盆栽紫薇的莳养，应做好以下工作：

1）加强光照　紫薇喜光。光照强，开花盛。应将盆栽紫薇置于阳台向阳处，接受充足的光照。

2）勤换盆土　每年或隔年换一次栽培土。栽培土以富含养分的腐殖土为宜。换盆时间，以树枝落叶休眠后、树梢刚要萌动前为好，并剪去多余的须根。

3）加强肥水管理　生长季节，每半个月施一次5％的磷酸二氢钾液肥，并确保盆土湿润不缺水，植株不萎蔫。

4）除残花控果　紫薇为圆锥花序，自花授粉，着果率高。当单朵花凋谢时，应一一剪去，避免结果。

5）冬季修剪　在紫薇落叶以后，进行整形修剪，以促进来年新梢萌发，绽放艳丽花朵。通过科学莳养管理，盆栽紫薇可以开花100多天。

（4）微型紫薇与截干养拳培育

近年推出微型紫薇与"截干养拳"培育法。微型紫薇株高仅20～30厘米，早春室内盆播，分苗上内径为10厘米的花盆，并摘心促发分枝，当年即可养成株姿丰富、叶茂花繁的小型盆花。这种盆栽紫薇可进入千家万户，在庭院、阳台摆放观赏。

截干养拳培育法的操作要领如下：

1）加强肥水管理　在干旱季节要适时浇水，花芽萌发前要适量施入有机肥；秋季落叶后要在根部培土。采取这些措施，可以有效促进树干长高长粗。

2）育干定高　城市园林绿化用的紫薇，树干可适当留高一点。而作为骨干公路隔离带或路侧绿化带用的紫薇，则应低矮一些，一般在干高1.2～1.8米处截断，然后通过肥水莳养，合理修整，使树干高度基本一致，加快粗度生长。

3）养拳　干高定型后，每年秋、冬季伐条，久而久之，便形成"拳头"，增加了枝条数量，且可人为控制枝条着生点，使其在"拳头"上均匀分布，增加有效花枝，提高景观效果。

（5）延迟花期方法

在栽培中，可以使紫薇延迟花期。紫薇的花期，到9月下旬已是末花期。为延迟其花期，可在8月上旬，将盛花新梢短截，剪去全部花枝及1/3的梢端枝叶，同时加强肥水管理，约经1个月，新梢又形成花芽，到国庆节即可再度开花。

(6) 病虫害防治

紫薇主要病虫害有紫薇白粉病、褐斑病、煤污病、紫薇绒蚧、长斑蚜和黄刺蛾等。防治方法：①发病期喷洒波尔多液或百菌清等药剂。防治白粉病可喷洒粉锈宁。②在害虫的若虫或幼虫期，可喷洒氧化乐果、敌敌畏或杀螟松等药剂。

5.欣赏与应用价值

"盛夏绿遮眼，此花满堂红。"这是盛赞紫薇的诗句。紫薇不仅树姿优美秀丽，而且树干光洁挺立而奇特，生命力强，即使干材大半烂空，形似绉瘦透漏之怪石，依然嫩枝新吐，花开烂漫。它枝干逐年长大后，外皮自动纵裂，自然脱落，宛如脱衣剥壳般褪去，显出细腻光滑的青灰色肌肤及筋脉，老干嶙峋，莹滑光沽，如雕琢过的玉石一般，古朴可爱。紫薇树树龄越老越光滑，俗称"无皮树"、"猿滑树"，意指连猿猴般的爬树高手，也会因树干滑溜而爬不上去。这在植物中实属罕见，是一道风景线。更有趣的是，若以手指轻轻地一搔树干，它似乎有几分害羞，就全树枝叶颤抖，好似怕痒的人被人一搔就笑得全身发抖一样，因此博得人们的特殊怜爱，称它为"痒痒树"和"怕痒树"。"紫薇花于微风之中，妖娇颤动，舞燕惊鸿，莫可为喻。"（《群芳谱》）"藻肤痒不胜轻爪。"它"怕痒"，虽为自然现象，却引人好奇，戏弄以娱。

它枝条虬曲柔软，可拧在一起，几年后能互相愈合，浑然一体，合成一棵奇形"独干"树，真是巧夺天工。尤其是百年老枝，古朴典雅，宛如蟠龙，有着苍劲之状，奇险之美。它的叶片或大如掌，或小如指头。早春刚落叶，春末夏初又萌新芽嫩叶，红润宜人。绿叶扶疏潇洒，像碧绿的笼裙，衬托着成簇的紫色花朵，显得柔和协调，使人感到幽雅而宁静。在夏秋两季里，百花大都收敛绝了，它却繁英满枝，花开不断，数十朵花簇生于嫩枝梢，婀娜多姿，远望有如红霞覆树，近看那六枚带皱褶的花瓣风姿绰约，娇艳无比，动人情怀。正如古人所赞："夭桃因难匹，芍药宁为徒。"紫薇花从夏开至秋，有的开花期近140天。

在西风逞威，众花凋谢的8月份，紫薇仍然繁花满枝，色彩缤纷，花姿烂漫，绮丽动人，给绿色大地增添了色彩。因此，它有"百日红"、"千日红"的美称。难怪宋人杨万里赋诗称赞它："似痴如醉弱还佳，露压风欺分外斜。谁道花红无百日，紫薇长放半年花。"它具有坚忍不拔的风韵，随遇而安，谦逊挺立，在萧瑟之秋默默送芳。它不与群花争春，一花独秀为秋天增添春色的品格，自古以来深受钟爱。苏灵在《盆景偶录》中，把紫薇与虎刺、枸杞、杜鹃、木瓜、蜡梅、天竹、山茶、石榴、翠柏、吉庆、梅、桃、六月雪、罗汉松、凤尾竹、栀子花和西府海棠，并列为"十八学士"。真个"不学妖桃姿，浮华在俄顷。"学士气度不凡！盆栽的紫薇，枝干蟠曲，花容妩媚，苍劲中兼含秀丽。

紫薇树干光洁，仿若无皮，玉肌润肤，筋脉粼粼，与众不同，风韵别具，逗人抚摸。它花瓣皱曲，艳丽多彩，且花期长，是极好的夏季观花树种，秋叶也常变成红色或黄色，适于庭院、门前、窗旁配植，亦可孤植或丛植于公园中，还可作行道树栽培，与针叶树相配，具有和谐之美。将它配植于水溪、池畔，则有"花低池小水平平，花落池心片片轻"的景趣。若配植于常绿树丛中，乱红摇于绿叶之间，则更加绮丽动人。如植于山石、立峰之旁，其老干虬然如蟠龙，与透漏怪石相呼应，古趣益臻。紫薇对有害气体及各种粉尘有较强吸收能力，日本和西欧一些国家的工矿企业有大量的种植，以防止和减少污染。

紫薇枝条柔软，可任意蟠曲，所蟠扎编制的花瓶、花篮和牌坊等各种装饰物，为庭园药圃大增美观，经整形修剪，制成桩头盆景，其树干鼓突如肱，刚劲有力，古色古香，妙趣横生，实为上等艺术佳品。

紫薇花、叶、根均能入药，性寒，味微酸，具有清热解毒、止血、止痛、止痢之功。根、枝叶可抗过敏和止痒，用于顽固性荨麻疹、湿疹及止牙疼、偏头痛；花治疗胃出血、吐血、便血，用醋调敷可治痈疖肿毒。

6.树趣文化

紫薇在中国是吉祥、幸福之花。人们认为，紫薇花是紫薇星的化身，能避邪，紫薇神手中执有一枝紫薇花。民间修建新房，对联中往往有"竖柱喜逢黄道日，上梁正遇紫薇星"的颂词。民间有许多关于紫薇花的传说。相传远古时代，有一种凶恶的野兽名叫年，它伤害人、畜无数，而没有人能制服或消灭它。后来，紫薇星下凡，将它锁进深山，一年只准它出山一次。紫薇星则化为紫薇花留在人间，这就是紫薇花的来历。在《老学庵笔记》中有则故事：余姚有一个穷和尚，过春节腰无分文，心里郁闷。他看见门前有一株无皮紫薇树，便诙谐地写了一首打油诗："大树大皮裹，小树小皮缠。庭前紫薇树，无皮也过年。"穷人以无皮树自喻，显示了"穷且益坚，不坠青云之志"的风度，表达了穷人乐观豁达，人穷志坚，不畏贫困艰苦的气度。

中国植紫薇有悠久的历史。相传三国时，诸葛亮隐居隆中"三顾堂"庭院就栽两株紫薇。今虽已泯灭，而近代在其旧地重植两株，亦有碗口粗细，枝健叶茂，花繁似得天地之灵气、诸葛之遗风。千百年古紫薇屡见不鲜，在中国各地多有发现：陕西西安市南五台斗母官院有株1000多年古紫薇，树干像拧成的麻花，高过人头即分杈四面散开。干上几乎看不到树皮，像涂一层清漆，光滑如柱。树冠嫩叶葱绿，每到炎夏红花满树，香气袭人，花期长达3个多月，又称"百日红"。云南昆明东郊太和宫，庭间有2株为明万历年间（公元1573～1620年）的遗物，虬枝龙蟠，古趣盎然，花繁叶茂，生机勃勃，十分可爱。陕西勉县定军山武侯墓后寝宫旁，一紫薇已有500余年，武侯祠旁有一旱莲，并称"陕南双绝"。苏州怡园有一棵紫薇为明初所植，已有600年历史。

　　紫薇是传统的花卉，文人墨客留下许多歌颂紫薇的佳作。唐代白居易《见紫薇花忆微之》云："一丛暗淡将何比，浅碧笼裙衬紫巾。除却微之见应爱，人间少有别花人。""独占芳菲当夏景，不将颜色托东风。"杜牧的《紫薇花》诗云："晓迎秋露一枝新，不占园中最上春。桃李无言又何在？向风偏笑艳阳人。"宋代欧阳修的《紫薇花》诗赞说："亭亭紫薇花，向我如有意。高烟晚溟濛，清露晨点缀。岂无阳春月，所得时节异。静女不争宠，幽姿如自喜。将期谁顾眄，独伴我憔悴。而我不强饮，繁英行亦坠。相看两寂寞，孤咏聊自慰。"中国现存第一部花卉总集《全芳备祖》编撰者南宋陈景沂，称誉紫薇为花之圣，他的《点绛唇》词称："古今凡花，词人尚作词称庆，紫薇名盛，似得花之圣。"明代杨慎在《百日红》诗中云："李径桃溪与杏丛，春来二十四番风。朝开暮落浑堪惜，何似雕阑百日红。"南宋王十朋《紫薇》诗："盛夏绿遮眼，此花红满堂。自渐终日对，不是紫薇郎。"古人的紫薇诗，也是中国花卉文化中的闪光瑰宝。

花团锦簇百日红

银薇出墙头

凌空奔放

银薇

18. 霜叶红于二月花——枫香

1.来源

枫香 *Liquidambar formosana* Hance，别名枫树、红枫、大叶枫、路路通、三角枫、枫仔树等，为热带亚热带树种。原产于中国秦岭及淮河以南，北起陕西、河南，南至广东、海南，东起台湾，西南至云南、贵州、西藏、四川等，在东部一般生长于海拔600米以下山地、平原；在海南海拔达1000米地带；在西南海拔可至1660米中山地带。常自然生长于山谷两侧，山麓冲积处，自成群落或与当地山毛榉科、榆科及樟科树种组成混交林。日本、越南北部、老挝及朝鲜南部也有分布。

2.形态特征

枫香属金缕梅科枫香属落叶乔木。高达40米，胸径达2米，树液芳香，树干通直，上有眼状枝痕，树冠宽卵形或略扁平，树皮幼时平滑，灰白色，老时呈黑褐色，不规则纵裂；幼枝灰褐色，有细柔毛。单叶互生，常掌状三裂，扁卵形，长6～12厘米，裂片先端尾尖，基部心形或截形，缘具细锯齿；幼叶有毛，后渐脱落。花单性同株，无花瓣，头状花序单生，雌花具尖萼齿。蒴果集成球形果序，木质，较大，径3～4厘米，下垂，宿存花柱长达1.5厘米，刺状萼片宿存。种子多数，仅基部1～2个发育，具窄翅，褐色，不孕性种子较淡，无翅。花期3～4月；果10月成熟。

常见变种

1) 光叶枫香　var. *monticola* Rehd. et Wils.，又名山枫香树，小乔木，幼树及叶均无毛，叶背面为粉白色，叶茎截形或圆形。

2) 短萼枫香　var. *brevicalycina* Cheng et P. C. Huang，蒴果之宿存为柱粗壮，长不足1厘米，刺状萼片短。

3.生长习性

阳性树种，喜光，幼树稍耐阴，喜温暖湿润气候及深厚湿润、肥沃的酸性或中性土壤，也耐干旱瘠薄，忌湿涝，耐火烧。适应性强，深根性，主根粗长，侧根发达，抗风力强。萌芽力、萌蘖性强，易于天然更新。幼年生长较慢，入壮年后生长较快，不耐移植及修剪。对二氧化硫、氯气等有较强抗性。

4.培育要点

（1）育苗技术

1) 种子繁殖　10月选优良母树的果实充分成熟时采种，果实采下后摊开暴晒，筛出种子，去杂干藏。2月播种，播前用清水浸泡10分钟，捞去浮粒，取出下沉种子，消毒阴干后，宽幅高床条播，沟深约2厘米，播种量以每平方米4克左右为宜，筛细土覆盖，以不见种子为度，稍加镇压，并盖草遮荫，保持土壤湿润。约20~30天发芽出苗，待50%幼苗出土时揭草，及时浇水、除草、松土，苗高5~7厘米，间苗，每平方米留70~80株，苗木速生期生长明显加快，苗期管理应结合松土、除草，每半月施肥1次，9月初苗木进入生长末期，应逐渐停止水肥供应，促使苗木木质化。一年生苗高可达80厘米，用于风景区高山造林，当年即可出圃造林；用于城市道路和园区绿化，尚需分栽培大。移植宜于秋季落叶后及春季萌动前，即10月中旬至11月中旬或2月下旬至4月上旬进行。因主根发达，大树移栽困难，需先断根，否则影响成活。栽时应带土球，并适当疏去枝叶。栽植点应通风、排水良好，否则易遭蚜虫危害。

2) 扦插繁殖　插条可利用一年生造林后剩下茎干和截断的主根段。茎干长10~15厘米，粗0.2~0.8厘米，茎部削成马耳形，留1~2个腋芽；根条长8~10厘米，粗0.3~2.0厘米。插前用ABT 1号生根粉200毫克/升处理干条基部12小时，用ABT生根粉100毫克/升处理根条基部（小头）2小时。2月下旬树液流动前扦插。根插勿倒头，小头向下，并露出上部1.5厘米左右。枝干条扦插深为穗长的2/3左右，并露出上切口1~2个腋芽。插后浇透水，搭棚遮荫，苗期加强抚育管理，成活率达70%～80%。

（2）人工造林

选择立地通风、排水良好的山地，采用大块整地，整穴规格60厘米×60厘米×40厘米，整穴后回土时表土填底，心土填表层，株行距1.96米×1.7米、1.8米×1.6米，密度3000～3450株/公顷。造林应于2月底前完成。造林苗选择一年生一级壮苗，截断过长主根，栽植时做到苗正、根舒、压实。造林当年冬季（秋季抚育时）可对林中主干明显的植株从靠近地面的基部进行截干处理，翌年长新枝后，结合抚育除萌，选留主干。幼林抚育当年进行2次，分别于5～6月、8～9月进行。采用全面砍草、扩穴、根际壅土、除萌措施，连续3～4年，直至郁闭成林。

5.欣赏与应用价值

枫香树干魁伟，姿极佳，在我国，大江南北珍贵古枫林众多，经数百年风雨而各显异姿，有的高达30余米，冠若华盖；有的蜿蜒如龙，直冲云霄；有的树姿翻腾，如行云卷雾；有的树有"九桠"，像一把撑开的巨伞；有的怪枝丛生，面目峥嵘；有的与榕、松组成"三合树"，宛如双龙戏凤；有的根部盘突，形如奇禽怪兽；有的主根上提，构成奇异的气生根露爪成趣；有的干处分出，通直平行的树干，恰似两个孪生兄弟同根并肩，昂然耸向云端；有的巧夺天工，酷似人形，正面观宛如练功习武的壮士，侧、背面观，却像一位妇人站在田边翘首观望，等待夫君归来，天然成趣，古拙离奇，惟妙惟肖，给人一览枫林气象万千的瑰丽景色，令人心驰神往。

枫叶季相景观变化多彩多姿，春季嫩叶紫红，绚丽耀眼，给人一种清新、盎然的美感；盛夏，莽莽枫林垂荫遮天，青翠欲滴；深秋，经霜后，枫叶红似锦，枫声响作涛，尤以雨中的红叶，有一种湿漉漉的娇艳欲滴，而在晴朗的日子里则显出透明的光泽。更有趣的是色彩变化过程：先由青变黄，再由黄变橙，橙变红，最后变紫。有的叶子呈现出浅绛、金黄、橘黄、橙红等美丽色彩。即使同一片叶子，在色素变化过程中，也参差不一，往往一部分变红时，另一部分还是黄色、橙色或青色，色彩丰富，犹如千万彩蝶栖林，又似红霞缭绕，情趣盎然，真可谓"浓妆淡抹总相宜"，一路秋色，令人陶醉。枫叶之美，已深涵文化意蕴，因而文人雅士也依所见给它取了不少雅称，如秋叶称丹枫，杜甫诗曰："门巷散丹枫"、"丹枫不为霜"等，夏季绿叶尚未转红，则称青枫，李白诗云："帝子隔洞庭，青枫满潇湘。"

在瑰丽多姿的秋天，娇艳如火的红枫叶是一道最浓的秋色，特别是晚秋，百叶凋零，只有枫叶烂漫的红艳，把秋山装扮得绚丽多姿，分外迷人，成为这一时节的一道风景线。华夏大地，有许多著名赏枫佳地。北京香山红叶，漫山遍野，如火如荼，游人如织，陈毅元帅诗曰："西山红叶好，霜重色愈浓"。南京栖霞山枫林连绵一片，满山丹叶闪烁，遮天盖地，名刹古寺错落其间，游人至此，犹如置身于彩霞之中，流连忘返。江苏苏州西郊天平山枫林环寺，红叶缤纷，层层叠叠，千枝撼红，游客纷至。北宋名相范仲淹的宗祠就在天平山南麓。相传，这里的枫树是他的17代孙范允临于明万历年间栽植，枫树苗是从福建任所带回，共380余株——以纪念范氏先贤迄今已有400多年的历史。湖南长沙岳麓山上爱晚亭，即取自唐代诗人杜牧的《山行》中的"停车坐爱枫林晚"。3万多亩枫树林，10万余株古红枫，环绕古城，金黄、火红，一片片、一朵朵，带着太阳的颜色，像一团团火，辉映着橘子洲的滚滚橘波，风吹叶动，十分壮观，无怪乎毛泽东曾在此岭不仅感慨"看万山红遍，层林尽染"的诗句。其他赏枫区还有四川九寨沟、黄龙红叶、湖南张家界红叶、三峡红叶、河南三皇寨景区、河南焦作红叶节、山东红叶谷、山西陵川红叶节等。

枫香树高干直，树冠宽阔，气势雄伟，深秋叶色红艳，灿烂似锦，是南方著名秋色叶树种。适宜在丘陵、低山区营造风景林。在园林中亦可作庭树，或于草坪、矿区孤植、丛植，或配以银杏、无患子等叶在秋天变黄的树种，使秋景更为丰富灿烂。又因枫树具有较强的耐火性和对有害气体的抗性，亦是优良的厂矿绿化树种和耐火防护树种，也是园林结合生产的优良树种之一。

枫香材质轻软，结构细，易加工，先人建筑大师鲁班在细心斟酌后，将枫木定为第二类栋梁之材，为建筑及器具用材之首选。枫树的根、叶、果均可入药，有祛风除湿、通经活络之效，其叶更是止血良药，树脂可作苏合香代用品，入药有解毒止痛、止血生肌之效，也可作定香剂。

6.树趣文化

枫叶基部状如心脏，经霜呈丹色，故寓言"丹心"；其果实俗称"路路通"，故寓意"路路通"、"门路"。《山海经·大荒南经》曰：宋山有赤蛇，谓之育蛇；有树，谓之枫也。黄帝战蚩尤于宋山，蚩尤败而为虏。黄帝以木铐而杀之，木铐入地而化为枫。中国西部山区苗族很崇拜枫树，认为它是祖先蚩尤的血变成的，这个民族的村寨一般会选择建在有高大枫树的地方。希望能得到祖先的庇护。在北美洲，素以"枫之国"闻名的加拿大将枫树视为民族的象征，枫树也成为该国的国树，被用于国旗和国徽上。从枫树中采集的汁液提炼成的枫糖浆等纯天然食品，亦成为加拿大独具特色的产品。

有则传说，唐僖宗年间，学士于祐闲步御沟，见一红枫叶而拾之。叶书有诗云："流水何太急，深宫竟日闲，殷勤谢红叶，如去到人间。"显是宫女诉怨，于祐甚为同情，亦以此叶题诗，复掷御沟。事有凑巧，此红叶竟为题诗之宫女韩翠平拾之。翠平惊喜交加，倍思民间，且盼与和诗者一见。数年后，皇上降旨，将3000宫女归还民间。韩翠平如鸟出笼，遂得以与于祐成婚。洞房之夜，两人叩谢红叶做媒之恩，吟诗云："一联佳名随水流，十载幽思满素怀；今日却成鸾凤对，方知红叶是良媒。"红叶联姻，成一时佳话。

枫香，《说文解字》载："枫木厚叶弱枝善摇，汉宫殿多植之，至霜后叶丹可爱，故称枫宸。"皇帝所居之处曰宸，汉宫称枫宸，表示宫中种有许多枫树。历代文人墨客留下不少脍炙人口的咏枫的诗篇佳作，唐杜牧"停车坐爱枫林晚，霜叶红于二月花"；孟宾于"寒山梦觉一声馨，霜叶满林秋正深"；宋朝的辛弃疾："云来鸟去，涧红山绿"；王以宁："岁晚橘洲上，老叶舞秋红"；清代邓显鹤"写作潇湘听雨幅，四山红叶一孤舟"；赵永怀"黄叶林连红叶墅，烟云岳麓爱朝晖"。

清乾隆五十七年（1792年）著名教育家罗典取唐诗"停车坐爱枫林晚"诗意，在古枫荟萃的清枫峡修建了爱晚亭，亭柱刻有罗典题联："山径晚红舒，五百天桃新种得；峡云深翠滴，一双驯鹤待笼来"。1906年秋，林伯渠登岳麓观红枫，作《游爱晚亭》诗："到处枫林压酒痕，十分景色赛天荪。千山洒遍杜鹃血，一缕难招帝子魂。欲把神州回锦绣，频将泪雨洗乾坤。兰成亦有关河感，愁看江南老树村"。一扫旧世文人咏枫低吟委婉之风，借岳麓红枫抒发了革命情怀。1914～1918年，毛泽东在长沙求学和从事革命活动期间，常偕好友蔡和森等人在爱晚亭研讨救国真理。1925年秋，毛泽东旧地重游，面对天地之色的枫与湘江，挥笔写下了《沁园春·长沙》这首气势恢弘的词，借"万山红遍，层林尽染"的岳麓山红枫抒发出"问苍茫大地谁主沉浮"，"到中流击水，浪遏飞舟"的斗志豪情。置身红枫美景中，无不有感而发。

枫树遍及神州大地，火红于霜打之秋，代表成熟的季节。枫树既具不屈不挠，不畏严寒，拼搏奋斗，昂扬向上之内涵，又有红红火火，团结祥和之意蕴，它那象征着热情与蓬勃向上的奋斗精神，被台湾基隆市、江苏常熟市及辽宁铁岭等市选为市树。

枫香（梁育勤 摄）

枫香果实（梁育勤 摄）

福建永安市桃源洞枫香树

福建永安市桃源洞枫香树

湖南长沙爱晚亭枫香（赵勇 摄）

19. 庭园风景树皇后——雪松

1. 来源

    雪松 *Cedrus deodara* (Roxb.) Loud，别名喜马拉雅雪松、喜马拉雅杉。原产喜马拉雅山区西部及喀喇昆仑山区海拔1200～3300米地带。广泛分布于不丹、尼泊尔、印度至阿富汗等地区。中国西藏的西南部海拔1200～3000米地带有天然林，常与喜马拉雅松、西藏冷杉、长叶云杉、西藏柏及一些硬阔叶树等混交，多生于深厚肥沃的土层。最好的雪松群落景观宜人，主要生长在海拔1800～2700米，年降水量1000～1700毫米，夏雨型，冬季有大量积雪，气温幅度为－12～38摄氏度的地带。据孢粉化石资料，雪松是最古老的树种，至少在第三纪时，遍布于欧亚大陆，在中国曾有广泛分布；第四纪冰川侵袭之后，将其压缩到喜马拉雅山、黎巴嫩山、小亚细亚托鲁斯山、塞浦路斯山和北非的阿特拉斯山。形成了雪松属植物的现代近缘种。雪松记载于公元1814年，引种栽培是从19世纪开始的。中国于1920年从印度引种，仅一属一种。现黄河以南到长江流域均已普遍栽培和广泛应用。山东省青岛、江苏省南京、安徽省蚌埠等市还将其选为市树。雪松也为黎巴嫩国家的国树。印度民间视为圣树，并作为名贵的药用树木。

2. 形态特征

    雪松为松科雪松属常绿大乔木。高达50米以上，胸径达4米多。主干端直，树皮灰褐色，鳞片状开裂；树冠圆锥形或塔形，大枝不规则轮生、平展，分枝低；一年生枝淡黄褐色，有毛，短枝灰色；小枝细长，微下垂。叶针形，长2.5～5厘米，常三棱状，坚硬、灰绿色，在长枝上螺旋状散生，在短枝上簇生状。雌雄异株，少数同株，雌雄球花异枝，分别单生于短枝顶端。雄球花近黄色，雌球花初紫红色，后转淡绿色，球果椭圆状卵形，长7～12厘米，直径5～9厘米，形大，直立向上，熟时红褐色，果鳞木质。种子近三角形，种翅宽大，膜质，成熟后果鳞与种子同时散落。花期10～11月，球果于翌年10月成熟。

常见有以下栽培变种

垂枝雪松 var.pendula ，枝明显下垂，树态似柏木状，树姿美丽；

金叶雪松 var.aurea ，春天嫩叶金黄色；

弯枝雪松 var.robusta ，生长茂盛，枝条为弓状弯曲下垂，叶密生，长5厘米；

银叶雪松 var.agrentea ，叶银白色或稍带蓝色；

北非雪松 C.atlantica Manetti ，枝平展或斜展，不下垂，针叶较短。

3. 生长习性

雪松是阳性树，喜光，有一定的耐阴能力，顶端应有充足的光照，否则生长不良；喜温凉气候，抗寒性、耐旱力均较强，不耐水湿，忌水涝，能耐-25摄氏度低温，但对高温湿热气候适应能力差。在土层深厚而排水良好的微酸性土、中性土及微碱性土生长良好，亦能在瘠薄地和黏土上生长，但忌积水，在低洼积水或地下水位过高的地方生长不良，甚至死亡。雪松畏烟及二氧化硫气体。浅根性，侧根发达，抗风能力弱；生长迅速，抗病虫能力强，寿命长，原产地可达800年以上。具有较强的防尘、减噪和杀菌能力。

通常雄株20龄之后开花，而雌株要30龄之后才开花。多数雌雄异株，花期不一，自然授粉效果差，多数是空瘪的。人工辅助授粉才能获得优质、饱满的种。授粉期10～11月上中旬。

4. 培育要点

（1）繁殖方法

1）播种繁殖　果实呈棕褐色时采种，采后摊开暴晒，脱去种子，装入布袋干藏。播前浸水或温水（每天换水一次）浸种3～4天，待种子膨胀后晾干即播。春季高床开沟条播，行距16厘米，每米长播种10～12粒，播后覆土2厘米，盖草。约半个月后陆续出土。苗期搭遮荫棚，常保湿润，并注意防病虫害，尤以猝倒病和地老虎危害最烈，要及时防治。可用25％可湿性多菌灵粉剂500倍液、5％新洁而灭喷浇防猝倒病；50％锌硫磷800～1000倍液防地老虎。当年苗高30～40厘米，春季移植再培土。2年生苗即可移栽定植。

2）扦插繁殖　春季插条选自幼龄母树一年生的粗壮枝条；夏季插条取自当年生半木质化枝条，长12～15厘米。插穗基部用500ppm萘乙酸溶液浸5分钟，将插穗1/3插入经托布津或高锰酸钾消毒过、透气良好的沙壤床上，插后充分浇水，搭双层荫棚遮荫。北方地区插后还要及时罩以70厘米高的塑料拱棚。扦插期间，适时喷水，温度保持24～26摄氏度、90％相对湿度。插后约30～50天可形成愈伤组织，这时，可用0.2％尿素和0.1％磷酸二氢钾溶液进行根外追肥，生根后适当通风，逐渐锻炼，2年后即可移植。

3）嫁接繁殖　于2～3月进行，砧木用一、二年生黑松，成活率尚高。接穗剪取雪松健壮枝，长16厘米左右，斜削一刀，用腹接法插入黑松基干的基部。也可将黑松苗掘起，搬入室内嫁接后，当日栽于圃地，40天左右即可成活。待梅雨季节，剪去黑松上部基干，使其接了雪松枝条生长。应待接穗部分发根后才可移栽。于2～3月移植，需带土球，并立支竿，初次移植株行距约为50厘米，第二次应扩大1～2米。生长期应施2～3次追肥，8月施一次硫酸亚铁，每隔20天锄草松土一次，应锄匀、锄净、土松无土坷垃。幼龄一般不必整形、修枝，只需疏除病枯枝和树冠紧密处的阴生枝即可。

（2）栽培技术

着重抓以下两点：

1）人工授粉　雪松雌雄球花花期不一，雄球花比雌球花早熟，2～3周，需要人们给它当"红娘"，通过人工辅助授粉为雪松"完婚"，为此，应提前采集花粉，采后放在0～5摄氏度干燥地方备用。待雌花珠鳞张开呈紫红色，胚珠发亮有分泌物出现即行人工授粉，可重复2～3次，每次间隔1～2天。雌球授粉后，幼果当年发育不明显，翌年5月开始逐渐膨大，10月中下旬球果呈棕褐色时种子成熟，要及时采收，否则种鳞与种子一起脱落。采收球果及时处理。

2）整形修剪　应做到以下几点：一是保持中央的领导干。对主梢细弱弯曲下垂的植株，应对主梢缚杆扶正，促进主梢生长，保持其顶端优势；如果竞争枝生长超过主干延长枝，则应选侧换头。二是合理安排主枝。选留主枝时，相邻主枝着生点的垂直距离至少在15厘米以上，同侧相邻主枝垂直距离应为50厘米左右。同层主枝应注意通过缓放、短截、回缩等方法抑强促弱均衡发展，非目的枝条密者疏，弱者留。修剪中应防止偏冠或空缺，采用拉撑的方法调整。枝展方向异常，扰乱树形者应予回缩或疏除，或先缩后疏。

5.欣赏与应用价值

雪松塔状挺立，巍然如山般，树干巅耸伟岸，宛如合金的粗柱，给人以顶天立地之感；它的老家尚生存七八百岁，体高70米，胸径4米以上，五六个人才能合抱的老寿星，真够沧桑的；印度有6000年生雪松，胸径达2米，株高76米。日本九州最南端北纬30度，东经130度附近的屋久岛1株古雪松，树龄已有7200多年，仍枝叶青翠，葆其青春面貌。它的枝匍状在地，向四面平展，常年不枯，像顽童爬在地上嬉戏；而小枝则细柔微垂、秀丽，伞状枝冠却仿佛舞女抖开的多褶的裙裾，远远望去，整个树体显得气宇轩昂，端庄挺拔，苍翠刚健，浑厚潇洒，一派勃勃生机，而它的球果在成熟后红褐色，挂满了枝头，好像伫立在雪松上的"生日红鸭蛋"，十分美观悦目，尤其是在冬日大雪纷飞之后，洁白的雪花积压在苍翠的枝叶上，树上一片银白，形成高大的银色金字塔，仿佛棉絮簇聚，梨花盛开，令人喜爱，引人入胜。严寒中它迎风斗雪，壁立寒空，高接云天，呼啸不息，表现出傲然屹立，雄健强劲，高洁而不自傲，不畏强暴的崇高气节，令人肃然起敬。正如清代无名氏《云谷雪松》诗赞道："风欺雪压一重重，生长畸形百不同。唯有后山云谷里，撑天壁立啸寒空。"今人亦有诗吟道："六华飘洒着衫新，头戴晶花脚踏银。日出衣冠顷刻换，满林翡翠饰君身。"它体态多姿，有垂枝型、平卧型、斜上型、直立型等多种风姿，宛如松柏之骨，挟桃李之姿；它伙伴一大群：除佼佼者的黎巴嫩雪松，还有呈银灰色的银叶雪松，呈金黄色的金叶雪松，树塔形粗壮的粗壮雪松，枝叶茂密的密丛雪松，叶短、厚而尖的厚叶雪松，大枝散展而下垂的垂枝雪松以及银梢雪松、赫瑟雪松、轮枝粉叶雪松等，它们各自的倩影和神韵，给大地带来无限生机，给人们带来无尽遐想。陈毅元帅1960年10月所作《青松》诗曰："大雪压青松，青松挺且直。要知松高洁，待到雪化时。"这既是描写了雪松自然优美和雄伟气势，同时诗人借青松比喻其高风亮节的革命品格。雪松正是凭借天赋的雄伟体态和俊美的姿容赢得世人的青睐，被誉为"风景树皇后"，它与日本金松、金钱松、南洋杉、北美巨杉被誉为著名"世界五大观赏树"，又有"树木皇后"美誉。印度民间视雪松为圣树，并作为名贵的药用树木。

雪松主干挺拔苍翠、端庄雄伟，树姿潇洒秀丽，枝叶扶疏，无论孤植、丛植、列植均能营造出优美壮丽的景观，都具有博大雄壮的气势，令人感到伟而不傲，美而不媚，魅力无穷。最适孤植于草坪中央、建筑前、庭园中心或主要大建筑物旁及园门的入口等处；列植于园路、行道两旁或绿化带中，形成甬道，亦极为壮观；亦宜在风景区的山麓、山坡地带片植组成优美的风景林。贺敬之《青岛吟》诗赞"碧桃雪松几重美，烽火烟云恍惚间。"描述宾馆疗养区以雪松、碧桃为主的绿化美景。

雪松不仅能美化环境，且具有较强的防尘、减噪与杀菌的能力，是一种净化、监测环境污染的优良树种，可作为大气中氟化物的指示植物，也宜作工矿企业、社区绿化树种。南京街头雄伟、挺拔、苍翠的雪松就像忠实的绿色哨兵，守护着繁华喧闹的古城。

雪松木材心边材区别明显，边材黄白色，心材黄褐色，有光泽，具浓郁的松脂香气，木材纹理直、少翘裂，耐久用，抗白蚁蛀害，可供作建筑、桥梁、枕木、造船、上等家具及装饰材料用。另木材经蒸馏提取的芳香油，涂以皮革，可以防止水浸，搽在牲畜毛皮上，能防蚊虫叮咬。提炼出精油有助于改善粉刺、头皮屑等症状，也可药用调节肾功能，对支气管炎、咳嗽多痰有理想的疗效。种子含油约25%，可供工业用。

6.树趣文化

雪松是一种与人文精神相通的不凡的树。在亚洲、欧洲、美洲，雪松是力量与不朽的象征。它经久耐用的特性象征着繁荣和长寿。以色列民间谚语："哪里的雪松芬芳，哪里的人们就吉祥安乐。"而黎巴嫩人民对雪松的热爱简直到了无以复加的地步。黎巴嫩国旗，在红白两色相间的中央，挺立着一株浓郁、繁茂的黎巴嫩雪松——那就是黎巴嫩的国树。久经殖民统治的黎巴嫩人民视雪松为勇敢、坚毅、不怕强暴的象征。反映了黎巴嫩人民的挺拔强劲的民族精神。黎巴嫩雪松还被绘在国徽上，甚至在钱币、邮票、军服、警徽及轻工产品上都有雪松图案。

据说，远在公元前10世纪，所罗门的神殿和西亚许多国家著名的寺庙的屋顶，就是用黎巴嫩雪松木材建造的。据历史学家考证，当年修建所罗门庙，曾动用了8万奴隶，几乎将远近各地的雪松砍伐干净。近年来，在埃及首都开罗吉萨地区出土的、公元前2800多年建造的古埃及太阳船，是黎巴嫩雪松建造的。古埃及人还用雪松对尸体进行防腐处理，称为"死者的生命"。巴勒斯坦的耶路撒冷大殿中，包金的窗格，也是用黎巴嫩雪松雕刻而成的。另据说，神圣的"希伯莱圣物厘的药柜'藏有'摩西十诫"的木橱，也是用黎巴嫩雪松制作的。

印度人将喜马拉雅雪松视为圣物。克什米尔哈马丹国王清真寺的圆柱全是这种神木做的，至今已有500余年，依然完好无损，未见腐烂之痕。

在以色列，倘若家里生了个儿子，就得栽种一棵雪松。待儿子长大结婚时，雪松已长成参天大树，可砍伐做成婚床，以寄望婚姻地久天长。

人们不仅爱雪松的高大美丽、挺拔雄伟，更爱它的高洁而不自傲的本色、迎风斗雪的刚毅品格，因而青岛、南京、蚌埠等市将其选定为市树。

西安 雪松（庄伊美 摄）

雪松行道树自然景观

厦门植物园 雪松

20. 白鸽云集，晶莹剔透——白玉兰

1.来源

白玉兰*Magnolia denudata Desr.*，别名木兰、玉兰花、玉树、迎春花、望春花、应春花、玉堂春和女郎花等。为木兰科、木兰属落叶乔木。白玉兰花是上海市的市树。

白玉兰，原产于中国黄河流域以南至广东北部，西南至云南的广大地区，至今已有2500年栽培历史。木兰属共有90多个种，中国有30多个种，广布于热带、亚热带至温带地区，云南、贵州、四川及广东、广西，是本属现代分布中心，也可能是起源中心。野生分布的纬度在北纬24°50′～35°；经度在东经105°～121°30′，垂直分布于海拔500～1800米的山地。今江西庐山，安徽天柱山，浙江天目山，贵州雷公山，湖南骑田岭，湖北神农架等处，仍多野生白玉兰大树。各地常见栽培的品种，有紫玉兰、荷花玉兰、天目玉兰、宝华玉兰、天女花和乔玉兰等。它是优良的木本花卉和园林风景树。是中国古典园林中最具传统特色的树种之一。

2.形态特征

白玉兰树高5～15米，径粗可达200厘米。树冠卵形。幼树皮灰白色，平滑少裂，老时呈深灰色，粗糙开裂。枝条疏落，小枝灰褐色，具环状托叶痕。冬芽密被淡灰绿色长毛。单叶互生，倒卵形或倒卵状椭圆形，长10～18厘米，宽6～12厘米，全缘，顶端圆，有突尖，背面被具光泽的白色长柔毛。两性花，花先叶开放，顶生，

直立枝头，钟状，芳香。花被片9枚；偶有12～15片，倒卵形；白色，有时基部或带粉红色，长7～10厘米，花梗显著膨大。2～3月份为开花期。雄蕊、雌蕊均多数，花丝紫红色，雌蕊群淡绿色无毛。聚合果圆柱形，长13～15厘米，直径3～5厘米，通常部分心皮不育而弯曲（栽培种多不育）。含若干枚褐红色木质蓇葖果，小果无缘。种子秋末成熟，心脏形，黑色。花期1～3月，果期9～10月。

常见白玉兰栽培品种和形态特征是：

1) 紫玉兰 *M. liliflora*　落叶大灌木，小枝紫褐色。花大，花萼与花瓣分离，6枚大花瓣，外面紫色，内面近白色，3枚黄绿色的萼片，披针形，长约为花瓣的1/3，花蕾形大如笔头，故有"木笔"之称。

2) 二乔玉兰 *M. soulangeana*　称朱砂玉兰。系木兰与玉兰杂交后代，为落叶小乔木或灌木。花大而芳香，6枚花瓣，外面多为淡紫色，内面为白色；萼片3枚，花瓣状，其长度为花瓣之半或近等长。早春叶前开花。花形花色变化丰富，鲜艳悦目。较玉兰、木兰更为耐寒、耐旱。中国市场当今推广的品种，大都是杂种二乔玉兰的衍生品种，如：①红运玉兰：色泽艳丽，鲜红，馥郁清香。②丹馨玉兰：色泽艳红，有浓香，植株矮壮，花蕾繁多，形态美丽，宜盆栽。③正黄玉兰：色泽金黄，早春开一次花。④长花玉兰：一年开三次花，其中第三次到晚秋开，美不胜收。⑤红元宝木兰：花朵若元宝之态，在夏季少花季节盛开。

3. 生长习性

白玉兰喜光、喜温暖湿润的气候和侧方遮荫的环境。适应性强，耐寒，耐旱。它对温度较为敏感，从南到北，花期相隔四五个月。在-20摄氏度低温下能越冬。喜肥，尤嗜氮而忌贫瘠土壤，适宜在中性偏酸、富含腐殖质、排水良好的沙壤土地区生长，微碱土也可以，但不耐积水。低洼地与地下水位高的地区，都不宜种植白玉兰。肉质根系，主根较浅，侧根发达；枝条愈伤能力较弱。有"一朝孕蕾，长期怀胎"之说，寿命可达千年以上。白玉兰抗大气污染能力强，并能吸收有毒气体和灰尘，净化空气。

4. 培育要点

(1) 繁殖方法
可用播种、扦插、压条、嫁接和组织培养等方法，繁殖白玉兰。

1）播种繁殖　当球果（聚合果）在树上由青转红，菁葖绽裂时即可采种。早采发芽率低，迟采种子易脱落，且种壳增厚，发芽迟缓。将采到的球果置室内阴凉处薄摊5～7日，待种子脱出，去种壳，用清水浸泡3～5日，搓洗除净外种皮，晾干，以1∶5的比例与湿沙拌合均匀，置于罐、盆、缸、地窖内沙藏，表面再盖5厘米厚的沙，保持湿润，于翌年2～3月份播种。1年生苗高可达30厘米左右。培育大苗者于翌年春季移栽，适当截切主根，重施基肥，控制密度。3～5年即可培育出树冠完整、稀现花蕾、株高3米以上的合格苗木，定植2～3年后，即可逐渐进入盛花期。此种苗木生长势旺盛，适应力强，其效果不亚于嫁接繁殖的苗木。

2）嫁接繁殖　砧木用紫玉兰、山玉兰等。方法有切接、劈接、腹接和芽接等，以劈接成活率高。晚秋嫁接较之早春嫁接，成活率更有保障。

3）扦插繁殖　于夏季或夏秋间，取幼树当年枝扦插，成活率高。

4）压条繁殖　最适紫玉兰繁殖，于2～3月份，选1～2年生、粗0.5～1厘米的健壮枝作压条，当年可生根。

5）组织培养　取白玉兰芽作植体，在试管中培养。组织培养方法，在保存与发展芽变和杂交而成的新类型方面，有特殊意义。

（2）栽培管理

栽培管理白玉兰，宜抓好以下工作：

1）适时移栽　于萌动前或花谢展叶前移栽。移前挖大穴，施足基肥，大苗移植不伤根系，适当深栽抑制萌蘖，有利于生长。

2）巧用追肥　除重施基肥外，酸性土壤应适当多施磷肥。花期与花后连续施2～3次肥。前者为催花肥，后者为复壮树体肥。7月份后不再追肥，以利于越冬。在北方地区，7～8月份喷1%硼砂液1～2次，以增强御寒能力。

3）注意灌溉　南方地区夏季高温干旱，适逢白玉兰生长季节，应视天气灌溉保墒。北方除秋末冬初灌冻水之外，还应进行花期前灌溉与护根增湿，以提高观赏价值。

4）适度整枝　玉兰枝干愈合力差，多不修剪，仅剪短长枝至12～15厘米，剪口要平滑，近距芽处。

5）预防病虫害　苗期防立枯病、根腐病及蛴螬等地下害虫，成年树干偶有天牛为害，应适时进行防治。盆栽白玉兰，应注意防红蜘蛛、蚜虫等。只要勤于管理，增强植株抗性，适当预防，即可控制。

王象晋（1621年）在《群芳谱》中记载："玉兰花九瓣，色白微碧，香味似兰，故名。丛生一干一花，皆着木末，绝无柔条。隆冬结蕾，三月盛开。浇以粪水，则花大而香。花落从蒂中抽叶，特异他花。也有黄者。最忌水浸，寄枝用木笔，体与木笔并植，秋后接之。"作者不仅对玉兰的生物习性或形态特征，作了细腻的描述，而且对它的栽培与繁殖方法，也作了介绍，至今仍有参考价值。

5.欣赏与应用价值

白玉兰在木兰科大家族中，以英姿雅质赢得人们厚爱，应用最普遍。它也是富有中国园林民族传统特色的早春花木，有春天的"寒暑表"之称，位居名贵庭园观赏树种"玉堂富贵"之首。寒冬之际，它枝干青苍遒劲，叶绿碧翠，微风吹拂，显出蓬勃生机，迷人体态艳美绝伦。早春，春寒未尽，其他花木尚未开放，它却不叶而花，在春光明媚的日子舒展怒放，开出比雪花还要洁白的花朵，待到满树繁花时，散发出夺目光辉，如玉树雪山排空而出，临风摇曳，暗香浮动，呈现出雄奇壮观的美景。那朵朵白花亭亭束素，皎洁艳丽，那瓣瓣花瓣如羊脂美玉，色泽晶莹，毫无微瑕。那缕缕如兰的清香，沁人心脾。此外，还有粉色、红色、紫色等多种颜色的玉兰花，宛如玉圃琼林，给人们带来春天欣欣向荣的信息。

白玉兰花易开易谢，为期仅一旬，就落英满地。仿佛雪片纷飞，地面一片洁白，恰似"微风吹万舞，好雨尽千妆"，颇为壮观。当果熟菁葖自裂时，红色种子吐露出笑脸，一条白色丝状种柄将两者相连，若即若离。红色种子在微风轻拂下，晃晃悠悠，一眼望去赏心悦目。它丽质动人，不畏强暴，矢志不渝，年年都在这冬、春之际，在同风雪的搏斗中盛开，乐观无畏，高尚坚贞。而它的姊妹紫玉兰虽不香，却紫而不娇，美而不妖，其素艳的风韵让人久久不能忘怀。唐代诗人白居易曾赞道："紫房日照胭脂坼，素艳风吹腻粉开。怪得独饶脂粉态，木兰曾作女郎来。"

玉兰满树繁花，晶莹剔透，香气似兰，蔚然壮观，其色香和体态无与伦比，是著名早春花木，花先叶开放有"木花树"之称，是历史传统名花之一，唐代以来就被引入园林栽培。先人以其千花万蕊，淡雅清香而广植于风景胜地、寺庙、庭院及显要之处；在古典园林中常在厅堂前，院落后种植，名曰："玉兰堂皇"，将与海棠、迎春、牡丹、桂花配植，谓之"玉堂宝贵"；对植于纪念性建筑及道路之前，则有"玉洁冰青"象征品格高尚和具崇高理想；丛植于草坪角隅、亭台前后、漏窗内外、洞阁之旁、庭园栏杆旁和浓绿色针叶树丛之前或蓝天碧水陪衬，则能形成春光明媚景象，给人以青春喜悦和充满生气的感染力；玉兰对二氧化硫、氟化氢、氯气等有害气体有较强的抗性，被称为"自然净化空气机"，是工厂、矿山和污染重区绿化树种。还可作桩景盆栽观赏。

花含芳香油，可提制昂贵玉兰油、浸膏作化妆品香精，花瓣敦厚清香，糖浸或油煎后可食用，也可窨制名茶或做糕点、果脯，花蕾入药称"辛夷"，有祛风通窍、降压、镇痛、杀菌的功能，可治疗鼻炎、头痛、疮毒等多种疾病；树皮有除风散寒，通窍理气的功效；种子可榨油，木材极细、纹理直，结构细密，不翘不裂，具花香，可做家具，车厢室内装饰、雕刻、玩具及包装箱等。

6.树趣文化

白玉兰是春天与纯洁、刚毅的象征，它代表着吉祥与富贵。民间最熟悉的要数玉兰富贵图。2005年4月28日，中国国民党主席连战率领"和平之旅"应中国共产党总书记胡锦涛邀请在北京访问，下榻北京饭店。北京市委书记刘淇在18楼的会见厅会见了连战一行。大厅布置非常精美，体现了浓厚的文化古韵。会客厅正面墙上悬挂着一幅怒放的玉兰图，洁白饱满的玉兰花与雀跃枝头的小鸟，令满屋生辉。客人显然被春意盎然的图画所感染，当宾主在玉兰图下合影时，连战多次回头端详，对刘淇赞道："真漂亮"。

湖南省溆浦县大华乡新胜村有株白玉兰，开花能预测当年水稻收成。树冠哪边开花多，哪边的水稻就能丰收；全树鲜花盛开，当年必是水稻大丰收年。据说，这种预测已有300多年验证历史。《溆浦县志》（1762年）就有记载："……其花开多少与岁收丰歉相应，见之屡验。"

广西壮族自治区蒙山县武庙一株白玉兰，1852年太平军领袖洪秀全在这株树下分封诸王，建立农民政权，定国号为"太平天国"，并审判叛徒，颁布永安突围诏令，将那场令咸丰皇帝坐卧不安的农民运动推向全国。100多年的历史过去了，如今古玉兰依然枝繁叶茂，花香四溢，成为太平天国这场轰轰烈烈农民运动的历史见证。

中国自古以来就有不少赞颂白玉兰的诗词字画。唐代白居易写两首木兰诗，其一是《戏题木兰花》："紫房日照胭脂坼，素艳风吹腻粉开。怪得独饶脂粉态，木兰曾作女郎来。"其二是《题令狐家木兰花》："腻如玉脂涂朱粉，光似金刀剪紫霞。从此时时春梦里，应添一树女郎花。"诗人把玉兰比作替父从军的花木兰。明代沈周《题玉兰》："翠条条力引风长，点破银花玉雪香。韵友自知人意好，隔帘轻解白霓裳。"诗人以一种动感姿态描绘出玉兰优美春意。明代文征明赋《玉兰》诗曰："绰约新妆玉有辉，素娥千队雪成围。我知姑射真仙子，天遣霓裳试羽衣。影落空阶初月冷，香生别院晚风微。玉环飞燕元相敌，笑比江梅不恨肥。"诗人以花喻人，称白玉兰美如天仙。明代丁雄曰："玉兰雪为胚胎，香为骨髓"，赞颂了白玉兰的纯洁和高贵。清代赵执信的《大风惜玉兰》诗云：

"池烟径柳漫黄埃，苦为辛夷酹一杯。如此高花白干雪，年年偏是斗风开。"赞美了白玉兰无所畏惧，顽强斗争的精神。鲁迅先生曾称赞白玉兰有"寒凝大地发春华"的刚毅性格。

白玉兰花的美丽形态，也成了国家明信片屡见的题材。邮电部曾于1986年发行一套三枚邮票加小型张的"珍稀濒危木兰植物"的邮票，首次向世人展示中国特有的华盖木等五种珍稀木兰科树种。这在世界上是绝无仅有的。韩国也曾在1997年发行过单纯表现白玉兰的邮票。可见亚洲人对木兰植物的珍视。至于通俗文化方面，可能要数人名了。从古至今，以玉兰为名的人，不可胜数。尤其是农村，生个女儿，取名玉兰，叫来顺口，听之亲切。玉兰的形象常见于装饰品，如木雕、玉雕、窗花、剪纸、刺绣和陶瓷器等。现代的工艺品要数玉兰花蕾形的路灯，除首都天安门前外，很多城市都可见到。而玉兰的商标、招贴画、宣传画及各种展览场馆的会标，在上海更是屡见不鲜，司空见惯。从文化艺术角度来宣传白玉兰，从中领略中华花卉文化的意境，宣扬祖国文化的博大精深，源远流长。

自古以来，中国人民就喜欢栽植玉兰树。乾隆皇帝六次下江南，每次都要观赏玉兰花，觉得非常好，他和母亲都非常喜欢。于是，在他为母亲祝寿建清漪园时，从全国各地重金买了很多名贵玉兰树，栽在乐寿堂的周围，形成玉香海的景区。1860年，侵华英法联军烧毁了玉兰堂。到1886年慈禧重修颐和园时，发现玉兰堂外的两株古玉兰在被烧毁的枝干上，又重新发枝吐绿。慈禧发布旨令，说这是祖先遗留下来的生命树，先保护好再建宫殿。劫后余生的玉兰树，至今尚存，每年春天繁花累累，成为游人喜爱的特殊景观。明净淡雅的白玉兰，透露出刚正不阿的气质和洁白自爱的情操。

1986年10月25日，上海市第八届人代会决定白玉兰为上海市市树。象征上海人民有着白玉兰一样的美好品质，有白玉兰一样的顽强精神。

白鸽云集

比翼双鹤

白莲玉立

白玉兰（梁育勤 摄）

白玉兰

紫玉花

21. 春江一曲柳千条——垂柳

1.来源

垂柳Salix babylonica Linn.，别名：水柳、柳树、倒杨柳、垂丝柳、清明柳、垂枝柳、垂阳柳。主产中国长江流域南北，西起云南、西藏东部至江苏，南到广东、广西，北至河南、陕西、山东、安徽。是古老树种之一，全世界柳属约350种，中国近200种。江湖沿岸常见为垂柳、旱柳、河柳、紫柳（或杞柳）等，各地普遍有栽培。垂直分布在海拔1300米以下。中国栽柳的历史源远流长，在《易经》、《小雅》、《战国策》、《汉书五行志》等古典著作中，都有关于"泽中多柳"、"折柳繁圃"的记述。《诗经》中有"昔我往矣，杨柳依依"的佳句。《广群谱》引《小辋川记》"蓝田别墅前有池渟泓一碧左右垂柳交荫，曰水木清华。"《三辅黄图》"长安御沟谓之杨沟，谓植高扬于其上也。"尤其是唐朝对柳树的颂扬，名家甚多。亚洲、欧洲及美洲许多国家都有悠久的栽培历史。垂柳象征优美和谐、欣欣向荣，吉林省吉林、山东省济南、江苏省扬江、广西壮族自治区柳江、安徽省芜湖等市选其为市树。

2.形态特征

垂柳为杨柳科、柳属落叶乔木。高达18米，树冠倒卵形。树皮深灰色，具纵沟；小枝细长下垂。叶狭披针形至线状披针形，长8～16厘米，先端长尖，缘有细锯齿，背面灰白色，叶柄短柔毛，长约1厘米；托叶阔镰形，早落。花单性，雌雄异株，无花被，柔荑花序生小枝顶。雄花序长2～4厘米，具2雄蕊，2腺体，雌花序长1～2厘米，子房仅腹面具1腺体，花白絮状。蒴果黄褐色，含种子2～4颗，细小，外包白色柳絮。花期3～4月；果熟期4～5月。

同属常用植物

1）金枝垂白柳*S. alba var. tristis*，小枝金黄下垂，冬季尤为显著，观赏性甚高。春天无飞絮，值得推广应用。

2）国外有卷叶'Crispa'、曲枝'Tortuosa'、金枝'Aurea'等栽培变种。

3.生长习性

喜光，不耐阴，耐水湿，耐水淹，短期水淹至顶不会死亡，树干在水中能生出大量不定根，也耐干旱。高燥地及石灰性土壤也能适应，过于干旱或土质过于黏重生长差。喜肥沃湿润及潮湿深厚酸性及中性土壤。较耐寒，但不及旱柳，发芽早，落叶迟，江南一带早春2月下旬已发芽，12月下旬才落叶。生长快，萌芽更新能力强，根系发达，耐移植，耐修剪，多虫害，寿命短。抗二氧化硫、氟化氢、氯气等大气污染及抗潮性较弱。

4.培育要点

（1）繁殖方法

以扦插繁殖为主，亦可播种育苗。"有心栽花花不发，无心插柳柳成荫。"此语说明垂柳是最有生命力的植物之一，扦插繁殖极易成活。

1）扦插繁殖　于早春进行。选择生长快、无病虫害的优良植株作为采条母树，在萌芽前剪取2～3年生枝条，截15～17厘米长作接穗。扦插株行距20厘米×20厘米，直插，插后充分浇水，经常保持土壤湿润，及时抹芽和除草，发根后施追肥3～4次。幼苗期注意象鼻虫、蚜虫、柳叶甲危害。

2）播种育苗　于4月采种，随采随播。种子千粒重0.4克，发芽率70%～80%，每亩播种量约0.25公斤，当年苗高80～100厘米。

（2）栽培管理

垂柳多用于四旁和公园绿化，宜选用高2.5～3米、基径3.5厘米以上大苗。移植宜在冬季落叶后至翌年春芽未动前进行，不需要带土球，成活率甚高。栽植后要充分浇水，并立支柱。还应勤施肥，多浇水，适时修剪，使垂柳长快长直。为矫正垂柳长弯，一年生苗不到1米或形状不好，翌春短截10厘米左右，留一个主枝，其余侧枝全部剪除；已长到2～3米的侧枝亦不宜全部剪除，否则干易变弯，只除病枝或短截侧枝，使养分供给平衡。二年生苗可剪除下部侧枝，上部的侧枝进行短截。对弯处可用手力捏，久而久之，树就能长直。此外应注意蛀干和食叶害虫的防治。经精细抚育，垂柳一般在3年内即可达到移栽标准。

垂柳衰老快，可采用抹头更新。从第一或第二分枝处将头锯下，当年锯口附近萌发蘖枝，留下方向合适的3～4个枝作主枝，第二年即可形成完整的树冠。

5.欣赏与应用价值

垂柳是报春使者、春的象征，又具有顽强的生命力，也预兆着物候的更新。给人以青春和活力。它贵在于垂和长，正如明代李渔云："柳贵乎垂，不垂侧可无柳。柳条贵长，不长则无袅娜之致，徒垂无益也。"因此，垂柳在春日里，绿柳依依，迎风飘拂"翠条金穗舞娉婷"；夏日里柳丝青青，生机盎然"柳渐成荫万缕斜"；秋日里绿叶依旧低垂"叶叶含烟树树垂"；冬日里"袅袅千丝带雪飞"，真个百般娇柔，四季飘逸，一幅幅动人的画面，深得国人的钟爱，大江南北，庭前院后，池畔岸边，处处可见它的彰影，众多风景名胜以它为主体：如杭州西湖的"柳浪闻莺"、贵阳棉溪的"桃溪柳岸"、桂林七星岩的"迎宾堤柳"、江苏扬州的"长堤春柳"、山东济南的"家家泉水、户户垂柳"等，都是柳荫密布，婆娑多姿。它们以各自独特的景色，倾倒了多少古今中外游客，成为了神州大地春日赏柳的胜地，如西湖垂柳以其婀娜多姿的风情和众多彰影，独占春光鳌头。早春三月，那万余株"金丝点碧"的依依杨柳，在含苞吐艳的碧桃及茵茵草坪的映衬下，把西湖白堤、苏堤和柳浪闻莺，妆扮得分外妖娆。尤其是两堤，像两条彩色缎带横亘在碧波粼粼的西湖中，美若图画的"柳烟舒翠屏，花露揩明镜"。蔚然奇观。有意思的是国人常把翠柳与黄莺相联起来："柳叶如眉翠色浓，黄莺偏恋语从容。""两个黄鹂鸣翠柳，一行白鹭上青天。"等，可见柳浪起处莺歌呖呖之景色，多么叫人神往。

垂柳棵棵枝干遒劲，盘曲多姿，天生具有一种雪打不乱，凌寒不惧，风大吹不折，水大涝不死，天旱干不死，恶劣条件仍生长的傲骨精神，得到历代文人和百姓的欣赏和称颂。它从春风春雨里炼造的秀美刚劲，仪态妖娆的树姿，傲然挺立，给人们展示出春光明媚、妍丽动人的景象。"碧玉妆成一树高，万条垂下绿丝绦"。当春姑娘姗姗而来时，垂柳已展露碧翠的身姿，将那点点鹅黄抽成万缕缕丝条，微风吹拂，柳丝婆娑，碧波翻舞，翠条娉婷，婀娜多姿，风情万种，恰如"春江一曲柳千条"令人心旷神怡。看春柳，往往看的是阳光普照下的绿柳，远看，那袅袅婷婷的成行嫩柳如烟似雾，迷迷蒙蒙，给人一种如历仙境的幻觉。近看，柔柳低垂细腰，枝枝缀绿，条条点翠，如烟如流，形成一道赏心悦目的美景。

柳是庭院、村庄的朋友。清晨睁开双眼，迎面片片柳叶缀着晶莹的露珠，犹如美女身上的玉饰，妩媚可爱，让人耳目焕然一新，精神为之振作。白天看柳，柳是娴静的少女，亭亭玉立，风来起舞，玉树临风，一派大家闺秀的风范。夜间观柳，柳又是一番景象，飘逸的树影在月色里摇曳，离人既近又远，为夜平添了一种生气和灵动。"夜月一帘幽梦，春风十里柔情"、"一树春风千万枝，嫩于金色软于丝。"雨中看柳其境更佳。清雨浇新柳，淅淅沥沥，安详自在，一派生机盎然，饱尝天泽天惠，畅想雨中曲。"细雨斜风作晓寒，流烟疏柳媚晴滩"（宋·苏轼）。柳的绿色是友谊的主旋律，人在其中，也仿佛变成了一条嫩枝，幸福地青春着。

"春初生柔荑（即花序），宛如女子纤手柔美，即开黄蕊花，至春晚叶长成后，花中结细黑子，蕊落而絮出如白绒，因风而飞"（《本草纲目》）。"夕阳返照桃花岸，柳絮飞来片片红。"柳絮纷飞，别有一番风姿，煞是动人。

垂柳树姿清盈，随风飘逸，柔若碧烟，其景观是任何树种都不能比拟的，也是江南平原著名的风景树。自古以来也是绿化环境的首选树种。最适于在河岸、湖边列植，枝拂湖面，倒影水中，别有风趣。江南园林中，常与桃树间植，桃花烂漫，柳枝飘飘，春风拂面，桃红柳绿，柳暗花明，更显春光明媚。"春风过柳如丝绿，晴日蒸桃出小红。"夏季与荷花、睡莲互为置景，最饶风趣。垂柳发芽最早、落叶最迟，与庭园中的湖光山色、假山曲桥相配给人们带来一庭春色，会使人们感到春光无限、生机盎然。柳喜湿，植于水滨、池畔、桥头、堤岸和渠道，有固堤护岸、防风等作用。此外，垂柳对有毒气体抗性较强，并能吸收二氧化硫，适于厂矿绿化，也是江南水网地区、平原及河滩地重要速生用材树种。鉴于柳絮飘扬繁多，作为城市行道树或精密仪器厂附近栽植，以选雄株为好。

垂柳材色白、韧性大、且不变形，可作建筑、农具材料或雕刻；柳枝烧炭是画笔的上品。柳条去皮可为编织材料，编织工艺品。嫩芽可为佳蔬，凉拌、炒食皆可。枝叶、花果、根皮入药，有清热解毒、通淋止痛、祛风等功效。柳枝含鞣酸、水杨酸、碘等，可杀菌、收敛、利胆、止痛；鲜叶嫩芽治阴虚发热、解丹毒止痛、风湿筋骨痛。花、果实治吐血、咯血、痈肿、逐脓血。根皮治烫火伤，痈疽肿痛。

有趣的是柳树有预报天气的本领。盛夏时节，葱绿的柳叶若徒变得"烦躁不安"即预示暴风雨即将来临；若葱绿的柳叶忽然发白，下垂叶片一下反转过来，预示晴转阴雨。

6.树趣文化

柳与人们生活结下了不解之缘，形成了情趣盎然的柳文化。每届清明，家家有插柳枝的风俗，常在屋门或瓦檐插上柳条，视为避邪降除瘟疫之物。古时民谚曰："清明不戴柳，红颜成皓首。"含有愿春色长留人间，永葆青春的意思，表现了人们珍惜春光的良好心愿。戴柳有前程发达之意，这个习俗始于唐朝，唐高宗于三月三日游春渭阳，赐群臣柳圈各一，谓戴之可免蛊毒。相传，黄巢起义，曾规定戴柳为号，就是取其生机勃发，容易成功的寓意。现在中国北方及闽台等地，还有清明戴柳的习俗。且柳常出现于宗教之中，在道教家看来，它代表的耐心和柔韧；在佛教中，它是观音菩萨手中的拂洒甘露之物。

柳是令人思乡植物。《诗经》中说："昔我往矣，杨柳依依；今我来斯，雨雪霏霏。"李白也说："今夜曲中闻折柳，何人不起故园情！"的确无论你在何方，即使是远在天涯海角，那梦中随风飘逸的垂柳，也会勾起对故园的乡思。

柳又与离情别恨分不开。古人有离别时折柳相赠的风俗，寓意有二：一是柳树易生速长，用它送友意味着无论漂泊何方都能枝繁叶茂，而纤柔细软的柳丝则象征着情意绵绵；二是柳与"留"谐音，折柳相赠有挽留、随遇而安之意。古往今来，柳树的顽强生命力不但为人们所传颂，且在中国传统文化中还一直被看作是柔情的象征，就连被称为暴君的隋炀帝杨广在大运河开通之后，也命人在运河两岸植柳，并降旨赐柳树姓"杨"，故后人称柳树为"杨柳"。

依依垂柳，随风摇曳，风姿万千，历代文人喜欢以柳叶描写女人之眉，如《红楼梦》第三回形容凤姐"两弯柳叶掉梢眉"及第六十五回形容尤三姐"柳眉笼翠，檀口金丹"。古代文人雅士视柳为温柔谦逊的象征，常在居家四周栽柳以自励。

有关柳树的故事，民间流传甚多。鲁智深倒拔垂柳已是家喻户晓的故事。晋代大诗人陶渊明在堂前栽了五棵柳，自号"五柳先生"。诗人柳宗元被贬柳州时，为官一任，造福一方，当地老百姓咏唱道："柳州柳刺史，种柳柳江边。柳色依然在，千株柳拂天。"唐代时植柳甚盛，唐代文成公主在西藏拉萨大昭寺前栽植柳树，已有1300多年的历史，人称"唐柳"、"公主柳"。宋代欧阳修曾在扬州平山堂建成时，掘土种柳，人称"欧公柳"。明末清初的蒲松龄常在泉边种柳，自号"柳泉居士"。宋代苏东坡在杭州任职时修的苏堤成为著名的"六桥烟柳"，至今苏堤两侧翠柳依依。清代名将左宗棠带着湘军去征讨沙俄，收复边疆，下令军队在河西走廊沿途种柳，有诗记之"新栽杨柳三千里，引得春风度玉关"。

赞扬唱柳，为历代诗人词家的最常咏之题材。大诗人李白千古绝唱"陌头杨柳发金色，河堤弱柳郁金枝"。李白又《望汉阳柳色寄王宰》诗："汉阳江上柳，望客引东枝。树树花如雪，纷纷乱若丝。春风传我意，草木别前知。寄谢弦歌宰，西来未定迟。"唐太宗李世民《春池柳》诗赞："年柳变池台，隋堤曲直回。逐浪分阴去，迎风带影来。疏黄一鸟弄，半翠几眉开。萦雪临春岸，参差间早梅。"李商隐"江南江北雪初消，漠漠轻黄惹嫩条"的佳句，赞美春柳的景观。白居易赞叹柳树"一树春风万万枝，嫩于金色软于丝"。贺知章的《咏柳》："碧玉妆成一树高，万条垂下绿丝绦；不知细叶谁裁出，二月春风似剪刀。"把柳树的柔美形象描绘得最真切动人。宋代陆游诗《柳》"春来无处不春风，偏在湖桥柳色中"。苏轼的《蝶恋花》："燕子飞时，绿水人家绕。枝上柳绵吹又少，天涯何处无芳草"。李清照的《念奴娇》："宠柳娇花寒食，近种种恼人天气"。老一辈革命家也爱咏，毛泽东《蝶恋花》"我失骄杨君失柳，杨柳轻飏，直上重霄九"，表达了对革命先烈无比怀念之情，其思想境界胜却了所有古人。又《送瘟神》诗曰："春风杨柳万千条，六亿神州尽舜尧"。这是毛泽东对柳的生机勃勃、欣欣向荣的生动描述。周恩来的"樱花开陌上，柳叶绿池边"。陈毅的"堤柳低垂晚照斜，农家夜饭话桑麻"、叶剑英的"堤边添上丝丝柳，画幅长留天地间"佳句似画，脍炙人口。

金丝点碧

娇柔飘逸

垂柳景观（梁育勤 摄）

垂柳风韵

银柳

垂柳花帘

厦门南湖公园垂柳

四川成都九寨沟万年寺垂柳

22. 东方文化，爱的象征——竹

1.来源

竹为东方通称，西方通称Bamboo。中国是竹子之国，研究、培育、栽竹、用竹历史悠久，自有文字记载，便有竹的叙述与传颂，如《易经》、《书经》、《诗经》、《周礼》、《尔雅》、《山海经》等书中都有竹的记载。在7000年前浙江余姚县河姆渡原始社会遗址内发现竹子实物。殷商时代的甲骨文（公元前16世纪～公元前11世纪）中就有各种用途的竹制品记载，其中竹简的使用，使东汉以前大批珍贵文献如《尚书》、《礼记》和《论语》等得以保存和流传，而竹笔的发明揭开文化史上开拓性的一页。周代（公元前1066年～公元前256年）已普遍栽竹。亦研制乐器七类之多，至今已有3000多年的历史。秦朝秦始皇就把竹子作为观赏植物栽植于咸阳宫廷的园林内，有2000多年的历史。汉代以后竹子应用更为普遍，从马王堆出土珍贵古籍《孙子兵法》即为削竹制成，及9世纪用竹造纸（比欧洲约早1000年），对于促进中国文化的发展与繁荣，保存人类知识，形成中华民族源远流长，光辉灿烂的历史文化起到了直接和间接作用。

竹子为世界上分布最广泛的植物之一。全世界竹类植物共有70多属，约1000多种，中国竹类植物有31属300余种，占世界竹子属、种1/3强。主要分布在受季风气候影响、水热条件较好的热带及亚热带地区的亚洲、美洲和非洲，少数属、种分布在温寒乃至亚寒带地区及海拔高达4500米山区。亚洲的竹资源尤为丰富，一般生长于海拔1000米以下，形成竹、针、阔混交林群落。中国是世界竹子分布中心之一。亦是世界上最主要产竹国，种类、面积、蓄积量及竹材、竹笋产量都雄居世界首位，素以"竹文化国度"享誉世界。

中国竹类自然分布区很广，主要分布在北纬40°以南地区，北自辽宁，南迄海南，东起台湾，西达西藏，除新疆、内蒙古、黑龙江外，其他各地（北部和西部地区）有少量分布或引种。竹子集中生长区为安徽、浙江、福建、台湾、江西、湖北、湖南、重庆、四川、广东、广西、贵州、云南等地。

2. 形态特征

竹子属单子叶植物中的禾本科、竹亚科乔木、灌木或草本。其中木本类群秆散生或丛生。它具有单子叶植物的共同特性：胚具1片子叶；无主根，为须根系；在茎内维管束全面呈星状散布，无形成层，都为初生组织，无增粗生长；叶为平行脉或弧形脉，有叶柄。

竹子地下茎俗称竹鞭，常分为合轴丛生型，单轴散生型和复轴混生型。竹鞭的节上生芽，不出土的芽生成新的竹鞭，芽长大出土称竹笋，笋上的变态叶称竹箨（又称秆箨）；竹箨分箨鞘、箨叶、箨舌、箨耳等部分；笋发育成秆，常为圆筒形，极少为四角形，秆具有明显节和节间，节间常中空，少数实生；节部有2环，下一环称箨环，上一环称秆环，两环间称为节内，其上生芽，芽萌发成枝，分枝1至数个。花由鳞被、雌、雄蕊组成，多呈复花序，小穗两侧扁，稃具脉，无芒，雄蕊3~6；鳞被2~3，柱头1~3，羽毛状。鳞被及雄蕊数目为鉴定分属依据，花期4~5月到9~10月。果实多为颖果，少数为坚果、囊果和梨果，胚小，胚乳粉质。

竹类一生中，大部分时间为营养生长阶段，一旦开花结实后，营养生长结束，株丛枯死而完成一个生活周期。竹类的种类繁多，大多供庭园观赏。常见栽培观赏竹有：散生型的紫竹Phyllostachys migra、毛竹Ph. pubescens、刚竹Ph. viridis、桂竹Ph. bambuso、方竹Chimonobambusa quadrangularis等；丛生型的佛肚竹Bambusa ventricosa、孝顺竹B. multiplex 等；混生型的箬竹Indocalamus latifolius、茶杆竹Pscudosasa amabilis等。

3. 生长习性

竹类大都喜光、耐阴，喜温暖、湿润的气候，一般年平均温度为12~22摄氏度，1月份平均气温为−5~10摄氏度以上，极端最低气温可达−20摄氏度，年降水量1000~2000毫米，相对湿度80%以上，尤以海拔500~1000米之间山地的沟谷地带生长最好。竹子对水分的要求高于对气温和土壤要求，不耐干旱与盐碱，需充足水分，又要排水良好，忌渍水，怕水涝。要求土层深厚、疏松肥沃的微酸性或酸性红黄壤、黄壤或黄棕壤，一般pH4.5～5(6)。抗污染耐酸雨能力强。散生竹类的适应性强于丛生竹类，亦春季出笋，冬前新竹已木质化，对干旱和寒冷等不良气候，有较强的适应能力，对土壤的要求也低于丛生和混生竹。丛生、混生竹类地下茎入土较浅，出笋期在夏、秋，新竹当年不能充分木质化，经不起寒冷和干旱，故北方一般生长受到限制，它们对土壤的要求也高于散生竹。竹类具有一次性开花即枯死的习性。长出地面的竹笋有多少节、有多粗，长大后的竹子就有多少节，也就有多粗。

4.培育要点

（1）繁殖方法

竹类种子不易得到，多采用无性繁殖。不同类型的竹种，繁殖方法不同。丛生竹的竹蔸、竹枝、竹秆上的芽，均具有繁殖能力，可采用移竹、埋蔸、埋秆、插枝等方法，而散生竹类的竹秆和枝条没有繁殖能力，只有竹蔸上的芽才能发育成竹鞭和竹子，常采用移竹、移鞭等方法繁殖。

散生竹类繁殖

1）分株繁殖 9～11月间或春季新叶长出前，选1～3年生长健壮、秆形矮小、分枝点低、无病虫害、带有鲜黄竹鞭、鞭芽饱满、胸径不太粗的母竹进行分株。掘取前先定竹鞭走向，大致和竹子最下一层枝条走向平行，按距母竹30～80厘米处截断竹鞭。挖时不能摇动竹秆，截去上部竹秆，留5～7个挡竹枝，即栽植，入土深度比母竹原处稍深3～5厘米，栽后及时浇水，覆草，立支架。

2）移鞭繁殖 选2～4年生健壮竹鞭，于二三月或秋季秋分前，将竹鞭掘取，选鞭粗、鞭上侧芽饱满、根系发达，切成两三节（带两三个壮芽）一段，多带宿土，保护好根芽，将鞭段平放穴中，覆土10～15厘米，浇透水，稻草覆盖。秋分埋下根鞭，当年长新根，翌年才出苗，培育两年即可出圃。

3）实生苗繁殖 采收成熟种子，当年播种，隔年陈种丧失发芽力。萌发竹苗，其生活力和抗逆性都比无性繁殖的竹苗强，有利"南竹北移"需求。

丛生及混生竹繁殖

1）移竹法（分蔸栽植）选1～2年生生长旺盛竹秆，在离其秆25～30厘米外围，扒开土壤，找出秆柄，利凿切断，边蔸带土掘起，小型竹类可3～5秆成丛挖起，留2～3盘枝，从节间斜形切断植于穴中。

2）埋蔸、埋秆、埋节法　选强壮的竹蔸，在其上留竹秆长30～40厘米，斜埋于植穴中，覆土15～20厘米。在埋蔸时截下的竹秆，剪去各节的侧枝，仅留主枝1～2节，作为埋秆或埋节材料，埋时沟深20～30厘米，节上芽向两侧，秆基部略低，梢部略高，微斜卧沟中，覆土10～15厘米，略高于地面，盖草保湿。

（2）栽培管理

"种竹无时，雨后便移"，竹笋出土前20～30天是造林好时机，成活率较高。

栽竹要做到"深挖穴"。穴的大小宜大于母竹或竹苗根蔸50%以上，才能使根舒展，一般50～70厘米见方，深30厘米左右，穴施腐熟土杂肥，每穴15～25公斤；"浅栽竹"。深栽不易出笋，太浅易被风吹倒，一般竹苗栽植深度30～40厘米，"下壅紧（土）"，"上松盖（土）"。母竹于地面倾斜45～60度植于穴中，马耳形切口向上，母竹秆基的两侧芽眼都应倾向水平位置，下部与底土密接，先填表土，后填心土，分层踏实，填土防踏伤鞭根和笋芽，覆土深度比母竹原入土部分稍深3～5厘米，上部培成馒头形，加层松土，周围开好排水沟。种植密度大型竹类株行距4米×4米或5米×4米为宜，中、小型竹类3米×3米或4米×3米为宜。竹性喜肥沃土壤，一般冬季宜施腐熟人粪尿、厩肥等，生长季节宜施速效化肥。施肥方式可用铺、沟施或穴施相结合的方法。成片竹林劈山抚育，夏季结合松土清除林内杂草；老竹园每隔数年清园一次，挖除老蔸，亦要合理砍伐，适时采收。采伐年龄一般毛竹6～7年，中小型竹4年左右，农谚有"留三砍四不过七"的说法。采伐以冬季为好。采收竹笋，以笋箨箨叶开始裂开，笋尖露出地表20～30厘米时，即可采收，注意不伤鞭、不伤笋。

（3）盆栽要领

1）选材　选择2～3年竹鞭与1～2年生健壮母竹，小型竹鞭不得少于4～5节，中型6～8节，并带有饱满的鞭芽与完整的鞭根及多带宿土。竿数多取单数三、五、七足矣。

2）盆土与盆钵　盆土以红黄壤配细沙拌以腐殖土。微型竹以盆面内径10～15厘米，盆深15～20厘米小盆；小型竹，一般高度为1.0～1.5米的竹种，盆面内径30～40厘米，盆深20～25厘米。

3）上盆　挖取3～4株成丛竹，竹鞭切口要平滑，剪除部分枝叶，栽时应偏盆一侧，填土轻轻压实，浇透水，盆面铺青苔或花色石英或古朴奇石，置于阴湿处，上盆后竹株常保湿，成活后置阳光下养护，遇枝叶干枯及时修剪。竹笋出土要保护防受损，其土宜偏干多晒太阳。

4）适时修剪　对不整齐、重叠、过多及衰老枝叶及时除去，出笋期过多及瘦弱应挖掉，注意清除盆面杂物，保持竹株适当高矮、疏密的比例与通风透光及形态美观；生长季节，每月施1~2次稀淡肥，宜少量多次。

5）掌握冬暖夏凉　盆竹喜暖畏寒，宜置于避风向阳处。北方寒区，气温降0摄氏度时，应采取保暖措施或移到室内养护。盛夏高温，移到阴凉、通风有散射光处，防强日曝晒，晴旱天，清水每天早晚喷洒叶面，保持竹叶色青绿。

6）脱盆施肥　每年春季至初夏间，竹笋萌发前1~2个月，需脱盆施肥。方法用坚硬粗竹签作刀，将盆钵周围盆土松动。左手托盆底，右手扶株与盆面土，左手拇指插入盆底排水孔，用力将盆中竹株与盆土整体取出，切勿松散，细心削除底面与周围盆及部分细弱干枯鞭根，换上备好细碎腐殖土与腐熟有机肥混合土，按原位放置，恢复基本状态，压实，浇水保湿。

（4）主要病虫害防治

1）竹丛枝病　选取无病母竹，加强抚育管理，按期采伐老竹，及时连鞭掘除病竹，6月份，每隔7~10天喷1∶1∶100波尔多液，连续2~3次。

2）竹煤烟病　用敌敌畏等药剂杀灭引起病菌根源的蚜虫、介壳虫。可用多菌灵或托布津500倍液高压喷雾防治。

3）竹黑痣病　注意砍伐老竹，疏伐弱竹、残竹，保持合理密度，竹园通风透光；夏初喷洒1∶2∶200倍波尔多液或65%代森锌可湿性粉剂600倍液。

4）竹蝗　查挖卵块。夏季毒杀跳蝻及夏秋母蝗。在跳蝻出土10天内，于晨露未干时，用2.5%敌百虫粉剂喷杀，用"林用741"敌敌畏插管烟雾剂防治成虫。

5）竹象鼻虫　成虫假死性，于5~8月成虫羽化出土人工捕抓；90%敌百虫晶体、80%乳油300倍液注射毒杀幼虫，每孔注1~2毫升；40%乐果加水3~6倍，毛笔蘸药涂刷产卵孔。

6）竹灰球粉蚧　于若虫盛卵期喷洒40%速扑杀1200倍液；其末期向竹体内注入氧化乐果或乙酰甲胺磷3毫升，毒杀效果在95%。

5.欣赏与应用价值

竹子历来深受人们喜爱，虽无花无香，也无牡丹富丽雍容华贵之姿，松柏之伟岸气势轩昂，桃李娇艳脂粉之态，兰草之芳香楚楚动人，却挺拔、中空、有节、有丹青之貌，俏丽文雅，温不增华，寒不改色，霜雪不凋，四季常青，有"一夜千尺拂青云"的优美风韵，被誉为"东方美的象征"。

竹之美，堪称与众不同，内外兼修，具有"根生大地，渴饮甘泉，未出土时便有节。枝横云梦，叶拍苍天，及凌云处尚虚心"的气节。它竹秆高大，可达十丈，坚挺潇洒，亭亭玉立，婀娜多姿，直伸天际，有玉树临风之态；体矮者竟不盈尺，玲珑别致，秀丽端庄，洋洋洒洒，风姿绰约，优美怡人，使人感到轻松愉悦。竹子无论或高或矮，不在"风刀霜剑严相逼"下屈服，也不在"万紫千红总是春"中争宠。当它们尚未出头，地位低下时，能够保持节操，不卑不亢。当它们节节"一夜千尺拂青云"节格刚直，依然虚心到底，不趾高气扬，目空一切。当每届风雨大作，它们毅然与之搏击，发声铮铮，仿佛千军万马，气势磅礴；也不管阴晴霜雪，都是劲节凌云依然，枝叶稠密，郁郁葱葱，婵娟挺秀，枝干相扶，生不离本的自然状态，有如母子相依"不孤根以挺耸，必相依以擢秀"家族相聚的情结，如此朴实无华，高风亮节，外柔内刚，虚心向上，默默奉献的精神，自古常被喻作人类的高雅风格和坚贞品质加以歌颂。它的秆节奇特，古朴典雅，有的节间短缩隆起，犹如老人脸、孩儿面，有的如坐禅罗汉，有的如爬杆小乌龟，有的像佛祖念珠，祭坛上花瓶等，奇异可观，有的下方上圆，呈四四方方，很有特色，被誉为"竹海珍珠"；有的突出隆起呈盘珠状或节间作"之"、"S"形曲折，各具神韵，璀璨夺目，十分生动有趣，令人幽趣顿生。它茎秆色泽则是异彩纷呈，有青绿色、有从墨绿、翠绿到黄绿；更有杏黄、粉绿、亮绿、紫斑、紫黑及至镶玉、嵌金者，五彩缤纷，令人心旷神怡，悦目赏心，招人赏玩。它叶色靓丽，有的叶片嵌有众多条纹，或黄、或白、或紫；有的叶缘镶以白边，色彩缤纷，状极优美。它叶姿潇洒，阔叶，宛如翠带，线叶似麦门冬、菅草，秀美纤巧，长叶，酷似长剑指天，刚劲峻拔；短叶，像出鞘的短剑，雄健有力，观之令人心潮起伏，惊异于这大自然的杰作。因此，竹能陶冶情志，激励斗志，有益身心健康。

一场雨后，一声春雷，唤醒了竹子林中，新生竹笋，如伏下的奇兵，突兀而起，争先恐后、热热闹闹，破土而出，个个笋箨箨片似刀枪，箨上披着靓丽红色，缀在绿色的林地上，像彩云间点点的红星，灿烂绮丽，难得"雨后春笋"的独特景观，给人以美之感；更惊奇的是一根竹笋竟能掀翻压在它上面重达一二百斤的大石板，甚至能顶穿坚硬的水泥路面，这种蓬勃的生命力，倔强的性格和热烈向上的精神，令人敬佩，使人回味无穷，成为中国传统审美观念中众多美好事物的象征。

竹笋已在两三千年前，便已有中国饮食领域中崭露头角，占据了一席之地。"宗生族茂盛，天长地久，万抵争盘，千株竟创"这是唐代诗人王勃对竹林自然状态的生动描述。

竹类形态端庄挺拔，茎秆秀美，枝叶婆娑，四季常绿，古往今来，为园林风景中必不可少的重要成员，已在中国庭园中被广泛应用。正如明代著名造园家计成在《园冶》中写道："栽梅绕屋，结茅竹里。"在园林造景应用上，可依竹的特性和对环境与造景的要求，或丛植、或片植、或行植、或盆栽无不相宜。《红楼梦》中林黛玉住的潇湘馆，几竿翠竹将浓重的荫凉带入这位可怜的贵族小姐的卧室，其人其物，其情其景，融为一体，何其贴切。大中型观赏竹，以群植或片植形式创造独立的竹林景观，如设置于幽篁夹道，绿竹成荫小径，便让游人领受深邃、优美的意境；或与亭、堂、楼、阁及建筑物配置，可衬出建筑物之秀丽，如在建筑角隅处配置矮生竹，与玉兰配合，起到衬托与遮挡主体建筑的作用；或将丛竹配置于景墙之前，竹丛与景墙和谐搭配，营造素雅清新的景观，令人赏心悦目，若能侧重将竹丛与松、梅、桃等具有文化底蕴的名树名花配合与呼应，将会使景观文化内涵更丰富多彩；或在较小局部范围内如窗前、屋隅、天井、墙脚、空地或境界边缘，连片栽种，既营造幽静美好环境，也为居室带来"日出有清明，月照有清影，风来有清声，雨来有清韵，露凝有清光，雪停有清趣"之妙境，还可挡风避寒、消声滞尘、净化空气、吸收有害气体，还可利用部分竹类具有高雅的形态、细致叶片、奇特的茎秆，孤植给予足够的空间，显示其特性，形成"独"、"秀"、"美"的意境，亦可以竹种各异点缀春夏秋冬景观：春景用挺拔雄伟的刚竹，它瘦劲孤高，豪迈凌云，竹枝青翠，枝叶扶疏之间几枝石笋破土而出，好似雨后春笋带来春的信息；夏景用纤巧柔美水竹，与玲珑剔透观赏奇石相配，渲染了夏景之清丽秀美；秋景用不耐寒的四季竹造园景，寒风枝叶飘零，"秋风扫落叶"，似乎真的秋天已来临，冬景以斑竹又叫湘妃竹为背景衬托观赏石，呈现"斑竹一枝千滴泪，竹晕斑斑点泪光"冬季凄惨悲凉之感令人油然而生。此外，还可盆栽、做盆景或作地被观赏，将它摆在几案上，或用于厅堂、廊亭、馆榭作陈设，可四季如春，潇洒别致，为人们生活增添无穷情趣，给人以美的享受，用灵山秀石、古松修竹组成盆景艺术，堪称中国一绝，誉为"无声的诗，立体的画"。

竹是重要林业资源，被誉为"第二森林"，为用材、经济林、风景林三者兼于一身。它具有加工容易，收缩性小，高度刈裂性、弹性好、性能稳定、抗性强度大，约为钢材的3～4倍，其纤维纹路直、密度小，易破劈加工，成语中就有"势如破竹"之说，被广泛应用于建筑、交通、生活日用制品、劳动工具、造纸及制作精美竹器、竹雕、乐器、花架和屏风等工艺品和装饰材料。宋朝大词人东坡对竹子的用途作过最形象的概括："庇者竹反，载者竹筏，书者竹纸，戴者竹冠，衣者竹皮，履者竹鞋，食者竹笋，焚者竹薪，真所谓不可一日无此君。" 竹叶还可制斗笠船篷等；可见，竹的用途是极其广泛。竹可入药，竹叶清凉解毒，消咳止疾，疗喉炎、热喘等症；火烤新竹沥出的汁液叫竹沥，治痰阻窍络、中风、癫狂及痰热咳喘等；淡竹去表层绿色刮成的薄带状片称竹茹，治虚烦口渴，清热止呕，涤痰开郁；节孔中因病而生块状疙瘩名天竺黄，治痰热壅塞，中风惊痫、热病神昏谵语，咳嗽等；竹根补心血，止渴下乳，亦作艺术根雕；竹子种实，俗称"竹米"，可食用、酿酒。

6.树趣文化

竹，自古以来是美好的象征。竹，通"足"，为富足、满足、充足、知足常乐之代称，使人见到竹就心满意足。

俗语说："竹爆平安"、"节节高升"充满吉祥、长寿、幸福寓意。有"工作狂"之称的日本人，以竹子作为他们奉献的标志；在佛教和道教中，笔直修长的竹子和它的中空结构，蕴意无穷，以"空"、"心无"等形象化于教义中；在非洲，竹子称"生命之树"具神圣的地位；先人根据竹的品格，将竹与顶霜傲雪、坚贞不屈的松、梅合称为"岁寒三友"，把竹与梅、兰、菊合称为花中"四君子"，在中华文明一脉相传。

有关竹子的趣闻很多，最富传奇色彩是斑竹。一代伟人毛泽东的"斑竹一枝千滴泪"就是用下面这个典故。原来，尧皇让贤于舜帝，并将爱女娥皇、女英许舜为妃。后来舜南巡途中病死，葬于湖南宁远县城南的九巍山。二妃寻舜到洞庭湖畔，得知噩耗，南望恸哭，泪水洒在竹子上留下点点斑痕，这就是斑竹来历的传说，先人又称为"花斑竹"、"湘妃竹"。

从古到今，中国众多名人雅士、诗人、画家赏竹、爱竹、吟竹、画竹与竹结下了不解之缘，写下了无数歌颂竹的诗词。汉高祖戴过"竹皮冠"。魏晋时的嵇康、阮籍、山涛、向秀、阮咸、王戎、刘玲互为知己，游于竹林，传下许多佳话，人称"竹林"七贤。唐代李白、孔巢父、韩准、裴政、张叔明、陶沔在竹溪结社，经常饮酒赋诗，号为"竹溪六逸"。

宋代苏轼一生热爱栽松种竹，写下了"宁可食无肉，不可居无竹"的座右铭；杜甫对竹的感情甚深，在成都种竹写诗曰："平生憩息地，必种数竿地"。离开还念念不忘写道"我昔游锦城，结庐锦水边。有竹一顷余，乔木上参无。"清初扬州八怪之一郑板桥爱竹甚至到了"无竹不入居"的地步，曾咏竹道："秋风昨夜度潇湘，触石穿林惯作狂。唯有竹枝浑不怕，挺然相斗一千场。""咬定青山不放松，立根原在坡岩中。千磨万击还坚韧，任尔东南西北风"。描述了竹坚忍不拔、顽强拼搏的精神。唐代诗圣白居易在《题窗竹》留下佳句："千花百草凋零尽，留向纷纷雪里看。"英烈方志敏抒怀诗篇："雪压竹头低，低头如沾泥；一轮红日起，依旧与天齐。"叶剑英元帅《题图诗》曰："彩笔凌云画溢思，虚心劲节是吾师；人生贵有胸中竹，经得艰难考验时。"前国家主席董必武1965

年游广州兰圃时留下的楹联中写道："竹自具五好（竹虚心实节，直而有理，秀而不娇，材而多用）兰有其四清。"还写了一首动人咏竹诗："竹叶青青不肯黄，枝条楚楚耐寒霜。昭苏万物春风里，更有笋尖出土忙。"刘岩夫《植竹中》曰："夫劲本坚节，不受霜雪，刚也；绿叶萋萋，翠筠浮浮，柔也；虚心而直，无所隐蔽，忠也；不孤根挺茸，必相依以林秀，义也；虽春阳气旺，终不与众木争荣，谦也；四时一贯，荣衰不殊，常也；垂蒉实以迟凤，乐贤也；岁擢笋以成于，进德也。"诗人对竹的品性作了高度概括，要人们向竹子学习。

成立于1997年的国际竹藤组织，是第一个总部设在中国的政府间国际组织，其宗旨在于促进竹产业的发展和进步。竹类必将在新一轮的城市人居环境建设中大放异彩。

中华民族与竹结下不解之缘，中国文化浸透了竹子印痕。1993年6月，邮电部发行《竹子》邮票，一套4枚，小型张"毛竹"1枚，难怪著名的英国学者李约瑟认为东亚文明乃"竹子文明"。

福建长乐金湖毛竹群

毛竹自然景观

厦门园林植物园 泰竹

厦门园林植物园 佛肚竹

厦门园林植物园 粉单竹

竹丛与景墙和谐搭配，素雅又清新

岁寒三友 （李世全 摄）

竹涛馨馨

23. 东方之珠，艳丽奇葩——红花紫荆

1.来源

　　红花紫荆*Bouhinia blakeana* Dunn，别名洋紫荆、红花羊蹄甲、香港兰花和香港樱花等。为苏木科、羊蹄甲属常绿乔木。红花紫荆是广东省珠海、湛江、惠州、福建省三明等四市市树。

　　红花紫荆原产于中国香港海边，为一杂交种。羊蹄甲属植物有11种，世界热带、亚热带地区广为栽培。在我国，分布于香港、广东、广西、福建和云南等地。为优良园林绿化树种，常栽植于道路两旁和庭园。

2.形态特征

　　红花紫荆，树高5～10米，幅约6米，树皮灰褐色，有浅裂及显著皮孔。枝条开展，下垂；小枝圆形，幼枝有绒毛，长大渐光滑。叶互生，革质，近圆形或阔心形，长8～13厘米，宽9～14厘米，顶端2裂至叶全长的1/4～1/3，裂片顶端圆形形似羊蹄；表面暗绿色而平滑，背面淡灰绿色，微有毛，掌状脉清晰。总状花序顶生或腋生，花大芳香，直径为10～15厘米。花瓣5枚，紫红色，倒披针形，中间瓣较大，其余4瓣两侧对称排列，形颇似兰花，又近似兰花清香味。花有发育的雄蕊5枚，其中3长2短，退化雄蕊2～5枚，子房有柄，被黄色柔毛，雌雄蕊等长。雄蕊花丝紫红色，花药与雌蕊为黄色，几乎全年均可开花，盛花期在春、秋两季通常不结果。常见栽培的还有下列各种和变种。

1) 羊蹄甲 *B.purpurea* L. 花淡紫色、淡红色或粉红色；发育雄蕊3枚，能结果。

2) 宫粉羊蹄甲 *B.variegata* L. 花粉红色，花瓣较短而宽，发育雄蕊5枚，能结果。

3) 白花羊蹄甲 *B.variegata* L.var.*candied* (Roxb.) Voigt 花乳白色，发育雄蕊5枚，能结果。

3.生长习性

红花紫荆喜光，喜温暖至高温湿润气候，适应性强，耐半阴，耐寒，耐干旱和瘠薄，抗大气污染，耐烟尘。对土质不甚选择，但在土层深厚沃润、排水良好的沙质壤土上生长迅速。不抗风，遇台风侵袭时，树干往往倾斜或被折断，故宜植于阳光充足和避风处。萌生力强，耐修剪。

紫荆的特点是：①花形美丽而有香味，开花时花多而密，十分艳丽可人。②花期长，从11月份开始直到翌年4月份，长达半年之久。③十分适应香港的气候环境，成活容易，生长较快，终年常绿繁茂。④根系发达，适应性强，可粗放管理，移栽易成活。⑤萌生力强，多分枝，耐修剪。⑥抗大气污染，滞尘能力强，是城乡环境保护、净化空气的优良花木。

4.培育要点

(1) 繁殖方法

可以采用扦插、芽接和压条等方法，繁殖培育洋紫荆树幼苗。其中多用嫁接法进行繁育。

1) 扦插　于2～5月份，选洋紫荆树的1年生壮枝，长10厘米，取3～4节。基质以沙土或肥沃疏松沙壤土为好。操作时，将所取插穗插入1～2节，然后盖草或遮半荫，60天左右生根、发芽。翌年春季，将其移栽于圃地培育。

2) 芽接　宜在4～5月份或秋季8～9月份萌芽前进行芽接。砧木采用1～2年生实生羊蹄甲苗，接穗取一年生木质化粗壮枝条的饱满腋芽，嫁接于截干高1～1.5米的砧木上，约15天后愈合成活。经半年培育后，可移床栽植。

3) 高空压条　宜于3～5月间，在洋紫荆树上选取直径为3～5厘米或6～8厘米的健壮较直枝条，进行高空压条，约20～25天生根，40天后割离母株，置于圃地假植或直接定植。植后2～3年，即可开花。

(2) 栽培管理

移栽洋紫荆苗木，一年四季都可以进行，以在春季2～3月份萌动前最适宜。移栽前截干留取3～5米，并保持一定树形，适当疏枝和截短，留分枝0.2～1.0米长即可。小苗需多带宿土，大苗带土球。栽植地点要选阳光充足处，施足基肥。要随起苗，随栽植，填土应稍高出地面5～10厘米。不能深种，以防烂根，影响成活。栽后灌足水，设支架保护，雨季防积水，天旱注意补充水分。在幼树期，要及时剪除根部萌蘖枝，秋后进行修剪整形，树形臻于整齐，可任其自然生长。此后，每年秋后应剪去洋紫荆树的密枝、细枝、枯枝及病虫枝条。要注意保护它的2～3年生枝条，因为所开的花多着生其上。北方地区多盆栽。夏季高温时，要避免阳光直射。秋、冬季应使盆土保持干燥。冬季将它转入温室越冬后，最低温度需保持在5摄氏度以上。

（3）病虫害防治

红花紫荆的常见病害，主要为角斑病和枯梢病。发病初期，可喷洒波尔多液或多菌灵等药剂进行防治。其害虫有棉古毒蛾和蜡彩袋蛾等食叶性害虫，可用敌百虫和乐果的3：1混合稀释800～1000倍液喷杀。

5.欣赏与应用价值

红花紫荆虽不像南国诸如白兰花乔木那样高大挺拔，却有着开阔的树冠，其上缀满青翠绿叶，片片奇特似羊蹄，美丽端庄；低垂的枝条，仿佛在招手热烈欢迎来自五湖四海的宾客。一眼望去，树姿婆娑，连树带枝宛若碧霞，极富热带特色。

在初秋时节，不少鲜花开始败落了，而它却满树繁花累累，生机盎然。花盛开时，宛如千万只紫色的蝴蝶，在翠绿的枝头飞舞，十分美丽。它的花大似兰，略芳香，紫红色大小不同的五片花瓣间，点缀着白色脉状彩纹，五星花蕊中有几点黄，格外悦目。相间一起的洋紫荆姊妹花瓣，在蔚蓝天空衬托下，各放异彩。缤纷的花朵相互辉映，更是烂漫娇妍。一派南国风光，美丽之极。它不像北方豆科落叶树种紫荆，于暮春先开花后长叶，叶端不开裂，花密而小，生于老枝干上。这是不同视野的南北两种紫荆。洋紫荆花从深秋怒放，直至翌年春分才渐次凋谢。缤纷的落英铺成满地花絮，恰似"微风吹万舞，好雨尽千妆"，蔚为壮观。

红花紫荆美丽端庄，色香俱佳，为热带、亚热带优良的园林绿化树种。它常被用作行道树和公园与庭院等绿化、观赏树；亦可以培育成盆花或盆景。

红花紫荆全身各部位都可入药，其皮的药用价值最高。现代医学实验研究，紫荆皮对化脓性球菌和肠道致病菌有较强的抑制作用；对多种病毒，如京科68—1病毒有抑制作用，对孤儿病毒（ECHO.）能延缓细胞病变，还可抑制葡萄球菌的生长。花、果活血通淋，清热凉血。用于风湿和筋骨痛，祛风解毒，咳嗽，孕妇心痛。花梗为外科疮疡用药。心材棕色，坚硬耐久，可供器具和细木工用材。

6.树趣文化

紫荆自古就是骨肉相亲的代名词，现代用以寓国家的统一，民族的团结。洋紫荆是1908年在香港被新发现的。当年一位法国神甫，在香港岛铜锣湾的海边发现第一棵，并剪枝把它扦插移植到薄扶林一带的修道院，成树后开出美丽的花朵。当时世界各地并没有发现与它相同的植物。1912年，当地植物学家判定此树为羊蹄甲属的新种，并以研究热带植物的前任港督亨利·卜力克爵士名字命名。之后，美丽可人的洋紫荆，不仅在香港大量繁衍种植，并作为东方之珠的特产，传遍了我国广东等华南各地，为繁荣华夏花卉文化，增添了艳丽奇葩。

香港人历来对洋紫荆怀有深厚感情，结下了不解之缘。1966年洋紫荆被选为香港市花，1968年9月25日发行的一套"香港市花和盾徽"邮票，面值65分的第一枚图案就是洋紫荆；1994年5月1日中国银行发行新港币，其中面值1000港元的正面就印有洋紫荆图案。《中华人民共和国香港特别行政区基本法》第一章第十条规定："香港特别行政区的区旗是五星花蕊的紫荆花红旗，香港特别行政区的区徽中间是五星花蕊的紫荆花。"1997年7月1日，当东方明珠香港回归祖国怀抱时，庄严、典雅、简洁与华丽的五星花蕊的紫荆花红旗，随着中华人民共和国国旗——五星红旗，冉冉升起，紫荆花的形象出现在五洲四海的蓝天丽日下和大雅之堂。在全世界人民心目中得到史无前例的升华。它标志着回归后的香港日益繁荣富强。香港的明天更加辉煌灿烂。当香港回归之时，有几万人聚集在紫荆花广场凝视花旗升起，行政长官董建华先生及霍英东等知名人士说，自从香港回归的紫荆花区旗升起的那一刻，才算是真正地做了一回中国人。

也许，这正是应验了古代故事中所蕴涵的"和合"的道理。团结稳定，才能够发展繁荣。唐代大诗人杜甫曾写下一首感慨万千的诗："风吹紫荆树，色于春庭暮。花落辞故枝，风回返无处。"诗中比喻骨肉分离，怀念其兄弟。这诗非常有名，后人只要写到它，都会想到"骨肉情深"。唐代韦应物《见紫荆花》诗中写道："杂英粉已积，含芳独暮春。还如故园树，忽忆故园人。"诗人说他一个人漂流在外，见到紫荆花开，就想到自己家里的亲人。所以，紫荆花在中国古代，也是代表着故国之思的。就是说，不论是南方洋紫荆，还是北方紫荆，它们都有着共同的寓意，一个是指的骨肉相亲，另外一个是对故乡的思念。

红花紫荆

群蝶欢舞

满树朝晖

飞霞铺锦（白花羊蹄甲）

垂垂碧霞迎宾客（宫粉羊蹄甲）

紫荆花（梁育勤 摄）

24. 桂开飘香福临来——桂树

1.来源

桂树*Osmanthus fragrans* Lour.，别名木樨、丹桂、金桂、岩桂、银桂、九里香、金粟和仙树。为木犀科、木犀属常绿灌木或小乔木。桂花是中国十大名花之一。它是陕西省汉中、河南省信阳、浙江省台州四市的市树。

2004年10月27日，国际园艺学会品种命名和登录委员会，正式批准中国花卉协会桂花分会及南京林业大学向其柏教授为木犀属植物品种国际登录权威，表明了中国在木犀属（桂花属）研究中处于国际领先地位，标志着中国园林植物在世界植物研究中处于先进行列。

桂树原产于中国西南部喜马拉雅山东段，生于海拔800～2500米，丛生于山野岩岭间及丘陵地区。全世界有31种，中国就有25种，中国是木犀属植物世界分布中心。现四川、陕西、云南、浙江、安徽、广东、广西和湖北，均有野生分布。中国桂树已有2500多年的栽培历史。在春秋战国时期的典籍《山海经》中，就有"招摇之上，其上多桂"。楚屈原《九歌》有"援北斗兮酌桂浆，辛夷车兮结桂旗"。《吕氏春秋》赞称"物之美者，招摇之桂"记载。民间栽植于宋代，盛植于明初。现今，淮河流域至黄河下游以南各地普遍地栽，以北则多行盆栽。比较集中的产区为江苏苏州的光福、湖北咸宁的柏墩、浙江杭州的满觉陇、广西桂林的阳朔、四川新乡的桂朔等处。桂树是中国寿命最长园林树木之一，各地保存有100～2000多年树龄的古桂树众多，迄今仍树身苍劲，叶茂花繁，花香四溢。印度、尼泊尔、柬埔寨等国也有分布，日本及欧洲一些国家有栽培。

2.形态特征

桂树高10米以上，树皮光滑呈灰色。叶对生，革质，椭圆形至椭圆状披针形，长4～12厘米，全缘或具锯齿。伞状花序簇生于叶腋。花色因品种不同而异，有淡黄色、橙黄色、金黄色或白色等。花型小而有浓香。花冠4裂，裂片长为3～4毫米。通常于秋季开花。核果椭圆球形，长1～1.5厘米，熟时紫黑色。

桂树的变种和栽培品种及其形态特征：

1）金桂var. *thunbergii*　嫩枝紫绿色。叶大而长，广椭圆形，叶缘先端有齿，基部全缘，浓绿有光泽。花淡柠檬黄至金黄色，在秋季至冬季开花，具浓香。

2）银桂var.*latifolia*　嫩枝红绿色。叶小，椭圆形，叶缘有锯齿。花乳白色，花朵茂密。秋季开花，香味浓。

3）丹桂var.*aurantiacus*　生长势强。枝壮，嫩枝紫红色。叶厚而密，披针形或椭圆形。花为橙黄色或橙红色。秋季开花，芳香。

4）四季桂cv.Semperflorens　植株较矮而萌蘖较多，生长势强。嫩枝绿色，具红晕。叶大而肥厚，椭圆形。花色为黄色或淡黄色，花期长。一年中除严寒酷暑外，数次开花，以秋季为多，香味淡。

3.生长习性

喜强光，能耐半阴，好温暖，耐高温，颇耐寒，不耐干旱与盐碱，忌积水，喜凉爽通风环境。喜肥，喜湿润而含腐殖质、土层深厚和排水良好的微酸性壤土或沙质壤土。生长发育的最适温度为25～28摄氏度，开花最适日平均气温18～20摄氏度，超过30摄氏度，对生长稍有影响，低于-6摄氏度时可能受冻害。浅根型，侧根发达，抗风能力强；萌芽力强，耐修剪；对二氧化硫、氯气和汞蒸气的抗性较强，并能吸滞粉尘，减弱噪声。

4.培育要点

（1）繁殖方法

用嫁接、压条和扦插等方法繁殖桂树。嫁接分靠接与切接。前者于夏至至伏天进行，砧木用2～3年生小叶女贞，直径为0.8厘米。选与砧木粗细相近的2年生桂树作接穗，将两者相对面皮层削去7～9厘米，微伤木质部，将两者切面紧贴，缚扎，保证水肥供应，到处暑至白露间即可将靠接苗剪离母体。切接于清明前后进行。将干径1～1.3厘米的砧木，离地面3～5厘米处截顶，并靠一侧纵切2厘米长的切口；取一年生已木质化、粗1～1.3厘米、长约10厘米的桂树枝条作接穗，将茎部削成楔形，插入砧木切口，然后缚扎紧密，用土封住接口，30～40天后除去封土。如已成活，则浇一次水再封土，并使接穗上的芽出露，以利于萌动。压条法生根困难，很少采用。扦插多于伏天进行，选当年生木质化充实枝条，长7～10厘米，留上部1～2片叶，下切口用500ppm的2号ABT生根粉，或萘乙酸水溶液，浸泡5秒钟，稍晾后插入蛭石和一般土壤内，盖膜遮荫，保持温度为25～28摄氏度，相对湿度为85％～95％，一个月后即可生根。新根3～5厘米长后，炼苗7～10天，即可移栽。移栽时，将根蘸沾加1％硫酸铜及0.5％尿素的泥浆。

(2) 地栽要领

桂树地栽，应选择日照充足，地势高燥，空气流通，排水良好，土壤为疏松肥沃、呈酸性或微酸性的沙质壤土处，进行春植或秋植。栽植前，将园土耕松，先挖大穴，在穴底施足有机肥，然后将苗木带土球移植其中，栽后浇透水。管理重点是勤施肥水。桂树忌人粪尿，喜猪粪，正如花谚所云："要得桂花香，多备猪粪缸。"又《花镜》言："浇以猪秽则茂，壅以二蚕少则肥，但不宜粪而喜河沙。"因此，每年入冬前，要重施一次堆肥或厩肥，早春萌芽前，要施速效性氮肥，如腐熟豆饼、猪粪和禽粪等，对水施用。春梢停止生长后（5月下旬前后）及7月份，各追施一次速效磷肥和钾肥。施肥合理，桂花树就能速生、花茂和香浓。桂树在不同生长期内，对水的需要量不同。萌芽期、新梢旺盛生长期及花芽分化和开花前夕，需水量多，应加强灌溉和保墒。夏季干旱，应勤于浇水，使土壤常处于半湿状态，并喷洒叶面。雨季要注意防积水。

(3) 盆栽技术

桂树盆栽，应选择枝叶分布匀称，矮而壮实的植株，以刚进入开花期、1～4年生的幼树最适宜。以用素烧盆（瓦盆）或紫砂盆为好。盆土应选排水良好的中性沙质沃土。一般以腐叶土50％、园土40％、砻糠灰10％，或山泥50％、腐殖土30％和沙土20％，混合调制。以在早春2月和初冬10～11月份上盆为宜。每年换土一次，同时适当修剪过密和衰老的须根。4～9月份，宜置于通风向阳处培养。浇水要见干见湿，忌浇水过多或雨后盆内积水。花前要保持湿润，花期要控制水分，以免落蕾落花。桂树喜肥，在生长季节每7～10

天要施一次稀薄液肥。花前要增施磷、钾复合肥，促蕾促花。花后追肥，宜淡不宜浓。桂树生长后期，易丛生蘖枝，可修剪成球形，也可剪除蘖枝，育成独干。花后要整形，并剪除干枯枝、病虫枝、徒长枝和细弱枝。霜降前后，移至0摄氏度以上冷室内越冬，保持盆土略湿润，使其充分休眠，有利于来年开花。出室宜晚，不宜早。一般在清明后出室，出室前应先炼苗。

(4) 病虫害防治

桂树病虫害较少。常见的害虫有刺蛾、布袋虫和卷叶蛾等食叶害虫。为防治这些害虫，每年4月份，可喷乳剂敌敌畏和花卉营养液加水3000倍混合液一次。7~8月份，喷洒氧化乐果加花卉营养液加水300倍混合液一次。对于病虫害，要防重于治。没有发现病害虫，不要喷农药；一旦发现有病虫害，就要及时喷药，连喷3次，相隔时间为3天。

5.欣赏与应用价值

桂花是中国十大传统名花之一，以芳香而闻名。它树姿端庄秀丽，清俊幽雅，枝繁叶茂，四季常青，经冬不凋，冰清玉洁，苍劲奔放，令人心旷神怡。翠绿的桂枝，在金秋之际随风摇曳，让人觉得风像是从树丛中来，顿感慨清丽飘逸，又古朴典雅，可谓"物之美者，招摇之桂"。桂花具有促进人体发育、增强抗病免疫力的功效。它既没有迷人的姿态，也没有耀眼夺目的颜色，小小的花朵，簇生于叶腋间，是那样平淡，却独具清浓两兼的特色。它清可涤尘，浓能透远，素有"九里香"之美誉。金风拂动，节近中秋，每逢农历八月桂花飘香时，在"叶密千层秀"的桂丛中，"花开万点黄"，那妖艳欲滴小花缀满枝头，像无数金星闪闪发亮，如满树红霞，美不胜收，让人感到赏心悦目。更让人遐想，每当农历八月桂花香飘万里，最能勾起人的思乡之情，无论你在天涯海角，只要闻到桂花芳香，你的眼前就会浮现出故乡的山山水水，村村庄庄。当朵朵小花破蕾怒放时，散发出的沁人清香，随风飘逸。全树芬芳四溢，逾月不绝，不愧是"独占三秋压众芳"。那亮黄的金桂，娇艳鲜丽；晶白的银桂，如雪似银；橙红的丹桂，流光溢彩；乳黄的四季桂，绽放芳香，四处弥漫，与颗颗粒圆盈满的"天降灵实"，相辉映照。其意境正如宋代李清照所咏："何须浅碧深红色，自是花中第一流。""虽无艳态惊群目，却有清香压九州"。被誉为"桂中花魁"，备受赏花人青睐。它风韵高雅，在萧瑟之秋，凌霜而开，独自芬芳，清雅高洁，其仙风道骨超凡脱俗，令人肃然起敬。

千百年来，桂花深受人们喜爱。农历八月适逢中秋佳节（古又称农历八月为桂月），此时桂花灿若金，香飘数里，正是赏桂好时光。民间自古有赏月的习俗，而"嫦娥奔月，吴刚伐桂"等脍炙人口的优美神话故事流传至今，又为这一习俗平添了无限情趣。前人留下的古老桂花树颇多。如陕西汉中圣水寺院内的"汉桂"，相传为公元前206年西汉汉高祖刘邦之臣萧何手植，距今已2000多年。该树主干直径为232厘米，树冠覆地400多平方米，岁岁开花，至今不衰。在汉中附近的勉县定军山下的诸葛亮墓前，有两株"护墓双桂"，树龄有1700余年，每年仍旧开花繁茂，香飘数里。江苏省常熟市兴福寺的"唐桂"、福建省武夷山的"宋桂"、江西省南昌市梅岭和四川省桂湖的"明桂"等古桂树，仍挺拔屹立，绿影婆娑，花香远溢，吸引四海游客前来观赏。近年来赏桂已成为一项重要旅游活动。每逢秋风送爽，金桂飘香，各地都会举办"桂花节"。

桂树的经济价值很高，集观赏、食用、药用及材用一体。自古以来，在华夏大地是深受喜爱的传统园林景观花木，常与建筑物、山、石相配，对植于庭、亭、台、楼、阁附近，即成"双桂当庭"、"双桂留芳"高雅意境；与有秋色叶树种搭配，仲秋时节有色有香，尤觉宜人；成片种植，组成桂花树景观，则以"八月桂花遍地开"为喜庆，即为风景赏桂胜地，漫步于赏桂林间，恍若置身于"凉飙吹树桂香浮"的美妙仙境，心旷神怡；桂叶能吸收有毒气体和吸附粉尘，可用于园林绿化、净化、美化环境的优良花木，常植于道路两侧，或假山、草坪、院落、工矿区等处；桂枝干柔韧，易蟠扎，是制作盆景的好材料；桂花也是瓶插的良好材料，瓶插水养时间较耐久；桂木具有光泽，坚实纹细，纹理美丽如犀，有木犀之称，是做高级工艺品的好品材。

桂花树除观赏外，其花粉被世界上称为"全营养食品"。用桂花酿制桂花酒是延年益寿滋补佳品；经蒸馏制得"桂花露"有疏肝理气，健脾开胃之功效；熏制桂花茶还有减肥、美容功效；提炼香精，留香久远，是十分名贵的化妆品原料；用于食品工业和日化工业，桂花可作桂花糕、糖、晶、蜜和饮料等50多种食品，芬芳可口，营养丰富。桂花入药，散瘀破结，化痰镇咳，止牙痛，消口臭。其根可治风湿麻木、筋骨疼痛。桂皮可提取染料、鞣料。桂叶可作为调料，为食品增进清香。

6.树趣文化

桂文化是中国宝贵的文化遗产之组成部分。古往今来，桂花是崇高、贞洁、荣誉、友谊和吉祥的象征，成为人们精神生活的一部分。云南傣族群众欢度泼水节时，就用桂枝将水拂到客人身上，祝愿吉祥。广西少数民族青年男女中有"一枝桂花一片心，桂花树下结终身"的佳话。在中国民间，称誉良好的子孙为桂子兰孙，视桂花树为长寿吉祥之物。还称农历八月为"桂月"。

关于桂花的美好传说和典故，表达了人们对桂花的喜爱。据说战国时期，燕、赵两国为表示友好，相互赠送桂花。从汉代至魏晋南北朝时期，桂花已被作为名贵的花卉与贡品，出现了月宫中嫦娥捧出桂花酒宴请嘉宾的传说。最广为流传的是吴刚砍桂花树的故事。说的是月亮上有座广寒宫，住着嫦娥仙子。广寒宫中有一棵桂花，树高500丈，"月中有丹桂，自古发天香"，指的就是这棵桂花树。如不砍它，月宫就容纳不下了。玉帝派学仙犯了天规的吴刚去砍，总是"树刨随合"。千百年过去了，吴刚每天伐树，桂树却依然如旧，生机勃勃；只有到中秋时节，当桂花盛开，馨香四溢时，吴刚才能在树下稍事休息，与人间共度佳节。毛泽东主席著名的《蝶恋花·答李淑一》一词中，"问讯吴刚何处有，吴刚捧出桂花酒"，用的就是这个美丽的神话故事。而文人们就典故砍树的人提出异议，有的建议："砍却月中桂，清光应更多"，或是怀疑："月宫桂树高多少，试问西河砍树人"。白居易则觉得，偌大一个月宫，只长着一株桂树太清冷了，大胆建议："遥知天上桂花孤，试问嫦娥更要无？月宫幸有闲田地，何不中央种两株？"

山川俊秀的桂林，是因为那里的人们对桂花格外倾心，广植桂花树成林而得名。从唐代开始已有1000多年。宋代诗人杨万里赋诗咏道："尘世何曾识桂林，花仙夜入广寒深，移将天上众香国，寄在梢头一粟金。"如今桂花树被定为桂林市的市树，20万株桂树遍植漓江两岸。桂花盛开时，娇艳清丽，桂香满城。桂林人在黑山植物园建成桂花博览园，体现了桂林作为桂花原产地的风貌。

蜚声中外的"桂花之乡"湖北咸宁市，年产桂花数十万公斤，素有"桂花甲天下"之誉。花开时节，成片桂树林吐蕊飘香，正如唐代李峤在《桂》一诗中所赞道："未植蟾宫里，宁移玉殿幽。枝生无限月，花满自然秋。侠客条为马，仙人玉作舟。愿君期道术，攀折可淹留。"仲秋八月，游人到此，不仅陶醉在桂香园中，还可品尝当地的桂花茶、桂花蜜酒和桂花晶等著名特产。

杭州的桂花久负盛名，名扬海内外。古代诗人白居易、苏东坡等，都为杭州桂花留下了不朽的诗篇。宋代大词人柳永赞叹杭州西湖有"三秋桂子，十里荷花"之句。每当金秋，桂花争奇斗艳，清香袭人，游客络绎不绝。有诗赞道："西湖八月是清游，何处香通鼻观幽？满觉陇旁金粟遍，天风吹满万山林。"

芬芳桂花，神奇传说，惹得历代文人墨客纷纷挥弄翰墨，长歌短咏，千百年间留下许多文彩华美、意境清幽的美丽篇章。楚·屈原《远游》中的名句："嘉南州之炎德兮，丽桂树之冬荣。"是至今对桂树最早的赞美。宋代范云诗曰："南中有八树，繁华无四时。不识风霜苦，安知零落期。"赞桂花树独特生态，风韵与魅力。宋代朱熹《咏岩桂》"亭亭岩下桂，岁晚独芬芳。叶密千层绿，花开万点黄"。对桂花树生态物候及挺拔树姿描绘得淋漓尽致，又云："露邑黄金蕊，风生碧玉枝。千株向摇落，此树独华滋。木末难同调，篱边不并时。攀缘香满袖，叹息共心期。"诗人高度赞美桂树，希望自己具有它的崇高品性。宋代邓志宏诗道："独占三秋压众芳，何夸橘缘与橙黄。清风一日来天阙，世上龙诞不敢香"，赞美古桂现蕾开花的美景及独特香味。宋代杨万里诗曰："雪花四出剪鹅黄，金粟千麸糁露囊，看去看来能几大，如何著得几多香。"赞赏桂花的仙风和香味。宋代李清照《鹧鸪天·桂花》曰："暗淡轻黄体性柔，情疏迹远只香留。何须浅碧深红色，自是花中第一流。梅定妒，菊应羞。画栏开处冠中秋。骚人可煞无情思，何事当年不见收。"又《摊破浣溪沙》"揉破黄金万点轻，剪成碧玉叶层层。风度精神如彦辅，大鲜明。梅蕊重重何俗甚，丁香千结苦粗生。熏透愁人千里梦，却无情。"诗人以桂花自喻，表现清高自许的性格和冠压群芳的品质。宋代郭鲲溟的诗："西岭千年桂，阴森入翠微；玉枝云外绿，金粟雨中肥；影落浮杯酒，香飘袭客人；当年和露折，曾向广寒归"等，无不浸透了历代文人对桂花树的爱慕。

桂开祈福来

丽桂冬荣

金桂香浓

飘香溢芳

陕西南郑县圣水寺 汉代萧何丞相手植桂花树（李世全 摄）

桂花朝晖

桂花赛金

护墓双桂（李世全 摄）

桂花幽香

陕西宁强县禹王房 唐桂，树龄1300余年

25. 合欢花开全家欢——合欢树

1.来源

合欢*Albizzia julibrissin* Durazz，别名绒花树、夜合欢、芙蓉树、含羞树、乌合树、合昏、马缨花、夜合花、青裳、萌葛等。原产于中国，北自黄河流域，南至珠江流域广大地区均有分布，生于海拔1800～2500米山林中，日本、印度等地也有分布，是中国园林中的重要观赏树种，为2008年北京奥运会城市绿化树种之一，目前在中国南北方的公园、庭院、生活区、风景区广为栽植。

合欢树为温带、亚热带、热带三带树种，能适应多种气候条件，全世界约50种。中国已有1000多年栽培历史。迄今已经引种到北温带世界各国。最早罗马人以为蚕丝制品是产于这种树上，所以称其为"丝树"，至今西方许多语言中将合欢树称为丝树。亚洲及非洲东部也有分布。

2.形态特征

合欢树为豆科合欢属落叶乔木，高达16米，胸径50厘米，树冠扁圆形，常呈伞状。树皮褐灰色，平滑，枝粗大稀疏，嫩枝绿色，主枝较低。叶互生，为2回偶数羽状复叶，羽片4～12对，各有小叶10～40对，表面深绿色，有光泽。小叶镰刀状长圆形，全缘无柄，长6～12毫米，宽1～4毫米，中脉明显偏于一边，叶背中脉处有毛，小叶昼开夜合。花序头状，簇生叶腋或密集于小枝端呈伞房状；花丝细长呈粉红色，长25～40毫米，如绒缨状。荚果扁条形，长9～17

厘米。种子扁椭圆形，内含8～12枚种子，成熟淡黄色，宿存枝梢不裂或微裂。花期6～7月；果9～10月成熟。

3.生长习性

合欢性喜光，不耐阴，树皮薄畏暴晒，否则易开裂。不耐严寒。对土壤要求不严，壤土、沙壤土均可生长，尤在湿润肥沃的沙质土壤生长良好。耐干旱、瘠薄、怕水涝。生长迅速，枝条开展，树冠常偏斜，分枝点较低，具根瘤菌，有改良土壤的功效。浅根性，生长适温13～18摄氏度，冬季能耐−10摄氏度低温，萌芽力不强，不耐修剪。花期长，夏季连开数月。对二氧化硫、氯气、氟化氢的抗性和吸收能力强；对臭氧、氯化氢的抗性较强。

4.培育要点

（1）繁殖方法

可扦插法繁殖，但生根较难，成活率不高。多采用播种繁殖法。10月采成熟果实，晾晒脱粒，干藏于干燥、通风处，以防发霉。翌年春播种，有温室可于10～11月育种。播前两周0.5％高锰酸钾水溶液浸泡2小时，清水冲洗干净，置80摄氏度热水浸种30秒，最长不得超过1分钟，然后20℃恒温水浸泡2小时进行降温，后用2层纱布包裹放在大盆内催芽，24小时后播种，发芽率可达80％～90％，出苗后健壮不易发病。

（2）育苗

生产上采用营养钵育苗，营养土用多年生草皮土（经2厘米铁筛过后），搭配腐熟肥料，加适量杀虫剂、杀菌剂处理。苗床宽1～1.2米，床距30～40厘米，每钵点播3～4粒，覆土1厘米，浇透水，常保湿润。两周左右发芽，苗高15厘米定苗，结合灌水施淡薄有机肥和化肥，也可叶面喷施0.2％～0.3％尿素和磷酸二氢钾混合液。

为培育有观赏价值的苗木，育苗间可合理密植，及时修剪侧枝，留壮芽1个齐地截干，萌育粗壮而通直主干。

（3）栽植

选用3～4年生，胸径4～5厘米苗木栽植。绿化株行距采用5米×6米，挖穴60厘米×60厘米，春季移植，应"随挖、随栽、随浇"。要带好土球，立支架，防风吹倒。秋末施足基肥，冬末剪去细弱枝、病虫枝，并对侧枝适量修剪调整，保证主干端正，树势优美。培植合欢三特点：怕噪声、怕风沙，多噪声处长不好；其次爱瘠瘠、瘦地，长得犹如风车状，满树着花，肥地处长不好；最后爱日照、湿润，近水源才能长好，根际不能脱水，高燥处不宜种植。还应注意是否有裂皮。其树干皮薄，畏暴晒，选苗注意西侧是否有裂皮现象，标明阴阳面，植时保持原始种植方向；反季节移植时不应全冠，最好进行重剪，全部侧枝短截，保留原树冠2/3或1/2，作行道树应去掉2.5米高度以下的枝条。植后定期松土，不能在土盆里覆盖草皮，雨季要及时排水，修剪后伤口要及时用药剂处理。

（4）病虫害防治

主要有溃疡病和枯萎病危害，可用50％退菌特或50％托布津800倍液喷洒。腐朽病使用40％多菌灵800～1000倍液或25％敌力脱乳油800～1000倍液灌根。虫害有天牛、粉蚧、尺蠖和翅蛾，可用煤油1公斤加80％敌敌畏乳油50克灭杀天牛，用40％氧化乐果乳油1500倍液喷杀粉蚧、翅蛾和尺蠖。

5.欣赏与应用价值

暮春百花凋残之际，合欢却承继着春天，树之高大，兀自挺拔，充满生机与活力；翘然一干上，披满茂盛的枝条，几乎被浓绿的叶儿遮没，伞形的冠盖"翠阴如幄"，仿佛一位婀娜丰满少女的形象，微风吹拂，宛如琴弦流吐美妙乐音。它那外表美丽，满身翠状的精灵小叶，白天精神抖擞，艳阳下乐呵呵招展，夜幕降临却犹如玩困的小孩早早卷起身子，甜甜暮合地入梦。"叶叶自相对，开敛随阴阳"。"合欢蠲忿，萱草忘忧"（三国·嵇康《养生论》）。先人认为合欢可以消怨忘忧，给人们送来幸福的希望，这是众芳之所无。无怪人们对它如此钟情，备加青睐。当黄昏叶合时，悠游树下，一种朝夕共处，良辰美景，油然而生，何其妙哉。

夏日在那撑开的绿伞上，点缀着一团团红色绒花，红茸垂丝，柔软如云，犹如古代侍女手中的团扇一般轻柔；又像晨起梳妆已罢的淑女，绿鬓云鬟插带着首饰花钿，出落得风姿绰约，娇艳妩媚。绿叶中，粉红花状若绒簇，清奇美观，自然潇洒；盛开吐艳之际，远观如霞如烟，近看冉冉红茸，艳丽无比，微风阵阵，花枝敧侧，倩影更美，随风送来缕缕清香，令人心旷神怡。"合欢枝老拂檐牙，红白开成蘸晕花。最是清香合蠲忿，累旬风送入窗纱。"（宋·韩琦《中书东厅夜合》）"丰翘被长条，绿叶蔽朱柯。因风吐微音，芳气入紫霞"（晋·杨芳）。雨中的合欢最美，在雨中享受合欢花的一抹红，享受雨中合欢树战栗的欢颜，却别有韵味。此时此景，正如唐代诗人温庭筠《菩萨蛮》词意："雨晴夜合玲珑日，万枝香袅红丝拂。闲梦忆金堂，满庭萱草长。秀帘垂箓簌，眉黛远山绿。春水渡溪桥，凭栏魂欲消。"

翠羽红缨醉夕阳,绵衣绯云郁甜香,深情何恨黄昏后,一树马列缨叶漏长。合欢自古就是一种观赏吉祥的佳树,是合家欢乐的象征,人们就有在宅第园池间栽合欢树的习俗,寓意夫妻和睦,家人团结,邻居友好相处。若在公园、机关、宅院、池畔栽植数棵,不仅绿茵覆地,红花成簇,供观赏及庇荫,更能清香阵阵,赏心悦目,健身提神,净化空气和保护环境。

合欢树对生存环境适应性强,树姿优美,叶形雅致,盛夏绒花满树,有色有香,在景观工程上越来越受到人们的青睐,近年来在园林、城市、厂区绿化中得到较大规模应用。由于合欢树势中等,枝叶优雅,栽植时应避免与高大观赏树混栽,在园林应用中宜:单植或丛植,可独植成一景,下置石桌、石凳,供纳凉休闲;城市干道,植行道两旁,绿伞遮荫,红花绿叶,满街生色,清幽迷人;与草径、低矮观叶和观花植株巧妙搭配,则景观优美,绿荫迎地,清幽秀丽;与喷泉、花坛、假山配置,可构成一幅宁静、和谐的庭院之美。

合欢像待嫁的女儿,美丽而神秘。据《本草纲目》曰:合欢树皮、花蕾及花、根均可入药,有"安五脏、和心志,令人欢乐无忧,久服,能轻身明目,得所欲。"树皮有安神、活血、消肿、止痛之效,是治疗忧郁失眠的良药,还用于肺痈、疮肿等症。花、花蕾(称合欢米)有理气解郁、和络安神、养心开胃之效,用于治疗神志抑郁所引起的失眠、虚烦不安、胸闷不舒、胃口不佳。合欢根可清热利湿、消积解毒。合欢叶含有槲皮甙,鞣质嫩叶含维生素,可食,开水焯后,清水浸泡,炒食或做粥等。老叶浸水可洗衣。木材质坚,纹理直,结构细,经久耐用,可做家具、农具、建筑、车船用。树皮浸水作驱虫药剂,纤维可作人造棉的原料。

6. 树趣文化

合欢在中国是美满吉祥之花,有团圆、幸福、美满的寓意。《古今注》云:"欲忘人之忧,则赠以丹棘;欲捐人之忿,则赠以青裳。"青裳即合欢。其意思忘掉烦忧,可赠以丹棘(又名忘忧草),要防他人怨忿,则宜以合欢相送。

合欢小叶朝展暮合,是夫妻和睦的象征。相传过去男女结婚时,夫妻要共饮用合欢花泡的茶,以示夫妻好合,白头偕老;庭园中栽上合欢树,能使合家欢乐、财源广进。现在夫妻发生争吵常赠送合欢花,或将它放置夫妻枕下,祝愿他们和睦幸福,生活更美满;朋友之间如发生误会,也可互赠合欢花,寓意消怨和好。古诗:"钱塘江上是我家,郎若暇时来吃茶,黄土筑墙茅盖屋,门前一树马缨花。"寓言合欢,情语清丽。

先人认为阶庭种合欢树,则可忘忿,连三国时魏文学家嵇康也为此在屋前种了合欢树。《女红余志》载：有一位书生杜羔，娶妻赵氏，她每届端午节合欢花初放时都要采集晒干收藏备用。如发现丈夫不愉快时，即取合欢米花少许浸酒，命人送到书房给杜羔饮用。不久，便能消除不愉快的心情而感到欢乐。

关于合欢花的来历，有一个优美的传说。相传舜南巡仑梧而亡。其妃娥皇和女英寻遍湘江都找不到舜，她俩悲痛万分，泪尽滴血，血尽而死，死后为神，她俩的精灵与舜的精灵合在一起，变成了合欢树，昼开夜合，相亲相爱。此后，人们常以合欢树表示忠贞不渝的爱情。

历代文人留下了许多吟诵合欢花的佳作。唐代大诗人元稹《夜合》颂赞："绿树满朝阳，融融有露光。雨多疑濯锦，风散似分妆。 叶密烟蒙火，枝低绣拂墙。 更怜当暑见，留咏日偏长。"明代王野《合欢花》诗云："远游消息断天涯，燕子空能到妾家，春色不知人独自，庭前开遍合欢花。"明代李东阳《夜合花》云："夜合枝头别有春，坐含风露人清晨。任他明月能相照，敛尽芳心不向人。"元代袁桷《题玉堂合欢花初开》一诗称："一树高花冠玉堂，知时舒卷欲云翔。马嘶不动游缨弁，雉尾初开翠扇张。 旧渴未须餐玉屑，嘉名端合纪青裳。 云窗零冷文书静，留取余清散远香！"明代于若瀛《夜合花》曰："一茎两三花，低垂泫朝露。开帘弄幽色，时有香风度。"清代乔茂才《夜合花》云："朝看无情暮有情，送行不合合留行。长亭诗各河桥酒，一树红绒落马缨。"唐代大诗人白居易很爱花，称赞合欢花"白露滴不死，凉风吹更鲜"。另一首为被风吹折未能开花而惋惜、伤情而作诗致意："碧蘙红缕今何在，风雨飘将去不回。惆怅去年墙下地，今春惟有荠花开。"白居易把一棵被风雨摧残的合欢写得如此动情，真如一首悼亡诗，读之感受弥深。花的可爱，花的神奇，就在此处。韩琦《中书东厅夜合》"合欢枝老拂檐牙，红白开成蘸晕花。最是清香合蠲忿，累旬风送入窗纱。"

近代林玉华作词的《合欢花，我心中的花》的歌曲，第一段歌词为：

"合欢花啊，我心中的花，

你红得像团团火焰，美得像烂漫朝霞。

你开遍阿里山的云峰翠岭啊，

你映红日月潭的银帆浪花哎。

阿哎，合欢花啊合欢花啊，

枝繁叶茂不怕风雨打，

快搭起五彩绚丽的长虹，

让那无尽的思念飞向天涯。"

这首歌赞颂了台湾的合欢花，也表达了台湾同胞盼望全国统一、合欢团聚的深情。

满树绒花丽锦

一树荚果缨叶修长

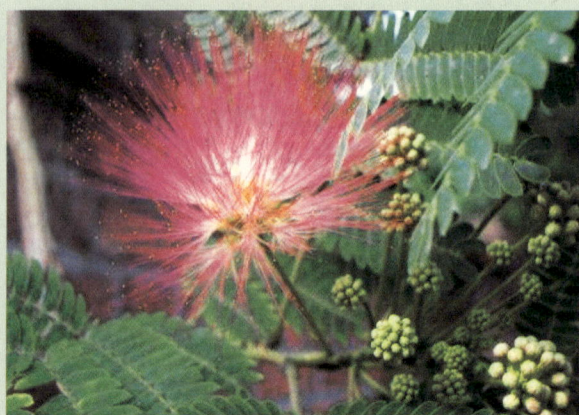

少女情怀

26. 红把燃烧照日红——刺桐

1.来源

刺桐*Erythrina uariegata* L.var *orientalis* (L.) Merr.，别名海桐、火焰花、象牙花、鹦哥花、青桐木、山芙蓉、梯枯、空桐树、鸡公树和刺青桐木。为蝶形花科、刺桐属落叶乔木。刺桐是福建省泉州市的市树。

刺桐原产于亚洲热带及亚热带地区，在世界各地同纬度地区都有分布，在中国南方地区广为栽培。主要分布于福建、广东、广西、台湾、云南、湖南和浙江等地，是庭园风景树和行道树。北方温室盆栽观赏。

2.形态特征

刺桐树高5~15米。干皮灰色，具圆锥状皮刺。分枝粗壮，有粗刺。小叶3枚，顶端一枚较大，宽卵状三角形，长10~20厘米。总状花序腋生，花多而密，花萼二唇形，佛焰状暗红色；花冠鲜红色；旗瓣长约4厘米，狭长圆形，顶端尖，翼瓣与龙骨瓣均甚小。春末夏初时先叶开放。荚果梭形，念珠状。种子暗红色，肾形，在秋季成熟。

常见的刺桐栽培观赏树种有：

1）金脉刺桐 *E.variegata*，叶片沿叶脉为金黄色。为著名观叶植物。

2）龙牙花 *E.corallodendron*，小叶菱状卵形，花序为稀疏的总状，花冠深红色。原产于美洲热带。为台湾常见观赏植物。

3）鸡冠刺桐 *E.crista-galli*，小叶椭圆形或长卵形，叶柄及中脉有稀疏的短刺总状花序。花腋生，花萼及花冠均为红色，长4～5厘米。旗瓣反折。原产于巴西。

4）鹦哥花 *E.arbore-scens*，顶生小叶肾状扁圆形。花密集总状花梗顶部，红色。

3.生长习性

刺桐喜光，喜高温湿润气候，适应性强。耐干旱，颇耐寒，耐海潮。抗风，抗大气污染。栽培不择土壤，植于全日照或半日照、排水良好的沙质壤土上，均能生长迅速。性强健，萌发力强，生长快。枝性扩张，可行适度短截。北方盆栽，冬季室温应保持4摄氏度以上。

4.培育要点

（1）繁殖方法

刺桐以扦插繁殖为主，也可播种繁殖。扦插，可于第一次开花后取充实的当年生枝3～4节，插入壤土或蛭石中，遮荫并保持基质湿润，约3周即可生根。也可于春季结合修剪，取1年生硬枝扦插。播种可于11月份采种，翌年4～5月份播种，待株高1米左右后定植。

（2）盆栽方法

刺桐在北方进行盆栽，冬季室温应保持在5摄氏度以上。隔年翻盆一次，盆土以园土2份、堆肥和砻糠灰各1份混合而成。出房要重修剪。直径1厘米以下的1年生枝，仅留1～2个芽，直径1厘米以上的留2～3个芽。重剪后，可刺激隐芽和腋芽抽出强壮新梢，孕育花蕾，达到满树繁花的目的。根部的蘖枝及弱枝，要及时去除。出房后，浇透水，置光照充足处。新梢抽出后，加大浇水量，以间干间湿为原则。每隔10～15天施肥一次。花后对新梢要重剪，仅留基部30厘米长枝条，并增施几次磷、钾肥。这样，刺桐在立秋前还可再次开花。10月份后要停止施肥，并把它移入室内置阳光充足处，保持盆土稍湿，注意预防病虫害的发生。

5.欣赏与应用价值

刺桐树姿扶疏，雍容大方，枝叶茂密，碧绿荫浓。微风吹拂，阵阵清爽，沁人心脾。相聚在刺桐树下，一边尽情品茶，畅饮美酒，一边聆听孩儿边唱儿歌边蹦跳，此情此景，让人精神为之振奋，是生活中难得的一番情趣。

它与具有南国风采的木棉、洋紫荆一样，花先叶开放。在花期，秃净的枝条上所开的花，是一簇一簇的红色华美的花朵，好像树上停满了红色的鹦鹉。乾隆帝有首诗，诗中有两句写道："树头树底花楚楚，露中几只红鹦鹉。"刺桐花大如手掌，花序颀长，近视恰如把把火炬，远望酷似一串串熟透的红辣椒，斑斓成一片红霞，把大地装点得烂漫辉煌，极富热带色彩。那鲜红的颜色在夏日骄阳的热烈映射下，让人精神为之一振。那鲜红的花瓣如血涌动可与熊熊烈火媲美，花色浓艳得自然胜过朱槿，又像鸟儿燃烧的翅膀。刺桐花开总让人想起《诗经》里的硕人巧倩兮，美目盼兮的美好姿态。"南国清和烟雨辰，刺桐夹道花开新。"早在唐代刺桐就被作为南国的行道树装点旧时那些古朴的大街了。

刺桐树，盛夏叶茂荫浓，总状花序，朵形似象牙，开花呈蝶状，美丽可爱，宜作庭园风景树和行道树，在园林中列植或群植均具独特的景观效果；它能抗风防潮，为南方沿海地区绿化树种之一。刺桐不仅对多种有毒气体抗性强，而且能吸收毒气，是工厂、矿山和污染区绿化的重要树种，又是城市隔离噪声和防护林的优良林木。植株上可放养紫胶虫，它周身是宝。其木色白质地轻软，可作各种用品、细工用材及造纸；嫩叶可食；花、皮、根可入药，花研末外敷可治金疮和止血；叶、树皮和树根有解热和利尿的功效。《广州植物志》云："刺桐，印度人有用（树皮）以退热及治胆病。"

6.树趣文化

刺桐花是中国24座历史文化名城之一的福建省泉州市的市树。刺桐与泉州结下了千年不解之缘。早在中世纪，泉州就以刺桐城驰名欧洲、非洲和中东诸国。因古时泉州种植刺桐蔚然成风，五代时晋江王拓建泉州，环城遍植刺桐，遂称"刺桐城"或"桐城"。泉州市依山面海，四季如春，风光如画，又名"温陵"。城形似鲤，故又名"鲤城"的别号。该城古人盛赞为"山川之美为东南之最"。传说赤帝（神仙）曾经到泉州这个海湾来旅游，他的3000名仪仗队队员，全都是红色打扮，把整个泉州城都染红了。而与仪仗队相互辉映的刺桐，则是天上的神树种到了泉州这个地方，更使整座城映成了一片灿若云霞的红色海洋。

宋朝人咏泉州的诗曰："海曲春深满郡霞，越人多种刺桐花。"泉州在历史上是中国海上"丝绸之路"的一个起点。宋元时就荣为"东方第一大港"。马可·波罗在他的《东方见闻录》中，以他亲眼见到的情况，说明当时泉州港比埃及的亚历山大港更为繁荣，把泉州写成"宰桐"。宰桐就是指刺桐，在阿拉伯语中的含义是"橄榄树"。泉州也称为

"刺桐港"。泉州是中国著名的侨乡，也是台湾省同胞的主要祖籍地。据说有330多万祖籍泉州和港澳的华人，分布在世界上90多个国家和地区。明末，郑成功收复台湾，将刺桐带到岛上名为"刺桐城"的半月城，广为栽植。如今，刺桐花依然在台湾岛上盛开，演绎着一衣带水的亲情。

明嘉靖初，祖籍厦门同安的林希元升任大理寺丞，返乡到大嶝田乾探望母舅郑撞迟，发现嶝岛风沙为患，村民贫苦，遂发动村民于海滨及林中以刺桐树大造防风林，以御之。至今屹立在街中心的4株古刺桐树龄已达480余年，仍苍劲挺拔，枝繁叶茂，花团锦簇，成为旅游厦门英雄三岛大嶝一大景观。

刺桐是阿根廷国花，被认为是吉祥如意的象征。该国多水灾。相传，只要有刺桐花的地方，就不会被洪水淹没。所以，阿根廷人特别喜欢它。每逢元旦，人们将很多刺桐鲜花瓣撒向水池里，全家跳入水中，用花瓣搓揉自己的身体，以表示去掉污垢，得到吉祥。

中国也有根据刺桐开花早晚来预测年景好坏的风俗。北宋进士丁谓在993年，到福建考察，路过泉州时，写了这样一首诗："闻道乡人说刺桐，花如后发始年丰。我今到此忧民切，只爱青青不爱红。"泉州当地的花谚道：刺桐先长叶子后开花，来年一定五谷丰登。丁谓是个好父母官，他希望老百姓有一个好年成，自己宁可只看青叶不赏花。苏东坡有诗写道："记得城南上己日，木棉花落刺桐开。"说的是刺桐的开花季节。

沙漏时钟记载着光阴的流逝，刺桐曾被一些地方的人们看作时间的标志。有史料记载在300多年前，台湾的平埔族山里的同胞们没有日历，甚至没有年岁，不能分辨四时，而是以山上的刺桐花开为一年，过着逍遥自在的生活。日出日落，花开花谢又一年。这样自然美丽的时钟带着淳朴的乡趣，也是人们心中的图腾所向。

泉州人爱刺桐花；把它作为"瑞木"，寓言吉祥如意。历代文人骚客留下不少吟诵刺桐花的佳句。跟刺桐花结下了不解之缘，最有名的是宋代诗人王十朋。他在泉州做太守时，曾写过刺桐花的诗。有两句诗写得很形象："初见枝头万绿浓，忽惊火伞欲烧空。"可见刺桐花开花时的壮丽景象。唐代诗人王毂的《刺桐花》诗赞道："南国清和烟雨辰，刺桐夹道花开新。林梢簌簌红霞烂，暑天别觉生精神。秾英斗火欺朱槿，栖鹤惊飞翅忧烬。直疑青帝去匆匆，收拾春风浑不尽。"诗人将刺桐的优美展现如画，并寄托了深厚的情感。郭沫若的著名《刺桐花赋》云："刺桐花谢刺桐城，法界桑莲皆大赢。石塔双擎天浩浩，香野独剩铁铮铮。"诗中歌颂古城辉煌历史，道出作者对花城的挚爱。

刺桐是古城泉州历史的见证，也是古城泉州的特殊标志和象征。被诗人赞为"丹凤新街出世来"的刺桐，于1986年10月当选为泉州市树，刺桐伴随着泉州的腾飞，越来越展示出"忽惊火伞欲烧空"的旺盛生命力。

刺桐树（陈碧云 摄）

刺桐花（梁育勤 摄）

厦门大嶝英雄三岛屹立街中心4株古刺桐，树龄480余年，系厦门同安大理寺丞林希元发动大造防风林遗树

鸡冠刺桐

刺桐花

福建厦门市大嶝英雄三岛刺桐行道树

鸡冠刺桐花蕊

刺桐花穗

27. 红灯高挂英雄树——木棉

1.来源

木棉*Gossampinus malabaricum.*，别名琼枝、攀枝花、英雄花、烽火树、斑芝树、红棉、古贝和海桐皮。为木棉科、木棉属落叶大乔木。木棉是广东省广州市市树。

木棉是典型的热带、南亚热带指示性植物。原产于中国南部，以及亚洲其他热带地区至澳大利亚的广大区域。它喜生丘陵或低山次生林中。木棉在中国已有悠久的栽培历史。它分布于广东、广西、福建、台湾、云南、四川和贵州等省、自治区，尤以广西左江、右江一带及海南省最多，是热带特有的木本花木。在印度、马来半岛、泰国也有分布，木棉为优良的园林风景树和行道树。

2.形态特征

木棉树高可达25米，胸径可达1米以上；干直，枝轮生，平展；幼年树干和树枝有短而粗的扁圆锥形皮刺；掌状复叶互生，长椭圆形小叶5~7片，长7~17厘米，全缘。叶柄与叶片等长或稍长；两性花簇生于枝端，花直径可达12厘米；花萼5裂，花瓣5枚，厚肉质，向外面为乳白色，向内面呈鲜红、金黄色；花瓣基部包着绿色的革质花萼，一朵花内有数十枚雄蕊和一枚雌蕊。花期3~4月，单花花期长，之后整朵脱落；蒴果木质，椭圆形，长10~15厘米，果瓣内有绵毛。果实6月成熟，成熟时开裂为5个果瓣，放出雪白的棉絮和暗褐色种子。种子多数，光滑，随棉絮四处飘散。

3.生长习性

木棉喜光，喜高温湿润气候，适应性强，根深、根系发达，耐干旱，耐瘠薄，抗风，抗大气污染；不耐阴与水湿，在日照充足和排水良好的地方生长迅速。木棉对土壤选择不严，但以在土层深厚、疏松、肥沃湿润酸性及中性土壤上，稀疏种植生长为佳。萌芽力强，生长迅速，树皮厚，耐火，寿命较长。植地海拔高度400米以上时，生长不良。好生于平坦或缓坡地。

4.培育要点

（1）繁殖方法

木棉多以播种或扦插法进行繁殖。

1）扦插繁殖　选一年生粗壮枝条，截成15厘米长的小段，2～3月扦插入沙床内，生根后再移入苗床培育。通过常规抚育管理，当年生苗高可达1米以上。也可直接插入苗床内育苗。

2）播种繁殖　于5月下旬至6月中旬，果实成熟由绿色变暗褐色未开裂时及时采收果实。然后把果实摊晒开裂，取出种子阴干，随即播种。其方法与一般大粒种子的播种方法相同。种子发芽适温为22℃。半个月后，种子发芽。待苗高6～10厘米，间苗、定苗，每月中耕除草一次，速生期追施2～3次速效氮肥，培育一年后，苗高1米以上，便可移植。

（2）栽培管理

要选择日照充足、排水良好的地块单植或列植。植穴中施腐熟有机肥。栽植后，要浇透水。成活后，可粗放管理。只要修剪枯枝即可。5～6年的，即可成树而后开花。

管理粗放，害虫主要有木棉织蛾，需注意防治。

5.欣赏与应用价值

木棉是南方第一名树，四季壮观的园林花木，被誉为"南土群芳之主"，自古以来就享有很高的声誉。在众花木之中，为难得的"男性之花木"。它四季变化丰富，季节特征分明。阳春2～3月份，它繁花满树，硕大而红艳的花朵缀满枝头，如火如荼，气势磅礴，奇伟壮观。就像一个个穿着火红战袍的威武战士，顶天立地，英姿勃发。那朵朵大花，气势熊熊，火色灿灿，充满了生命力，让人觉得犹如一把把灿烂的火炬，所向披靡，无往不胜，一派春潮澎湃、激情汹涌的景象。睹之真叫人喜不自禁，无比振奋。

盛夏，它挺拔耸立，高大的树干中正笔直，上面密布着千枝万条，像松树那样，遒劲伸向天边，奔放昂扬，给人开阔舒展的感觉。它又不像众花那样献媚争妍，而是如古人所称颂的"烈烈轰轰，堂堂正正"，自有英雄气概。艳花之后展露出那半透明的嫩绿新叶，十分清新怡人。丰厚的红花绿叶，挺拔雄伟的树姿，所带给人们的宏大伟岸感觉，那不是一般花卉所能媲美的。当酷热的夏日降临，暑气袭人之际，人们在绿荫浓密的木棉花树下品茶休憩，油然而生的阴凉清爽雅净之感，是难得的独特享受。更令人诧异的是那可爱的果实，竟能自然开裂，使带有棉絮的黑色种子，随风四处飞扬，让人以为是夏天偶降小雪，蔚然奇观。

金秋，木棉树浓郁的叶片逐渐转黄，与花朵一道，慢慢落回生它养它的大地，大大方方，干脆利落，从不拖泥带水，大有雄冠天下的英雄气概。寒冬腊月，光秃的干身和枝桠仍傲然挺立，伸展在蓝蓝的天宇中，展现出顽强的生命力，让人倍觉它的峻伟与气势。这是其他落叶植物少有的威严，可歌可敬。当人们吃传统的冬至岁岁汤圆时，它绿莹莹的娇嫩花芽正默默地孕育着，期待着春光雨露的沐浴，以期展露其柔美多情的新芳容。木棉树一年四季干高树郁，顶天立地，英姿勃勃，不愧是美名远扬的英雄树。

木棉花具有热带植物特有的活力与朝气。它的花冠由五片厚实、鲜嫩与宽大的花瓣组成，肉质红火，均匀分布在花托的四周，从上往下俯视，很像一颗五角星。其树干通直挺拔，枝干苍劲，傲然挺立于大地、天地之间，直冲霄汉，无比威严，充满阳刚之美。把它种在广场，列植于行道旁或庭园，令人感觉它好像铁塔金刚，威风凛凛地守卫着属于自己的神圣领地，生活在它的旁边，无比地安全，无比地心静。

木棉对烟尘、有毒气体抵抗强，有隔噪、滞尘、净化空气作用，且光合作用强，是一种防污染、绿化植物，为街道、庭园、公园、路旁及工矿区理想的栽培树种，又是具有多种用途的经济树种。木材纹理通直，木质轻软，不翘裂，易加工，为轻工业用材，多作包装箱、浮子、火柴、胶合板、救生设备以及隔热层板等。棉絮不扭曲，无胶合性，松软而不易压实，耐水力强，浮水力较大，可做床、椅、枕头等垫褥物和救生圈、救生衣及其他浮水物的填充材料；还可用作填充电冰箱内壁；木棉籽含油率20%～35%，可食用，可制润滑油、油漆和肥皂等。木棉花入药，其性味甘、凉，有解毒、清热、止血、止痢之功效；广东的传统饮料"五花茶"，与金银花、菊花、葵花和鸡蛋花合成。在湿热天气饮用，清热利湿，解暑除疾。

6.树趣文化

南国的人们把木棉视为热情、奔放、报春的象征。广州人特别喜欢木棉花，称木棉树为英雄树，称木棉花为英雄花。至今还流传着一个悲壮的传说。1840年鸦片战争爆发。广州水师提督关天培奉命镇守虎门关，和英国侵略军展开血战。1841年2月25日关将军又率领守军顽强奋战，虎门关终因寡不敌众而失守。在侵略者狂轰滥炸中，中方守军全部壮烈牺牲。据说，关将军当时依托着一棵高大的木棉树，使用火炮和敌人战斗。那尊铁炮被战火毁了，但那株高大的木棉树在硝烟中却巍然屹立。

南史谓林邑国出吉贝花，即木棉花。相传宋代文学大师苏东坡被贬谪海南儋州（即今儋县），黎族人们曾赠给他吉贝布衣，抵御风寒，这使他万分感激，赋诗回赠道："遗我吉贝衣，海风今夕寒。"

在海南，关于木棉还有个动人的传说。从前五指山有个英雄，叫吉贝。他多次率领黎族人民抗御外敌，后因叛徒出卖，被敌人围困在大山上。他身中数箭，屹立山巅，身躯化为一株木棉，箭翎变为树枝。后人为纪念他，遂称木棉为英雄树。正如清代陈恭尹在诗《木棉花歌》中云："覆之如铃仰如爵，赤瓣熊熊星有角。浓须大面好英雄，壮气高冠何落落。"木棉由于春天花先开放，花开时如无数朱丹花朵汇成连天的彩霞，映红了天空。故又云："十丈珊瑚是木棉，花开红比朝霞鲜。天南树树皆烽火，不及攀枝花可怜。"宋代诗人杨万里在《三月十一雨寒》诗中写道："姚黄魏紫向谁赊，郁李樱桃也没些，却是南中春色别，满城都是木棉花。"清代陈恭尹《木棉花歌》曰："粤江二月三月来，千树万树朱花开；有如尧射十日出沧海，又似魏官万炬环台高；覆之如铃仰如爵，赤瓣熊熊星有角；浓须大面好英雄，壮气高冠何落落。"诗人屈大约《翁山》咏木棉"十丈珊瑚是木棉，花开红比朝霞鲜。"宋·刘克在《潮惠道中》诗句"几树半天红似染，居人云是木棉花。"清·惠老埼《韩江》诗句："木棉开遍芭蕉展，肠断春风风水头"生动描绘了南国木棉闹春的绚丽景色，及春色奇特神采。广东·张维屏《东风第一枝·木棉》词曰："烈烈轰轰，堂堂正正，花中有此豪杰"，"尽众芳，献媚争妍，总是东皇臣妾"，"丹心要优蛟龙，正色不谐蜂蝶"，"似尉佗，英雄难销，喷出此花如血"等，把木棉的宏伟气魄、端严不羁的气质，描写得淋漓尽致。

木棉花火一样红，因此人们常用它来象征革命和进步，它也就与革命者的英名和英雄事迹连在了一起。1986年是广州起义60周年的前一年。就在这一年里，当年广州起义的领导者之一，也是新中国成立后任广州市第一任市长的叶剑英元帅，永远离开了他深深热爱的祖国。按照老人的遗愿，他的遗体被安葬在他曾经战斗过的地方，广州起义烈士陵园墓地旁边，人们依旧为他这位英雄种上了一棵木棉。在人们的心目中，"矢志共产宏图业，为花欣做落泥红"的叶元帅，将与木棉长存，成为永世的英雄。"热血点燃英雄花，年年岁岁木棉红"。

人们至今不能忘记"刑场上的婚礼"这壮丽的一幕。陈铁军（24岁女共产党员）与革命伴侣周文雍在广州建立共产党的地下联络处，他俩从相识到爱慕，因工作特殊，没机会举行婚礼。他俩被捕后，在敌人的酷刑下，坚贞不屈。就在被敌人杀害的最后时刻，他们共同宣布了震撼人心的刑场婚礼，新郎周文雍将一朵火红的木棉花，作为表达爱情的礼物，别在自己的新娘子陈铁军的头上。倒在血泊里的新娘子，直到生命的最后一息，手里还牢牢地握着一朵鲜血一样殷红的木棉花。广东省歌舞剧院将这一悲壮的生命之歌，创作成《风雨红棉》的戏剧。演出50多场，场场叫座。2004年在第七届中国艺术节演出时，摘取了中国舞台艺术最高奖——第十一届"文化大奖"的桂冠。

木棉"深根扎大地，雄拔仰高风"，"正直不斜倚，光明倍所宗"，"但求天下暖，尽瘁济时功"，"举头迎旭日，不作恶邪躬"的高风亮节，令人肃然起敬。这种精神鼓舞着人们，不怕万难，不怕牺牲，艰苦奋斗，勇往直前，不断地创造人间奇迹。

花红缀高天

木棉花红缀高天

佳饮"五花茶"

琼果如飞如舞

厦门市南普陀木棉树花枝

满树红霞

28. 花气袭人知骤暖——枣树

1.来源

枣树*Zizyphus jujuba* Mill，别名枣、大枣、红枣、小枣、干枣、美枣、良枣，古人称木蜜。中国是世界枣原产地和主产国，培育史和中华民族一样历史悠久。距现今8000多年前的湖南新郑石器时代的遗址发掘出了枣的遗物。湖南省的西汉马王堆古墓中也发现有红枣。古籍《山海经》、《尔雅》、《诗经》中有"八月剥枣，十月获稻"的诗句。《战国策》、《神农经》、《齐民要术》等都有关枣的记载。《战国策》记载"北有枣栗之利，民虽不田作，枣栗之实足食矣，此所谓无府也。"自古以来将枣列为"桃、李、杏、枣、梨"的五果之一。时至今日仍然是中国第一大干果和第七大果树。北纬19°～43°，东经24°～76°的各省区均有分布，以黄河中下游、华北平原栽培最普遍，品种最多，多生于向阳或干燥山坡、山谷、丘陵、平原或田野、庭园。3000多年前已从酸枣中选育出不少品种，现今已记录品种有800多个，包括制干、鲜食、蜜枣、兼用及观赏品种。枣区大致以年平均气温15摄氏度等温线为界，划分为北方枣和南方枣两大品种群。其主产区在北方，其中以河北、山东、河南、山西、陕西五省产量最多。著名品种有金丝小枣、大枣、庆枣、无核枣、晋枣、义乌大枣等。枣树最早传入朝鲜、日本等亚洲邻国，后沿"丝绸之路"传到欧美等地，现已遍及五大洲30多个国家和地区。是山东省德州市的市树。

2.形态特征

枣树为鼠李科、枣属落叶乔木，高可达10米，树冠卵形。树皮灰褐色，条裂。枝丛生，有长枝、短枝与脱落性小枝之分。长枝红褐色，呈"之"形弯曲，光滑，有托叶刺或不明显；短枝在二年生以上的长枝上互生；脱落性小枝较纤细，无芽，簇生于短枝上，秋后与叶俱落。单叶互生，卵形至卵状长椭圆形，长2～6厘米，先端钝尖，边缘有细锯齿，基生三出脉，叶面光泽，两面无毛。花两性，5～6月开黄绿色小花，2～3朵簇生于叶腋，成聚伞花序。核果卵形至长圆形，长1.5～5厘米，熟时暗红色，味甜。果核坚硬，两端尖，8～9月果熟。

常见以下变种及栽培变种

1）无刺枣 var. *inermis* (Bunge) Rend，枝无托叶刺，果较大，味甜，各地栽培大多为此变种。

2）葫芦枣 var. *lageniformis*，果实中上部有个缢痕，中部收缩成葫芦形，食用；可兼作园林绿化树种。

3）龙爪枣 cv. Tortuosa，亦称蟠龙枣。枝条弯曲扭转向上生长，小枝卷曲如蛇游状，如龙爪柳；果实较小而质差。可盆栽制盆景。宜植庭园，嫁接繁殖。

4）酸枣 var. *spinosa* (Bumge) Huet H. F. Chow，灌木，高1～3米，可长成乔木状；小枝具托叶刺。叶较小。核果小，近球形，味酸；核两端钝。

3.生长习性

枣树为温带阳性树种，适应性强，喜干冷气候，多花多果，落叶早，生长期短。对温度忍耐能力很强，冬季-35摄氏度低温条件下能安全越冬；夏季在40摄氏度高温也不发生伤害。生长期亦需要较高温度，春季气温13～15摄氏度时开始萌动；17摄氏度时展叶和抽梢，19～20摄氏度时现蕾；20～25摄氏度空气湿度较高时开花；果实成熟的适宜温度为18～22摄氏度，要求天气晴朗，雨量过多会引起落果、裂果和烂果；15摄氏度时开始落叶，初霜来临之际落尽。枣树亦以耐旱、耐涝、耐瘠薄、抗盐碱而著称，果树界有"涝梨旱枣"之说。对土壤要求不严，且酸碱度适应范围较大，pH值5.5～8.5都能正常生长结果；对地形垂直分布的适应范围也较广，可达海拔2000米丘陵、山地、沟谷、沙荒、瘠薄的黄土高原皆能栽培，以肥沃疏松微碱性或中性沙质土最好。枣树根系发达，根萌蘖力强，耐烟熏，不耐水雾。结果早，寿命长，可达两三百年。对二氧化硫、氯气、氯化氢、氟化氢等有害气体及烟尘抗性较强。

4.培育要点

(1) 繁殖方法

繁殖可用分株、嫁接、扦插、播种、组织培养等方法。以分株和嫁接为主，有些品种也可播种。分株法：选20～35年生优良品种的健壮母株，于休眠期在树冠外围距树干2.5米处，挖深50～60厘米，宽30～40厘米的沟，切断直径2厘米以下的水平根，填入湿润肥土，促生根蘖，当年培育苗高1米左右，即可带段20厘米长的母根移栽。植前用ABT生根粉3号500毫克/公斤浸根，或ABT生根粉3号1000毫克/公斤喷湿根系，可提高成活率，促进苗木苗壮。分株时严禁在枣疯病严重的枣园里挖取根蘖。嫁接法：砧木选用酸枣或大枣实生苗或铜钱树。接穗选自优良品种。分芽接和枝接（劈接、切接、皮下接）。嫁接成活关键，群众经验要：削平、对准、绑紧、保湿。芽接选当年生的长枝（枣头）取芽，盛花后进行。成活后及时抹除砧芽；枝接于萌芽前取一年生充实的枣头一次枝或二次枝，髓部呈绿色的，沙藏低温处，抑制萌芽，早春接时随用随取。播种法：果实要充分成熟，采后随即去肉，混沙搓擦种核，去净残肉，秋播，或沙藏至翌年春播。移栽：北方宜春季芽萌动前，南方在秋季至翌年春季休眠期。

(2) 丰产栽培技术

枣树具有结果早，适栽区很广，适应性强，易繁殖，寿命长等特点，素有"铁杆庄稼"之称，因此它分布及栽培范围极为广泛。为获取丰产，应抓好如下环节：

1) 因地制宜选育、推广名特优新枣树品种　选择适合本地区栽培及市场易销售的龙头品种。同时要配置授粉树。

2) 精细整地　定植前深耕，清除杂草，平整土地。平地栽培挖长、宽、深均为0.8～1米植穴。山地要环山等高挖鱼鳞大坑，或修筑水平梯田，其上挖长宽深各0.8米大穴，以防止水土流失。

3) 合理密植　平地定植株行距3米×6米或3米×8米大行距，行间间作矮生农作物，如花生、豆类、红薯等；坡地3米×4米或4米×4米。

4) 大苗适度深栽　栽植苗以2～3年生健壮、根系发育良好的一二级苗为好。起苗后应黏泥浆蘸根部或用湿土假植，每穴施腐熟农家肥与土混匀10公斤。栽植时根系应舒展，宜分层踏实、培土到比原根颈处略高3～5厘米，切忌过浅或过深。栽后浇透水，待水渗干，覆层表土，并做圆形围埂。

5) 科学施肥　枣园应以有机肥为主，多元素平衡施肥技术。操作上，秋施基肥（9月中旬前）效果优于春季。其具早发芽、叶转绿早、花芽饱满、坐果率高等特点。以有机肥为主，拌定量磷、钾肥。追肥一年三次。枣树发芽前（5月上旬）以速效氮肥为主；开花幼果期（6月中下旬）除速效氮肥外，适加磷、钾肥；果实采收后（8月中旬），以磷、钾肥为主，配合氮肥。根外追肥，结合防治病虫害喷洒2～3次尿素溶液，并于初花期、生理落果期、果实膨大期各喷一次浓度0.3%～0.5%尿素或磷酸二氢钾。

6）适时浇水　枣树发育期间需要相应充足水分，应把握催芽水与头次追肥进行；其为花期水，可防止干旱引起的焦花现象，减少落花落果，于晴朗无风的下午或傍晚，用喷雾器向枣花上均匀喷清水，隔3～5天喷1次，同时地面浇水，增加枣园空气湿度；再次，幼果水，在果实生长期和成熟期，结合追肥进行，最后一次封冻水，在果实采摘后，同时深翻园地。

7）提高坐果率　枣树多花多果，但落花落果严重。营养不足，花期高温干旱或低温阴雨是主要原因。其主要措施：①花前摘心：开花前10天，对枣头摘心（只留一个永久性二次枝）；②环剥：初花期在主干基部剥一环状，深及木质部，剥口宽度为干径粗1/10～1/7，2～4年生长旺的幼树，花期环剥宽度0.2～0.4厘米；③巧喷激素：花前喷20ppm的多效唑或25ppm～30ppm的矮壮素。花期喷30ppm的增产灵或10～15ppm的赤霉素。果实生长期喷3～5次植宝素、叶面宝等；④放蜂：花期放蜂，花期忌喷农药。蜂群少的枣园，可喷1～2次糖水。

8）精修细剪　栽后苗粗3厘米时，于1米左右定干，先端留2～3个侧枝，作为第一层主枝，向上每隔30厘米再留一层侧主枝，使上下主枝交错分布。不用侧枝短截成辅养枝。树高2～3米截顶。成龄后，每年3～4月，剪去内膛枝、病虫枝和过密徒长枝。衰老的枣树多留新梢，少剪大枝，轻疏过密的小枝和二次枝，刺激萌发新梢，补充树冠。5月下旬至6月上旬，对树冠内部主枝基部和少数外围的发育枝进行摘心短截，以节省养分，增加坐果率，促进果实发育。5年以上枣园或枣林，修剪为主干疏层形和自然圆头形；密植园拟采用柱形、小冠疏层形、低矮单轴形等方式整形。

9）病虫防治　①枣锈病：危害叶片，导致褐色角斑而脱落。多雨地区发病重。雨季注意排涝，雨季前隔15天喷一次1：3：200的石灰过量式波尔多液，连续2～3次。②枣疯病：致使枣花返祖、芽萌发生长不正常，叶丛生或成疯枝状。叶蝉是主要传播媒介。加强检疫及土肥水管理；主干下环剥，发现疯枝，立即拔除病株锯干，再选无病的接穗嫁接。③枣步曲、枣黏虫、桃小食心虫等，危害叶片果实。冬春季节刮老翘皮，消灭越冬虫蛹；萌芽至展叶期喷洒菊酯类杀虫剂；6月上旬，幼虫出土前，树下土壤用25%的对硫磷胶囊或50%的三嗪磷200倍液处理；幼虫发生期喷1500倍液50%敌敌畏乳剂。

5.欣赏与应用价值

枣树是中国传统著名"五果之一"，被誉为"维生素之王"。陆游一诗"花气袭人知骤暖"生动描绘了枣树时令变化的演绎。在岁末年初，春回大地，枣树还在沉睡，桃花已开了又谢，柳絮也飞起又落，缤纷的杏花落英满地，嶙峋的枣枝才钻出了细小的嫩芽。每逢五月端午，才悄悄绽起形如小米粒淡黄色的花蕊，掩映在一树新绿之中，仿佛才睡醒似的，蓦然精神焕发，光彩照人。它虽没有桃花、梅花的浓艳，也没有遍地满山红的明丽，亦有着沉稳、厚重、朴素，显示着天生丽质。一阵暖风吹过，星星点点的花刷刷。"花开万点黄"，满树堆金敷玉，宛如千只小蜜蜂在蠕动，又像千万颗金星儿在闪烁发亮，真令人钟爱，为人遐想。李贺赞"出篱火枣垂红浅"佳句。那飘逸出诱人心脾的蜜香，甜甜淡淡香了十里，让人赏心悦目。漫步于枣林中，可尽情享受清新天然氧。初夏时节，层林叠嶂，碧海绿波，棵棵枝繁叶茂，宛如一把把绿色的伞撑起，洒下满地浓郁，转瞬间，浅黄色的枣花变成了青嫩嫩的小枣儿，状如豆粒，密密麻麻挤着缀满于叶茎间。当麦穗丰收之际，青枣渐渐泛红，枣身红一块，青一块，青红相间，惹人醒目。深秋之际，枣园处处缀满小枣，远远望去，如燃烧的红霞一样，美不胜收。令人称奇的是，产枣时，能同时结出形状各异、千姿百态的枣子来，有扁扁枣、椤椤枣、奶头枣、秤砣枣、圆铃枣、油瓶枣、葫芦枣、车头铃枣等等；有的形态优异奇特，外观似柑橘的大雪枣，或酷似壶嘴、壶把的茶壶枣，或外形像红辣椒的辣椒枣，或果呈磨盘形的磨盘枣，或既似倒挂的葫芦，又似小猴缩脖而坐的葫芦枣，或幼果为紫红色渐退变为白绿色，略有红晕，成熟时变为赭红色的三变色枣，或实扁圆如柿饼的大柿饼枣，或枝形奇特，有的前伸，有的左弯右拐，犹如群龙飞舞的龙须枣等等，让人目不暇接。中秋节前后，棵棵枣树挂满絮絮串串的红枣，像醉人的脸，在阵阵秋风中摇曳出红红的光彩，把秋天的含义诠释得淋漓尽致。进入晚秋，金黄色的枣叶似天女散花，纷飞而下，如彩色的霞光，恰似"微风吹万舞，好雨尽千妆"，蔚为壮观。

千百年来，华夏儿女种枣、用枣、爱枣蔚然成风，留下了颇多的古老枣树。如山东庆云县千年枣，人称枣树寿星，相传为隋末唐初所植。其果惠及人间，历千余载而不衰，实乃世之奇珍。至今仍根固叶茂，高达6米，胸围400厘米，从北观，树干似镂龙雕凤，苍劲俊逸，由南视之则腹腔空，可容纳人，侧枝虽多枯槁，主枝仍甚繁茂，显示了千年枣树的勃勃生机和顽强生命力。初夏枣花盛开，散发出阵阵幽香，蜂飞蝶舞，仲秋碧叶红果，煞是人爱，四方游客慕名而至，络绎不绝，成了旅游一大景观。北京市稀见古枣树多，闹市西单民族大世界商场后西院，有株高达12米，为明朝中叶所植，树龄已近500年，虽历经风云变幻，主干所分两大支杈，皮不裂，心不空，仍枝叶繁茂，充满生机，每年硕果累累，号称"北京枣树之王"。北京市园林局注册一级重点保护古树。

枣树枝梗劲拔，翠叶垂荫，斐斐素华，离离朱实。宜在庭园、路旁、廊边孤植或群植，游步道旁片植或以观果树丛配植，构成果林，颇有特色；若在宅院堂前或山石隙间点缀一二，拔叶扶疏，自有佳趣。枣树对多种有毒气体抗性强，适用于工矿区绿化；亦是结合生产的好树种。是山、沙、碱、旱、贫地区农民脱贫和财政自立中占有特殊的重要地位。其老根古干可作树桩盆景。

果可鲜食，经加工成红枣、乌枣、蜜枣等食品；还可入果馔、为糕点的填料、酿酒、制醋。材质坚韧致密，有光泽，不翘不裂，用于制造硬木家具，车轮、各种转轴和雕刻用材。清乾隆年间刊印的《四库全书》、《英武殿聚珍版丛书》均是用枣木和梨木雕刻的活字印成的，这是枣木在印刷史上的重要贡献，使得很多古籍得以流传于世。枣树药用价值很高，枣果、枣仁、枣核、枣根、枣叶、枣树皮均可入药。李时珍《本草纲目》云："枣肉味甘、平、无毒、主治心腹邪气、安中；养脾气，平胃气，补中益气，坚志强力。久服轻身延年。"张仲景在《伤寒杂病论》中，用大枣的古方达58种之多。枣果含有多种维生素和人体必须的多种氨基酸，尤富含维生素C，有"维生素丸"的称誉，民间有"一日吃三枣，终生不显老"、"五谷加红枣，胜过灵芝草"的说法。枣果中的维生素P又称卢丁，能防止动脉硬化，有利于血管通畅，降低血压；所含环磷腺苷、儿茶酚对治疗肝炎、毒疮、补血健脑、抗癌、健脾强身，具有特殊疗效；枣根可治月经不调、带下等症；树皮无毒，收敛性强，止血，祛湿，能治腹泻、气管炎、肠炎等症，外用治外伤出血，枣的花粉是延年益寿的佳品。

6.树趣文化

古往今来，枣树是"幸福美满"、"早生贵子"、"虔诚""恭敬、尊敬、敬佩"的象征，亦赋予"予人者甚多，求人者殊少"的高贵品质。现代枣又蕴含着一种"军民鱼水情"之意境。千百年来，枣树一直长盛不衰，并深深融入了中华民族的药食文化和风俗习惯中。红红圆圆的枣总带给人喜气洋洋，遇上节日或好日子总要吃上几粒，图个吉祥。旧时，男女结婚，新娘进门，有投以红枣的习俗，意在为早生贵子，各地习俗其意一样，如云南等地至今姑娘出嫁前一天，新郎的表姐妹用枣子、松子、莲子、麦子、桂子等"五子"煨烫，为新娘沐浴以期婚后早生贵子。

有则寓言，通过两棵枣树比喻，反映了两种不同人生价值观，引人深思。一棵结满了累累果实，另一棵不结。枣子成熟时，来摘枣子吃的人，有的用竹竿打，有的扳着枝条摘。摘完了枣，枣树被弄得枝叶披离。而不结果者依然青葱秀茂，叶片油亮光滑。

"咎由自取！"不结果指责结果的说，"你以为结这么多果子会有什么好处，无非是自讨苦吃。你看像我该有多好，谁会损伤我的一个叶片呢！"

结果的枣树回答说："你在保养自己方面确很有办法，但你为这个世界贡献了什么？"

《南史》中有一段关于枣、栗的故事。梁武帝某日和旧友萧琛一起用餐，萧因多喝几杯酒，头昏脑胀伏于案上，武帝用红枣投打萧琛。萧因酒失控，用栗子投打武帝，正巧打在武帝脸上，武帝生了气，责备萧琛不该如此无礼。当时萧吓坏了，酒也醒了，忙跪下说："陛下投臣以赤心，臣不敢不投以栗。"巧妙把红枣比作赤心，取栗之皆间为战栗。武帝听了才转恕为喜。

历代保存下来的名木古树，与人文关系密切。北京东城区文丞相祠，有棵400年古枣，相传此树是文天祥手植。这棵枣树很奇特，枝干全部向南自然倾斜，与地面约45度角。相传文公在1283年1月柴市就义前向南而拜，写有"南望九原何处去？尘沙暗淡路茫茫"的诗句。树随人意，表达了文天祥"臣心一片磁针石，不指南方誓不休"的怀念南方故园心情。此树硕果累累，但从不生虫，似喻示文公"一身正气凛然"的民族英雄气概。

古来诗词咏枣的不少，杜甫有"庭前八月梨枣熟，一日上树能千回"。王安石赋枣"种桃昔所传，种枣予所欲，在实为美果，论材又良木。"唐白居易的《杏园枣树》中有"君求悦目艳，不敢争桃李，君若作大车，轮轴材须此。"欧阳修寄枣人行书赠子《履学士》"秋来红枣压枝繁，堆向君家白玉盘。甘辛楚国赤萍实，磊落韩嫣金弹丸。聊效诗人报木李，敢期佳句报琅玕。嗟予久苦相如渴，却忆冰梨慰齿寒。"清代朱彝尊《霜无晓角》诗云："鞭影匆匆，又铜城驿车。过雨碧罗天净，才八月，响初鸿。微风何寺钟？夕曛岚翠重。十里鱼山断处，留一株枣林红。"佚名《大枣歌诀》"一个乌梅两个枣，七枚杏仁一处捣，男酒女醋送它下，不害心痛直到老。"古人的枣树诗词，也是中国树木文化中的闪光瑰宝。

满树堆金敷玉

醉人红脸

京都明枣500年

圆铃叮当响

千载奇珍

上图：山东无棣金丝小枣
左下图：安徽皖南水东蜜枣
右下图：河北稷山板枣

29. 花香叶芳宛白玉——白兰

1. 来源

白兰*Michelia alba* DC.，别名白玉兰、白兰、把兰、缅桂、白缅花、黄桶花和玉兰花。为木兰科、含笑属常绿大乔木花木。它是广东省佛山、肇庆、四川省乐山三市的市树。

白兰原产于喜马拉雅山南麓，马来半岛和印尼爪哇森林之中。引入中国虽只有百余年，但芳迹遍及华南各地，在海南、广东、广西、福建、云南、台湾及浙江南部等地，广泛栽植于庭园和街道。长江流域以北及华北，白兰花多作盆栽或桶栽。

2. 形态特征

常绿乔木，高10~15米。树皮灰白色，树冠卵形或近球形。小枝具环状托叶痕。幼枝及芽绿色。单叶互生，嫩绿色，全缘，长椭圆形或椭圆状披针形，长10~25厘米，宽4~10厘米，两面无毛或背面脉上有疏毛，叶柄上托叶痕仅达中部以下。先端长渐尖或尾状渐尖，基部楔形，叶面绿色，叶背淡绿色。叶脉明显，质薄革质，表面有光泽。两性花，花单生于当年生侧枝的叶腋，花梗短，花瓣呈长披针形，长约3~4厘米，白色，肥厚，花被片10枚以上。开后向外翻卷。具浓香。4~9月份为开花期。聚合果为疏生的穗状，秋末冬初成熟。但白兰花多数不结实。有白、黄两种。树龄能逾百年。

黄兰，外形与白兰相近。花橙黄色，香气甜润，比白兰花更浓。花期稍迟，6月份开始开花。其叶柄上的托叶痕迹常超过叶柄长度的1/2以上，而白兰花托叶的痕迹，仅为叶柄全长的1/3。

3.生长习性

白兰性喜日照充足、暖热、湿润和通风良好的环境。不耐阴。也不耐酷热和日灼。畏寒，其生长环境冬季温度不低于5摄氏度。最忌烟气。根系肉质、肥嫩，不耐旱又不耐湿，尤忌渍涝。喜富含腐殖质、排水良好、疏松肥沃、微带酸性的沙质土壤。木质较脆，枝干易被风吹断。有抗大气污染和吸收有毒气体的功能。在江南地区，一年抽发三次新梢。第一次在清明至谷雨期间，第二次在梅雨期，第三次在立秋前后。花期长达150天，陆续开放，以6~7月份开花最盛。秋花最香。冬季5摄氏度时停止生长，-3摄氏度时会受冻害。

4.培育要点

（1）繁殖方法

白兰花以扦插、高压、嫁接及播种等方法繁殖。常以嫁接、高压繁殖为主。

嫁接可用靠接和切接等方法。靠接有温室者一年四季均可进行；没温室于4~9月进行，尤以5~6月为宜。选直径0.5厘米以上的黄兰或紫玉兰作砧木。接穗选优质丰产健壮母树上，发育充实的1年生粗壮枝条上的饱满芽体。接后约经50天，嫁接部位愈合即可将其与母株切离，并加强管理。切接，用1~2年生直径1厘米粗壮的紫玉兰或黄缅桂作砧木，3月中旬嫁接，20~30天后，顶芽抽发叶片，10~11月上盆，移入温室栽培。当年生苗可高达60~80厘米，2~3年后即可开花，比靠接苗生长开花要快。

高压繁殖，高压时，选当年生或2年生、直径为1~2厘米的发育健壮的枝条，6月间进行压条。采用环剥高压法时，环剥带宽约2厘米，裹以湿润泥土，用塑料薄膜包扎。如其间遇旱，水分过少，可使用医用注射器将水注入，使泥土保湿。当年9~10月份生根后，可将其剪离母株，另栽于盆。

（2）栽培管理

对于白兰花，要做好以下栽培管理工作：

1）盆土用红土、腐殖土各半掺合，或草炭土加三成河沙，并施足基肥配成。

2）春季嫁接后15天截砧干，成活率高。秋季嫁接者，应至翌年春季萌芽前才剪砧。

3）秋季落叶后至翌年萌芽前进行栽植。起苗时，应保持根系完整，随起随栽。

4）浇水不宜多。宜土壤干透浇透，春、秋两季多浇，尤其盛花期浇水要勤，冬季移入室内后要少浇水。浇灌用水，以室内所贮藏的水为好，也可用硫酸亚铁水浇灌。

　　5）盆栽应注意整形修剪。主干高0.5～1米时，要打顶促进分枝。8月上中旬摘心，控制株形，矮化树干。

　　6）在夏季要适当遮荫，避免中午强光直晒。冬季要做好防寒工作。10月上中旬，将其移入温室越冬，置于受光处，并注意通风透气。

　　7）从5月份开始，每隔10天左右追施一次腐熟的有机液肥，以马蹄片、芝麻酱和硫酸亚铁，按1：1：0.5比例，混合泡水发酵后，加水稀释施用。家庭莳养时，可施用市售花卉营养液。立秋后，移到阳光下养护，停止追肥。

　　8）防治害虫。白兰花植株夏、秋易受红蜘蛛、蚜虫的侵害，在每盆根部埋呋喃丹3～5粒，可以防治；若少量发生，可喷洒清水冲洗。若虫量多，则可喷20％三热氯杀螨醇乳油1000倍液除虫。

5.欣赏与应用价值

　　白兰花为著名的香花，与茉莉花、栀子花并称"盛夏三白"。它是民间普遍喜爱的木本花卉，中国南方园林的骨干树之一，极好的园庭行道树。

　　它高耸通直的躯干，姿态端庄高雅，优美洒脱。不管是雷雨大作，还是狂风肆虐，它仍挺直腰杆，努力向上，如雪松气势，天神一般威严，令人赞叹不已。春来春去，繁茂常绿的枝叶，像一把巨大的伞，早已笼盖一庭。它盛夏送阴凉，三秋送气爽，更带来了缕缕清香，给人以舒适恬意之感。它嫩绿的秀叶，光洁俊美，用手摸叶面，连手也感到有香气。

　　它的花朵洁白似玉，整日散发芳香如兰的浓郁气味，沁人心脾；花开时，玉洁娇滴，清雅宜人，极似美女羞涩含笑之态，故有"花开不张口，含羞不低头，拟似玉人笑，深情暗自流"的绝妙风采。盛花时节，在翠绿叶丛中，一朵朵呈线形的小白花，或半含、或待放、或盛开，娇媚婀娜，姿态万千，惟一不变的是芳香依旧。花开后，花瓣向外翻卷，宛如仙女裙带在徐徐微风中飘悠，另有一番生趣。观赏白兰花开放，最适宜的时间是在一场夏雨之后。这时，满枝脂玉般的白兰花含满水珠，清亮欲滴，香气四溢，沁人心脾。

　　在南方城市，白兰树为园林的骨干树种之一，人们常将它群植或疏植于园内、行道旁及屋畔窗前，使之四季常青，花香迷人。花坛、花境中孤植，与百花互衬，更增添了幽雅恬静的气氛。公园中散植，阵阵清香能祛闷热暑气，使人亲临其境时备感舒适。阶前室隅，陈列数盆经培植出树身矮、造型美、花期长的白兰花树形盆景，开花时节芬芳四溢，备觉温馨优雅，这时"绰约新妆玉有辉，香生别院晚风微"，连邻居也心旷神怡。用白兰花作室内瓶花，可维持室内一周芳香不息。将它的花佩戴在胸襟或发辫上，或藏于手绢中，既可香身，又显高雅，清丽香溢。

白兰花含有芳香醇、苯乙醇和甲基丁香酚等成分，可提取昂贵的玉兰油、玉兰浸膏和玉兰香精，花朵可做胸花、头饰，窨制名茶，其香味远比茉莉花茶浓而醇，素为花茶之珍品，酿酒及制作高级化妆品。白兰花的花瓣厚实，清香，能食，又有较高的药用价值。具芳香化湿解暑，利尿化浊，止咳去痰功效。白兰花树对氯气、二氧化硫等有毒气体反应敏感，抗性差，对环境污染具有监测作用。

6.树趣文化

白兰花是圣洁、幸福的象征，深受人们的喜爱。在云南省的东川大地，每逢白兰花开花时节，外人虽然未见其花与树，却已清香扑鼻。进入市内，可见妇女们争相将这玉琢牙雕般的白兰花佩戴胸襟，或插于发髻，欣慰之情扬之眉梢，也使得满城溢香，因而增添了不少情趣。有的喜爱将白兰花串成花环，挂在室内，顿时满堂飘香。未全开放的白兰花，放置几天之后，仍然鲜活如初，即使变成了红色的干花，也仍然芳香如故。20多年来，东川儿女在荆棘丛生的乱石沙滩上，用双手建成整洁协调、清洁宁静的文明城区。他们精心引种培育的优良白兰花树种，历经干旱、霜雪、风沙之侵袭，酷暑严寒的考验，获得了成功。云南河口瑶族自治县一带，气候酷热，雨量充沛，生态环境接近原产地，白兰一年四季花开不断，花开季节，游人如织，购花商贩络绎不绝，被叫做"四季缅桂"。

有则与白兰花相关的寓言典故，颇耐人寻味。唐代扬州名刹惠照寺木兰院，院中种满了白玉兰树。穷困的读书人，常寄住该院，与僧众供餐，膳费自觉缴纳。有位贫苦孤儿王播，好读书，喜诗文，很受乡里长者支援。但是时有时无，时间长了，当家和尚忍不住，便对僧众说："饭后鸣钟，大家饭吃完再敲钟。"于是，王播闻钟声去就餐时，饭已吃过。因此，他时常饿肚皮，或是吃点残羹剩饭。王播遭此冷遇，更加勤奋学习。有时在壁上题几句木兰诗，抒发忧闷，后人常说"饭后钟"典故即由此而来。后来王播赴京应试高中，得以显贵。20年后，他出镇扬州。寺僧惶恐，便在王播昔日写的壁诗上，以碧纱笼护之。王播访旧至木兰院，见旧诗上都蒙了碧纱，又题二绝句。这故事载于唐代王定保《摭言》，改写为杂剧《碧纱笼》，流行明清。后人以碧纱笼作典故，慨叹世态炎凉。

北京有首民谣赞颂《白兰花》芳香"白兰花儿白又香，摘下扎对挂襟上。夏季香味驱汗臭，更给人们送清香。"郭沫若生前十分喜爱白兰花，赋《白兰花》诗一首，赞道："小白兰花倒没什么新奇，清甜的香韵可和春兰相比。淡青色的叶子经常湿得鲜腻，护着花朵怕无端受了风雨。上海姑娘喜欢在街头叫卖，那卖花的声音真正十分可爱。'白兰花呢!'清脆得比我们香甜，因此，使我们的香韵增添了一倍。"他把白兰花的优美和卖花姑娘叫卖声的清脆联系在一起，使白兰花的形与香让人们更加感到深刻难忘。

白兰花（梁育勤 摄）

白兰花（梁育勤 摄）

白兰花

白兰花（梁育勤 摄）

黄兰花植株

厦门南普陀白兰花

厦门鼓浪屿名宅院内的白兰花树

白兰花树

黄兰花开花植株

白兰花同属黄兰花的花与果

30. 华盖底下好乘凉——榕树

1.来源

榕树*Ficus microcarpa* L.f. 别名细叶榕、小叶榕、正榕。原产印度，为热带、亚热带常绿大乔木，分为大叶榕和小叶榕两大类。相传，公元前5世纪，佛祖释迦牟尼在一株榕树下，结跏趺坐，静思冥索，领悟成道，创立佛教。由于佛祖是在榕树下豁然开悟的，榕树成了佛教圣树。佛祖的开悟在梵文中称菩提，于是又有人将榕树称作菩提树。印度独立后，榕树被定为国树。佛祖坐禅的那株榕树的枝干就随着佛教传播而移植他国，繁衍至今。

据《西阳杂俎》记载，梁天监元年（公元509年），南朝的梵僧智约三藏，从印度带回一棵榕树，亲手栽于今广州光孝寺戒堂前。20世纪50年代，印度前总理尼赫鲁赠给中国一株榕树，系从释迦牟尼坐禅的那株大榕树上取枝条繁殖而成，栽种在北京香山南麓的中科院植物园的热带植物温室里，现已高5米多，阔叶青翠，冠如华盖。现广布于东南亚各国、中国台湾、福建、广东、广西、云南、浙江等地。

2.形态特征

榕树为桑科、榕树属常绿高大乔木，高20～30米，胸径可达2米。树冠庞大，呈广卵形或伞形。主根和侧根的节间能长出大量的气生根，多细弱悬垂，或垂及地面，入土生根，复成一干，形似支柱。枝叶稠密，浓荫覆地。树皮灰褐色。叶革质，椭圆形、卵状椭圆形或倒卵形，长4～10厘米，先端钝尖，基部楔形或圆形，全缘或浅波状，3出脉，侧脉5～6对，单叶互生。花序托无梗，单生或成对生于叶腋，扁倒卵球形，乳白色，成熟时黄色或淡红色；雄花、瘿花和雌花同生于一花托中；雄花被片3～4，雄蕊1；雌花花被片3，花柱侧生，柱头细棒状；瘿花与雌花相似。雌株同株，花单性，隐头花序，花期5～6月。隐花果（俗称榕果）近球形，初时乳白色，熟时黄色、淡红色或紫红色，9～10月成熟。

常见品种

1）金叶榕 *F.microcarpa* 'Golden leaf'，又名黄金榕。是榕树的一个栽培品种。乔木，高达6米。叶互生，革质并带肉质，椭圆形，叶金黄色，全缘，叶柄长。适合盆栽。

2）厚叶榕 *F.microcarpa var.crassifolia*，又称圆叶榕，原产中国。乔木，高达20米。叶互生，椭圆形，厚革质，全缘，隐花果球形，成对腋生。

3）瓜子叶榕 *F.microcarpa var. pusillifolia*，又称金门榕，原产中国。小乔木，高达6米。叶互生，狭椭圆形或狭卵形，革质，全缘。

4）傅园榕 *F.microcarpa* 'Fuyuan'，原产中国台湾。常绿灌木或蔓性乔木，高达2米。叶互生，椭圆形或倒卵形，先端小突，厚革质。

5）黄斑榕 *F.microcarpa* 'Yellow Stripe'，小乔木，高达4米。叶倒卵形或椭圆形，叶面有黄色斑，革质，枝叶清雅明媚，生长缓慢，适合做盆栽。

6）宜农榕 *F.microcarpa* 'I—Non'，常绿灌木，高达2米。叶互生，椭圆形或倒卵形，厚革质，叶色明亮富有光泽，其特征为叶片丛生顶端，朝天生长。生长缓慢，适合做盆栽。

7）乳斑榕 *F.microcarpa* 'Milky Stripe'，小乔木，高达5米，叶倒卵形或椭圆形，叶面具乳白色斑，革质，颇为美观。生长缓慢，适合盆栽。

3.生长习性

喜温暖湿润的气候和肥沃、湿润、疏松的酸性土壤，在亚热带南部及热带地区的普通土壤或瘠薄的沙质土中均能生长，在碱性土中叶片黄化。系阳性树种，不畏炎日，也耐阴，在室内长期陈设叶片不枯黄。适应性强，具有一定耐寒能力，可在5摄氏度的气候下安全越冬。喜湿润又耐旱，俗话说："三年不下雨，旱不死榕树"。榕树根系发达，地表处根部常明显隆起。生长快，侧枝、侧根非常发达、耐修剪，少病害，生命力强，寿命长，达数百年至千余年。抗酸雨能力强，对风害和煤烟有一定的抵抗能力，且有较强的二氧化硫净化能力。

4.培育要点

(1) 繁殖方法

可用播种、扦插、分株、压条等方法繁殖榕树。

1）播种繁殖：榕树能年年结实，选淡黄色或淡紫褐色采摘，堆沤数日装入布袋，置水中搓揉，去除杂质，下沉者为种子。高床条播，行距20厘米，覆土1厘米，盖草保湿，约10天小苗出土，苗龄60～90天，5厘米左右移栽上盆。

2）扦插繁殖：选温湿4～5月，取粗约1厘米，长15～20厘米，具饱满腋芽健壮枝做插穗。切口浸于水中或沾上木炭粉防树液流出。插于疏松透气偏酸性的石粉、河沙、煤渣混合土中，深约3厘米，株距20厘米。插后保持湿润，避免阳光直射。芽长5～6厘米，逐渐见光，待芽、根长壮移植上盆。也可用激素萘乙酸、吲哚丁酸或生根粉处理促使生根。北方可于早春在高温温室扦插。

3）分株繁殖：有生根发芽快特点。选树干曲折，干古奇特适合做盆景的桩材从母株上分株移植。多留气生根。分株于3～9月、气温15摄氏度以上进行；分株后置于半阴无风场所，待约一个月后恢复生长时，可按一般管理。经1～2年培育长了气生根后，便可根据构思培育成形。

4）压条繁殖：4～8月，将半木质化的顶枝或2年生枝条的基部环剥宽1～1.5厘米，上部留4～8片叶，稍晾干后用潮湿苔藓、泥炭包裹，薄膜包扎上下两端。经1～2个月后，根长30厘米时，剪下盆栽。

(2) 主要栽培技术

1）盆栽技术　一般采用露根式。盆底土应多放，应比盆面低2～3厘米。填好盆土，即浇透水，置荫蔽处缓苗，恢复生机后，再在半阴半阳处放置一个月左右，便可置于阳光下正常养护、管理，应避免大盆栽小苗。换苗以春季为宜，施足底肥。2～4年换1次，多去掉陈土，剪去枯、腐和过密的根。填土在土面和盆口留出一截（小盆1～2厘米，大盆3～4厘米），防浇水流出盆外；一般夏季1天浇2次，冬季植株休眠，1周浇1～2次即可。生长期花肥每周根外追肥1次。北方盆栽冬季于室内保护越冬，室温不低于7～8摄氏度，尤其夜间用双重窗帘保温；4～5月室外温度稍高再移出。

置于室内盆景要常搬出见阳光，平常浇水，每5～6年更换1次培养土，每年初春、秋初各施一次肥。

2）盆景　一般以剪为主，绑扎为辅。于春季每年修剪1次，长势旺修剪2次。待剪短枝条长新条粗壮后再修剪。经2～3年，可培出优美盆景。榕树可塑性强，看准要删去枝条，不论粗细都可大胆剔除。

A．枝干的整形　选用18～24号钢丝，将侧枝、小枝扭曲成想要的造型，枝干造型完成后，可对干、枝合理夸张和变形处理，通常有刻槽吊扎、撬树皮、挖干、劈干、撕干等技术措施。

B．叶冠的整形　盆景造型中，通常要造成小叶，通过缩小植株营养面积，即用较浅和较小盆，给予瘦土，再结合摘芽完成。冠造型都通过修剪叶片与枝条。应注意树冠大都是向上生长，应保持平衡统一整体。

C．根的造型　榕树根系发达、神奇多变、形态别致，根千变万化，能塑造出千姿百态盆景。块根入盆时，露出土面六成，若形状不好，可放置适当大小的石块，并用泥土适当压紧。应切忌常缺水、大剪或施肥过多。并注意根与树干配合。可通过缚根、提根、盘根、冲洗等系列措施使根显出古老奇特。气生根可通过提高湿度环剥、环扎以及刺伤来诱发。并使之与地面接触，或与茎缠绕、绑扎，逐渐形成盘根错节的形态。

榕树盆景忌烈日曝晒，否则叶片发黄脱落；也不宜长期置于荫处，不见阳光，否则叶会变大稀薄，树体衰弱。平时养护，应置通风处，盆土保持湿润，施肥不可过勤。块根形成后，不要常换盆，若碰伤，易腐烂，应刮净烂处，用草木灰涂伤口，风干2～3天后，重新栽好，经细心照料，即能恢复正常。榕树观赏盆景在北方家庭十分常见，越冬前应移入温室，防止低温危害，并停止施肥喷水，以提高苗木的木质程度，增强抗寒力。

3）病虫害

腐烂病：平时修剪要小心，避免植株受伤，越冬注意保温，发现受伤及时剪除，可用50％甲胺磷乳油1000～2000倍液，或40％乐果乳油1000～1500倍液，或80％敌敌畏乳油1000～1500倍液喷雾防治。

虫害：灰白蚕蛾、木虱、蓟马。及时摘除病枝、叶集中销毁。50％甲胺磷乳油1000～2000倍液、40％乐果乳油1000～1500倍液或80％敌敌畏乳油1000～1500倍液。防蓟马1000倍液水胺硫磷及1000倍液氧化乐果。

5.欣赏与应用价值

榕树树姿雄伟挺拔，优美潇洒，可自然长成参天大树，粗约十余抱；也可培育成球状灌木，清俊幽雅；可附着岩壁、驳岸、墙头，长成为奇特景观；也可强制修剪培育成为多款观赏盆景。这种种何等随和大容又风姿绰约，令人敬仰。在它身上还附着各种植物，树杈里寄生的各种小花，引来了无数蜂蝶和小鸟，构成了一座鸟语花香的空中花园，犹如一首赞颂大地绿色生命的乐曲。它树冠如华盖，秀美端庄，酷似一把巨大的绿伞，遮天蔽日，在烈日照耀下显得格外的熠熠生辉，登高而望，如临仙境，令人心旷神怡。在大树庇护下，常能见到成双恋人相约的身影。也有老年人的夕阳无限。当烈日炎炎时，给人以绿荫；当风雨肆虐时给人以庇护，在榕荫下尽情练拳、舞扇、休闲、纳凉，何等惬意！何等有福！当夜幕降临时，展示着它自然之美，为人们演绎着人间唯美的景致，让人忘记时间，忘记了烦忧，情思心动。当年，电影《刘三姐》在阳朔千年榕树下拍摄抛绣球对歌场景，迄今依然伫立在那里静静地为海内外来此地光临游客讲述当年那些荡气回肠的爱情故事。它那庞大的地下根状根系，条条逶迤露出地面，宛如龙蟠虎踞，翻腾起伏，就像伏地虬龙在腾挪嬉戏；又如天然根雕，造型奇特壮观，令人惊叹。从干枝萌发的气生根，少者几百条，多者数千条，粗细不一，悬垂于空中，犹如神仙下凡，潇洒而超脱，远看似长髯，似布帘，随风飘拂；又像瀑布，如婆娑垂柳美丽，蔚为奇观，人称誉为"老人美须"。有的垂直朝下生长，扎入地里生根，复成挺拔树干，成为支撑母体的新支柱。枝生根，根成干，盘根错节，以至与主干鱼目混珠，弄不清楚哪是主干，哪是支柱根。远望，一株古树俨如一片低矮丛林，呈现出"多代同堂"独树成林的奇特景观。瞧那小叶榕独木成林像那瘦高瘦高的美女，清清秀秀；那大叶榕却像那身材不高的粗壮汉子，显得十分的壮观。南风轻拂，枝叶婆娑，宛如那亭亭玉立的绿衣少女迎风撩起秀发，显得诗情画意，楚楚动人。唐代诗人许浑的"松盖环清韵，榕根架绿荫"和宋代诗人罗畸的"丹荔熟时堆锦绣，翠榕空裹起龙蛇"正是榕树"独木成林"的生动写照。榕树最易生长，随便砍下碗口粗的一条枝干插在地里浇上水就能成活。它在高山、陡壁、岩石、裸石上都能生长得很好，让人震撼于它生命力的顽强和坚韧。

榕树在岭南及闽东南等地为重要绿化树种。因树形高大，榕枝旁逸斜出，枝繁叶茂，遮房掩寨，跨河映桥，且较少病虫害，宜作遮荫树或行道树；在郊外风景区最宜群植成林，亦适用于河湖堤岸绿化，榕树枝条柔软，易蟠扎造型，是制作造型各异、各自独立的盆景景象，在世界盆景大家庭里，它具备了所有盆景的优点，具有树姿优雅，奇异古博，层云叠翠，潇洒大方，飘逸豪放的特色，成为人们赏心悦目的一大自然景观，是迄今海内外居家陈设一朵奇葩。

中科院西双版纳热带植物研究园的专家通过对生物多样性保护研究多年的实践，认为榕树可能是滇南热带雨林生态的一类关键物种，并指出，如果榕树一旦消失了，那么包括人类在内的滇南热带雨林生态系统就会严重失去平衡，呼吁应重视保护它，加强永续利用研究。

环保专家研究发现，榕树对有毒气体如二氧化硫、氟化氢等有较强的抵抗力。在化工污染区，1公斤榕树干叶，58天可吸收硫6.4克，吸氯2.47克，具有净化空气、改善环境，同时释放氧气，制造芬多精，增加空气中的负氧离子，并具有杀菌、减弱噪音、降温、增加空气湿度等作用。长期与榕林接触，可镇静神经、解除眼睛疲劳、刺激大脑皮层、提神醒脑、调节心绪，还能促进细胞代谢、改善人体神经功能、提高肌体免疫等作用。

榕树药用价值较高，根、叶、皮均可入药。气根可治疗感冒高热、扁桃体炎、急性肠炎、痢疾、风湿骨痛、跌打损伤，又是凉茶的主要原料，可防治流行性感冒。榕叶，别名"落地金钱"，具有清热、解毒，可治流行性感冒、支气管炎、百日咳。树皮煎之内服，有收敛止泻、固齿防牙痛的功效。榕果则是南方一种可食水果。木材韧性大，可用来制作玩具。树皮纤维可做鱼网和人造棉，还可提取栲胶。

6.树趣文化

榕树虽无鲜艳的花朵和芳香，亦有着苍劲古朴、能屈能伸，人们视榕为长寿、吉祥的象征。在维也纳召开的联合国老龄问题大会上，悬挂着一枚圆形会徽，图案的设计者，是80岁高龄的美国画家奥斯卡·拍杰。会徽上面画着一棵干粗叶茂的老榕树，表示人类要像榕树那样健壮而长寿。

在中国南方，几乎各村庄都种上榕树，有道是"无榕不成村"，被誉为"龙树"、"神树"、"佛树"赢得人们的厚爱。爱榕、植榕、护榕和崇榕的习俗之风历代不衰，相沿至今，尤以福建省福州市为最。榕有容纳之意。《闽书》谓："榕荫极广，以其能容，古名曰榕。"清初屈大均著的《广东新语》称"榕树千枝拂地，互相撑持，高大茂密，望之如大厦，故称榕厦。"福州植榕，古已成风。据宋乐史（公元930～1007年）撰《太平寰宇记》载"榕……其大十围，凌冬不凋，郡城中独盛，故号榕城。"。宋福州太守张伯玉为防旱涝倡导"编户植榕"、"满城绿荫，暑不张盖"，使福州有了榕城之美称。榕树便成为福州古城风貌与榕树文化。在福州人民潜意识中，榕树象征着平安、吉祥、造福荫庇及和谐。迄今古城有榕树10万余株，古榕近千株，这是福州2200多年文化古城的重要组成部分和历史见证。

榕树历史悠久，与各地民风习俗有着许多密切关系，流传着许多传说趣闻。

福州国家森林公园千年小叶榕，围径10米，高20米，冠幅330.2米，10多个大枝干向四周蜿蜒伸屈，苍劲有力，宛若群龙腾空而起，扑向苍天，气势雄伟，蔚为壮观；树下可容千人纳凉，奇特的是全树分为南、北两部分，隔年轮流落叶，状似阴阳树；福建漳州朝阳镇桥头村明代古城墙上榕树根系盘根错节，连绵2公里，成为中国一道最长最神奇的

"榕树根墙"；福建福鼎市境内的硖门乡石兰村有两株中国纬度最北古榕抱樟参天大树，该株枝干还生长着另外一棵白杨，另一无筋树。当地流传着一句顺口溜："樟（树）家美女，榕（树）家招赘，白（白杨树）家总管世家，吴家（无筋树）掌管田园"，形象地描述了这一四树同生的奇观；北京植物园有株黄葛榕，气根成网状，缠绕在伊拉克蜜枣的躯干，把蜜枣大树"五花大绑"，形成植物界的树木奇特"绞杀"奇景；广东新会有一个小鸟天堂，一株树占地18亩，气势磅礴，浓荫蔽日，枝叶间栖息着喜鹊、黄莺、麻雀、灰鹤、白鹤、黑鹤等各种鸟。它们从早晨到黄昏，进进出出热闹非凡。著名剧作家田汉曾来这里，并赋诗曰："三百年来榕一章，浓荫十亩鸟千双。并肩只许木棉树，立脚长依天马江。新枝更比旧枝壮，白鹤能眠黑鹤床。历难经灾全不犯，人间毕竟有天堂。"印度的一株古榕，树冠可为万人庇荫。在世界上所有崇榕的国度中，印度人可谓最虔诚了，认为榕树是众生之父波罗吸摩变的，是神树。柬埔寨著名古迹吴哥窟的古榕盘根错节，遮天盖地，生机盎然，竟和古寺庙遗迹属于"同龄人"——距今800余年，被视为柬埔寨国宝；孟加拉国一株900多年的巨榕，600多根气生根形成树干亭亭玉立，冠幅投影面积达2.8万平方米，树荫下形成一个不小的集市。据说曾六七千人的军队在这棵树下乘凉。

中国民间传说唐朝时期，武则天在称帝之前，有一次出游南方，突遇狂风暴雨，恰巧道旁有棵巨榕，枝叶茂盛，于是，众随从拥轿来到榕下避雨。到处风雨弥漫，唯独榕下滴雨不见。武则天觉得好奇，便移步轿外，才发现那榕树确实蔚为壮观，与众不同。她早就有当皇帝的野心，顿觉天意，榕神相助，心中甚喜，即时嘱随从点烛上香，叩拜榕树，暗暗祈祷"他年以根代干，反客为主"。而口中却说："榕师佑我，避灾避难。"后来武则天果然"反客为主"，当上中国历史上第一个女皇帝，有感于巨榕相佑，便颁诏天下庙寺庵堂广植榕树，尊榕为师。另一则，有一次，朱元璋被元兵追捕，眼看就要被元兵追到，他急中生智，向树冠高大的榕树下跑来，榕树见他有"帝星"之兆，便马上抖落全身叶子，遮盖地面，让他在叶子上面跑过。追兵到此，找不到足迹，掉头而去，没能抓到他。后来，朱元璋当了明朝皇帝，特封榕树为"荣王"。

感于富有特色的榕树风貌，历代文人留下不少脍炙人口的赞美诗词。北宋龙昌期《易》诗曰："百货随潮船入市，万家沽酒户垂帘。苍烟巷陌青榕老，白露园林紫蔗甜。"福州郡守程师孟《卧龙山》诗中用"榕明落处宜千客，荔子生时直万金。"南宋诗人罗畸"山围碧玉神仙岛，地涌黄金宰相沙。丹荔熟时堆锦绣，翠榕空里起龙蛇"来描述榕城的绿色、繁荣与富庶。南宋朝廷偏安江南，不少诗人避难来到福州，写下了对榕城的印象与感悟。爱国诗人李弥逊《福州横山阁》："百叠青山江缕，十里人家，路绕南台去。榕叶满川飞白鹭，疏帘半卷黄昏雨。"爱国诗人陆游《渡浮桥至南台》诗曰："……

寺楼钟鼓催昏晓，墟落云烟自古今。白发未除豪气在，醉吹横笛坐榕荫。"爱国诗人辛弃疾《满江红和卢国华》"……庭草自生心意足，榕阴不动秋光好。"清代徐延净《阳朔穿石古榕》赋诗曰："江畔横生久耐冬，早知杨柳不如榕，盘根错节枝千干，古洞穿岩影一重。朝夕乘舟看画锦，往来过客卧浓荫。山河自古钟灵气，万丈仙藤欲化龙。"唐朝诗人柳宗元有感榕树赋诗曰："宦情羁思共凄凄，春半如秋意转迷。山城过雨百花尽，榕叶满庭莺乱啼。"大文豪郭沫若在桂林榕湖古榕赋诗赞曰："榕树楼头四壁琛，梅公瘴说警人心。高临唐代南门古，遥看杉湖春水深。山谷系舟犹有树，半塘余韵渺如琴。风和日暮群峰静，地上乐园信可寻。"

　　福建福州、四川遂宁、浙江温州、江西赣州、广西柳州等市选榕树为市树，亦为福建省省树。榕树伴随着名城的腾飞，将激励着人们开拓进取，奋发向上，弘扬榕树勇于拼搏奋进有为，大胆创新、精诚合作精神，弘扬爱榕护榕的可贵风尚，把发掘榕树精神与建设好名城结合起来，续写榕树文化的新篇章。

福建省第三届盆景展一等奖榕树

厦门白鹭洲榕桩景观

气根成干亭亭玉立

厦门大嶝英雄三岛古榕树

古榕树须

金门榕盆景

大榕树之水生根

31. 烂红如火雪中开——山茶树

1.来源

　　山茶*Camellia japonica* L.，别名曼陀罗树、薮春、山椿、耐冬、山茶、雪里娇、晚山茶、茶花、洋茶、华东山茶、川茶花、玉茗、照殿仁、红茶花、滇茶、千叶红、石榴茶和海石榴。享有"花中精品"之誉。为山茶科、山茶属常绿乔木或灌木花卉。山茶花原产于中国野生干山岳、沟谷、丛林和沿海岛屿，在浙江、江西、四川等省有野生原始的山茶分布。山茶花的栽培历史已有1300多年，《广群芳谱》记载山茶种类有：鹤顶茶、玛瑙茶、宝珠茶、杨妃茶等近20种。据《云南志》：赴壁作谱近百种。山茶亦是中国特有的树种。自唐代开始茶花与牡丹一样成为达官贵人的荣耀和玩物。金花茶，是世界珍贵稀有植物，有"植物界的大熊猫"、"花中皇后"之称。山茶花是指山茶属具有观赏价值的种、变种与品种。全世界的山茶有200多个种，中国就有180多个种，作为观赏的品种有5000个之多。中国素有山茶属植物原始物种起源和分布中心之称。7世纪传到日本，17世纪才进入欧洲。

　　目前，广泛栽培的山茶花，在植物学上分为五类：①华东山茶，又称川茶和小花茶；②云南山茶，又称滇茶、南山茶和大茶花；③梅茶；④野山茶；⑤栽培的白花油茶和红花油茶。全国大部分地区均有山茶栽培。主产于江苏、浙江、云南和四川等地。其珍贵品种：红色的，有照殿红、鹤顶茶、红宝珠、月丹、一捻红和千叶红；粉红色的，有正宫粉、杨妃茶、赛宫粉、宝珠茶和串珠茶；白色的，有玛瑙茶、千叶白、白珠宝和六角白；紫红色的，有宝珠茶和红白相间的玛瑙茶；金黄色的，有金花茶等。多以"深红软枝，分心卷瓣者为佳"。

2.形态特征

山茶花株高可达15米。树干灰褐色，树皮光滑。小枝褐色，光滑。叶互生，卵形至椭圆形，长5～10厘米，宽3～5厘米，边缘有锯齿，革质，有光泽。花顶生或腋生，萼片有茸毛，大小不等，覆瓦状排列。单瓣类的有花瓣5～7枚，重瓣类的花瓣可多达60瓣。还有半重瓣类。花冠有宝珠型、曲瓣型、五星瓣型、六角型、松壳瓣型、绣花型、荷花型、托桂型、菊花型、芙蓉型、皇冠型、放射型和蔷薇型等13个花型。山茶花色彩丰富，有白、粉红、红、淡红、橘红、深红、朱红、紫红、玫瑰红和红白相间或杂有斑纹等色。花期为11月份至翌年3月份。果实为蒴果，圆形，内有黑褐色种子2～3粒。多数园艺栽培品种不结实。

常见品种及形态特征如下：

1）白洋茶　又名千叶白，花白色，平展无皱。

2）什样锦　花形同白洋茶，花色桃红，并嵌合白条条斑。

3）鱼血红　花形同白洋茶，花色深红，在外轮的一二枚花瓣上带有白斑。

4）红茶花　又名杨贵妃。外轮花瓣宽平，内轮花瓣细碎，粉红色。

5）小五星　花形与红茶花相似，桃红色，有的间杂白斑，雄蕊杂生在内轮细碎的花瓣中。

6）朱顶红　花形与红茶花相似，朱红色。

7）木兰茶花　花瓣较窄，呈半直立状，重瓣，玫瑰红色。

8）金星　花单瓣，深红色，花萼铁黑色，上有绒毛。花期长达4个月之久，较耐寒。

9）小桃红　叶形窄狭，色淡。花桃红色，花期早而长，可从11月份一直开到翌年4月份。较耐寒。

10）四面锦上　花红色，花瓣呈卷心状，故名四面锦。

3.生长习性

山茶喜温暖、湿润、半阴的环境，不耐强阳光直射，不甚耐寒，畏酷暑，喜肥，忌生肥浓肥；喜疏松肥沃、排水良好、微酸性的砂质土壤，pH值以5.5～6.5为佳。最佳生长温度为18～25摄氏度。在自然条件下，冬季最低温度不低于5摄氏度，夏季温度不超过38摄氏度，能正常生长与开花。大部分品种能忍受-8摄氏度的低温和40摄氏度的高温；若冬季较长时间温度低于-13摄氏度，则易遭冻害。空气相对湿度以60％～80％为宜。

山茶一年当中有两次枝梢抽生。第一次在3月底至4月中下旬开始萌发，到5月中下旬停止生长，称春梢。第二次自7月中下旬到9月份，称夏梢。以后即停止生长。春梢生长量大。在正常条件下，单花开花期为7～15天，但在冬季可长达1个月。

山茶对硫化氢、氯气、氟化氢和铬酸烟雾等有毒气体，具有一定的抗性。在二甲苯酚、甲醛和氮氧化物污染，工业烟尘废气多，空气严重污染的地方，依然可正常生长发育。因此，山茶是优良的保护环境，净化空气的花木。

4.培育要点

(1) 繁殖方法

山茶常用扦插与嫁接繁殖，也可用压条和播种繁殖。栽培重瓣品种，雄、雌蕊瓣化程度较高，不易结实，少用播种繁殖。播种繁殖，一般多用于单瓣品种，以培育实生苗作砧木用。为培育多色彩、多姿态和抗逆性强的新品种，一般采用芽变育种、杂交育种与辐射育种等现代育种技术。扦插育苗，在气温为25～30摄氏度，相对湿度在85％以上时，极易成活。长江流域多在6月下旬，北方多在7月份雨季时扦插。插穗选当年生半木质化的苗壮枝条，长10～15厘米，具有2～4个芽，1～4片叶，下部带节位。插后庇荫。也可用嫩枝扦插。插后均一个月左右即可生根。嫁接于5～6月份进行，多用芽苗砧嫁接，或用成年山茶、油茶砧嫁接，采取换冠的方法，在植株外围枝条先端劈接，可使一株开出许多不同的花朵。嫁接云南山茶，则常于5～6月份，以白洋茶作为砧木，进行靠接，120天左右成活。成活后植株成长快，成形早。压条时，选用当年生或2年生枝条，长45～60厘米，在离母株15厘米处压入另一盆中。压入土中部分一定要有节，节下要刻伤，才易生根，覆土10厘米厚，经40天生根。生根后可切离母体。再经10天可栽盆，当年可望开花。高枝压条的成活率比扦插高，在南方于3月初选生长健壮的侧枝，自顶端下15～20厘米处剥皮一圈，宽1厘米，并把木质部上的形成层刮净，然后包上泥条，用塑料薄膜包裹绑扎，始终保持包内湿润。4个月后，将压苗剪离母体。然后以10棵一组，假植在大花盆内，放蔽荫处养护，至翌年3月份分苗上盆。

(2) 带土栽植

山茶花于秋季或春季带土栽植。南方各地为露地栽植，用于美化高山及丘陵地带的风景区。栽在其他常绿乔木的北侧或林缘下，花期大都在1～3月份。在北方地区均作为盆栽。所用陶质泥盆，大小要适中，并应与花木大小相应。盆土用腐叶土或山泥3份，河沙和泥炭各1份配成，另加适量的豆饼等做基肥。上盆于9~10月份或春季花后进行。将植株带土团拔出，剥除四周泥土少许，剪去不良发黑根系，适当短截。上盆后浇透水，移至阴处缓苗2周。每1~2年换盆一次，换上大一号的盆。将山茶作温室栽培时，在春天与梅雨期，要给予充足的阳光，否则枝条生长细弱，并引起病虫为害。在高温期，要遮荫降温，冬季要及时采取防冻措施。盆苗在室内越冬的，以保持3~4摄氏度的温度为宜。若温度超过16摄氏度，就会提前发芽，严重时会引起落叶和落蕾。

（3）养护管理

山茶的生长习性是，花后3月中下旬，由腋芽抽出新枝。5月上中旬新枝停止生长，随即在枝顶和枝条上部的腋芽内进行花芽分化。7月份，花芽膨大明显。因此在花谢后，除剪去残花外，应追施酸性有机液肥，并用1/500的硫酸亚铁水溶液，或青草泡水，保持盆土酸度，防止叶片黄化。6~7月份，施入以磷肥为主的复合肥。9~10月份，追施两次以磷、钾肥为主的混合肥。雨季，在盆面上干施豆饼粉。施用有机肥时，不要污染叶面，次日要淋水。花期应停止追肥，并控制浇水。护养中，除及时将病虫害枝、枯枝和过密枝剪除外，一般不修剪。为使山茶开花良好，于8~10月份花芽长到豆粒般大小时，疏花芽或疏蕾。翌年1月初，将山茶盆花移入室内向阳处或封闭阳台内，温度不低于0摄氏度，便可安全越冬。晴朗无风天，要为山茶开窗换气，以防发生褐斑病、煤污病和介壳虫，并避免花蕾脱落。早春盆花出房，不要太早或太突然，一般以春分前后为宜。夏季要注意庇荫，雨季要注意防涝。

（4）病虫害防治

山茶的常见病害，有山茶炭疽病和褐斑病，一般危害叶部。其防治方法是，注意通风透气，清除病落叶烧毁。在病害发生期，喷洒50％苯来特，或70％托布津，或50％多菌灵600~800倍液，或波尔多液（1∶100），每7~10天一次，连喷3~4次。要及时防治蚜虫、介壳虫和红蜘蛛。于幼虫或若虫期喷洒40％氧化乐果，或40％三氯杀螨醇1000倍液，杀虫效果良好。

5.欣赏与应用价值

山茶花，是我国十大传统名花之一。古时，先人就以激情盛赞山茶花的美丽。有诗作证："胭脂染就绛裙襴，琥珀装成赤玉盘；似共东风解相识，一枝先已破春寒。"它株形优美，刚健挺拔。体态多姿，有直立、开张、丛生、垂枝葡萄型等多种风姿，宛如松柏之骨，挟桃李之姿。它"丰叶森沉如幄"，青翠苍绿，经冬不凋，四季常青。有的叶片下垂且旋转，呈卷曲状。有的叶缘扭曲向背，叶面拱起如龟背。有的叶形奇特，叶面上翘呈波浪状，叶片下凹状如黑木耳，"叶硬经霜绿，花肥映雪红"，耀眼夺目。它花大色艳，一朵花能开20余天，全株开花期长达数月之久。它花色丰富多彩，其粉红者"别有轻红晕脸霞"，大红者"猩红点点雪中葩"，白色者"秀色未绕三谷雪"。它花姿变化无穷，花形艳丽，雍容华贵如牡丹。有的花瓣多轮整齐，排列呈球形或盘形；有的呈皇冠状或波浪状，自然伸展，潇洒飘逸。雄蕊有的发达，瓣化成小花瓣，聚集花心，非常别致；有的银白色的花丝上点缀着金黄色的花药，非常美丽。艳色的花朵与浓绿、光泽的叶片，形成了非常和谐的情调。

在百花凋零、万物沉寂的寒冬，茶花傲霜斗雪怒放。它鲜红的花朵，像一团烧得正旺的火焰，给寒冷冬天带来无限生机、无尽春意，给生命带来无限希望，给人们带来无尽想像，难怪苏东坡有"烂红如火雪中开"的赞叹。因此，山茶花备受人们喜爱。清代李渔在其著作《闲情偶寄》中，极度赞美山茶花："花之最不耐开，一开辄尽者，桂与玉兰是也；花之最能持久，愈开愈盛者，山茶、石榴是也。然石榴之久，犹不及山茶；榴叶经霜即脱，山茶戴雪而荣。则是此花也者，具松柏之骨，挟桃李之姿，历春夏秋冬如一日，殆草木而神仙者乎？又况种类极多，由浅红以至深红，无一不备。其浅也，如粉如脂，如美人之腮，如酒客之面；其深也，如朱如火，如猩猩之血，如鹤顶之朱，可谓极浅深浓淡之致，而无一毫遗憾者矣。得此花一二本，可抵群花数十本。"

《滇中茶花记》载明代诗人邓直《茶花百韵诗》，称赞山茶有十绝："一、艳而不妖；二、寿经三四百年尚如新植；三、枝干高耸约16米，大可合抱；四、肤纹苍润，黑茗古云气樽垒；五、枝条遒纠，状如尘尾龙形；六、蟠根兽攫轮离奇，可凭而几，可藉而枕；七、丰叶森沉如幄；八、性耐霜雪，四季常青；九、次第开放，历二三月；十、水养瓶中，十余日颜色不变。"故称山茶为"十德花"。被诗人荣称胜利花。

人们欣赏茶花的美，更称赞它那娇而不骄，美而不媚，艳而不妖，高雅不俗的品格。它一直深为人们所钟爱，被称为"花中珍品"。

山茶为中国的传统园林名贵花木，树姿优美，枝叶繁茂，四季常青，花大色艳，形色多变，花期长，开花于冬末春初，花事冷落之际，尤为难得；又有好阴习性，配置于疏林边缘，或与落叶乔木搭配，尤为相宜；将它植于园林的假山旁，可构成山石水景；亭台附近散点三五株，显得雅致；散植几株于庭院一角，自然潇洒，与杜鹃、玉兰配植，则花时，红白相间，奇葩争艳，美不胜收；片植或群植营造山茶园，花时艳丽如锦；盆栽放置门厅入口、阳台、窗台都优美雅致；作切花瓶插观赏，能增添室内的欢乐气氛。

山茶对二氧化硫有很强抗性,对硫化氢、氯气、氟化氢和铬酸、烟雾有明显的抗性,是工厂、矿山和污染区绿化的优良花木。木材结构致密,坚硬,供作雕刻和制造工具的材料。

花可食用,入佳肴,具有营养和保健作用,如菜肴"山茶花羹"、"茶花鱼"、"茶花凤脯"、"茶花海鲜豆腐";药膳"茶花糯米粥"、"茶花饼"等,还可酿茶花酒,制饮料。花、叶、根均可入药。花有冻血、止血、散瘀、消肿之效,用于吐血、衄血、肠风下血、跌打损伤;花研末调和麻油,外敷疗伤灼、乳疮溃疡;与侧柏、艾叶、当归、党参配伍治疗妇女血崩、子宫出血,叶能治疗痈疽、肿毒。根能治疗腹胀痛。种子含油量45.27%可供食用、润发、防锈、制皂、钟表润滑油及药用。

6.树趣文化

山茶花,在中国是胜利之花,象征勇敢、正派和善于斗争。在严寒冬季依旧傲然绽放,是健康与刚毅的象征。同时,在中国传统文化中,茶花被用来表示春光、春意和耐久、长寿,寓意生机勃勃、葱葱长青,是烂漫春光和健康长寿的象征。

在法国,著名作家小仲马的名著《茶花女》,曾经轰动世界,使世人增加对茶花的好感,也见证着爱情、友谊和春天。

山茶花又是友谊的象征,也是世界上普遍采用的礼仪花卉。1979年,邓小平访问美国,美国总统卡特在白宫举行欢迎宴会,宴席中央装饰着1500枝红、粉、白三色茶花。有新闻记者问为什么要选择山茶,回答是,因为山茶花是公元前很多年,首先在古老的中国被发现的美丽花卉,山茶花代表着人类的真挚情感,因而成为主人对客人表示美好敬意的象征。这说明茶花不仅是中国传统名花,亦是世界名花。中国对山茶花的研究、开发、利用是世界之首的。

中国云南是山茶花的故乡,人们把山茶花视为有骨气的花。据传,吴三桂在滇南称王立国,大造宫殿,搜罗奇花异草。他听说普济寺有棵珍稀茶花,枝干高耸二丈余,大可合抱,花朵九蕊十八瓣,艳丽无比,指命走狗夺来植于宫中。暮间叶落树枯,花影全无。吴三桂见状大发雷霆,挥钢鞭狠抽茶花树,留下累累伤痕,并扬言来年若不开花就要处死花匠。茶花仙子为救花匠,托梦吴三桂,痛斥他的贪婪凶残,警告他将自食其果。吴三桂为避祸消灾,只得命人将树归原处。在乡亲们的护养下,茶花树又生机勃勃,花越开越繁荣盛茂。至今云南仍有茶花"朝佛不朝王"的民谚。

1979年11月10日,中国邮电部发行一套"云南山茶花"特种邮票共十枚,小型张一枚。邮票图案选用名品"菊瓣"，花朵呈桃红色，雍容艳丽；第二枚昆明东效归化寺的"狮子头"，树龄几百年古朴苍劲茶花，瓣型复杂，舒卷多姿；第三枚国家一级保护植物之一，开金黄色花朵"金花茶"；第四枚名品"小叶桂"。花朵呈浅银红色，素洁淡雅；第五枚"童子面"。花朵呈粉红色，犹如儿童细嫩的面颊，洋溢着勃勃生气；第六枚"大玛瑙"。花瓣艳红间杂白色的花瓣，金黄色的花蕊，色彩纷呈，富有变化；第七枚"牡丹茶"。重瓣大花，宛如牡丹，第八枚名品"紫袍"。花色紫红，瓣上有一道白色条纹，一花两色，格外娇艳，引人入胜；第九枚"六角恨天高"。簇簇花瓣，整齐而呈六角形，层层卷合，仰视天高，不甘低人头下；第十枚昆明北郊黑龙潭明朝古茶"柳叶银红"；小型张选名品"宝子茶"、"松子鳞"、"麻叶蝶翅"，它们以形取胜，有的层层卷合，有的波浪起伏，有的蝶翅翩翩，千姿百态，各有特色。

蒲松龄的《聊斋志异》香玉篇中提到的"降雪花"是指山东省崂山县太清第三官殿园内的那株山茶树。其干粗及抱，树冠直径3米，已有500多年树龄。据鉴定，系中国最大一株山茶树。花期从11月初至翌年4月末，此间，先后六七百朵花，多则上千朵鲜花争相怒放。最奇特的在大雪纷飞地冻三尺的隆冬季节，正是它鲜花盛开之际。

云南会城的沐氏西园中，有几十株山茶，高7米以上，花朵以万朵计，正是"树头万朵齐吞火，残雪烧红半个天。"昆明西山太华寺有棵500多岁，一树红花，缀满枝头，洋洋大观。

浙江瑞安县大罗山空岩坳坪上，有株1200年树龄的"大红金心"山茶树，树干高8.5米，干周长1.5米，树姿挺拔，枝叶繁茂，花色绚丽，人称"茶花大王"。被列为国家重点保护植物。

福建建欧县万木林自然保护区，新发现2株中国特有的珍稀树种闽鄂山茶。它产于福建和湖北两省，现湖北已绝迹，其中一株树高4米，胸径10厘米。此种山茶香气浓郁，为茶科植物中所罕见。被列为国家二级保护植物。

历代文人墨客留下许多有关山茶花的名句、佳话和趣事。唐代诗人张籍爱山茶花心切，不惜以心爱之物换取山茶花一株，可谓"花痴"；明代著名道士张三丰植于太清官的白茶花，被蒲松龄在《聊斋志异》中描绘为茶仙；历代诗人留下大量歌颂山茶花的诗篇。明代李东阳的《山茶花》中云："古来花事推南滇，曼陀罗树尤奇妍。拔地孤根耸十丈，威仪特整东风前。玛瑙攒成亿万朵，宝花烂漫烘晴天。"颂扬云南山茶的高大挺拔，富有顽强生命力的气势。明代张新的《咏山茶》云："曾将倾国比名花，别有轻红晕脸霞，自是太真多异色，品题兼得重山茶。"赞美之情溢于言表。大文豪苏东坡吟咏云："山茶相对阿谁栽？细雨无人我独来。说是与君君不见，烂红如火雪中开。"陆游诗云："东园三日雨兼风，桃李飘零扫地空。唯有山茶偏耐久，绿丛又放数枝红。"以及"雪里开花无春晚，世间耐久孰如君。"道尽了山茶花顶霜傲雪的风骨。黄庭坚说山茶花"禀金天之正气，非木果之匹亚"。苏辙赞山茶是"凌寒强比松筠秀，吐艳空警岁月非。"朱长文咏山茶："开从残雪里，盛过牡丹时。对日心全展，凌风干不欹"。苏轼《赴昌四季·山茶》："游蜂掠尽粉丝黄，落蕊犹收蜜露香。待得春风几枝在，来年杀菽有飞霜。"司空图《红茶花》："景物诗人见即夸，岂怜高韵说红茶。牡丹枉用三春力，开得方知不是花。"明代于若瀛《山茶》："丹砂点雕蕊，经月独含苞。既足风前态，还宜雪里娇。"明代担当和尚咏山茶花："冷艳争春喜烂然，山茶按谱甲于滇。树头万朵齐吞火，残雪烧红半个天。"诗人都把山茶说得很正派，很勇敢，是善于斗争的胜利者。当代大文豪郭沫若对茶花情有独钟，在《咏茶花》诗曰："艳说茶花是省花，今来始见满城霞。人人都道牡丹好，我道牡丹不及茶。"另一首《咏昆明黑龙潭早桃红》："茶花一树早桃红，百朵彤云啸傲中。惊醒唐梅睁眼倦，衬陪宋柏倍姿雄。崔嵬笔立天为纸，宛转梁横地吐红。黑水祠中三异木，千秋万代颂东风。"诗人将茶花古树与唐梅、宋柏同写，已突出茶花非同寻常的地位。邓拓《颂山茶花》："红粉凝脂碧玉丛，淡妆浅笑对东方。此生愿伴春长住，断骨留魂证若衷。"中国现代伟大的文学家鲁迅，也将山茶花作为战斗胜利的象征，写入他的作品《在酒楼上》之中。

山茶花在作家诗人的笔下是美丽、动人的，其品格受人爱戴，形成了中国的山茶文化，成为中华民族灿烂文化中的一朵耀眼奇葩，同时，与优美茶花木雕、石雕、绘画艺术及饰品一并给人以精神上的快乐和情志上愉悦，给人类带来了美与健康。

红色茶花（盆栽）

粉红山茶花（盆栽）

福建平和县三坪寺茶花

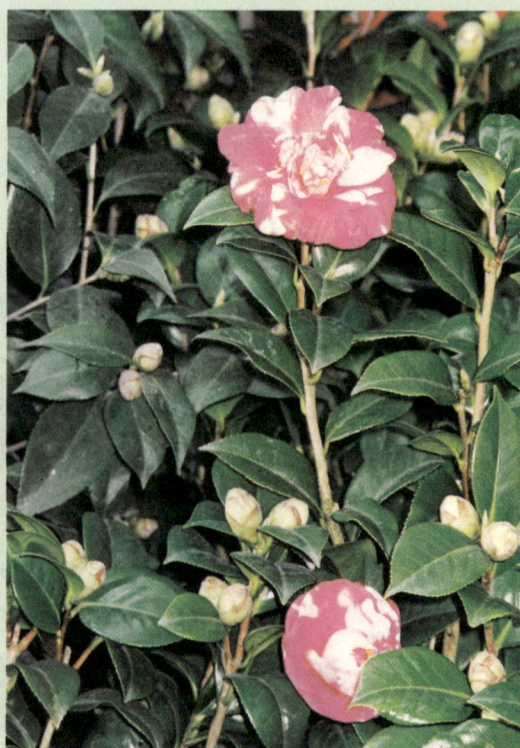

花脸山茶花（盆栽）

32. 冷艳清香受雪知——蜡梅

1.来源

蜡梅*Chimonanthus praecox* (L.) Link，别名腊梅、黄梅花、香梅、香木、蜡木、巴豆花、铁筷子、素儿、干枝梅、雪里花和寒客。蜡梅原产于中国中部秦岭、大巴山等地区，以陕西及湖北为分布中心。是华夏特有的传统名贵观赏花木，有着悠久的栽培历史和丰富的蜡梅文化。1000年余前，中国已栽培蜡梅，用于观赏。宋代已普遍栽培，并作为插花相赠。明、清发展更盛，已作贡品献给皇帝。它有4个品种群，12个品种型，165个品种，栽培遍及华中、华东及四川等地。尤以江南各地，亦是蜡梅栽培历史悠久的地区，苏州的虎丘、怡园，上海的松江、奉贤和嘉定都有发现明、清两朝的古蜡梅树。鄢陵、襄阳和荆州曾盛产蜡梅，有"鄢陵蜡梅冠天下"之说。湖北神农架地区之低山及陕西秦岭山区，仍有野生蜡梅林。1995年在湖南省石门县渡水乡峡谷河西岸的山坡上，又发现了罕见的野生蜡梅群，面积达2000多公顷，约130多万株。1987年，在鄂西北山区，建立了中国第一个野生蜡梅自然保护区，区内有蜡梅50余万株。16世纪初，中国蜡梅传入朝鲜，后转到日本。又经一个半世纪，才由日本输入欧洲。

2.形态特征

蜡梅为蜡梅科蜡梅属落叶灌木，或半常绿灌木。株高2～5米，树干丛生，黄褐色，具明显疣状皮孔。根颈部发达，呈块状。小枝近四棱形。老枝近圆柱形，单叶对生，近革质，长椭圆形，全缘，表面绿色粗糙，背面光滑无毛。花开于叶前，着生于叶前，着生于叶腋。萼片花瓣状，外花被黄色，内轮紫色，蜡质，具浓香。花期12月份至翌年2月份。花托发育成蒴果状，内含褐色种子数粒。果期为9～10月份。

蜡梅依花心颜色不同，分为素心和荤心两类。素心者，花瓣、花心、花蕊均着黄色，绝无杂色相混。荤心者，外瓣黄色，内瓣中心常带紫色。常见变种有：

1）素心蜡梅var.concolor，花型大，花瓣内没有紫色斑纹，全部为蜡黄色，瓣端圆钝或微尖，盛开时反卷，故又称荷花蜡梅，香味浓。为蜡梅中最名贵品种。

2）磬口蜡梅var.grandiflorus，叶及花均较大，瓣阔而圆。外轮花被黄色，内轮黄色上有紫色条纹，花开半含，形如磬状。香味浓。为名贵品种。

3）狗蝇蜡梅var.intermedius，也叫狗牙梅或红心蜡梅。为半野生类型。株矮叶狭花小。花淡黄，花瓣基部有紫褐色斑纹，香气淡，花瓣尖似狗牙，花后结实。

4）小花蜡梅var.panviflonus，花特小，花径约0.9厘米，外轮花被片黄白色，内轮有浓紫色条纹，香气浓。

3.生长习性

蜡梅性喜阳，稍耐阴，耐寒力较强，怕风。忌水湿，耐旱力极强，有"旱不死的蜡梅"之说。喜肥，喜土层深厚、排水良好、富含腐殖质的微酸性砂质壤土。不耐盐碱，为阳性长寿树种。根部萌蘖力强，耐修剪，有"蜡梅不缺枝"的谚语。江南有"砍不死的蜡梅"说法。不耐煤烟，对二氧化硫气体抵抗力较弱。可在温度高于-15摄氏度的露地安然越冬。花期温度不得低于-10摄氏度。除徒长枝外，当年生枝大多可以形成花芽，以5～15厘米长的短枝上着花最多。树体寿命较长，可达百年以上。上海市松江县方塔附近有500年生古蜡梅树。

4.培育要点

（1）繁殖方法

可用嫁接、分株、压条及播种法繁殖蜡梅，但以嫁接为主。一般多用切接。选2～3年生狗蝇蜡梅或实生苗为砧木，于花后春季3～4月份叶芽接开始萌动，并有麦粒大小时，约0.5厘米进行嫁接，成活率高。接穗应选用二年生粗壮而较长的枝条，取其中段6～7厘米长，削成浅切面，略露出木质部。切砧木时用刀不要太紧。接后用塑料带缚扎好，并培土封住切口。1个月后，扒开土堆，检查成活情况。秋季，切接苗高60厘米以上时，将主枝短截，促使其发生侧枝。2~3年后，即可开花。腹接可于6~7月份进行。靠接多在6月份实施。

分株，以休眠期为好。取基部带有多个须根的苗，分株后剪去上部枝条，施以稀薄液肥，上部盖帘遮荫。扦插，以夏季嫩枝作插穗，放在50毫克/升生根粉液中浸泡6小时后，插在遮荫的塑料薄膜棚内。约经20~30天，即可生根移植。播种，一般在夏季进行。进行时，种子应随采随播。当果囊由绿变黄转褐，内含种子粒呈棕色并具光泽时，可采收果实，剥开壶状果囊，取出种子，放在温水中浸泡24~36小时，并去除漂浮种子。将留下的种子，用湿润细沙贮存催芽，经过10天左右，种子裂口露白，即行播种。苗床要施足基肥。2周后出苗，当年苗高可达20厘米以上。翌年3月份，进行扩距移栽。第三年，即可作砧木。

(2) 一般栽培管理

蜡梅于秋季落叶后至翌年春季，均可栽植，但以花后叶芽开始萌动时栽植成活率最高。宜选背风向阳、排水良好的地块栽植。成年树宜带土球移植。管理粗放的蜡梅，为促使其开花繁茂，应进行修剪。幼树以整形修剪为主。丛生植株已达开花年龄者，可保留8个左右枝作主枝，将其他萌蘖自基部剪除。对主枝可轻剪，促使分枝。花后将2年生枝留3~5节后短截。6月份，当新枝长有4~5对叶片时，如顶梢未停止生长，应摘心予以抑制，以促进花芽分化。

(3) 越夏管理

对越夏盆栽蜡梅应做好以下管理工作：

1) 适时修剪整形　发叶前，结合造型重剪一次，剪除枯枝、过密枝、交叉枝、内侧枝及病弱枝。对1年生枝条，只留基部两三个芽，剪除上部，以后新枝每长两三片叶之后即摘心。4~6月份，要做好修剪、摘心和抹芽工作。如若培育桩头盆景，可选留几根壮枝，将其余的剪去，在老根堆壅泥土，保持潮湿，并逐年剔土提根，使根颈逐渐露出盆土面，形成悬根露爪、苍劲古雅的树形。

2) 科学施肥　蜡梅喜肥，除要选用酸碱度适宜、疏松肥沃的盆土外，在4~5月份生长期，应每隔15~20天施一次饼肥。6~7月份，植株进行花芽分化，应追施两次磷、钾液体肥。每次施肥后，要注意及时浇水和松土。

3) 适时浇水　以"见干见湿"为原则，盆土不干不浇水。浇则浇透。夏季高温，又是花芽形成期，浇水要充分，但应注意不积水。遇到雨天，要用薄膜遮雨，或将蜡梅盆花搬进室内。

4）防止暴晒　夏季午间日灼时，要添加竹帘、遮阳网或将蜡梅盆花搬入荫蔽处，用稻糠、腐质叶和旧棉絮等覆于盆上，以增加湿度，并防止暴雨侵袭。

（4）花后管理

蜡梅的花后管理工作如下：花后移至室外，放于向阳暖和处养护。盆土干后，照常浇水。要掌握不干不浇，浇必浇透的原则。每隔1～2年要进行翻盆换土。3～4月份枝叶萌动前，结合修剪，剥去泥团中30%～50%的旧土。对过长根需剪短，并剪去枯弱、重叠、徒长和交叉枝条，移入加进新土（菜园土或人工培养土）和基肥（有机复合肥为佳）的桶状新深盆，浇透水，照常护养。

（5）花期调控

对蜡梅，可以人工控制花期。若需使它在元旦、春节开花，就应在秋末落叶后，将苗挖起上盆，放入冷室（5摄氏度）贮存，适量浇水，保持盆土不干不湿。在距节日20天时，将苗盆移至15～20摄氏度的向阳房间或暖棚里，每周浇灌一次稀薄肥水，就会适时开花。若需蜡梅在十一国庆节开花，则需在8月初，将苗挖出上盆，放入10～15摄氏度冷室。在距节日20天左右时，将苗盆移至温暖（25摄氏度左右）向阳处莳养，就会适时开花。

5.欣赏与应用价值

蜡梅与梅花均是原产中国名花，两花虽均冠以"梅"，却是完全不同家族。梅花为蔷薇科落叶小乔木，蜡梅则是蜡梅科落叶灌木。李时珍《本草纲目》早记载："此物本非梅类，因其与梅同时开，香又相近，色似蜜蜡，故得此名。"

寒冬腊月，朔风凛冽，花木凋谢，而蜡梅却傲霜斗雪，枝干挺拔傲立，一副铁干钢骨形态。它虬枝曲折，迎风摇曳，俏丽端庄，形态俊逸，显得灿烂明亮，健康向上，具有傲视逆境的风骨。它那一簇簇迎霜傲雪的密蕊黄瓣，顶寒绽放，给人们送来春的信息。

蜡梅的花朵华丽典雅。有的花心洁白，花开时并不全部张开，花口向下，似"金钟吊挂"，故名金钟梅。"栗玉圆雕蕾，金钟细著行"（宋代杨万里），即指此梅的雅致动人。有的朵大，瓣阔而圆，晶莹透明，香气甚浓，花开半含，形如磬状，可爱之极，称磬口蜡梅。《群芳谱》曰："蜡梅又有花开最先，色深黄如紫檀，花蜜香浓，名檀香梅，此品最佳。""玉蕊檀心两奇绝"（宋代苏东坡），即指素心梅和檀香梅。有的花型小而香浓，花心呈紫红色，"紫蒂黄苞破腊寒"（宋代曾肇），其花瓣较尖，当指狗蝇蜡梅，又名九英蜡梅。有的外瓣黄色，内瓣中常有紫斑，如古人所吟"洗却铅膏饰道妆，檀心浅露紫香裹"，所指称之荤心蜡梅。有的花朵于农历十月间绽放，花开形似虎蹄，又名早梅，"经接过花疏，虽盛开常半开半含，名磐口梅"、"形似僧磐口也。"（宋代范成大《梅谱》）。

它气味芳香浓郁，"一花香十里，更值满枝开。承恩不在貌，谁敢斗香来。"（宋代陈与义），可见它的香气别具一格，远闻时淡雅幽静，怡情娱性；近嗅时，则冷香袭人，令人陶醉。

它神韵高洁，秀而不娇，幽姿着意凌寒怒放，冻蕊含香，风味殊佳。它不畏环境恶劣和酷寒，顽强不屈，铁骨铮铮；也不为明媚春光所惑，我行我素，孤芳独妍，自古以来深受人们钟爱。在中国传统园林中，常用它来点缀冬景。常栽于古典园林的亭、台、楼、阁之侧，倚以山石，傍溪依水，与松竹配置更为典雅。它花开耐久，花蕾次第开放，可长达30～50天之久，尤宜作瓶插。若斗室里插上一两枝，则室外虽寒风袭人，而室内却春意盎然，满室增辉，香郁盈屋，幽香彻骨，令人心旷神怡，赏心而快慰。江南一带，人们在春节时，常将它与红果累累的南天竺，同插于厅堂，黄花红果相辉映，更显雅致非凡，佳丽无比，颇具"一卉熏一室，寒香透彻骨"的极好效果，如以苍翠的常绿树或竹类为背景，在漫雪飞舞的季节，更显出其刚毅倔强，坚忍不拔的风韵。若在园林中营造成片的蜡梅林、蜡梅岭，蜡梅花溪景观，每当寒冬腊月，冲寒吐秀，冷香远溢，更是引人入胜。老根枯干经制作桩景，可形成苍劲、虬曲、古雅的造型，配以陶制的盆盎，放置案头、厅堂，使之发叶展花，可获得巧夺天工的意境，亦为怡情遣兴之佳品。

蜡梅不仅观赏价值很高，还有较高的药用价值。花入药，有清热解表、顺气止咳和解毒生津的功效；治头晕、呕吐、气郁胃闷、麻疹、百日咳等病；皮和叶有祛风、解毒、止血作用；根主治风寒感冒、腰肌劳损、风湿性关节炎、疮疖等；果可治腹泻、久痢之症；花蕾浸菜油治烧伤、烫伤及中耳炎。它的经济价值也很高，宋代即有"高价掀兰菊"的记载。1982年，新华社《国内动态》记述，上海龙华园艺场有一株古桩蜡梅，日商愿以14辆丰田小汽车作交换。1994年，河南鄢陵蜡梅切花，在香港每枝售价达12美元；用蜡梅所提取的天然香精，在国际市场上非常走俏，每公斤可换黄金5公斤，蜡梅油每公斤可换黄金1公斤。

6.树趣文化

蜡梅在百花凋谢的数九隆冬，凌寒怒放，色泽明亮，浓香纯正，沁人肺腑，经久不衰。因此，自古以来，也就流传了许多动人的故事和美丽的传说。相传，秦始皇统一天下后，建阿房宫，广收天下美女，其爱姬姓黄，名梅儿，进宫前与其表兄尧相爱，后被抢入宫，尧也随之做了宫廷侍卫。后来，被秦始皇发觉，将侍卫逐出宫门，黄梅儿被赐死宫中，葬于宫门前蜡梅树下。数年后，侍卫随刘邦起义，破秦都，到阿房宫内找黄梅儿。时值腊月，埋葬黄梅儿的地方的那株蜡梅花，突然绽发出金黄色的花朵来。侍卫立时恍惚，剑起树折，大声呼唤着"黄梅儿，黄梅儿……"他抱起蜡梅树飞奔远去。后来，冬季最早开放的蜡梅花就叫黄梅儿。

古人还把蜡梅称为"素心"，这里有一段故事。据《宾朋宴语》记载：宋代诗人王直方的父亲家中，有许多侍女，其中有一个叫素儿，长得最美，如花似玉。在蜡梅盛开时，王直方折了一枝送给他的诗友晁无咎，晁赋诗答谢，其中有"芳菲意浅姿容淡，忆得素儿如此梅"之句。一时被传为美谈，一些好事者便把蜡梅称为"素儿"。

据说古时河南的小鄂国，国王的御花园栽满奇花异草。寒冬腊月，众花凋谢，唯独黄梅雪中怒放，深得国王厚爱，却无香味，下令如翌年还不见黄梅吐香，将处死全体花匠。转眼又到黄梅含苞之际，花匠们仍束手无策。一天黄昏，一个叫花子手中拿着几枝臭梅口中念念有词："莫笑我的身上脏，御花园里花不香……"亦硬要闯进御花园，遭到看守的毒打。花匠们上前阻拦，各自掏钱给他，劝他快离开。叫花子说："我没东西报答，几枝梅送给你们，它跟园里的黄梅有不解之缘。"花匠们接过梅，一股臭味直冲鼻子，正想扔掉，突然觉得衣兜里沉甸甸，原来给的钱又回到各自的兜里。大家这才醒悟，叫花子是活神仙来解救他们的，把臭梅接到了黄梅上。几天后黄梅怒放，满园幽香。国王重赏花工。从此，黄梅变成了香花，因其在寒冬腊月开放，花色似蜡，被称蜡梅。

在汉代，汉成帝修筑上林苑，遍选奇花珍卉入内。未央宫建成后又选蜡梅植之宫内，并立赵飞燕为后，建昭阳殿。赵飞燕居于其内，她喜花，却惟独钟爱蜡梅。成帝亲于昭阳殿植蜡梅数株。是年冬，蜡梅盛开，飞燕日夜赏玩，废寝忘食，成帝为讨飞燕欢心，遂选几朵新绽蜡梅花，用朱丝系为一串，佩戴在飞燕额上。飞燕甚喜，为成帝舞了一曲以谢圣恩。之后，成帝每日必为飞燕采蜡梅花饰妆。从此，蜡梅饰额风行天下。《古风·木兰辞》曰："当窗理云鬓，对镜贴花黄"，即是指的蜡梅花。中国姑娘常有将蜡梅花枝插在胸前或头上迎春的习惯。在四川等地，人们在寒冬腊月或春节期间走亲访友时，爱送上几枝蜡梅花，表示祝愿主人家兴旺祥和，幸福美满。不少人家还将蜡梅花作为祭神的供花。中原人对蜡梅也情有独钟。河南省鄢陵县人早在宋代，已培育出"素心"、"檀香"与"磬口"等优良蜡梅品种，至今，当地花农多称蜡梅为梅树。明代刑部尚书刘景的庄园里一处数十亩的蜡梅林，取名曰"梅花庄"。宋代大诗人苏东坡住许昌时，在小西湖畔房前屋后广植蜡梅，其居室匾也书为"梅花堂"，他的《蜡梅一首赠赴景贶》一诗中，有"天工点酥作梅花"句。

蜡梅历来为墨客骚人所吟咏，广大群众所喜爱。宋代黄庭坚称赞蜡梅："金蓓锁春寒，恼人香未展。虽无桃李颜，风味极不浅。"宋代陆游《荀秀才送蜡梅》诗云："与梅同谱又同时，我为判香似更奇。痛饮便判千日醉，清狂顿减十年衰。色疑初割蜂脾蜜，影欲平欺鹤膝枝。插向宝壶犹未称，合将金屋贮幽姿。"南宋诗人谢翱诗称："冷艳清香受雪知，雨中谁把蜡为衣。蜜房做就花枝色，留得寒蜂宿不归。"这三首诗道出了蜡梅的特征，蜡梅的清香，不畏严寒的品格和花朵上披有蜡衣的晶莹可爱状。王十朋在《点绛唇——奇香腊梅》一词的上篇中写道："蜡梅梅姿，天然香韵初非俗。蝶驰蜂逐，蜜在梢熟。"写出了腊梅的花姿，神韵和醇香，十分形象动人。

西安蜡梅(庄伊美 摄) 群蝶翩舞

冻蕊含香

老朽梅桩　形姿俊逸

四川成都九寨沟沁园酒家蜡梅

梅花　凌寒怒放

蜡梅花　金蕊剔透晶莹

金钟吊挂

金蓓锁春寒

33. 浓浓花香脉脉深情——丁香

1.来源

丁香*Syringa obcata Lindl.*，别名紫丁香、百结花、情客、鸡舌香、支解香、如宇香、百里馨和华北丁香。早春开花，花香浓郁，是中国特有的名贵香花之一。

中国是丁香的故乡，丁香广布于中华大地，已有1000多年的悠久历史。早在北魏，贾思勰《齐民要术》中有记载，称之为"丁子香"。据近代考古学家报道，汉代马王堆中发现的未腐烂的2000多年前的西汉古尸手中就握有丁香。花叶丁香通过丝绸之路，经波斯（伊朗）传入欧洲、土耳其、法国和英国。全世界丁香属植物约有27种，主要分布在亚洲的东部、中部、西部及欧洲的东南部。中国的丁香原产种类约有24种，中国是本属植物的主要产地和自然分布中心。在中国，北起黑龙江，南到云南，东自吉林和辽宁，西至川藏，跨越15个省、自治区，都有丁香分布，其中以分布在川藏及西北地区的种类最为丰富。丁香大多分布在海拔800～3800米的山地，生长在山谷、河滩及阳坡、半阴坡之山地林缘、林下或灌木丛中。现已在中国科学院植物研究所植物园建起了国内第一个较为完备的丁香属种质资源基地，并在此基础上进行了新品种培育的研究。

2.形态特征

丁香株高3～5米，古老丁香树达8米以上。小枝圆形或四棱形，具皮孔，髓心实。冬芽卵形，被鳞片。单叶对生，叶片革质或纸质，近心脏形，暗绿色，全缘或少有分裂，罕为羽状复叶，有叶柄。花两性，每三朵小花组成一个聚伞状花序，再排列成大型圆锥花序，由顶芽或侧芽抽生。具有浓香，具花梗或无花梗，花萼钟形，具4齿裂或截形。花冠漏斗状，具颜色深浅不同的4裂片，为白色、紫红、红紫及蓝紫色等。雄蕊2枚，着生于花冠管中部至喉部或伸出管外，子房二室，每室内有种子1~2枚。种子长圆形，扁平或呈三棱形，有翅。蒴果长圆形，微扁，光滑或具皮孔，空间开裂，被黄褐毛。花期为4~6月份，果熟期为8~9月份。

丁香属分为长花冠管组及短花冠组。前者下分顶生花序系、巧玲花系、欧丁香系、羽叶丁香系；后者有两个种，一个变种。

丁香品种已达2000个以上，比较常见有：

1）华北紫丁香 S.oblata Lindl.，树高1.5~3米，花序长15厘米，花为紫、蓝紫或淡粉红色。

2）白丁香 S.oblata Var affinis Lingelsh.，叶较小，花白色，具浓香。

3）关东丁香 S.velutina Kom.，树高2~3米。花序长5~16厘米，花蕾红紫色，花朵粉红色或白色。可作点缀庭院绿地用。

4）蓝丁香 S.meyeri Schneid.，树高0.8~1.5米，花序长5~12厘米，花朵紧密，蓝紫色。可在庭院孤植，或作花坛配景树或盆景。

5）花叶丁香 S.persica L.，这个丁香品种树高2米，花序长4~15厘米，花朵蓝紫色。

6）北京丁香 S.Pekinensia Rupr.，这个丁香品种树高5米，花序长8~15厘米，花白色。

7）四季丁香 S.var alba West.，树高1.5~2.5米，花序长3~10厘米，较疏松，花淡紫至淡紫红色，内带白色。于4月下旬至5月初及7月下旬至8月上旬，开二次花。

3.生长习性

丁香为阳性树种，性喜冬暖夏凉气候，耐寒性极强，多数种类耐-20℃的低温，个别种类能耐-30℃或更低的低温。喜阳光充足，较耐阴，少数种喜半阴。喜湿润，耐旱力极强，畏惧夏季持续高温及潮湿。对土壤要求不严，耐瘠薄，除强酸、强碱性土壤外，它在各类土壤上均能正常生长。忌大肥，以在排水良好、疏松、含腐殖质丰富的中性或偏酸、偏碱性土壤上生育最佳。忌低洼积水地栽植，萌蘖性强，耐修剪。丁香对烟尘、氟化氢及二氧化硫等有毒气体，具有抗毒和净化空气作用，是环保型绿化好材料。

4.培育要点

(1) 繁殖与栽培方法

丁香可采用播种、扦插、嫁接、压条和分株法繁殖，以播种法应用较多。可于3月下旬作室内盆播，或4月中旬作露地畦播。播前，将种子放在0～7摄氏度低温下层积1～2个月，播后经14～25天即可出苗。出苗适宜温度为20～25摄氏度。幼苗长出3～5对叶片时，进行间苗或分苗移栽。露地幼苗怕涝，雨季要及时排水。北方地区，当年生苗株冬季要埋土防寒保护。扦插，于花后1个月进行。选当年生半木质化健壮枝条作插穗，插穗生根的适宜温度为25摄氏度左右。扦插前，用100～200毫克/升的吲哚丁酸溶液，浸泡插穗基部18小时，或用500～2000毫克/升吲哚丁酸溶液速浸10秒钟，生根率可达80%～90%。也可于秋季落叶后，剪取休眠枝作插穗，置露地埋土贮存，至翌年春天扦插。嫁接，多用于优良品种繁殖，分为芽接和枝接。芽接，一般在夏、秋季选当年生健壮枝条上饱满的腋芽作接穗，接后在冬季要防寒。枝接，一般于初冬取充实的一年生休眠枝，在0～5摄氏度低温下保温贮存，翌年春季萌动前嫁接，多行劈接，接口离地面5～15厘米。砧木宜用丁香1～2年生的实生苗。丁香移栽，宜在早春萌动前或休眠状态时进行，以选2～3年生苗为宜。定植的株行距一般为2～3米，栽植穴深50～60厘米，直径为70～80厘米。基肥以腐熟有机肥加适量骨粉为适宜。用量不宜过多，每穴约1千克，施时与土壤充分混匀。栽时要根系舒展，填土层层压紧，使根土密接。埋土后，除根颈处要与土面相平外，土面也要与穴边的地面相平，以防雨季积涝。栽后即浇灌透水，每隔10天浇水一次，连续浇3～5次。每次浇水后，都要松土保墒。

(2) 露地栽培管理

丁香生性强健，适应性较强，露地栽培管理时，只要把握适当灌溉、施肥、修剪及病虫害防治等几个环节，就可使丁香生育良好，花序繁盛，花色鲜艳。

1) 灌溉　生长旺盛和开花繁茂的丁香，每月浇灌2～3次透水。雨季要排水防涝。从10～11月份到入冬前，要灌三次透水。每次灌水后要松土保墒。树龄达20～30年后，靠天然降水，植株也可生长良好。

2) 施肥　植后要不施或少施肥，切忌施肥过多。《花境》中有"丁香畏湿而不宜大肥"的记载。特别是氮肥，不宜多施。一般每年花后或秋季落叶后，穴施一次或隔年施一次适量的磷、钾肥及少量氮肥，每株施磷钾复合肥60～70克，氮肥20克，或腐熟厩肥500克。

3) 整形修剪　一般在秋末落叶后或早春萌动前进行。可根据不同的发枝习性，采取不同的修剪方式。对老态植株可行截干更新，以保持株形美观。

4）病虫害防治　主要病害有凋萎病和叶枯病等，多发生在夏季高温、高湿时期。发病后，要及时弃除病株，并用40％甲醛500～1000倍液、1％波尔多液防治；害虫主要有树蛾、卷叶蝇、大胡蜂及介壳虫等，可采取人工捕杀，喷施乐果、二嗪农等杀虫药剂，进行防治。

5.欣赏与应用价值

丁香是一种婉约的美丽植物，千百年来，丁香花以它那强健的植株、枝繁叶茂的姿态与芳香宜人的花朵，蜚声于世界，迄今已成为欧洲、美洲和亚洲等众多国家园林中不可缺少的著名花木。中国于1988年在《中国花经》中，将它列为中华重点名花之一。它那翠绿欲滴的姿容，高大挺拔的姿势，迎风雪屹立的英雄气概，"傍檐结密人难折"，令人见了感到可歌可敬；那田园上一片片、一丛丛的婆娑玉树，远远望去，好似碧波万顷的草原上，镶嵌着一块块晶莹的绿宝石。它柔枝纵横交错，"一树百枝千万结"，犹如一层软厚的棕垫，俨然一张镶满珍珠的网络。郁郁葱葱的嫩叶上，被覆着柔软的浮毛，给人以纤细滑腻的质感。它刚绽露洁白花瓣、含苞欲放时，宛如天空点缀着繁星，自显出风流高洁的姿容。每每清晨瞬间，是它展艳的美好时刻，千万朵白花一齐怒放，像美丽的朝霞铺布枝头，在绿叶托衬下，玲珑剔透，十分可爱。清风徐来，万籁俱寂，仿佛听出丁香花像玉铃铛般发出清脆的丁冬声，袭人的花香四处漫溢，飘散得很远很远，沁人心脾，使人们的心情平添了许多幽然的清新和舒畅，称它为朴素内秀的花中君子。丁香给城市带来无限风光。它还具有一种顽强不屈，坚忍不拔的精神，于是有黑龙江省哈尔滨市、青海省西宁、内蒙古自治区呼和浩特和宁夏回族自治区石嘴山等四市推举为城市的市花。

丁香种类繁多，生性强健，是我国北方园林中不可或缺的名贵观赏花木。它以其花丛团扶，芬芳袭人，色调优雅和姿态秀丽，博得人们的钟爱。在园林配置中，可将它孤植于窗前，有"雨枝琼枝占一庭"的诗意；对植，与其他乔灌木配植作花篱，更构成诱人的景色，使小环境内从春季到夏、秋季，都充满生机；丛植于路、草坪角隅、林缘、庭前或与其他花木搭配，在幽静的林间空地栽植，盛花时清香扑鼻，引人喜爱，如以各种丁香营造的丁香园，亦具特色，若在曲径游步道旁点缀，尤觉别有风致，另构一格；也可修剪成小乔木，作行道树，充作净化空气、美化环境的优良花卉。它还是切花的良好材料。它也可栽成盆花，置于厅堂，使堂内花香馥郁，清新舒适。但是，丁香花对患有高血压、冠心病的老人有刺激，不宜放在居室内。

丁香不仅花香，而且实用价值很大。丁香花可直接食用。菜肴或羹汤有丁香花调味，可使人胃口大开，如丁香鸭、丁香羊肉、丁香酸梅汤、丁香姜糖，具有营养又能疗胃、肠炎、消化不良，饮酒前嚼一粒丁香，可增加酒量，不易喝醉。其根、皮、枝与果实均可入药，《本草经疏》写道："丁香，其主温脾胃、止霍乱壅胀者。"在中药里属祛寒的药物。传统上用于治疗胃寒呕吐、呃逆，以及肾阳不足所致的阳痿、脚弱等症。干燥花蕾、叶或梗可提炼丁香油，其主要化学成分为丁香油酚和齐墩果酸等，现代药理研究证明：丁香油能促进胃液分泌，对多种皮肤癣菌（头癣、体癣、股癣和手癣等）亦有较强抑制治疗作用，还具有抗菌、抗病毒、抗真菌的作用，特别是对痢疾杆菌、金黄色葡萄球菌、结核杆菌有明显的抑制和止痛作用，是制造药品的原料，又是制造香水等高档化妆品的重要原料。著名法国香水香奈儿的"可可"及圣罗兰的"鸦片"都用丁香作主调成分。嫩枝可代茶。木材坚韧，供制农具及器具用。

6.树趣文化

丁香花在中国是爱情和幸福的象征。有"爱情之花"、"幸福之树"美誉；在欧洲，认为丁香是高贵身份的象征。红色丁香花表示勤勉。有首童谣说道："平民男子只要拥有一棵，国王的女儿都会来亲近他。"在英国，紫色丁香花表示初恋，白色表示少年天真无邪。在法国，丁香表示纯洁，以紫色表示我的心属于你；白色表示让我们相爱吧！并将白丁香花视为青春的象征，只有美丽的姑娘才佩戴白色的丁香花。

在日本将《和汉药考》中称丁香"百里馨"、"瘦香娇"、"如宇香"等雅名，并称为"札幌之花"，每年6月丁香花盛开之际，要举行"丁香节"。日本以白色丁香表示"彼此相爱吧"。迄今许多地方仍把"春天女神之花"视为珍品。云南崩龙族和傣族人民，每年丁香花开之际，都要举行传统的"采花节"。青年男女身着节日盛装，争相上山采摘丁香花，赠送给自己的恋人，表示以丁香为"结"，寓意对爱情的坚贞不渝。一些地方将丁香作为定情之物。还有的地方将丁香作为催办婚事的信物。在西宁，每当丁香花开时节，人们总喜欢采上几束丁香花，插在厅堂的花器中。一些青年妇女，把丁香花插在头上或别在胸前，步移花摇，芳香四溢，楚楚动人。

鲁迅先生曾于1924～1926年居住在北京阜成门内宫门口西三条胡同一个小四合院。1925年4月5日亲手在院内种植两棵白丁香树。也许是借物抒情。它伴随着鲁迅先生在不眠的长夜里，奋笔疾书，写下了很多著名的杂文，像一把把犀利的匕首和报枪，刺向罪恶的封建制度，刺向北洋军阀政府的魁首及其走狗。迄今，这两棵白丁香树经历70多年的风风雨雨后，依然充满了青春活力，枝繁叶茂。每到仲春之际，白花满树，如银似雪，芳香袭人。

丁香在诗歌、绘画、文学作品和民俗等文化领域中，都有丰富的记载与传说。相传，古时京城一厨师为报复刁县官的虐待，趁春节宴会之机，跪献一壶冷酒说："水冷酒，一点二点三点，点点在心。请大人对下联。"县官对不出，当众丢尽面子，不久便气死了。来春，其坟上长出一株丁香，同僚大悟，说：他在阴间终于对出了下联"丁香花，百头千头万头，头头是道"。也许正是县官之死，给人于启示，不可恶紫夺朱，仗势欺人，要清白明志，淡泊官禄。

传说古代有位皇帝，因嗜食生冷食物，先腹胀，后上涌下泄，官中御医束手无策。一天，一位衣衫破烂的乞丐醉歌进官，对皇帝端视良久后说："脾胃乃仓廪之官。饮食生冷便伤脾胃。可用丁香制成香袋，悬于室内，即得安康。"皇帝问你是何人？乞丐称："我乃八仙中的蓝采和是也。"皇帝依照嘱咐，果然药到病除。根据现代药理分析，丁香对多种细菌和病毒，确有较强的抑制作用。

又传说，我国历史上的东汉时期，达官晋见皇上，口要含丁香，让口气芬芳，以示对皇帝的尊敬。而据历史记载，14世纪挪威兼瑞典女王的遗产清单里，有丁香750克。说明古人早已懂得利用芳香植物来净化环境，美化自身。

丁香素雅洁净，幽香醉人，被人们誉为"爱情之花"、"幸福之树"。在文学作品中，丁香作为高洁、冷艳、哀婉与愁怨的象征，被我国古今诗人广为吟咏。早在唐代，诗圣杜甫在《丁香》诗中说，丁香之芳香可以与兰花、麝香相比，且诗言曰："丁香体柔弱，乱结枝犹垫。细叶带浮毛，疏花披素艳。深栽小斋后，庶使幽人占。晚堕兰麝中，休怀粉身念。"他既赞美了丁香花的美丽高雅，又告诫人们在安居中勿失晚节。陆龟蒙的《丁香》诗云："殷勤解却丁香结，纵放繁枝散诞春。"可谓用丁香花抒怀，寄寓情思。唐代诗人李商隐在《代赠》一诗中云："楼上黄昏欲望休，玉梯横绝月如钩。芭蕉不展丁香结，同向春风各自愁。"表达了年轻女子思念情郎的情愫。南唐国主李煜的《摊破浣溪纱》词云："青不外信，丁香空雨中愁。"更是明确描述了丁香伴着绵绵细雨，散发阵阵幽香的妙景。清代邹升恒的《丁香和韵》诗赞曰："春空烟锁缀星星，两树琼枝占一庭。交网月穿珠络索，小铃风动玉冬丁。傍檐结密人难拆，拂座香多酒易醒。只恐天花散无迹，拟将湘管写娉婷。"描绘了白丁香花白璧无瑕、玲珑剔透的形态，流露出诗人对名花怜爱之情。清代陈至言《咏白丁香花》诗曰："几树瑶花小院东，分明素女傍帘栊。冷垂串串玲珑雪，香送幽幽篾籁风。稳称轻衾匀粉后，细添薄鬓洗妆中。最怜千结朝来坼，十二阑干玉一丛。"诗人把白丁香的洁白颜色和高尚品格，概括而形象地表现出来。全诗艳美香幽，令人读来口齿生香，美不胜收。被毛泽东称为当代"南北驰名的名医"施今墨先生，在"十年动乱"中，备受迫害，致使多年医案被毁一旦。施老聊借中药丁香花开花谢的自然景象抒发自己的痛苦悲愤之情，在《忆绒线旧院内丁香花树》一诗云："丁香花开今年小，人比去年老多了。年年依旧花自开，道自花不随人老。花落花开几度春，人间往事已前尘。遥知庭院还如昔，不见当时树下人。"

华北丁香

北京丁香

蓝丁香

小叶丁香

滇丁香

花叶丁香 （白丁香）

34. 榕的兄弟，佛教圣树 ——菩提树

1.来源

菩提树（*Ficus religiosa*）即毕钵罗树、菩提榕，又名思维树、阿思多罗、阿榆陀树、圣洁树、贝多树，傣语称"戈埋西利"，梵文Bodhruma或Bodhirksa，亦译为"觅树"、"道树"，意思是觉悟、智慧，用以指人忽如睡醒，豁然开悟，突入彻悟途径，顿悟真理，达到超凡脱俗的境界等。在英语里，"菩提树"也有宽容大量、大慈大悲、明辨善恶、觉悟真理之意。而在植物分类学中，菩提树在拉丁学名里本来就有神圣宗教之意。自佛祖于毕钵罗树下成道，证得菩提后，毕钵罗树便被佛教徒们称作菩提树。被虔诚的佛教徒视为佛的象征，修成菩提是佛教徒的最终理想，从此菩提树也变得至高无上了。

菩提树原产印度、斯里兰卡、缅甸等地，属热带雨林中的植物，喜马拉雅山区有野生的，多散生于海拔400～600米的平原及村寨附近。中国原无分布，它最初是随着佛教的传入而被引进的。中国也有1000多年的栽培历史，浙江省普陀山文物展览馆内至今以天价长存着四片菩提树叶，据说就是从佛祖当年"成道"圣树上采摘下来的，被视为珍宝。据史籍记载，梁武帝元年（公元502年），僧人智药三藏大师从西竺国（今印度）带回菩提树，并亲手种植于广州王园寺（后来该寺改为光孝寺）。从那以后，中国才开始有了菩提树，并在南方各省区寺庙中广为传播，并成为佛门名刹的标志。迄今，广州海幢寺仍然还有3株300多年树龄的古菩提树。它生命力强，万古长青，民族感情深厚，还被云南省景洪市选定为市树。

2.形态特征

菩提树为桑科松属常绿大乔木，高可达25米，胸径50厘米，树皮灰色，冠幅、分枝广展，树冠大，卵圆形或倒卵形；小枝灰褐色，幼时被微柔毛。常有下垂的气生根和大支柱根。叶互生，三角状卵形或心脏形，长9～17厘米，宽8～12厘米，深绿色，革质，有光泽，叶缘微波状或全缘，基部3出脉，网脉小而明显，两面光滑无毛，先端骤狭而成一长尾尖，约等于叶长1/3，叶柄长7～12厘米，叶常下垂。花小，为隐头状花序。雌雄同株，雄花、瘿花、雌花同生于肉质的花序托内壁；雄花少，生于花托入口处，无柄，花被2～3裂，内卷；瘿花具柄，花被2～3裂；雌花无柄，花被4片，宽披针形，子房倒卵形，花柱侧生。隐花果实球形或扁球形，无梗，成对腋生，径1～1.5厘米，成熟时红色。花期3～4月，果期5～6月。

3.生长习性

菩提树为热带、亚热带树种，喜欢温暖、湿润、阳光充足、通风良好的环境。幼树怕冷，夏季温度30摄氏度以上生长繁茂，冬季要求在10摄氏度左右，可耐1～4摄氏度低温，不耐霜冻。对土壤要求不严，以肥沃、疏松、排水良好、微酸性沙壤土为好。能适应城市环境，生长较快，耐热，耐干旱贫瘠，萌发力强，耐修剪，根系发达，移栽易成活，少病虫害，抗污染能力强，1公斤干叶可吸收二氧化硫4540毫克、吸收氯气4680毫克。寿命长，树龄长达五六百年。

4.培育要点

(1) 繁殖方法

以扦插、压条繁殖为主，亦可用种子繁殖及组织培养。

1) 扦插繁殖　4～6月为宜。取长15～20厘米、顶端具有饱满腋芽健壮嫩枝，下部留2～3片叶，多余的叶片剪除，剪口要平，所分泌的白色乳汁用温水洗去，晾干后扦插。株行距20厘米×20厘米，深度约为插穗长度的3/4，室温保持在24～26摄氏度，湿度要高，30天后即可生根，再半个月即可上盆。

2) 压条繁殖　3月下旬梢初露时至8月均可进行，以4～5月为好。选取半年生至1年生、长1厘米左右健壮的枝条，于顶芽下30～40厘米处环剥一圈2～3厘米长的木质部以外的树皮，刮净形成层，晾干，4～6天后用湿黄土团敷于伤口（土团长度为伤口1～2倍），外用塑料薄膜包紧，两端衔坚，保湿。30天左右萌新根，待新根呈淡黄色，即可剪离母体，假植于荫蔽沙质土中，生长稳定后上盆。圈枝压条的成活率达90％以上。

3）种子繁殖　选15年以上健壮母树，11月果实呈黄红色时采收，除去肉渣皮屑，取出种子，稍加晾干即可播种。种子无休眠期，播后10天左右发芽出土。一般先沙床撒播，每平方米播约4克，待幼苗长木质化后移圃续育。

（2）盆栽

选气生根由枝向下长出的、株型不高、具近圆形小叶的小叶菩提树。盆选瓦盆、紫砂盆。常用泥炭土、腐叶土、河沙各1份加少量基肥配成，也可用细沙土经日光暴晒3～15天即可。入盆后应放于室内光线充足近南窗口处。夏季避阳光直射，冬季注意通风。

幼苗每年春季换盆，成年植株每2～3年换盆一次。盆土用营养土、腐质土和粗砂配制的混合土。水质用中性或微酸性。最理想的是用雨水，也可用饮用地下水、湖水、河水，城市自来水放置数小时后使用。换盆后应充分浇透水，置阴凉处数日，就可转入正常管理。

华北地区5月上旬移至室外养护，每月追施有机肥1次，每天浇1～2次水，并向叶面及周围环境喷水，9月下旬移回室内光照充足处，保持10℃左右温度，并逐渐减少肥水量，保持盆土湿润即可。

（3）病虫害防治

菩提树的病虫害主要是叶斑病和介壳虫。前者发病后，清除病残枝，集中烧毁，并喷洒75％百菌清可湿性粉剂500倍液，或用1：1：200波尔多液，隔10天喷1次，连续喷2～3次。介壳虫发生时，剪去虫枝叶，可喷普通洗衣粉400～600倍液，每隔2周喷洒1次，连续喷3～4次。

5.欣赏与应用价值

菩提树又叫菩提榕，是榕树的兄弟，无论是树形还是树干都酷似细叶榕（树），均挺拔伟岸，铁骨铮铮的雄浑气象弥漫于天地之间。它树干粗而直，高大雄伟，直插蓝天，戳天的树冠，形成了天然的穹顶，苍翠葱茏，冬夏不凋，遮天蔽日。在烈日照耀下显得格外的熠熠生辉，给人以神圣、肃穆之感。当烈日炎炎时，给人以绿荫；当风雨肆虐时，给人以庇护。不论在树荫下乘凉或思考，均属一级享受。瞧它伸下来的无数的气根，虽没有像它的兄弟下垂的"美髯"，亦似乎接天通地，自有一种灵气。它枝条茂密，当不速之客折取圣树上一条枝干，或遇上狂风肆虐摧残枝桠后，在位于伤口处会分泌出乳白色的汁液。点点滴滴的白汁，似乎在向折取者及苍天诉说它的遭遇。把带有黏性的白色汁液收集起来，可制成硬性树胶。它心形的叶片有长柄，叶端长，尾尖幼叶起初呈淡淡的紫红色，再转变成黄绿、翠绿色，美不胜收。叶叶下垂，片片翠绿，犹如上千盏祈福的灯光，闪耀着点点光辉，极为优雅可爱，优美怡人，让人赏心悦目。奇特的是冬天不休眠落叶，暮春时才"吐故纳新"落叶换上"新装"，这在大千观赏花木中有这么神奇的灵性是罕见的。它的叶子有一特色：将它浸水数日，漂去叶肉后，留下纤细筋络，宛如薄纱，俗称菩提纱，可上色绘图、制成书签，又可嵌作窗纱或灯纱，轻盈美丽。《通志》云："叶浸以寒泉，浣去渣滓，唯余细筋如丝，可做灯帷、笠帽。"每当夏季六月，细小纤巧的花若隐若现，寄身于花托之中，挟着幽幽淡香，若有若无的自枝间坠下，很使人怜爱。采下菩提花用细线在花托处把花串起来，在阳光下曝晒数日，干透密装罐内，便可用于泡茶。菩提花茶色金黄，明艳亮丽，袅袅地飘着诱人的轻烟，喝一口，细细品味，不涩不苦，微甘；香味绕舌，似淡实浓，清新绝顶，此之谓 "天伦茶"。花还可入药，有发汗解热之功效。木材适宜做砧板、包装箱板和纤维板的原料。

菩提树树姿美观，叶片绮丽，是一种生长较快、寿命长的常绿风景树，适于寺院、庭院、街道、公园作行道树。幼苗期盆栽很有观赏价值，常用于点缀会客厅、书房、庭院；大型桶栽树，放置在重要建筑的大门两旁，效果颇佳。

6.树趣文化

菩提树似乎天生来就与佛教渊源颇深。相传2500多年前，古印度北部的迦毗罗卫王国（今尼泊尔境内）的王子乔答摩·悉达多，年轻时为摆脱生老病死轮回之苦，解救受苦受难的众生，毅然放弃继承王位和舒适的王族生活，出家修行、寻求人生的真谛。最终在一株菩提树下静修，战胜各种邪恶的诱惑，猛然觉悟，领悟了真谛而成佛。所以佛教的经书都把菩提树当作佛树。此后菩提树被佛家视为圣树，与娑罗树、阎浮树为佛门三宝树。

在东南亚一些村社中，常在菩提树下置有释迦牟尼（乔答摩·悉达多的法号）静修的各种塑像，焚烧散花，绕树作礼。佛教禅宗五祖弘忍传衣钵前，要各门徒依自己的修为心德各写一首寺。门人中神秀定道："身是菩提树，心如明镜台，时时勤拂拭，忽使若尘埃。"而另一位门人慧能针对神秀的这四句，写下了《菩提树》偈语："菩提本无树，明镜亦非台；本来无一物，何处惹尘埃。"慧能此偈渗透了禅机，五祖弘忍将衣钵传给他，慧能因而成为禅宗六祖，使禅宗发扬光大。就现代人真实人生而言，神秀的体悟才是切合实际人生。要保持本性清白，的确需要"时时勤拂拭"才可不惹世俗的尘埃。

云南德宏傣族景颇族自治州和西双版纳傣族十分敬重菩提树，几乎每个村寨和寺庙都有它的足迹，最大的三四成人都合围不过来。人们把栽种"佛树"当成重要的善举，认为能获得佛的庇护，来生将获得幸福或进入仙境。每逢佛节，善男信女们就在大菩提树树干上拴线、献贡品，顶礼膜拜。傣家人还禁忌砍伐菩提树，认为这是罪过，将它视为神圣、吉祥和高尚的象征，情歌里有"你是高大的菩提树"或"你像枝叶繁茂的菩提树"；在婚礼上，歌手高唱"今天是菩提升天大吉大利的日子"，在谚语里，还有"不要抛弃父母，不要砍菩提树"词句。

在印度，无论是印度教、佛教还是耆那教都将菩提树视为"神圣之树"。政府更是对菩提树实施"国树"、"国宝级"的保护。每个佛教寺庙都要求至少种植一棵菩提树，并非常讲究菩提树的"血脉"，更是以当年佛祖顿悟时的那棵圣菩提树的直系后代为尊。有种说法称，公元前3世纪，阿育王的妹妹砍下了圣培提树的一棵树枝，将其带到了斯里兰卡并种植成活。并把礼拜菩提树的仪式引进斯里兰卡。后来位于印度菩提迦耶的圣菩提树在阿拉伯人入侵时被毁，斯里兰卡的菩提树便成了维系佛祖渊源的"唯一血脉"。时至今日，在印度佛教圣地所植的菩提树，包括佛祖打坐原址——菩提迦耶的圣菩提树，全部由斯里兰卡的菩提树嫁接而来。斯里兰卡还在国旗的四个角上，各绘上一片菩提叶，以此表明佛教为该国的国教。1954年，印度前总理尼赫鲁来华访问时，带来一株从这棵圣树上取下的枝条培育成的小树苗，赠送给中国领导人毛泽东主席和周恩来总理，以示中印两国人民的友谊。周总理将这棵代表友谊的菩提树苗转交给中科院北京植物园养护，迄今已枝繁叶茂，生长旺盛。

在傣族的文化、艺术品中已将菩提树提升为神圣、吉祥和高尚的象征，还代表着一种温存浪漫的爱情。生活在南部边陲的傣族男女的情歌中，少女们很喜欢把男方比喻为菩提树，如"你是高大的菩提树"、"你像枝叶茂盛的菩提树"；而在他们举行婚礼的时候，赞哈（歌手）总要唱"今天是菩提升天的日子"即菩提树象征神圣与福分，"菩提升天"是大吉大利的日子。而在西方，传说洁白清纯的菩提子花是诸神献给女神维纳斯的礼物，象征爱情神圣。在印度一些地区还佩戴质地坚硬的菩提子，有驱邪保平安之意，传说菩提子越戴越亮，意味着越吉祥。一些百姓还会选择菩提叶作为送给子女的礼物，以表达对他们勤学好进并能"先知先觉"的期望。据传，在菩提迦耶圣菩提树一片自然掉落的树叶最高可卖到10美元，一条能够嫁接存活的树枝价值更难以估计。印度有关各方正想办法对这棵"神圣之树"做最好的保护。

　　北京故宫英华殿内有两株九莲菩提树在甬道两侧，相传系明朝万历皇帝母亲李太后（孝定）所植。现在此树依旧根深叶茂，树干婆娑，垂着于地。"倚殿荫森奇树双，明珠万颗映花黄。九莲菩萨仙游远，玉带公然坐晚凉。"这首《天启宫词》就是对这两棵古树生动描述。

　　云南景宏有一株400多年的菩提树，此树高35米，胸径2米多。云南瑞丽景谷保存的"树包塔"、"塔包树"奇观中的"树"就是菩提树。

　　1974年，原福州军区司令员皮定钧将军率中国军事友好代表团应邀访问巴基斯坦，该国国家领导人向代表团赠送巴基斯坦的菩提树（Ficus sp.）作为中巴两国军队和两国人民友谊的象征。现福州国家森林公园有三棵皮定钧将军带回国种植的巴基斯坦菩提树，成为该园1700多种树木中最珍贵的树种之一，迄今长势良好，其中最大一棵树的5根枝干呈若即若离之态，犹如五株合种，蔚为壮观。

福建泉州"天路圣坛"菩提树（李世全　1988年4月 摄）

千年古刹厦门南普陀菩提树

35. 一树独先天下春——梅花

1.来源

梅花 *Prunus mume* Sieb. et Zucc.，别名木九、木丹、红梅、春梅、干枝梅、红绿梅、酸梅、酸梅子、乌梅、熏梅、绿萼梅，古称清客、清友、花御史、喜神和一枝春。为蔷薇科李属落叶小乔木。居中国民族传统中十大名花之榜首，冠之于"花魁的美称"。自古就和国人的生产，生活和文化结缘。梅花"铁骨冰心，香傲苦寒"，香幽、色雅、韵胜、格高。国人爱梅、寻梅、赏梅、读梅、咏梅的高雅风尚，世代绵延。

梅花原产于我国西南及长江中下游地区，生于灌木林、山坡、箐沟或路旁。分果梅和花梅两大类。栽培至今已有3000多年的历史。《书经》中有"若作和羹，尔惟盐梅"之句，从殷商出土文物中，在陶罐、铜鼎器皿上有梅核图案，竹筒上有"梅"、"脯梅"、"元梅"等字形。《梅谱》（范成大）、《梅品》（张镃）、《梅花喜神谱》（宋柏仁）为三部各有特色、风格迥异的梅书，其中以《梅谱》最为见长，为中国历史上第一部梅花专著，亦是世界上第一部专著，成书于1186年。梅花分布非常广泛，西自西藏，东至台湾，南至广西，北至湖北，约15个省、自治区都有保存完好的处于自然状态的梅树群落。以西藏、云南、四川交界的横断山区，为梅的自然分布中心与变异中心。该区域有较多大片野梅林，且变异类型较多。

中国梅花现有300多个品种，其中红梅、紫梅、绿萼梅和鸳鸯梅等为名品。分为真梅系、杏梅系和樱李梅系三系，5类，18型。梅花是中国寿命最长的花卉之一，有些古梅树树龄竟达800年以上。约在1474年，梅花由中国传到朝鲜，后又东渡日本，1878年输入欧洲，1908年由日本传至美国。

2.形态特征

梅花树高4～10米，树冠圆头形。树干褐紫色至灰褐色，有不规则纵驳纹；小枝绿色，或部分被以紫、红、铜等色晕，常具枝刺。叶互生，为绿色，叶面光滑，呈广卵形至卵圆形，先端渐尖，基部阔楔形至圆形，边缘有细锯齿，嫩叶两面均被短柔毛。花单生或两朵聚生，无梗或具短梗，花径为2～3厘米，有香气，多在早春先叶开放；花萼钟形，顶部5裂，多为紫色；花瓣5枚，倒卵形，有淡粉、红色、白色、绿色、绛紫色或洒金等色；花梗短，1～3朵着生于1～2年生枝梢；萼筒钟状，有红、暗红及绿色等。花为单瓣或重瓣，有白色、红色或淡红色。有芳香。多在早春1～2月份先开花，后发叶，花期为冬末至初春。果实味酸，于5～6月间熟落，梅核表面有蜂窝状小孔穴。

3.生长习性

梅花喜光，喜温暖，稍耐寒、耐旱，喜湿润，耐瘠薄，稍耐碱，但以排水良好、肥沃、中性至微酸性的壤土或黏壤土为好。抗性较强，耐修剪，为阳性长寿树种。梅花对温度很敏感，一般不能抵抗−15～−20摄氏度的低温。生长发育年平均最适温16～23摄氏度。新梢6～7月份停止生长，7月下旬至8月上旬花芽分化，一般当旬平均气温达6～7摄氏度时开花。在冰点或稍为低温下可开花。花期特早，花期甚长至5个月之久。有"自剪"习性与更新复壮的生物学基础。萌芽、萌蘖能力均强，易于形成花芽。对氟化氢、二氧化硫、硫化氢、乙烯和苯醛等有害气体，反应敏感，有监测能力。

4.培育要点

（1）繁殖方法

繁殖梅花，有播种、扦插、嫁接、压条及组织培养等方法。以嫁接法最为普遍，常用切接和芽接。北方以山杏及山桃为砧木，南方则以梅或桃为砧木。切接，多用1～2年生砧木，在3月下旬或4月初，距地面3～5厘米处将砧木剪去。接穗选1年生健壮枝条，取5～6厘米长，留3个芽，在最下芽的外侧两边，向下斜削成鸭嘴状。在砧木的一侧开30厘米长的切口，将接穗插入砧木切口中，使两者的形成层结合，再用薄膜带绑扎或涤纶带粘紧。最后，用塑料袋套好接穗，将袋口绑在切口下处。嫁接成活后，去掉捆绑物。芽接于8～9月份进行，多用"T"字形接法。一周后检查成活，若叶柄一碰即落，芽点绿色饱满，表示嫁接成活。翌年春季，自接口上方5～6厘米处，将砧木顶部剪掉，并常抹除砧芽。换盆或上盆时，向下深栽使切口适当下降，并根据长势进行绑扎，引其构成优美造型。扦插繁殖须选易生根"朱砂"、"官粉"、"绿萼"等品种，取幼龄母树当年生壮枝扦插，长江流域于秋季落叶后常采用此法，插前用激素处理效果较好，梅品种不同，成活率在10%～80%之间。压条多用萌蘖，于春末夏初进行。压后保持土壤湿度，于秋后剪离母株另行栽植，如高空压条，宜在雨季进行。播种法多用于新品种培育，常于秋季播种，也可沙藏至春季播种。

(2) 栽培管理

在长江流域，多露地栽植梅花。有园林栽培、切花栽培、盆景栽培和催延花期栽培。尚可盆栽。盆栽时，应抓好如下环节：

1) 翻盆换土　盆底出水孔要畅通。以腐熟酱渣、豆饼和油枯作基肥。盆土以腐叶土3份、堆肥1份和砻糠灰1份混匀配制而成。于花后3月份翻盆。翻盆时要修剪腐根和过长根系，并提高植株栽植位置，使基部曲根多露出地表，多年后成为盘根错节、姿态优美的梅桩盆景。

2) 适度光照　梅花喜光照足而通风良好环境，不耐长期荫蔽。因此，栽植后要保持光照充足，通风良好。

3) 合理浇水　要掌握不干不浇，见干浇水的原则。在夏季，早晚要浇一次水；在春、秋季，晴天1～2天浇一次水。入秋后，要减少浇水。6月份花芽分化时，应控水，直至叶片萎蔫，新梢弯垂时再浇。反复几次，可抑制营养生长，促进花芽分化，达到多开花的目的。

4) 适量施肥　梅花是喜肥花卉，但又忌大肥，故应少量多施。从春季发根到夏季花芽形成，每隔10～15天浇腐熟稀薄豆饼液肥一次。秋季花芽分化时停施氮肥，增施磷肥；10月上旬，再施一次液肥。每次施肥后，要及时浇水松土。

5) 整形修剪　梅花多着生在新枝上，新枝短壮，花蕾就多。每年春季开花后，从基部将花枝剪除，强枝留2～3个芽，弱枝留1～2个芽。小雪后，将盆栽梅花移入冷室。在生长季节，要及时疏除徒长、纤弱和病虫枝。对于盆栽梅花，通过刻意修剪，可培育苍劲梅桩的雅姿。

(3) 如何让梅花在春节开放

梅花喜低温，花前有休眠阶段，于农历11月底移入室内朝北窗台上，或阳光散射处，室温4～6摄氏度为宜，保持盆土湿润，并浇少量豆饼水，枝条上常喷雾清水。距春节前半个月将盆移于阳光充足处，保持室温8～12摄氏度，同时枝上常喷水，若光照不足，每晚灯光照4～5小时，春节期间即可开花。

（4）病虫害防治

梅花的主要病虫害，有梅花缩叶病、褐斑穿孔病、炭疽病、根癌肿病、白锈病、疮痂病、叶斑病、盾蚧、梅木蛾、粉蝶、管蚜、吉丁虫和天牛等。防治方法如下：

1）梅叶芽刚膨大时，喷洒波尔多液一次；萌芽前，喷石硫合剂一次；发病期，喷洒福美锌或代森锌等药剂数次。

2）挖除根癌病严重病株，予以烧毁，并用硫磺消毒树坑，对带病土壤用氯化苦消毒。切除轻病株肿疣，对切口用托布津药液消毒。

3）在害虫若虫期和幼虫期，喷洒杀螟松、西维因、敌敌畏、敌百虫和氧化乐果等药剂中的任意一种药液。

4）吉丁虫幼虫期，在被害处涂刷敌敌畏或氧化乐果等药剂，并加强检疫，烧毁病枯枝等。

5.欣赏与应用价值

古人爱梅、赏梅，或喜其清香，或赞其"香中别有韵"，或爱其"冰肌玉骨"、"仙姿洒落净无尘"，有如"世外佳人"，或好其风采，喻为"雪满山中高士卧，月明林下美人来。"

梅花是中国珍贵的传统花木，被誉为"花魁"、"天下尤物"和"东风第一枝"，是少数神、态、色、香俱为上乘的花木之一。它从霜雪里炼造的秀美刚劲的树姿，傲然挺立，冰肌玉肤，铁骨铮铮，疏影横斜，给人们展示出春光明媚、妍丽动人的景象。它或者树干苍古，盘曲露根，那种枝瘦花疏的特异风姿，令人赞叹不绝，不愧为中国盆景艺术作品中独具特色的珍品；或者虬枝自然扭曲，古朴苍劲，或者垂枝飘逸别致，轻盈洒脱，给人清新愉快的感觉："最爱新枝长且直，不知屈曲向春风。"它那风雨中成就的繁茂翠绿叶片，在绚丽清芬的花朵衬托下，形成一道悦目赏心的美景。

梅花花态文雅，花稍小而疏瘦明洁，婀娜多姿，高雅清秀；花色典雅华丽，色冷艳而"天赐胭脂一抹腮"。白梅如雪，红梅似霞，绿梅赛翠。花香淡雅沁人心脾，素有"暗香"、"清香"、"馨香"、"幽香"和"远香"之称，正所谓"暗香疏影，孤压群芳顶"、"暗吐幽香穿别院"。它高风亮节及不畏世俗所伤的可贵品格，古往今来被视为楷模。在千里冰封、万里雪飘、百花凋零的早春，它雪里独放，冰中吐芳，凌寒不惧。"万花敢向雪中出，一树独先天下春"。而在春回大地之际，它却悄然隐退，不与百花争春。正如伟大领袖毛泽东主席在《卜算子·咏梅》词中所云："已是悬崖百丈冰，犹有花枝俏……待到山花烂漫时，她在丛中笑。"梅花的胸怀是何等的伟大。因此，人们自古就将它与松、竹并称"岁寒三友"，与兰、竹、菊合称"四君子"，与迎春、水仙、山茶合称"雪中四友"，与竹、松、水竹、月季合称"五清"，而且将梅花的五瓣作为欢乐、幸福、长寿、顺利与和平的象征。

古人赏梅讲究"四贵"，即贵稀不贵繁，贵老不贵嫩，贵瘦不贵肥，贵含不贵开。《梅谱》谓："以斜、横、疏、瘦与老枝怪、奇者为贵。"就是说枝条稀疏，才自然洒脱，趣饶画意，老干虬龙，才苍劲古朴，健美有神，含苞待放，才生机勃勃，无限春意。在当今，这"四贵"仍为大多数人赏梅的标准。而且，今人还认为：梅花瓶插时要有"三美"：以曲为美，直则无姿；以欹为美，正则无景；以疏为美，密则无韵。世界上第一部梅花专著宋代范成大的《梅谱》云："梅以韵胜，以格高。"仅仅七字，就高度概括出梅的风姿。而所谓"疏影横斜"、"暗香浮动"、"雪后园林才半树"，恰是梅花风姿的绝妙写真。

赏梅以老见胜。俗语说："老梅花，少牡丹。"说明梅花以老见胜，牡丹以少为佳。陆游《古梅》一诗对它给予高度评价："梅花吐幽香，百卉皆可屏。一朝见古梅，梅亦堕凡境。"现今，我国还保存着许多古梅，其中最有名的首推楚梅、晋梅、隋梅、唐梅、宋梅和元梅，号称中国"六大古梅"。

湖北省沙市章黄寺内的楚梅，相传为楚灵王时所植，迄今已有2500多年的历史，也是中国保存至今最早的古梅。据湖北《黄梅县志》记载，晋梅生长在黄梅蔡山，是一株珍贵的白梅。相传是东晋和尚支遁从九华山带来并亲手栽种的。浙江天台国清寺的隋梅，据说是智能大师亲手栽植的，距今已有1350多年的历史。唐梅现存两株，一株在云南昆明黑龙潭公园内，植于唐朝开元年间，另一株在浙江超山大明堂院内，被誉为"超山之宝"。杭州超山的宋梅，植于超山之麓的板兹寺前，是六瓣名种（一般梅花是五瓣），距今已有800多年。云南省昆明安宁县溪寺院中的元梅，距今700多年。

神州大地梅花似锦。无锡梅园是江南五大赏梅胜地之一，梅园植梅5000株，名种荟萃，以梅饰山，倚山饰梅。苏州邓尉山，山前山后梅树成林，素有"甲天下"之美名和"十里香雪梅"之誉。武汉东湖的磨山梅园占地20公顷，环境幽美，有40个品种，3万余株虬曲多姿的梅株，以及一盆盆造型奇特的梅桩，将景区点缀得如诗如画。该梅园是中国的四大梅园之一，也是中国梅花研究中心的所在之处。杭州植物园内的孤山，灵峰梅花植有6000余株，汇集了江、浙、皖的梅花珍品40多种，是当今西湖最大的赏梅胜地。

南京市钟山南的梅山，有"梅花世界"之称，依山种植有150多个品种，5000余株梅花。上海市的淀山梅花，占地190亩，种植40多个品种，5000余株梅花。其中有不少百年以上的老梅。广州市东郊罗岗山的罗岗梅花，有"罗岗香雪"之称，是驰名中外的羊城八景之一。台湾的雾社、梅峰都是当今著名的赏梅胜地。

梅花在适生地区成片栽植营造专业园、梅林、梅岭，犹如香雪海，景色壮观，或是丛植、列植、孤植于宅园、庭院"四旁"，作梅桩盆景、盆栽观赏，虬枝屈曲，古雅多姿，陈设几上，独具特色，都如诗如画，赏心悦目。梅花瓶插也千姿百态，插在素净的长瓶中，装饰居室则古朴端雅，气味清芳；与大花大叶的山茶配伍瓶插，则富丽堂皇；与水仙配伍则素雅；与松枝、竹叶配伍也相得益彰。

梅花对氟化氢、二氧化硫等有害气体反应敏感，可作环保监测树木。梅木坚韧而富有弹性，是理想的手杖和雕刻等细木工用材。果可鲜食，经加工制各式蜜饯，如话梅、青梅、脆梅、渍梅、梅干、梅膏、陈皮梅等，还可酿酒、制醋、入果馔，有美容保健效果。其花蕾、果实、种子仁、叶根均可入药。梅花药名"白梅花"，有舒肝散郁，活血解毒，和胃化痰之功。药用主要是白梅和绿萼梅。梅花还可提取芳香油。梅果药用有乌梅、白梅之分。采未成熟的梅果经熏制而成乌梅，经盐渍而成的为白梅。乌梅具有敛肺涩肠，除烦热，生津止渴，止血，杀蛔虫之功。梅叶可治痢疾等症。梅根主治风痹、痹痫等症。梅核仁能清暑、明目、除烦。现代医学研究表明，梅含有多种人体所需营养成分和有益物质，如蛋白质、脂肪、碳水化合物，多种无机盐以及柠檬酸、苹果酸、琥珀酸等成分，因此食鲜梅对健康大有裨益。

6.树趣文化

梅花不畏严寒，傲雪凌霜，力斡春回，凛然开放，芬芳愈妍的崇高品格和坚贞操守，自古以来就是高雅、纯洁、刚正的象征，也是坚忍不拔、不怕困难、不畏强暴的中华民族伟大精神的象征，一直鼓舞着人们积极向上，自强不息。在辛亥革命后，梅花被视为中国的国花。

人们习惯用五瓣梅花形状作为花卉的标志。古代妇女喜欢在额上描一个红点，叫作"梅花妆"。相传南北朝宋寿阳公主，一日卧合章殿下，落梅点额上，愈觉娇媚，宫人竞相效仿，故韩南涧《红梅》诗云："越女漫夸天下白，寿阳还作旧时妆"。"梅花妆"自此流行开来。到唐代，尤其是晚唐，最为流行，时称"面饰"。梅花俨然成为人们日常生活的一部分了。

五瓣梅花几乎是家喻户晓的吉祥之物，应用十分广泛。它代表着喜庆、热烈、美满、和谐、繁荣和幸福等祥瑞之意。"梅开五福"，即梅花五瓣象征五福"快乐、幸福、长寿、顺利、太平"。在辛亥革命时期，五福又象征了汉、满、蒙、回、藏等五大民族的大团结，旧时，梅花被认为具有四德："初生为元，开花为亨，结子为利，成熟为贞。"一枝有十朵花的梅花插于瓶中，桌上放置10枚古铜钱，寓意十全十美。

1985年4月5日，中国邮电部发行了一套"梅花"特种邮票，共6枚，小型张1枚。邮票图案选用的"绿萼"、"垂枝"、"龙游"、"朱砂"、"洒金"、"杏梅"、"台阁"、"凝香"八种梅花，是中国著名梅花专家陈俊愉教授从中国二百多个梅花中精选出来的最有代表性的类型。画面展现出了梅花傲霜斗雪的铁骨精神，正如清代扬州八怪图家李文膺题画梅诗所云："触目横斜千万朵，赏心悦目两三枝。"

有关梅花的趣闻很多。三国时期，曹操率部行军失汲道，士兵口渴难忍，迈不开步。曹操想出妙法，在马上挥鞭一指，大声说道："前有大梅林，梅子甘酸，可以解渴。"士兵闻之，口出唾液，精神为之一振，行军速度顿时加快，曹军因此而摆脱困境。从此，留下了"望梅止渴"的成语。

人们常用梅花来比喻正义和爱情。传说，古时苏州城有个后生叫邓蔚，决心在家乡的荒山上耕耘种花。经数年艰辛劳动，终于将荒山秃岭变成万紫千红的花果山，人们称赞此山为邓蔚山。有一天，玉帝的女儿观看人间的景色，见邓蔚山上百花齐放，争奇斗妍，花丛中有位英俊年轻人正在忙碌。她认为爱养花者人品好，便决定下凡与他共度一生。此事让玉帝大怒，立即传旨雪神向人间下雪。花神不忍人间无花，便暗示梅花仙子将梅花混在雪中撒向人间。正在忙碌的邓蔚，忽见漫天大雪飞舞，遍地凋花落叶，顿时晕倒。苏醒后，见雪地中长着棵棵芳香扑鼻的梅花，梅树下还站着一个亭亭玉立的姑娘。姑娘拉起他，二人便在梅林中拜了天地，结为夫妻。此后邓蔚山便长满了梅花。

《宋史隐逸传》中记载，诗人林逋爱梅成癖，隐居于杭州西湖的孤山，种植大量的梅花，并饲养了两只仙鹤。每当他在湖中荡船作乐的时候，逢有客人到来，书童就把仙鹤放出，见到飞鹤，他就划桨返回。因为他未成婚，也无子女，因此便有"梅妻鹤子"的雅号。后人于放鹤处建一座"放鹤亭"纪念他。他在《山园小梅》诗中，称赞梅花："众芳摇落独喧妍，占尽风情向小园。疏影横斜水清浅，暗香浮动月黄昏。霜禽欲下先偷眼，粉蝶如知合断魂。幸有微吟可相狎，不须擅板共金樽。"此诗被誉为咏梅之绝唱。爱国诗人陆游一生喜爱高洁的梅花，写过百余首诗词赞颂梅花。他在《卜算子·咏梅》，更是高度赞扬了梅花报春不争春、山花烂漫时融入丛中笑的高风亮节，具有独特的新意。诗人范成大《梅谱前序》说："梅为天下尤物，无问智、愚、贤、不肖，莫敢有异议。学圃之士，心先种梅，且不厌多，他花有无多少，皆不系轻重"。张谓《早梅》"一树寒梅白玉条，迥临村路傍溪桥，不知近水花先发，疑是经冬雪未销。"杜牧《梅》"轻盈照溪头，掩敛下瑶台。妒雪聊相比，欺春不逐来。偶同佳客见，似为冻醪开。若在秦楼畔，堪为弄玉梅。"由此可知，古人爱梅、赏梅的广泛性。陈毅元帅写诗赞美梅花："隆冬到来时，百花迹已绝。梅花不屈服，树树立风雪。"写出老一辈革命家坚贞不屈的高贵品德。

由于梅花具有高洁坚贞、顽强雄健、傲霜凌雪、不俗浮沉的高尚品格，诗家咏梅，画家画梅，园艺家种梅相沿成习，成为中国的优良传统风尚。中国近代著名的篆刻家、书画家吴昌硕先生是著名的花卉画家，所画的花卉题材种类诸多，特别偏爱梅花。他毕生所画梅花作品最多，每一幅画上都有咏梅诗句。在漆黑污浊的旧社会，画梅作为他一种"缘物寄情，"在题画诗中有"苦铁道人梅知己，对花写照是长枝"两句，不仅代表他超绝的艺术风格，也是他毕生崇高品格的写照。

在国难当头，帝国主义疯狂侵略之际，他挥笔作画，把老梅倔强不屈的虬干，画成怒龙冲霄之势，并题以慷慨诗句："……报国报恩无蹉跎，惜哉秋鬓横蟠蟠，雄心空对梅花哦，一枝持赠双滂沱……"为了永远与梅花作为伴，画家特选定十里梅花的浙江余杭超山，作为长眠之所，以遂他"安得梅边结茅屋"之夙愿。

红梅报春

梅花闹春　（李世全　摄）

白梅如雪

春色初染红梅枝

梅花迎春 （李世全 摄）

梅花争春 （李世全 摄）

36. 挺拔雄姿玲珑独特——椰子

1.来源

椰子Cocos nucifera L.别名胥邪、胥余、越王头、椰标、奶椰桃等。为棕榈科椰属常绿乔木。椰子是海南省海口、三亚市的市树。

椰子原产东南亚热带沿海地区，美拉尼西亚群岛和新西兰、马来西亚等地。遍布北纬26度至南纬25度的热带多数岛屿和沿海，热带亚洲太平洋地区最多。在新西兰的冲积层内曾发现一个一百万年之久的椰子化石，说明在此前地球上就有椰子生长了。中国从越南引入栽培椰子已有2000多年历史。西汉司马相如《上材赋》中有"留落"（一说石榴）胥邪的记载。海南和广东的雷州半岛、云南西南部、台湾南部及广西、福建等地都有种植，多分布于海拔100米以下的沿海地区。主产区海南，从南至北处处遍布椰树，故称椰岛。省会海口市有"椰城"之誉。文昌市享有"椰子之乡"的美称，亦有"海南椰子半文昌"之说。

2.形态特征

为单子叶多年生常绿乔木，高15～35米，单干不分枝，常斜倾或略弯曲，树皮淡灰色，干茎具环状叶痕，没有形成层。叶为巨型羽状复叶，成龄树有30～40片羽状叶，长3～6米，宽1～1.5米，辐射状丛生树干顶端。肉穗花序腋生，长可达2米。佛焰苞舟形，厚木质。雌雄花同序。花单性，雄花三角状卵形，雌花碗状圆形。坚果大，圆形、椭圆形或卵形，顶端常凹陷，微具三棱，有3层果皮。种子一粒，紧贴白色坚实的胚乳，内有一富含液汁（即通常饮用的椰汁）的空腔。全年都可开花，结实多在4~5月和7~8月。

椰子常见栽培品种，有高种、矮种和杂交种三类：

1）高种椰子　海南及世界栽培多为高种。植株粗壮，高大约20米。结果迟，植后6~8年开始结果，树龄可达100年。雌雄同序，雄花先开，异花授粉。椰干质优，含油率高。按叶色和果色不同可分为红椰、绿椰两种，以果形和大小可分为大圆果、中圆果、小圆果三种。

2）矮种椰子　植株较矮小，高8~15米。雌雄同序，花期相同，自花授粉，种质较纯，果实较小，早熟，植后3~4年就开花结果。椰干质差，含油率低，椰肉软，椰水较甜，主要用作清凉饮料及榨油。依果和叶色分为红矮、黄矮和绿矮三种，依果实大小、树干粗细、生势强弱分为牙买加型和那那型（Nana）。

3）杂交种　各生产国通过了有性杂交育种，培育出高产杂交种，可提高椰干产量5~6倍。如法国培育的PB_{121}、马来西亚的马哇（Mawa）、斯里兰卡的$CRIC_{65}$、印度的VHC、中国的文椰78_{F1}等。

3.生长习性

典型热带喜光树种，在高温、湿润、阳光充足、海风吹拂的条件下，生长发育良好。最适年均温度为26~27摄氏度，最低年均温度不低于24摄氏度，最低温不低于10摄氏度，年降水量在1500毫米以上且分布均匀。对土壤要求不严，pH值5~8的土壤都可种植。以排水良好的海滨和河岸的深厚冲积土为佳，地下水位宜在1~2.5米之间。根系发达，抗风力强。茎没有形成层，不随树龄而增粗，受伤后也不能恢复原状。

4.培育要点

（1）繁殖与抚育

椰子用播种繁殖，宜从高产优质的母株上采种。播种时用利刀在芽眼附近削去一小片外果皮，并摘去果蒂，顶端向上斜放在苗床上，经2个月后，种子发芽，苗高6~9厘米时，移植于稍见阳光处，一般经12~15个月，苗高1米左右，即可于雨季出圃定植。种植密度，一般高种165~180株/公顷，矮种225株/公顷，杂交种195~210株/公顷，多以宽行密植，应"深植浅培土"。植穴长、宽、深各1米，穴内入腐殖基肥和肥沃的表土，将苗木直立于穴内，再填土盖过种果，踏实，穴面让其自然淤平，浇足定根水。

定植当年和翌年要补缺株，加强抚管，防止兽害。椰子生长发育对钾肥需要较多，其次为氮肥，磷肥较少，三者比例为3：2：1。合理施肥，才能大幅度提高产量。为提高土地利用率和经济效益，幼龄期可间种花生、豆类、粮食作物等。

椰子常见病害有椰子芽腐病、叶腐病和茎干泻血病，发病初期，可喷洒波尔多液或多菌灵等药剂进行防治。其害虫有椰子象鼻虫和黑色椰子金龟子等，养护时应留意预防。

(2) 袖珍椰子

糸棕榈科、墨西哥棕属常绿小灌木，又称矮生椰子、矮棕。近几年北方较流行室内盆栽植物，用作盆景观赏。其取材与培育：

用播种法繁殖。它雌雄异株，开花后人工授粉结果，秋后选成熟粒大饱满种子随采随播。盆土：泥炭土2份+腐叶土1份+河沙1份+少许腐熟饼肥配成营养土。用20~50厘米高紫砂盆、泥盆或白塑料盆。取株高20~50厘米或稍高，上观赏盆，根据立意构图制成单干、双干或丛林式造型。要秋季保持盆土湿润，常向叶面喷水；冬季保持盆土干燥，不干不浇、浇则少浇，并用喷雾器清洗叶面上尘土。每年3~8月施2~3次腐熟饼肥于盆土表面或埋入土中。也可浇泡制腐熟饼肥水。冬季停施肥并移入明亮的居室中越冬。每2~3年于春季换盆，除去四周旧土，添上新的培养土，注意防伤根太多。生长期及时剪除枯叶、残叶，以保持植株美观。

5.欣赏与应用价值

椰子是热带地区特别是热带海滨独特景色的象征。它树干直立修长，高大参天，矮健挺秀，有的匀称俊美，有的潇洒娥娜，有的巨大挺拔，风姿袅娜，青翠欲滴，任凭风吹雨打，烈日曝晒，总是矫健如初，潇洒自如，亭亭玉立。它神韵高洁、坚强向上，即便被狂风吹倒，也能抗争地向上生长，给人予启迪去塑造自己，完善做人的形象。更难得的，它不畏盛夏酷暑，直立挺拔，展露着"谁言造物无偏处，独遣春光住此中"的独特魅力。它披着密密的椰棕、缀在高高的椰树上，眺望远方碧海蓝天，聆听耳畔的涛声风语，向人们显露一派婆娑雅态。它"丰叶森沉如幄"。色泽苍翠，几拾片苍劲的枝叶丛生于顶，像条条长绸彩带，又如一把把作战的剑戟，"叶叶鲜明还互照，亭亭半韵不生妖"，美丽壮观。那宽大的叶子，默默地低垂着，为人们遮挡着炎如烈日火般的骄阳，油然而生的阴凉清爽雅净之感，沁人心脾，令人心旷神怡。微风吹拂，那一簇簇飒爽飘逸的大叶子，风采动人，像招手欢迎远方的宾客。瞧那呈折叠状的叶子，狂飙恕卷的台风，也难于把它摧残拆断。建筑学家，根据这个原理，1965年法国朗峰下的隧道入口处建起一个张臂式结构保护棚顶。像波形石棉板、瓦楞纸板和许多楼房顶棚都是运用这个结构原理建造的。椰树是热带最值得夸耀的骄傲树，为繁衍后代，为让人赏福，常年不断地结果实，在树冠顶端挂满硕大的果实，有金黄色的、有暗红色的、有嫩绿色的、有大有小，相互辉映，盎然成趣。椰树是个大家族，除作水果吃用的椰子外，其伙伴琳琅满目，有以产油为主的油椰子、有用来熬制砂糖的砂糖椰子、有能够做成戒指和工艺品的象牙椰子、有用来制成洁白、富含脂肪和蛋白质的西谷椰子、有高耸入云、状似大花瓶的观赏花瓶椰子等。

椰子树苍翠挺拔，树姿雄伟，冠大叶多，极富热带情调，在热带、南亚热带地区可列植、丛植或片植于风景区、园林绿地、海滨、河岸、泳池等的周围，最能体现热带风光，是优美的风景树，亦是沿海防风固沙护岸及净化空气的优良树种。有资料称，一亩地的椰林，一天能吸收674克二氧化碳，释放49公斤氧气，足够65个人吸收之用。海南的"椰子之乡"的文昌市的东郊镇，在26平方公里的村庄和海滩上，遍布着密密蓬蓬的椰林，从海上望去，长长的海岸线一抹葱绿，宛如一道绿色长城蔚然壮观。

椰树浑身是宝，荣为"生命之树"、"英雄树"、"宝树"。用果肉制作椰果干，精炼椰油可食用，亦制成奶油、黄油及高级机械润滑油、肥皂、蜡烛、化妆品、洗发液、合成橡胶、油漆。椰麸作饲料。现今直接用新鲜椰肉湿法加工，生产椰奶、奶粉、无色椰子油、超滤蛋白。

新鲜的椰肉味美可口、营养丰富，可作水果生食，晒干椰肉可做糖果、糕饼和面包等；海南出产的椰子糖有特殊的椰子肉香味，是糖果中的一个好品种。

椰水含4%糖分、矿物质和多种维生素、含有促进细胞生长发育的激素，近年来，用花药培养单倍体植物的育种新技术用椰水为原料。二战期间还作为注射用葡萄糖代用品。

椰子果皮为椰衣，通称椰棕，富有弹性，加工纤维，是制缆绳、鞋刷、扫帚、床垫和防寒包装材料。

椰子内果皮称为椰壳，可用来雕刻具风格的精美工艺品，如茶具、酒具、烟具等多达上千种日常生活用品。海南的椰雕，是南国艺苑中的一朵奇葩。椰壳制成活性炭，可作防毒面具、脱色剂及绘图内的炭墨与墨汁等原料。

未开放花苞刺伤后流出含糖分的汁液，可作饮料，蒸发成褐色椰子糖，发酵作烧酒。椰叶可盖房、编篱笆、草席等。椰根为良好收敛剂作药用。

椰树木材花纹美丽，质地坚硬，可作家具和建筑材料及薪材。椰肉是食谱中名贵的佳肴，如椰蓉焗仔鸡、椰汁咖喱鸡、椰子小品鸡、原盅椰子炖鸡、冰糖雪耳椰子盅等。如今还创出非海南莫属的"椰子宴"。全部宴席上十几道菜肴都围绕着椰子做文章，整个宴会上椰奶芬芳，椰香四溢。据不完全统计，椰子加工综合利用产品多达300余种。联合国粮农组织认为，椰子既是水果，又是油料作物，还是食品能源作物。在人类的生活中，与主要的粮油作物同等重要。

6.树趣文化

海南产椰子已有2000多年的历史。据《南越笔记》载："琼州多椰子，昔在汉武帝时（公元前120年）赵飞燕立为后，其妹献珍物中有椰叶席，见重于世。"说明在公元前，椰已传入海南。传说古时海南文昌吏的女儿出嫁，嫁妆中有一对良种椰子树，新婚夫妇拜天地之后的礼仪就是种椰子树。据说这是为后代造福。当地的孩子长大时，就可吃到父母亲手所植椰子。这位官吏还规定，老人不能下地劳动后，要在逝世前种植100株椰子树，作为留给子孙的遗产，从此海南文昌县就成了中国著名"椰子之乡"，以后传到西沙群岛、雷州半岛、云南西南部及台湾南部。

椰子象征着不畏强暴的傲骨精神、刚直不阿品格、极强生命力，博得人们的欣赏与称颂。它是黎族人民的象征。传说，古代一名黎王被人暗杀后所化的。而且据说椰壳除去棕后看到三个黝黑的眼，就是黎王怒目而视的眼睛和嘴。

椰树有个颇为有趣的特征：与人同寿。椰树从播种，经过发芽、成苗、成株，到十二三年才算长成。20年后进入盛果期。椰树全年不停地开花、坐果，但以六七月份结的果实质量最好。到60年以后进入衰老期，结的果实逐渐减少。到了八九十年的时候就要枯死了，寿命最长者可达百年左右。这与人的发育生长、衰老死亡颇为相似。更奇怪的是，椰树也有"心脏"，它的顶部有一束像卷心菜似的芽体，若是将这颗"心脏"切下，整棵椰树就会死亡。椰树的心十分鲜美可口，由于吃一颗就要损失一棵椰树，所以价格十分昂贵，是高级宴席上的珍品。

椰汁浓郁芳香，滋味醇美，甜中带有椰香，是赫赫有名的"天然清凉饮料"。古籍中有"饮之能醉"、"其浆犹如酒"的记载。清乾李调元在《南城笔记》里称椰汁为椰酒；诗人苏东坡有诗曰："美酒生林不待仪"，意思是说，有了天然美酒椰汁，就用不着酿酒专家仪狄①来酿造美酒了。

---

①仪狄，夏禹时代人，善造美酒。

明代丘浚的《椰林挺秀》一词，赞颂椰树曰："千树椰椰食素封，穷林遥望碧重重。腾空直上龙腰细，映日轻摇凤尾松。山雨来时青霭合，火云张处翠荫浓。醉来笑吸琼浆味，不数仙家五粒松。"近代著名戏剧家田汉游览海南椰林即兴赞道："十年血战成红果，一饮琼浆百感生。十八万株三十里，椰林今日亦长城。"20世纪60年代，董必武先生视察海南时，曾赋诗咏椰树曰："海畔椰林一片春，叶高撑盖玉亭亭，年年抵住台风袭，干伟花繁子实馨。"极其形象地描绘和颂扬了椰树的风姿。

不仅是享有"椰子之乡"的文昌人，所有海南人都钟爱椰树。在海南省每年举办的国际椰子节上，那一株株雄伟挺拔的椰子树，轻轻摆动它那一簇簇飒爽飘逸的大叶子，风采动人，像招手欢迎海内外八方宾客。

厦门大学白城椰子林

海南三亚市天涯海角椰子林

马来西亚黄矮椰树果实累累

37. 五月槐花满地香——国槐（槐树）

1. 来源

国槐*Sophora japonica linn.* 别名：家槐、紫槐、象槐、白槐、黑槐（山东）、豆槐（湖南）、细叶槐（江西）、金药槐（广东）等。原产中国北部。栽培历史悠久。在2000多年以前《山海经》中有"首山其木多槐，条谷之山，其木多槐桐"的记载，其后的《本草图经》记载："槐今处处有之"。槐树分布范围较广，北自东北南部，西北至陕西、甘肃南部，西南至四川、云南海拔2600米以下，南至广东、广西等地。多见于山谷、平原和村落附近。在黄土高原及华北平原最为普遍。日本、朝鲜也有分布。

2. 形态特征

国槐为豆科、槐属落叶乔木，高达25米，胸径1.5米，树冠圆球形，老则呈扁球形，树皮暗灰色，浅裂，小枝绿色，皮孔明显；芽被青紫色毛。奇数羽状复叶互生，小叶7～17枚，卵形至卵状披针形，长2.5～5厘米，叶端尖，叶基圆锥形至广楔形，叶背有白粉及柔毛。6～7月开浅黄绿色蝶形花，雄蕊10，离生；顶生圆锥花序。荚果串珠状，肉质，长2～8厘米，10月果熟，不开裂，黄绿色，常悬垂树梢，经冬不落，内含种子1～6粒。种子肾形，棕黑色。常见变种、变型及栽培变种如下：

1）龙爪槐 *cv.pendula*，枝屈曲下垂，树冠伞形，颇为美观。常于庭园门旁对植或路边列植观赏。繁殖常以槐树作砧木进行高干嫁接。

2）曲枝槐 *cv.Tortuosa*，枝条扭曲。

3）紫花槐（董花槐）*cv.Violacea*，花甚晚，翼瓣及龙骨瓣玫瑰紫色。

4）毛叶紫花槐 *var.pubescens Bosse*，小枝、叶轴及叶背面密被软毛；花之翼瓣及龙骨瓣边缘带紫色。

5）畸叶槐（蝶蝶槐、五叶槐）*f.oligophylla Franch.*，小叶5～7，常簇集，大小和形状均不一，顶生小叶常3裂。

3.生长习性

喜光，略耐阴，耐寒，喜干冷气候，但在高温多湿的华南也能生长；喜深厚、肥沃、排水良好的沙质壤土，但在石灰性、酸性及轻盐碱土上均可正常生长；在干燥、贫瘠的山地及低洼积水处生长不良。耐烟尘，能适应城市街道环境，对二氧化硫、氯气、氯化氢气体均有较强的抗性。

生长速度中等，根系发达，为深根性树种，抗风力强，萌芽力强，耐强修剪，寿命极长，达千年以上。

4.培育要点

（1）繁殖方法

多用播种繁殖，园艺变种嫁接繁殖。秋冬采种，选20～30年生干直材优、长势好、无病虫害、穗大荚多呈暗绿色且皱缩时采种。清水浸泡五六天，再堆积腐烂后，搓去果肉和蜡质膜，洗净，露地播种；或砂藏越冬，翌年春播。播前20～30天用80摄氏度热水浸种5～6个小时，捞出掺砂2～3倍，置室内催芽，种子30%裂口播种。条播，行距25厘米，覆土2～3厘米，每亩用种约10公斤。约15～20天出苗，当年苗高60～100厘米。

（2）优质壮苗培育

槐苗顶端芽密节短，易使苗干弯曲，要育成主干挺直的优质壮苗，需平茬养干。用于城市绿化，要培育5年以上才能出圃。第一年养成良好的根系，不宜修剪。第二年春，按60厘米×40厘米的株行距移栽，勤养护，多施肥，促进根系旺，秋季苗高1.5米，基径1.5厘米，落叶后于土面处平茬，并施堆肥越冬。第三年春注意水肥管理、除草及除萌，留一条长势健旺、直立枝条作主干培养。第四年再按1米×1米移植1次，生长期注意修剪，在规定分枝点以上选留适当数目的主枝。第五年再培养1年，形成良好的树形后出圃，作行道树或庭荫树之用。亦可供龙爪槐嫁接之用。

（3）移植技术

苗木移植先重修，按统一主干高度2.2～2.4米间，于顶部20～40厘米之内，留3～4个主枝，每个主枝从主干分枝部始留30～40厘米重截，多余枝全部基部疏除，锯口涂抹调匀的滋油加少量汽油。起苗木，根系留长，经剪修后，用50倍液多菌灵或托布津喷之。栽植株行距4米×5米，穴径70厘米，深50厘米，栽时苗正，根舒，成行成浅，根土密接，踏实土面，立支架，浇足底水。以后每隔10～15天浇水一次。发芽后，注意防蚜虫危害新梢。

（4）龙爪槐嫁接育苗

宜在5～6月腋芽成熟饱满，雨季前嫁接。砧木选2年生、高2.5米左右健壮国槐苗，接穗取一年生木质化粗枝条的饱满腋芽。春、夏、秋三季均可嫁接育苗。以夏季"T"字形芽接简便、成活率高。芽接于截干高2米处光滑面砧木上，或采用三角形芽接法，即在砧木苗高2.5米处，成三角形排列，绕主干120度上下相距2～3厘米，分别接上三个芽；或截干嫁接法，于早春砧木苗萌芽前在干高2米处截干，待长出几个侧枝后（枝条呈半木质化）分别在每枝上绿枝芽接。约15天后愈合成活，经半年培育，可长成冠幅60～80厘米龙爪槐大苗，当年冬季或翌年春季即可出圃栽植。

（5）主要病虫害防治

幼苗期有腐烂病、蚜虫，成年树有烂皮病、锈疣病、根癌肿病、锈柄、槐尺蠖、槐花球蚧、槐小卷蛾、二齿茎长囊、红蜘蛛、天牛等。防治措施：①加强栽培管理，及时治虫，防止伤口产生，剪除锈疣病和烂皮病枯枝，刮除病皮，涂升汞液消毒，冬前主干涂白；②腐烂病、锈病发病初期，喷1：2：200倍波尔多液1～2次；发病盛期或喷波尔美0.2～0.3度石硫合剂，或50%多菌灵500倍液，或25%萎锈灵可湿性粉剂200～400倍液；③根癌肿病，加强检疫，挖除严重病株，烧毁，硫磺消毒树坑，切除轻病株肿疣，切口托布津消毒；④二齿茎长囊于7～8月敌敌畏等药剂喷洒树冠及地面，消灭外出活动成虫；⑤其他害虫幼虫和若虫期喷洒氧化乐果、菊酯类、敌敌畏、久效磷、敌百虫等任一种药剂。

5.欣赏与应用价值

国槐树势优美，树干端直，树冠大，树型古朴典雅，千姿百态，有的如巨伞，亭亭如盖，气势磅礴，雄伟壮观，徐徐微风荡漾，柔枝细条飘动，楚楚动人。有的若雄鹰展翅，鸳鸯戏水；有的像两条巨龙昂首翘尾，直向云天；有的像只卧龙，虬枝扑地，盘根生干，另成一树，独特奇妙；有的像一只拖着华丽长翎的凤凰，伫立于葱翠的草坪之上，美丽可爱；有的如蹲坐老翁，虽有的已枝干衰败，但仍年年发新芽，碧叶成荫，显现老当益壮之貌……。置身于婆娑的古槐树下，仿佛能听到历史老人娓娓的絮语，讲述着一个美丽故事，听到岁月悄悄的脚步声。不由地发出"人生易老，天难老"的感叹。

五月槐花满地香，花雪白晶莹，团团簇簇，轻悬在了树梢，挂满了枝头，随着微风摇曳，一股淡淡的槐香醉人，仿佛天女散花般，一树树挂满了枝头"蒙蒙碧烟叶，袅袅黄花枝"（白居易《庭槐》）。远远望去，像一串串银色的铃铛，更有那蜜蜂采蜜，嗡嗡嘤嘤，组成一曲蜂鸣花香的交响乐，灿烂夺目，蔚为壮观。盛夏，槐荫蔽日，清爽惬意，夏夜在槐荫下乘凉，一边听那蝉声吱吱叫，感受那现实的美好而欣慰，一边来一壶好茶，握一把芭蕉扇，天南海北一聊，那更是人生不可多得的乐事。秋天浅绿深黄的叶子在晴空里悠悠飘落，汇集在阳光暖暖的角落，等待新的归宿；待那幼嫩娇弱槐荚，挂在枝头，翠绿透明。犹如月牙般闪烁着点点光泽，精致可爱，随着天天长大，它外皮渐渐变得坚硬，形如念珠状，无畏日晒雨淋，洒脱地挂在空中，随清风舞动，待到深秋叶黄掉落，它依然固守着自己的领地，只是再也没有往日的风采，且微微的秋风也能轻易地动摇它，高高在上的尊严，令它回归大地，待到来年重获新生。冬天古槐披着一树白雪，一身银光，听那凛凛风声，添上了几许冷峻和肃穆。

槐树姿态优美，绿荫如盖，尤其老年树更显苍劲雄伟，且抗逆性强，是中国北方城市重要的园林绿化树种，常作遮荫树及行道树，又对多种有毒气体有抗性，抗污染性强，是污染区、厂矿区、"四旁"的良好绿化树种。配植于公园绿地、建筑物周围和街坊住宅区比较适宜。特别是龙爪槐蟠曲下垂，姿态古雅，是中国庭园绿化的传统树种，富于民族特色的情调，常对植于庭园入口两侧，列植于路旁、溪畔、草坪边缘等处，或孤植于亭台山石一隅，雅趣横生。

车槐通身是宝，花、嫩芽、幼叶可食，食之别有风味。唐代大诗人杜甫对鲜食槐花情有独钟，还赋诗曰："青青槐叶，采掇付中厨。"且为夏季重要的优质蜜源，又可作黄色染料。嫩芽幼叶是古代家常菜，谓之"久服明目益气，乌须固齿，催生。"槐芽与槐花炒制冲泡，比茉莉花茶更胜一筹，还能防心血管病。槐花挥发产生罗勒烯、壬醛等成分，具有杀菌净化空气的作用。将槐花蕾调制后为槐米，富含芦丁、芸香甘，为制药重要原料，用途很广，花、花蕾、果、根皮等均可入药。槐花有清热凉血、止血之功；槐角（果实）与槐花功用相似，亦药力稍强，疗大便下血，催生堕胎，孕妇忌用。还可酿酒、榨油、制酱油。槐豆粉用于纺织工业，可节约大量粮食，据测算0.5公斤粉等于15～25公斤粮食淀粉，且很强的湿水力、黏性和成膜性，其黏度高于玉米、土豆数十倍。木材纹理直、耐腐朽、耐水湿、抗蚁蛀、富弹性，宜作桩柱、房屋建筑、农具、家具、人造板、车辆及雕刻用材。

6.树趣文化

国槐在民间是吉祥、幸福、美好的象征；槐花是吉祥、和谐、繁荣昌盛的象征，中国人民自古以来把它作为吉祥树、幸福树，体现人们顽强不屈、坚忍不拔品格，展示人们奋发图强，不断进取的精神风貌，故将其定为市树的就有北京等24个省、市。

槐与松、柏、银杏均为中国古代名树，是宫中必栽之树，有"官槐"之称。远在周代朝廷里要种三槐九棘，公卿大夫分坐其下，以定三分九卿之位，后世遂以槐棘比喻三公九卿。槐树通常是宫廷和官府里的吉祥、富贵、尊优的象征。据《周礼·秋官·朝士》记载："面三槐，三公仕焉。"槐喻三公，指古代外朝所植的3棵槐树象征司马、司空、司徒三公品位。古时书生以博得三公之位为毕生奋斗之目标，要达之，须应试科举。因而以槐指代科考，赴考称"踏槐"，考试年谓"槐秋"，考试月叫"槐黄"。词曰"槐花黄，举子忙"。"几年奔走趁槐黄，两脚红尘驿路长。"指的就是这个意思。

自古存留的古槐树和关于古槐树的传说故事很多，从周朝一直到宋朝，从公元前3世纪到公元后10世纪，一千三四百年间，槐树故事一直和大官有着密切关联，也广为流传。唐朝·李公佐所著《南柯记》这个故事说，一个醉卧在宅旁古槐边，梦见进入大槐安国，娶公主为妻，做南柯太守20年，生五男二女，享尽荣华富贵，醒来却是南柯一梦，故事里所谓南柯国，就是槐树下的蚁穴。毛泽东的诗句"蚂蚁缘槐夸大国"也是这个意思。《左传》中记载：春秋时，晋灵公不理朝政，宣子来劝告，他觉得讨厌，派钮麑去行刺，一大早赶到宣子家，见卧室敞开，宣子已穿好朝服，将上朝去朝见晋灵公。因时间尚早，坐着又睡了。钮麑感到宣子这样认真，不禁叹息说："他不忘赶早上见，毕恭毕敬，真是百姓的好官，我去刺杀他，不是忠心于国家的人；我若不刺死他，违背了国君命令，是个不守信用的人。忠、信二字，有一做不到，那就不如死了。"他叹息了一番，感到不能再活，便撞在槐树上自杀了。这是著名的关于槐树的故事。

华夏大地的名园中500年以上古槐数量甚多，至今在山东、山西、陕西、甘肃及北京的宫苑古刹中还多保留有晋、唐等时代的古槐，尤以遍布京城的古槐是北京的一大特色，人们往往把"古槐、紫藤、四合欢"和古都风貌联系在一起，它们是北京悠久历史的见证，也是首都灿烂文化的组成部分。故宫武英殿断虹桥边有著名的"紫禁十八槐"。国子监里古槐成片，彝伦堂前名气很大的"吉祥槐"。北海画舫斋古柯庭前的"唐槐"，有北京"古槐之最"之称，乾隆皇帝曾为它题诗"庭宇老槐下，因之名古柯，若寻嘉树传，当赋角弓歌，缮。"河南封丘县陈桥镇，有棵胸围5.4米古槐，相传是宋太祖赵匡胤陈桥驿兵变时拴马之槐，故叫"系马槐"，至今树围达5.4米，根深叶茂。甘肃风景名胜区瑞应寺前，古槐年龄在1000多年，天水伏羲庙的古槐有1300多年。山西太原晋祠的关帝庙老隋槐，为"晋祠三绝"之一，树干周长几人不能合抱，有1300多年，至今生机盎然。山西平定县西锁簧村有棵汉代古槐树，系西汉初年（公元前206年）种植，高30余米，直径2.9米，可能是中国现在最高大的古槐。

历代诗人，不但爱槐，还留下了许多脍炙人口的咏槐佳句。"归视其家，槐荫满庭。郁郁三槐，惟德之符"。（苏东坡《三槐堂铭》）。"槐叶初匀日气凉，葱葱鼠耳翠成双。三公只得三株看，闲客清阴满北窗。"（宋·范成大《夏日田园杂兴》）。"阴作官街绿，花开举子黄。公家有三树，犹带凤池香。"（宋·杨万里《槐》）。唐·郑谷赞槐花"毵毵（音san，枝条细长的样子）金蕊扑晴空"。宋代晁冲称之"雨槐细细落黄花"。苏东坡"细细槐花暖欲零。"清·康熙年间曾有诗云 "谁能欹枕清风夜，一任槐花满地香"。《古歌谣》："问我祖先何处来，山西洪洞大槐树。问我老家在哪里，大槐树下老鸹窝。""玉堂阴台冷窗纱，雨过银泥引篆蜗。萱草绒葵俱不见，蜂声满院采槐花"（赵秉文《玉堂槐花》）。"毵毵金蕊扑晴空，举子魂惊落照中。今日老郎犹有恨，昔年相虐十秋风。"（唐·郑谷《槐花》）

山西省国槐——太原市树

江西三湾古槐（李世全 1987年8月 摄）

38. 五月榴花红似火——石榴

1.来源

　　石榴Punica granatum L.，别名安石榴、丹若、若榴、金庞、金婴、无浆、涂林、榭榴、山刀叶和海石。为石榴科、石榴属植物，落叶小乔木或半常绿灌木。石榴是湖北省荆门的市树。

　　石榴原产于伊朗和阿富汗等中亚地区。生长于海拔600～1000米山坡向阳处或栽培于庭园。据《群芳谱》记载，石榴"本出涂林安石国，汉代张骞使西域得其种以归。故名安石榴。"公元1世纪前传入中国，至今已有2000多年栽培历史。有诗云："采搓使者海西来，移得珊瑚汉苑栽。"一般都认为石榴是汉时从西域引进的。但是，从马王堆古墓出土的医书中得知，早在西汉之前我国即有石榴。又据查，位于西藏澜沧江两岸的芒康、盐井现存有以石榴为主天然林。这里地貌多石，与伊朗产石榴地况相同，且在同一纬度上，学者认为，芒康、盐井也是石榴原产地之一。现广布于大江南北，主产于江苏、陕西、湖南、山东、四川、湖北、云南、安徽、河南及新疆等省（区）。以陕西临潼最有名，著名品种有大红甜、净皮甜、三白甜等。在年极端低温平均值-19摄氏度等温线以北不能露地栽培，一般多盆栽。印度及亚洲、非洲、欧洲沿地中海各地均作为果树栽培。

2.形态特征

　　石榴树高3～7米，矮生的在1米以下。树冠多不整齐，根颈部多分枝，呈多干状丛生。老干粗糙，为灰褐色，有丝状剥落，瘤状突起，多向左方扭转。嫩枝黄绿色，四棱形，生长势强的枝先端有刺。小枝柔韧，不易折断。新枝嫩叶带有红晕，长枝上叶对生，短枝上叶簇生。叶片长圆状披针形或倒卵形，长1～9厘米，宽0.5～1厘米，叶端圆钝，全缘，有光泽，叶面亮绿，无托叶。花两性，1朵至数朵生于当年新梢顶端或叶腋；花萼钟状，红色，长2～3厘米，顶端5～7裂；花冠红色，花瓣5～7片，倒卵形，稍高出花萼，裂片红色。单瓣或重瓣，雄蕊多数，花丝细长。雌蕊1枚，子房下位；花色有红、白、黄、粉及红、白相间等色，以红色为正宗。花期为5～7月份。浆果近球形，直径为3～6厘米，果皮厚，顶端有宿存萼片突起，果皮成熟后呈铜红色或酱褐色。种子多数，有肉质外种皮，9～10月份成熟，自上端自然裂开。

栽培品种有果石榴和花石榴。果石榴植株高大，着花较少，每年只开一次花，花期短，着果率高，属观果花木。花石榴植株较小，着花多，一年可多次开花，花期长，果小而少，属观花种。

其主要栽培品种有：

1）白石榴　var.albescens DC.，亦称银榴。花白色，单瓣，5～7月份开花，每年开花一次。其花重瓣者称重瓣白榴或千瓣白榴，花大，每年5～9月份开花3～4次。

2）月季石榴　var.nana Pers.，又名月月石榴。植株矮小，叶线状披针形。花红色，半重瓣，5～9月间每月开花一次。果实小，果皮黑紫色，是主要的观花盆栽品种。其重瓣者称重瓣月季石榴。

3）重瓣石榴　var.Pleniflora Hayne.，亦称千瓣大红榴或重瓣红石榴。花大重瓣，大红色，花、果都很艳丽夺目，为主要观赏品种。

4）黄石榴　var.flowescens Sweet.，又称黄白石榴。花色微黄而带白色，花单瓣。其重瓣者称千瓣黄榴。

5）玛瑙石榴　var.legrellei Vanh.，又称千瓣彩色石榴。花重瓣，底红色，嵌合黄白色条斑。

6）重瓣白石榴　var.multiplex Sweet.，花白色，重瓣。

7）墨石榴　var.nigra Hort.，枝细柔，叶狭小；花也小，多单瓣；果熟时呈紫黑色，果皮薄，外种皮味酸不堪食。

3.生长习性

石榴喜温暖，稍耐寒，耐旱，耐瘠薄，忌涝。喜阳光，不耐阴，抗风力强，增湿降温能力较强。对土壤要求不严，pH值在4.5～8.2之间，宜栽于石灰质壤土及排水良好的肥沃砂质壤土上。适宜生长温度为15～25摄氏度，有效积温在3000摄氏度以上。10摄氏度以上时，叶芽萌动。以5200～6400摄氏度积温之地产量最高，品质最好。萌芽、萌蘖力强，易分枝，耐修剪。俗话说："石榴不畏寒暑，栽培以大肥光照为主。"寿命较长，可达200年以上。石榴对二氧化硫、氯化氢、臭氧、水杨酸、二氧化氮和硫化氢的抗性较强，有净化空气的作用。

4.培育要点

（1）繁殖方法

石榴易繁殖，可用播种、分株、扦插及压条等方法繁殖。以扦插应用较广。

1）扦插　扦插时，于4月初剪取优良母株一年生健壮枝条（枝梢不用），长10～13厘米，除去1/2～1/3叶片，下方削斜面，放入95%工业酒精中浸一下，除去切口凝集单宁，放流水中泡5～15分钟。直插盆中或沙床，外露1～2个叶芽，插后遮荫20%～30%，保持湿润，温度为25摄氏度，2周即可生根。待幼根由白变为黄褐色时移植。

2）播种　播种于秋末冬初进行，或种子沙藏（种子与河沙按1:5比例混合贮藏）后于春季进行。播种前，将种子浸泡于40摄氏度温水中6～8小时，待种皮膨胀后再播种。按25厘米行距播在培养土中，覆土1～1.5厘米厚。然后上盖草，浇透水，以后保持湿润，温度控制在20～25摄氏度，1个月左右生根发芽。苗高4厘米时，按6～9厘米株距间苗。6～7月份除草后，施一次稀薄腐熟粪水。8月份追施一次磷、钾肥。夏季要抗旱，冬季要防冻。秋季落叶后至次年萌动前移植。

3）分株　可在早春芽开始萌动时进行。对丛生灌木状植株行分株或挖掘根蘖苗另栽，成苗快，来年即可开花。

4）压条　也可在春季进行，不用刻伤。在夏季，先压条成活苗割离母体，秋后或来年早春时挖出另栽，第三年可开花结果。嫁接多用切接，以酸石榴为砧木。

（2）培育要点

石榴培育，地植、盆植皆宜，关键是要掌握好光照充足、肥水合理、修剪适当三项要领。

1）光照充足　石榴为强阳性植物，素有"石榴越晒花越红、果越多"之说。每天日照应不少于6小时，才能花多色艳。

2）水肥合理　盆栽石榴每隔2～3年换一次盆土。结合早春换盆，施腐熟豆饼等作基肥。花前施1~2次磷、钾肥，生长期间10~15天施一次稀薄液肥。尤其在育蕾、花芽分化与果实膨大期，养分一定要充足。花后再施1~2次液肥。浇水要适量，一般见枝叶开始萎蔫时浇水。在蕾期和果期，盆土不能过干。雨季要防雨淋，否则易落蕾落果。另外，要及时松土与除草。

3）修剪适当　对石榴适期修剪整形，既有利于保持树形，又有利于多花多结果。小石榴类以自然形为主，一般不必过多剪枝，主干高10~20厘米，留3~5个主枝，适当分布结果母枝，自夏至秋须适当摘心，疏花疏果，以促发新芽，花大果硕。花石榴类，要及时剪除徒长枝、交叉枝和基部根蘖小枝，花落后剪残花，去花梗。三年以上老枝，要进行更新修剪。果石榴类，早春萌动前要剪去徒长枝、纤细枝、交叉枝和病虫枝，同时将多年生长枝截短，以促使其萌发新枝。还要注意松土和除草。在北方地区，冬季需将石榴移入温室或地窖中越冬。

6~9月份，石榴易患早期落叶病、果干腐病和枝干煤污病，易发生桃蛀螟虫、刺蛾和袋蛾等虫害，须及时防治，以减少损失。

5.欣赏与应用价值

石榴，初春新叶红嫩，入夏花繁似锦，仲秋硕果高挂，深冬铁干虬枝，被盛赞为"天下之奇树，九州之名果"。它以其独特魅力，深受人们青睐。它树冠丛状浑圆，枝繁叶茂，花开热烈似火，丹葩洁秀，朱实星悬。可谓美树艳大祥果。西晋文学家潘岳《安石榴赋》称赞"丹葩洁秀，朱实星悬，接翠萼于绿叶，冒红芽于丹顶。千房同膜，十子如一。"

春天，石榴新叶初绽，既红又嫩。红花石榴，叶片如秋后霜叶，红艳欲滴；而白花石榴的叶片则如绿宝石般的碧绿，让人心醉。摘下刚抽嫩芽，制成甜茶，芳香止渴又防病。春天骄阳普照，叶转浓绿，枝上绽露点点红蕾。在满树碧绿中，团团凝红如火光霞焰，鲜艳耀眼。远远望去，有一种"万绿丛中一点红，动人春色不须多"的感受。进入初夏，满树繁花似锦，红的如火，白的晶莹剔透，真是花照翠树，美不胜收。摘上一朵簪发，美丽极了，"一朵佳人玉钗上，只疑烧却翠云鬟"。花还是止血乌发妙药，"阴干为末，和铁丹服一年，变白发如漆。"

盛夏酷热，石榴毫不畏惧。它昂首挺立在烈日中，落去的花变成了果实，悬挂在枝头，一派"绿树成荫子满枝"的景色。"吃口安邑榴，胜过天下走"的谚语流行于石榴甲天下陕西临潼。

入秋到了收获季节，石榴果也笑开了口，厚厚的果皮里，裹着众多排列整齐、形似倒卵形的种子，红色的如玛瑙光彩夺目，白色的似水晶莹光透亮，向人们显示着丰收的喜悦。深秋之际，叶子变为金黄色，若遇强风袭击，金灿灿叶子随风而下，犹如天女散花一般。

　　冬至，万木凋零，果实仍高挂在有力的枝干上，如同盏盏红灯，十分可爱，如不摘，可延至春节。逢有来拜年的亲朋好友，赏玩了盆景之后，再品尝一下美味石榴，别有一番滋味。昔日老树桩，在能工巧匠们手中，经修扰成型，配上玛瑙、翡翠，制成工艺盆景，重新吐红绽绿，生机盎然，别有一番情趣，摆设成花群或供室内观赏，令人赞叹不已。石榴花果俱美，是著名园林绿化树种，露地园林栽培可孤植、丛植于阶前、庭间、亭旁、草坪外缘，点缀花坛，或栽于竹丛外缘，红花绿叶极为美观，如大片栽植山麓、坡地其效果更佳。又因对有毒气体抗性很强，是美化有污染源厂矿和干旱地带的主要栽植树种。

　　石榴果实、形、色并美，甘酸相和，堪称百果之珍，是五湖四海人们所喜爱的鲜果之一。其花、叶、果实、根皮俱可入药。花是止血促发的妙药。花置瓦上焙燥研末，加入冰片，民间治中耳炎疗效甚佳，叶捣敷受伤处，疗跌打损伤；果实加工制汁是风味独特清凉饮料，亦可制久负盛名的石榴酒，及别具色、味醋；根、茎、果皮含较多鞣质，是制革和印染工业的重要原料；根皮含大量生物碱，有疗痢疾、涩肠、止泻、收敛、止血、止带、驱虫的药效。

6.树趣文化

　　"千房同膜，千子如一"的石榴在中国是繁荣昌盛、和睦团结与喜庆吉祥的佳兆，也是多子、多福、多寿的象征。据传武则天封石榴为"多子丽人"。古往今来，人们还把火红的石榴花为朝气蓬勃、充满活力的象征。西班牙把石榴花视为国花，表示宝贵、祥和、平安。因石榴兼花果之胜，与兰花、蝴蝶兰、海棠花合称为"四季花"，并称之为农历五月的"花中盟主"。古往今来，人们留下了许多关于石榴的美丽传说。它被当作女人的象征。古代妇女所穿百褶长裙，以石榴猩红之色衬托其服饰之优雅，姿容之娇丽，称为石榴裙。传说，杨贵妃不但爱吃荔枝，还非常喜爱穿绣有石榴花的裙子。唐明皇特意命人在华清池西绣岭、王母祠等地遍栽石榴，供她观赏。石榴有醒酒功能。每当杨贵妃醉酒时，唐明皇一边欣赏她妩媚的醉态，一边剥榴籽喂她。朝中大臣极为不满，每每见她侧目而视，拒不跪拜，杨贵妃心里十分不快。一次她给明皇弹琴，故意弄断琴弦，诉说大臣对她不恭，见其不拜，司曲之神为其鸣不平，故而弦断。唐明皇随即降旨，凡见娘娘不行跪拜之礼者，格杀勿论。此后，大臣们见到这个爱穿绣有石榴花裙的娘娘，便诚惶诚恐，拜倒在地。过后，大臣们私下用"拜倒在石榴裙下"一句话来解嘲。相传，杨贵妃在西安骊山华清宫栽植不少石榴树，故称"贵女石榴"。现存于华清池亭前一株1200多年古石榴是她亲手所植，迄今仍生长健壮，年年开花结果。白居易诗曰："闲折两枝持在手，细看人间不似有。花中此物是西施，芙蓉芍药皆嫫母。"

《宋史·五行志》记载一则石榴花说，南宋绍兴年间，汉阳郡一孝妇杀鸡奉姑，姑食而死。姑女诉于官，妇坐罪无以自明。临刑时折石榴花一枝插于石罅，祝曰："妾若毒姑，花即枯悴。若属诬罔，花当复生。"其后此花生根即活，花果秀茂。时人哀之，便在花侧立塔，名曰石榴花塔，以表其事。明代赴弼写诗叹曰："孝意翻为逆意终，芳客屈死恨无穷。至今塔畔榴花放，朵朵浑如血泪红。"此塔修在汉阳龟山南楚的汉阳台园。塔后及两侧簇拥着四排数十株石榴。每到五月，花开如吐血泪，似乎在向人们诉说这一哀怨的故事。

石榴果在中国传统文化中，也有着深刻的象征意义。《北齐书·魏收传》中载：文宣帝太子安德王延宗，娶赵魏收女为妃，魏收之妻献石榴两枚，文宣帝不解其意，魏收起身施一礼笑曰："恭喜陛下，石榴多子，太子新婚，以此喻王室兴旺多子多福。"文宣帝闻之，龙颜大悦，赏锦两匹。后人以石榴喻子孙满堂，后继有人。这个比喻沿袭至今。

石榴在世界其他地区也有多子的象征。在希腊神话中，天帝宙斯之妻赫拉是主管婚姻和生育的女神，她的形象是右手握权杖，左手执石榴。印度佛经中繁育子孙的保护神河梨帝母的形象，是左手抱一个孩子，右手执一个石榴。波斯宗教中，专司人类繁衍的女神雅娜希塔的手上也托着一个装着石榴的钵子。

石榴也曾承担表示崇敬与友谊的神圣使命。20世纪60年代初，印尼华侨归侨归国观光团赠送福建的一批花果苗木中，有一种无籽香石榴。定植后，1963年开花结果，果大肉黄，具苹果香，味甜无籽，堪称石榴上品，已繁衍南方各地。

山东峄城石榴园始建于西汉元帝年间，由丞相匡衡从皇家御花园"上林苑"引石榴于家乡栽培，到唐代形成了林网，元代时连接成园，明初发展成为万亩石榴园，迄今已发展为10万亩、500余万株，成为世界上最大的石榴园。人们把这座世界罕见的石榴园称为冠世榴园，还被上海吉尼斯总部选入世界吉尼斯纪录。

历代文人墨客对石榴喜爱有加，留下了许多优美的赞石榴花艳果美，抒发炽热爱情的诗词歌赋。如"流霞色染紫罂粟，斓斑似带湘娥泣"赞它的色；"熏风四月浓芳歇，红玉烧枝拂露毕"是赞它的花；"雾縠作房珠为骨，水精为粒玉为浆"是赞它的果；"首娘初嫁嗜甘酸，嚼破冰精千万粒"是夸它的味。唐代李白《咏邻女东窗海石榴》云："鲁女东窗下，海榴世所稀。珊瑚映绿水，未足比光辉。清香随风发，落日好鸟归。愿为东南枝，低举拂罗衣。无由共攀折，引领望金扉。"唐代韩愈《榴花》一诗称："五月榴花照眼明，枝间时见子初成。可怜此地无车马，颠倒青苔落绛英。"诗人借榴花兴杯，自喻坎坪仕途。金代元格《榴花》称赞石榴之美："山茶赤黄桃绛白，戎葵米囊不入格。庭中忽见安石榴，叹息花中有真色。生红一撮掌中看，横写虽工更觉难。诗到黄州隔千里，画家辛苦费铅丹。"宋代杨万里《石榴》诗云："深著红蓝染暑裳，啄成纹玳敌秋霜。半含笑里清冰齿，忽绽吟边古锦囊。 雾縠作房珠为骨，水精为醴玉为浆。刘郎不为文园渴，何苦星搓远取将。"表达了诗人对石榴钟爱及描绘它冰清玉洁和非同凡品的美味。元代张弘范《榴花》诗云："腥血谁教染绛囊，绿云堆里润生香。游蜂错认枝头火，忙驾薰风过短墙。"写的是石榴花香引蜂采蜜，但见红如腥血染成的鲜花，竟错认为枝头着火，吓得慌忙乘风逃到墙那边去了。故五月石榴红如火，实非虚言。元代刘铉的《乌夜啼·石榴花》词曰："垂杨影里残红，甚匆匆。只有榴花全不怨东风。暮雨急，晚霞湿，绿玲珑。比似茜裙初染一般同。"词人高度地艺术概括了榴花的非凡品质。古人曾有"春花落尽海榴开，阶前栏外遍植栽，红艳满枝染夜月，晚风轻送暗香来"的诗句，这些描绘石榴花美态、赞美石榴花品格的诗词，至今读来依然脍炙人口。

西藏芒康野石榴
（来源：《中国树木奇观》）

红霞朵朵

西安石榴（庄伊美 摄）

西安石榴（庄伊美 摄）

39. 舶来宾客——凤凰木

1.来源

凤凰木Delonix Nigia (Bojea) Raf. 别名凤凰花、凤凰树、红花楹、火树、火焰、金凤花。原产马达加斯加及热带非洲，散生于常绿阔叶林中，为热带地区特有树种，亦广为栽培。该属3种，产于热带亚洲、非洲，中国引入1种，仅凤凰木属种。在辽阔的中国大地，它是舶来货，栖息地只有台湾、福建、广东、海南、广西、云南等省区南部一些城市有栽培。中国引种栽培凤凰木，始于19世纪末，只有近百年历史。中国明代《潮阳县志》里已有记载。清乾隆年间《揭阳县续志》的记载十分详细："金凤叶细如槐，花开枝头，作金黄色，娇艳夺目，可用钗头妆饰。"厦门地区于20世纪30年代引种栽培，生长尤为旺盛、快速，迄今大街小巷处处可见它的倩影。

2.形态特征

凤凰木为苏木科凤凰属落叶大乔木，高达20米，胸径可达1米，幅8米。染色体数2n=4x=28，24。树冠宽阔，扁圆形或广伞形；树皮灰褐色，粗糙；树干基部常具板根。枝横展，分枝多而粗壮，斜出，顶部分枝开展，为伞状。二回偶数羽状复叶，互生，长20~60厘米，有羽片10~23对，对生，长5~10厘米；每羽片具小叶20~40对，密生，细小，长椭圆形，长4~8毫米，宽3~4毫米，顶端钝圆，基部偏斜，两面被绢毛，全缘，中脉明显；叶轴和羽轴具槽，密被短柔毛，小叶近无柄；托叶羽状分裂，早落。伞房或总状花序顶生和腋生，花序长20~40厘米，花径约15厘米，花瓣长5~7厘米；花大，五瓣萼片厚，背面黄绿色，表面深橙红色，花瓣上面有黄色条纹，花瓣基部缩小成线状，橙红色；花瓣中有一瓣白色具红边，瓣上有红斑点；雄蕊10枚，红色，离生，花丝长约6厘米，基部被毛；雌雄蕊伸直，红色，子房无柄，胚珠多数。荚果木质偏平，顶端有宿存花柱，下垂，微呈镰形，长30~60厘米，宽5厘米，黑褐色，内有种子多数，长椭圆形，暗褐色，长约2厘米，宽约0.4厘米。花期初夏，6月份为盛花期，亦有秋季开花的迟花品种。种子秋盛成熟，常悬挂至翌年春天。

栽培品种及变种：

1）黄花凤凰木（Delonix Regia）花黄色。

2）金花凤凰木（Flavida）花金黄色。

3.生长习性

凤凰木为典型热带强阳性树种。喜光，喜高温多湿气候，不耐寒，耐干旱和瘠薄，对低温、霜冻反应敏感，冬季温度不低于8摄氏度。栽培地全日照或半日照均能适应，通常在春初落叶，春末夏初发芽，具有生长快，根系发达，枝叶浓密，抗风、抗病虫害、抗大气污染，耐烟性差。在排水良好，土质肥沃，富含有机质的微酸性沙质壤土生长旺盛。移植易活。忌种于盐碱地或长期积水的洼地。凤凰木在福建闽南一带其生育期：2月初冬芽萌发抽梢，4~7月为生长高峰期；花期较长，5月始花，6~7月盛花期；花期随纬度的增加而推迟并缩短。11~12月果熟期，挂果至翌年4月份。11月至翌年3月份稀疏落叶。在风小荫蔽处也有植株部分老叶终年不掉落。植株寿命近百年。6年以上开花结果。

4.培育要点

凤凰木用播种法易繁殖。选15年以上优良母株，于11~12月荚果呈黑褐色时采种；置于日光下曝晒数日，敲打脱粒，取净种子藏。种子千粒重450~550克。3月下旬~4月中旬播种，播前70~80摄氏度热水浸种，自然冷却后，继续浸泡24小时；按株行距10厘米×10厘米高床条播，覆土1~1.5厘米厚，上盖草，浇透水，常保持湿润，防杂草滋生。一般每亩可播2万株左右苗；袋播在已备好营养土的苗床或圃地整齐排放，用直径1厘米的木棍在袋中央直插入1~2厘米的孔后放入种子，并覆土压实，浇透水适当遮荫，播后7~8天开始发芽，发芽率90%以上，20天后苗高可达10~15厘米，幼苗4~6片子叶时用0.3%尿或

0.3%复合液肥叶面喷施2～3次，苗高20～30厘米，按100厘米×100厘米株行距"去弱留强，去密留疏"进行间苗，补苗。6～9月，结合松土除草，月施一次稀薄腐熟粪水或饼肥水，并注意抗旱防病虫为害。苗期主要害虫发生有食叶凤凰木夜蛾与尺蠖，前者用5%杀螟松剂1000倍液喷杀。一年后苗高可达1.5～2米，可出圃定植。春季大苗带土移栽应选择空旷向阳处，不与其他乔木混植，且要"随挖、随栽、随浇"，并立支柱防被风吹倒。种后1～2年继续加强管理，使苗木尽早达到观赏效果。

为使凤凰木更艳丽，抗逆性强，厦门市福建省水产研究所在中国第22颗返回式科学与实验卫星上，进行了水产太空育种实验，同时也搭载厦门市树凤凰木种子成功返回后，太空种子正在研究单位培育，有望提高市树知名度，增添旅游亮点。

5.欣赏与应用价值

凤凰木是"舶来宾客"，落户在中国南疆，只有近百年历史，却成了华夏乡土著名风景树种。它树形硕壮，树干弯曲，洋洋洒洒，风姿绰约，刚健挺拔，任台风暴雨肆虐，岿然不动，顶天立地，英姿勃发，无比坚韧刚强，不愧是南国独具特色的珍品。当春光明媚，百花争艳，它却如痴沉眠，宛不知春，悄然隐退，不与百花争俏。直至"绿肥红瘦"之际，那片奇特似羽毛的新叶才竞相展露，翠绿而柔嫩，缀满枝头荫满地，显现一派生机，给人以初夏清新潇洒、热情洋溢之感。夏日蓓蕾陆续绽满，玲珑精巧，引人注目，在那"绿树浓荫夏日长"的季节里，艳丽五瓣花朵宛如瑞祥梅开五福，瓣中有一瓣白色具红边，瓣上有斑点，宛如天上云锦，美丽之极，俏丽可爱。满枝梢繁花似锦，富丽堂皇，娇艳如火，热情豪放在蓝天之下，犹如"火齐满枝烧夜月"。盛夏，艳丽如火如荼的花朵在浓绿光泽规则排列的羽叶衬托下，组成了非常和谐相映成趣的情调，形成了一道赏心悦目的美景，展示出一派南国风光。阳光普照，流光溢彩，远远望去，一颗颗花树像一把把散金的大红伞，"金泽会蕊滴朝阳"给南国炎夏大地，平添了一幅靓丽的风景线。有诗云："远望云峰火当空"给人以热烈的激情。"叶如凤凰之羽，花似丹凤之冠"，称之为"凤凰木"，是最恰如其分不过了。当暑气袭人之际，微风摇曳的青翠，注入一潭诱人的清凉，人们在浓荫树下休憩，来上一小杯茗茶，浅斟细啜，回味无穷，是难得的独特享受。

凤凰木非常特别，有着显著季相变化。一生年龄和人的寿命差不多。它一年花开两度，一度正值花开最艳之时，正是毕业学子挥手道别之际，意味着人生特殊阶段的开始。在告别寒窗苦读生涯之时，相聚在凤凰树下拍张照留影，既是一种留念，又是毕业将与社会进行第一次亲密接触的象征，仿佛正要振翅高飞却又怀有不舍和惆怅，于是就有了那在凤凰花映照下泪珠晶莹的回忆；一度是新生满怀喜悦步入学堂，开始新的学习生活，展望着未来，充满了激情与渴望。凤凰木如此善解人意，赢得了人们对它的钟情，也更珍爱它那刚直不阿的品格。

当缤纷落花时节，洒满了一地，铺成火红地毯；恰似"微风吹万舞，好雨尽千妆"，蔚为壮观，令人目眩神怡。

秋实之际，串串饱满而坚实形如大弯刀的果实，挺立于枝头上，玲珑晶莹剔透，宛似古代武士刀，微风轻拂，晃晃悠悠，蔚为壮观，令人悦目，它报示着丰收的喜悦，给人们带来热烈欢快的情趣，同时也给枯黄浓重的暮秋增添了无限生机。

寒冬来临之时，浓郁的叶片逐渐转黄，随风慢慢飘落大地，这对四季如春夏的南国，给人们带来一种四季季相分明的感觉，还能给冬季大地透出一片灿烂阳光。冬末初春，光秃的干身和枝桠仍傲然挺立，伸展在蓝蓝的天宇中，展现出顽强的生命力，让人备觉它的峻伟与气势。

凤凰木生长快速，根系发达，抗风力强，抗大气污染，花开时节，满城彤红，是集优美树形、树姿、花色于一身的极品观赏树木。中国广西南宁有"凤凰城"之称，亦为马达加斯加国花、国树。适合于道路、村落、公园、花园小区河流两岸和风景区作行道树、绿荫树与园景树，宜单植、列植，群植均可。若配植于湖畔水边，枝叶倾向水面，与倒影相衬，更觉婀娜多姿，独具南国特色，与树干粗壮，颇有"男性"气魄的南洋楹搭配相对较柔像"女性"的凤凰木，会相得益彰，景观效果更好；与常绿树种如火焰花、扁桃等相配种植，能给城市的绿化增添一道亮丽的风景；用于风景林建设，极目远眺，则一片火红，灿烂夺目，极为壮观。其根瘤丰富，是改良土壤的优良树种。

凤凰木的花和种子皆有毒性，不可误食，亦可提取抗生素，并有驱虫效果；树皮是解热剂；茎皮的萃取物，对家畜有催吐作用和中枢神经的抑制作用。其木材致密，质轻而有弹性，耐腐、耐湿，有特殊黄白花纹；为良好桩木，可维持百年之久，可供做车轮、桥梁家具、板料、火柴杆、造纸原料等；提取树脂能溶解于水，作工业原料。

6.树趣文化

凤凰木迎着冬季寒风与霜雪而来，当许多伙伴已落叶纷纷，它却不向严寒屈服，仍然傲骨铮铮，无所畏惧，勇往直前，是坚忍不拔，顽强奋进的象征；而艳丽花朵盛开于离情依依的6月，又有别离的含义。

清代吴其睿《植物名图考》中记载过凤凰木之名由来，传说它最初传入中国，可能先引到澳门凤凰山上栽植，故称凤凰木。在广东深圳市龙岗区大鹏镇有株凤凰木，高达30米，冠幅25平方米，树龄100多年，仍挺拔屹立，绿影婆娑，花开瑰艳。

有这样一个美丽的传说说的是白鹭如何辛勤地挖泉水、到大陆收集花草种子，使厦门岛上鸟语花香，蜂飞蝶舞，不但美丽，也挺热闹呢！厦门的变化，引起东海蛇王和蛇妖眼馋和骚扰，白鹭与之搏斗，勇斗蛇王，赶走蛇妖。在白鹭洒过鲜血的那片土地上，长出了一棵棵挺拔的大树。树的枝叶像白鹭的翅膀一样；树上的花，像白鹭的鲜血一样火红。这种大树，人们把它称作'凤凰木'，而厦门岛，从此也被称为鹭岛。

厦门、攀枝花两市，于20世纪80年代中期先后经市人大会议通过确定凤凰木为市树。这是文化的概括，显示了中西文化交流，海纳百川的特色。当夏日开花荫凉满城，红花簇簇，绿叶相映，灿烂夺目，亦象征两市如火如荼的建设场面，体现了城市人民红火热烈、充满活力的精神风貌和腾飞景象。诗人谢迎在《凤凰树》诗篇中赞颂"凤凰树朴实修长的身躯/花季里满脸红晕/期待了一千零一夜/依然只能在你身边默默走树/虽然你依然满脸通红/虽然我那风中的手伸了又伸/却总也没有接触到/你那痴痴洒落的花瓣/师长津津有味地选读着/我那最后一篇作文/可不管怎么读，也读不出/字里行间那棵凤凰树的贤淑与美丽/凤凰树依然站在珠城的校园/凤凰树下久久的期待/化作了我对凤凰树/永远的怀念！"

福建厦门市鹭江道江滨凤凰木

独树一帜

厦门市凤市树凰木

凤凰木花枝

凤凰木花果

凤凰木果荚

凤凰木宿存果荚

凤凰木宿存老果荚

厦门鼓浪屿江边凤凰木自然景观

厦门莒苔港畔的凤凰木行道树自然景观

40. 占春颜色最风流——海棠

1.来源

海棠 (*Malus spectabilis*) 别名海棠花、梨花海棠、海红等。中国是海棠的起源中心，已有2000余年的悠久栽培历史，源远流长，在历代史料和诗词中就有关于海棠的记载，最早见《诗经·召南》篇有"蔽芾甘棠，勿剪勿伐"句，始知古称海棠为"甘棠"，又称赤棠、杜梨、彤棠、棠梨等。大约南北朝以后，海棠的观赏价值才逐渐被人重视。唐代已作为观赏花木在官苑大面积栽培。宋朝时海棠被评为"名花十友"、"名花十二师"，专著《海棠记》、《海棠谱》等。唐代贾耽的《花谱》一书称海棠为"花中神仙"，并传至日本和朝鲜半岛。于18世纪传到欧洲。

海棠花为著名的观赏花木之一。原生于海拔2000米以下的山区平原，迄今野生资源已不易见到。常见的有四种，又称为四品，即西府海棠、垂丝海棠、贴梗海棠和木瓜海棠，皆为木本，虽都属蔷薇科的春花树种，但并非同属植物。贴梗海棠和木瓜海棠系木瓜属；西府海棠与垂丝海棠棠系苹果属。苹果属植物全世界共有35种，分布于北温带，中国有24种，50余个品种，多数是观赏类。广布于大江南北，陕西秦岭、甘肃、辽宁、河北、河南、山东、江苏、浙江、云南、四川等地均有分布。四川盛产海棠，古巴蜀人最早将野生转家种成为庭院观赏名贵花卉之一，故海棠又称"蜀客"、"蜀花"，古时被誉为"天下奇绝"。唐代薛能诗云"四海应无蜀海棠，一时开处一城香。"宋代沈立诗云"岷蜀地千里，海棠花独妍。"陆游诗云"成都二月海棠开，锦绣裹城迷巷陌。"迄今经园艺工作者不断搜集和选种、杂交育种，栽培出众多深受欢迎的品种。

2.形态特征

海棠属蔷薇科，落叶乔木。高可达8米，枝干直立，树冠广卵形。树皮灰褐色，光滑。小枝粗壮褐色，幼时疏生短柔毛，后变为赤褐色。叶互生，椭圆形至长椭圆形，先端略为渐尖，基部宽楔形或近圆形，长5～8厘米，边缘有平钝锯齿紧贴，表面深绿色而有光泽，背面灰绿色并有短柔毛，叶柄细长1.5～2厘米，基部有两个披针形托叶。花5～7朵簇生，伞形总状花序，未开时红色，开后渐变为粉红色，多为重瓣，少有单瓣花。萼片5枚，三角状卵形。花瓣5片，倒卵形，雄蕊20～25枚，花药黄色。梨果球状，黄绿色，果梗细长3～4厘米，基部不凹陷，梗洼隆起，萼片宿存；果实先端肥厚，内含种子4～10粒。花期4～5月，果熟9～10月。

中国海棠资源比较丰富，本种常见栽培的变种有：

红海棠 *var. riversii* 花型较大，粉红色，重瓣，叶较宽大。

白海棠 *var. albi-plena* 花白色或有红晕，重瓣。

城市中常见的栽培有：

1）垂丝海棠 *M.halliana* 落叶小乔木，树冠疏散，叶狭长，卵形至长圆形，长3.5～8厘米，基部楔形，质较厚，缘齿细而钝，表面暗绿常带紫晕，伞状总状花序，花5～7朵簇生于枝端，鲜艳玫瑰红色，径3～3.5厘米，萼片先端钝，花梗细长下垂，色红艳，梨果倒卵形，稍带紫色。其变种有：

重瓣垂丝海棠 *var. parkmanii* 花近似重瓣，色红艳。

白花垂丝海棠 *var. spontanea* 花朵较小，略近白色。

2）湖北海棠 *M.hupehensis* 乔木，枝坚硬开张，幼枝被柔毛，后脱落。与垂丝海棠极相似，主要区别在于叶缘具细锐锯齿，萼片先端尖，花柱3，果椭圆形。其变种有：

湖北海棠 *var.rosea* 花粉红色，芳香。

3）西府海棠 *M.micromalus* 又名海红，干坚多节，小乔木，树姿端直，小枝紫色，叶宽，质薄，缘齿尖锐，花梗略下垂，花大，重瓣，花初放色浓如胭脂，及开渐淡，盛开为淡绯。耐寒力强。

3.生长习性

喜光，不耐阴，宜植于南向之地，对严寒的气候有较强的适应性，其耐干旱力也很强。多数种类在干燥的向阳地带最宜生长，有些种类还能耐一定程度的盐碱。但以土壤深厚肥沃、pH值5.5～7.0的微酸性至中性黏壤土中生长最盛。忌水涝，萌蘖力强。根系分布因种类不同而异。枝条生长有三种：生长枝，多见于幼树，不开花结果，主要扩大树冠；结果枝，多分布于主干或主枝中部，其顶芽圆钝饱满，每年7～8月分化为混合花芽，翌年春发芽开花，同时抽出1～2个短枝；中间枝，多分布于主干基部，生长较弱。

海棠生长物候期：实生苗一般在出苗后12～15天出现真叶，6月上、中旬为春梢生长盛期，8月上旬为秋梢生长盛期。开花、结果随纬度、海拔高度、种类不同而异。实生苗生长期较长，一般十数年后才开花。花期一般从2月下旬至5月上旬，从始花到终花，约10～12天。果实成熟期一般在8月中下旬至10月上、中旬。

4.培育要点

（1）繁殖方法

可采用嫁接、分株、扦插、压条及播种繁殖。

1）嫁接　为常用繁殖法。多选择春、秋进行。以实生苗为砧木，接穗以1年生发育充实的枝条，取其中段具2个饱满的芽。切接或芽接（"T"字形接法），接后壅细土盖没接穗，当年苗高80～100厘米，冬季截去顶端，促使翌春长出3～5条主枝，第二年冬再将主枝顶端剪掉，养成骨干枝，嗣后只修剪过密枝、向内枝、重叠枝，保持圆形树冠。

2）分株　于早春萌芽前或秋冬落叶后进行，挖取从根际萌生的蘖条，分切成若干单株，或2～3条带根的萌条为1簇，进行移栽，分切时保留好蘖条的须根，以确保栽后成活。分栽后及时浇透水，注意保墒，必要时遮阳，旱时浇水，不久即可从残根的断口处生出新枝，秋后落叶或初春未萌芽前掘出移栽，即成一独立新株。

3）压条和根插　均在春季进行。小苗可攀枝着地，压入土中，大苗用高压法，压泥处用利刀割伤。不论地压或高压都要保持土壤湿润，待长根后割离母株分栽。根插主要在移栽挖苗时进行，将过长较粗的主根，剪成10～15厘米的小段，浅埋土中，盖草保湿，易于成活。

4）播种　实生苗生长慢，易产生变异。为获得大量砧木或杂交育苗时，仍采用播种法。中国北方常用砧木种类有山荆子、西府海棠、裂叶海棠和海棠果等；南方则用湖北海棠。播种前，种子必须经过30～100天的低温层积处理。经过充分层积处理的种子，出苗快而整齐，且出苗率高；不经过层积处理的种子不能发芽，或极少发芽。也可在秋季经采果，去肉稍晾后播种在沙床上，让种子自然后熟。覆土深度约1厘米，上覆塑料薄膜保墒，出苗后揪去，及时撒施一层疏松肥土，苗期加强肥水管理，当年晚秋便可移栽。

（2）栽培要点

海棠一般地栽，以早春萌芽或初冬落叶后为宜。出圃保持根系完整，大苗带土球，小苗留宿土。植后加强管理，保持土壤疏松肥沃。落叶后至早春萌芽前把枯弱枝、病虫枝剪除，以保持树冠疏散、通风透光。亦短截徒长枝，以减少养分消耗，利于开花旺盛。结果枝则不必修剪。在生长期间，及时摘心，早期限制营养生长，则效果更为显著。遇春旱，应进行1～2次灌溉，并注意防治金龟子、卷叶虫、蚜虫、袋蛾和红蜘蛛等害虫，以及腐烂病、赤星病等病害。腐烂病又称烂皮病，是多种海棠的重要病害之一，危害树干及枝梢。防治方法：及时清除病树，烧掉病枝，减少病菌来源；早春喷洒石硫合剂或在树干处刷涂石灰剂；初发病时可在病斑上割成纵横相间、深达木质部的刀痕，然后喷涂杀菌剂。

（3）桩景盆栽

取材于野生苍老的树桩，春季萌芽前采掘，带好宿土，护根保湿。经1～2年养护，树桩成型后，清明前上浅盆。初栽根部多留泥土，以后再逐步提根，配以拳石，便成具有山林野趣的海棠桩景。新上盆的桩景，要遮荫一个时期后，才可转入正常管理。为使桩景花繁果多，应加强水肥管理。花期追施1～2次磷氮混合肥，花后每隔半个月追施1次稀薄磷钾肥，以促进果实丰满，减少落果。

自然条件下，海棠花每年春季开花一次，如采用降温、减水、遮光等方法，能使它在当年的秋季再次开花。具体方法：7月上旬把盆栽的海棠花树移到避雨的阴凉处降温，减少光照，控制浇水。浇水量必须徐徐减少，减至使植株叶片发黄到自行脱落为止，以促使其休眠。尔后继续少量浇水，以维持成活不萌发新芽为度。这样经过35～45天的休眠期，再将植株置于全光照下，浇透水，加施液肥，使之苏醒萌发新芽（叶芽花芽并生）。再经过5～7天，就能见到鲜艳夺目的海棠花。另外，还可利用其芽苞对温度敏感的习性，在隆冬采用加温催花的方法，将盆栽海棠桩景移入温室向阳处，浇透水，加施液肥，以后每天在植株枝干上适当喷水，保持室温在20～25℃，经过30～40天后，即可开花供元旦或春节观赏。

5.欣赏与应用价值

海棠花自古以来是雅俗共赏著名观赏花木之一，早有"国艳"之誉，素有"花中神仙"、"花贵妃"、"花尊贵"之称，与牡丹、梅花、兰花被称为"春花四绝"。它经隆冬的孕育，在初春阳光雨露的沐浴下，窈窕于春风前，不以其娇艳的姿色与桃李早春争艳，待到晚春才含苞绽放，怡然自得，不事张扬，让人们从海棠身上感悟升华出平静质朴，自重自爱的自律品格。它虽无梅花素净，却比它丰满。"其株倏然出尘，俯视众芳，其花甚芳，其叶甚茂，其枝甚柔，望之绰然如处女，非若他花怡容不正者可比。"虽不及桃花娇艳，但又较它淡雅。它"虽艳无俗姿，太皇真富贵"其鲜媚温柔却不娇气，平和质朴却有超群绝类之势。它虽荣耀花坛较晚，然而仍凌空舒展，亭亭玉立，英姿焕发，充满生机，使人浮想联翩。它花朵虽较小，但花团锦簇，楚楚有致，重葩叠萼，趵眩朝日，一树千花。有的花梗上举，姿态潇洒；有的铁杆虬枝，刚劲挺拔；有的群葩倒悬，在绿叶间时隐时现，似少女掩面，脉脉深情。海棠最美最动人之处就在含苞欲放之时，当花蕾刚着雨珠而又在"欲开时"，片片花瓣经春雨的洗礼，尘垢洗尽，分外滋润、明丽，花色显得分外光洁鲜红艳丽，美如处女含羞的红晕，又像是初醒睡起的佳人，精神饱满，晓妆均匀，娇腮生辉，娇娆而妩媚，真叫人神魂颠倒。难怪惹得唐代诗人郑谷为之销魂，禁不住要携酒对赏，赋诗称赞道"秾丽最宜新著雨，娇娆全在欲开时。"当那花初开时，炎红中有白，白中泛红的花花色，好似少女的唇颊，一簇簇的，三五朵一簇，缀满枝头，迎风峭立，花姿明媚动人，楚楚有致。"盖花之美者，惟海棠，视之如浅绛外，英英数点，如深胭脂"，开后则渐成缬晕明霞，宛如彤去密集，独具风韵，比之于日本樱花，繁密虽不及，但其娇红颜色，远远过之。"海棠妙处有谁知？今在胭脂乍染时。"（南宋·刘克庄）。盛开时，如"云蒸霞蔚"；花落时又像宿妆淡粉；秋季成熟果实，玲珑可观，红黄相映，高悬枝间，恰似红灯点点，随风荡漾，别具风姿。加以叶茂枝柔作映衬，确实娇妍动人，惹人怜爱，就连道学先生也不能不为它倾倒。宋代理学家朱熹的老师刘子翚面对海棠，也由衷叹道："幽姿淑态弄春晴，梅借风流柳借轻……几经夜雨香犹在，染尽胭脂画不成……"形容海棠似娴静的淑女，集梅、柳优点于一身，妩媚动人，雨后清香犹存，花艳难于描绘，难怪唐明皇也将沉睡的杨贵妃比作海棠了。

海棠种类繁多，树形多样，叶茂花繁，丰盈娇艳，已在中国众多城市中大量应用，特别是古典园林中无园不植海棠。古典园林中将玉兰、海棠、牡丹、桂花、竹、芭蕉、梅花配植广泛应用于庭园，称为庭园名花八品，其寓意为"玉堂富贵、竹报平安"的吉祥意境。现代园林以群植、片植地栽装点园林，可构成壮丽的自然景观，形成一种浩然浑厚的气魄，最能发挥海棠的群体美。可在门庭两侧对植，或在亭台周围、丛林边缘、水滨池畔布置，最宜植于水边，犹如佳人照碧池。若在观花树丛中作主体树种，其下配植春花灌木，其后以常绿树为背景，则尤绰约多姿，妩媚动人。或在公园游步道旁两侧列植或丛植，亦具特色。海棠对二氧化硫有较强的抗性，亦适用于城市街道绿地和厂矿区绿化。用以制盆景，苍老古雅，置于客厅，亦为十分悦目的上等材料，还可做切花供瓶插及其他装饰之用。此外，海棠花图案触目皆是，落地长窗、洞窗、塑窗、门洞、铺地等构图，常常是用美妙的海棠图案。如厅堂斋馆中的海棠窗，给人春满厅堂的感觉；又如铺满海棠图案的院子，自然产生春色满园的美感。

海棠具有药用及其他经济价值。海棠花气味芳香，可制茶、提取香料。种子含油量达30%，榨油能食用，也可用于制肥皂。果加工成蜜饯、果脯。木瓜海棠果中药名为光皮木瓜，贴梗海棠果中药名为皱皮木瓜，两种均具有祛风湿、平肝邹筋、驱风止痛的效果。

6.树趣文化

中国古代有将海棠等花木的果实和美玉一起作为友好往来、相互馈赠的礼品。中国名花繁多，各有其美的特色，令人对花相视而笑的唯海棠，在当今社会应酬中，赠送一枝海棠给新婚夫妇，祝贺新婚快乐，姻缘美满；将海棠花与玉兰一起赠送给亲朋好友，寓意玉堂富贵，祝愿亲友家庭生活幸福、美满。现代人常在自家庭院种上海棠，除为观赏外，还为取其吉祥、繁荣、兴旺和快乐之意。

中国古往今来都十分喜爱海棠。唐明皇用海棠花比作宠妃杨太真。据《杨太真外传》曰：唐玄宗李隆基偏宠杨贵妃而冷落六官粉黛。一日，游览沉香亭，奇花异葩，姹紫嫣红，不觉心旷神怡，遣人召之。贵妃见皇上有诏，不及梳妆匆匆赶来，见她醉容桃红，残妆依留，钗横鬓乱，发垂如瀑，胜似雨后海棠，出水芙蓉，如娇似怯，楚楚动人，唐明皇不禁笑曰："海棠春睡，尚未醒乎？"将一个睡眼惺忪，酒意未退，秀色可餐之佳丽比喻成海棠春睡，确是惟妙惟肖，妙趣横生。

陆游爱海棠，恐与他中年旅居蜀中近十载有关，写了许多有关海棠的诗，且笔底生花、声情并茂。有人说陆游爱海棠当与爱情之悲剧有关。陆游与唐琬本是一对恩爱夫妻，举安齐眉，相敬如宾，后因母亲逼迫，夫妻离异，抱憾终身。在陆游看来，海棠便是泪与恨。他的《海棠》诗"蜀地名花擅古今，一枝气可压千林。讥弹更到无香处，常恨人言太刻深。"

北宋杰出女词人李清照也十分爱海棠，赋一词《如梦令》脍炙人口，广为传诵："昨夜雨疏风骤，浓睡不消残酒。试问卷帘人，却道海棠依旧。知否？知否？应是绿肥红瘦。"李清照与赵明诚婚姻美满，伉俪情深。后北宋南迁，丈夫在金陵去世，李清照深感孤苦飘零，在词中她借海棠尽情抒发一个无依无靠的寡妇之哀愁。

苏东坡为四川人，自然对海棠情有独钟。在贬谪黄州时，离他居所不远有株海棠，竟无人识得，他感慨万千，喟然命笔，题一长诗，诗首注曰："寓居定惠院之东，杂花满地，有海棠一株，土人不知贵也。"此诗自认得意之作，曾多次书之赠友。据说，这首诗石刻竟有五六种版本广传民间，诗云："朱唇得酒晕生脸，翠袖卷纱红映肉。……嫣然一笑竹篱间，桃李满山总粗俗。"把海棠色韵之美描写得淋漓尽致，跃然纸上，海棠因此亦顿时身价百倍。

北京中南海的西花厅，每当入春之际，海棠花盛开如火如荼，艳丽照人，似乎是在怀念钟爱海棠花的已故的周恩来总理。周总理日理万机，常在繁忙之余，总喜欢在海棠花前停留，即使在夜晚。有一年，周总理去日内瓦参加会议，正值西花厅海棠满树鲜花，似乎都在翘首企盼总理来赏花。邓颖超大姐特意剪了一枝娇美海棠花压在书本里，托人带去日内瓦，总理看到那熟悉的海棠花，祖国北京就如巍巍长城在他的身旁。江苏淮安有关部门在周总理故居引种了几十株海棠，以表示对人民的好总理永久怀念之情。

著名作家梁实秋（与胡适、林语堂在台湾文坛上并称文学三大师）与他的祖父和父亲都爱养花。在他的《槐园梦忆》中云：西府海棠"翌年即繁花如簇，如火如荼，春光满院，生机盎然。"每当写作评著之余，便涉步于花丛之中。1966年，梁实秋从大学退休后，更有空闲料理花卉，当友人从大陆送去花卉，夫妇俩便激动万分、抚花思乡，他们深感国家统一乃炎黄子孙之望之责！

海棠的风姿艳质，惹得历代众多"骚人墨客"纷纷咏赞，留下了赞赏海棠脍炙人口的诗句。陆游诗云："猩红鹦绿极天巧，叠萼重拊眩朝日。"形容海棠花鲜艳的红花绿叶及花朵繁茂与朝日争辉的形象。宋真宗诗云："高低临曲槛，红白间柔条；润比攒温玉，繁如簇绛绡。"苏东坡的咏海棠的名句"东风袅袅泛春光，香雾空蒙月转廊。只恐夜深花睡去，故烧高烛照红妆。"曹雪芹《咏白海棠》（其一）："斜阳寒草带重门，苔翠盈铺雨后盆。玉是精神难比洁，雪为肌骨易销魂。劳心一点娇无力，倩影三更月有痕。莫道缟仙多羽化，多情伴我咏黄昏。"更是把海棠的娇柔之态勾画得惟妙惟肖。

花中神仙

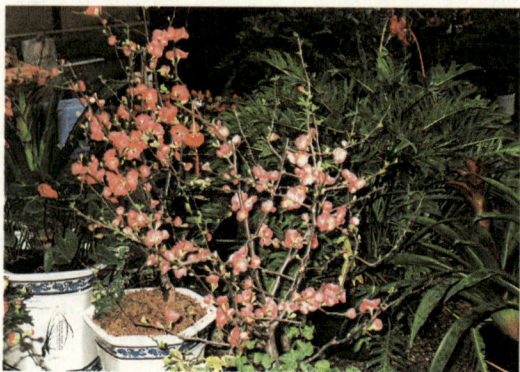

焰焰红烧空

41. 醉人芳香飘天涯——广玉兰

1.来源

广玉兰*Magnolia grandiflora* Linn. 别名洋玉兰、荷花玉兰、大花玉兰等。原产美洲东南部，大量分布于多瑙河流域和密西西比河一带。生于河岸的湿润环境。据世界各地发掘出土的化石证实，现在的玉兰类植物在第四纪冰川期前曾一度广布于北半球的孑遗树种，它们几乎与银杏、水杉、桫椤同样古老。约于1913年引入中国，先进入广州，故名广玉兰。虽引入只有近百年，但芳迹遍及华夏大地，中国长江流域及以南各城市园林广为栽培，成为优良的城市绿化和观赏树种。华北地区常见盆栽观赏。中国江苏的镇江、常州、无锡、浙江的余姚、安徽的合肥、铜陵市还将广玉兰分别定为市树或市花。

2.形态特征

广玉兰为木兰科、木兰属常绿乔木，高达30米，树冠卵状圆锥形。树皮灰褐色，薄鳞片状开裂，树冠卵状圆锥形或椭圆形，芽、小枝及叶背均密被锈色绒毛。单叶，互生，厚革质，椭圆形或长圆状椭圆形，长10~20厘米，宽4~7厘米，叶柄粗，长约2厘米，嫩时有淡黄色绒毛，厚革质，表面深绿色，有光泽，边缘反卷，背面有锈褐色或灰色柔毛，顶端钝尖，基部宽楔形，全缘。花两性，单生于枝顶，形大色白，荷花状，芳香，直径15~20厘米；花柄密生淡黄色绒毛；花被片9~12枚，厚肉质，倒卵状，长7~10厘米；雌雄蕊多数，雄蕊长约2厘米，花丝扁平、紫色，花药向内；雌蕊群椭圆形，心皮卵形，花柱呈卷曲状。5～6月开花。聚合果圆柱形，长6～8厘米，密被褐黄色绒毛，有短尖状尖头。蓇葖果卵圆形，紫褐色，顶端有外弯的长喙。果熟时露出红色种子。果期9～10月。

同属常见种有以下两种：

1）狭叶广玉兰 *var.lanceolata Ait.* 叶较小，椭圆状披针形或椭圆形，叶背锈色浅淡，毛较少。花较小，花期较短。

2）卵叶广玉兰 *var.obouata Nachols* 叶呈倒卵形，背面光滑，叶色较淡，花径较大，花期较长。

3.生长习性

为亚热带阳性树种。喜光，幼树颇耐阴，但不耐西晒，易引起树干灼伤。喜温暖湿润气候，有一定的抗寒能力，且能经受短时间-19摄氏度低温而叶部无显著损伤，但在长期-12摄氏度低温下，则叶受冻害。适生于肥沃、湿润与排水良好的微酸性或中性土壤，在碱性土种植易发生黄化，不耐干旱瘠薄及石灰性土，以及排水不良、透气性差的重黏土。根系深而广，侧根发达，不耐水湿，忌水涝，抗风力强。愈合能力差，不耐修剪，生长速度中等，3年以后生长逐渐加快，每年可生长0.5米以上。

对二氧化硫、氯气、氟化氢、二氧化氮等抗性强，并有吸收汞蒸气和二氧化硫的能力，对粉尘的吸滞能力强。病虫害少，寿命长。须带土球移植。

4.培育要点

（1）繁殖方法

1）播种育苗 8～9月果实微裂，假种皮刚呈红黄色时及时采收，置阴处晾5～6天，促使开裂，取出具有假种皮的种子，清水浸泡1～2天，拌草木灰搓洗假种皮，除去瘪粒。种子富含油脂，不能贮藏过夏。秋季应随采随播，或湿沙层积至翌年3月再播。苗床选肥沃疏松的砂质土壤，深翻并灭虫，施足基肥。床面平整后，开条播种沟，沟深5厘米，宽5厘米，沟距20厘米，种子均匀播于沟内，覆土后稍压实。5月可出苗，幼苗生长缓慢，5～8月结合除草松土，追施腐熟稀薄粪水3～4次，或追施复合肥，亦可叶面喷施1%～2%的尿素，于播后第二年移栽，培育2～3年后逐步放大株行距。移植须带泥团，春移在5月之前。

2）嫁接育苗　于3～4月进行。砧木常用木兰（木笔、辛夷）经扦插或播种育苗后，其干径达0.5厘米左右亦作砧木用。接穗取广玉兰带有顶芽的一年生健壮枝条，长5～7厘米，具有1～2个腋芽，剪去叶片，用切接法在砧木距地面3～4厘米处嫁接。接后培土，微露接穗顶端，促使伤口愈合。也可用腹接法进行，接口距地面5～10厘米左右。接后圈地每月至少锄草松土一次，直至10月份；要及时抹除砧萌芽，三五天抹一次；接穗发芽后，要及时摘除侧芽，保留顶芽向上生长，形成通直的主干；生长期加大肥水管理，冬季1、2月份修剪过低细弱侧枝，经3年精心抚育，嫁接苗高一般1.5～2米左右，胸径2厘米左右，定干高度约1.3～1.5米，即可出圈。

3）压条育苗　常用高压法。于3～4月间，在健壮、花大、叶厚的壮年母树上，选1～3年生、1～1.5厘米左右粗度的侧枝，离顶芽15～20厘米节的下部处进行环状剥皮，宽度应大于枝条直径（2～3厘米），在已剥皮部位敷以培养土或青苔等保湿，用塑料薄膜包扎，环剥口常保湿润，经5～6月生根，当年11月剪下，植于苗圃地，加强管理，即可培育新株。

（2）栽培管理要点

1）选避风而又气爽之地栽植。尤其栽大树时，缩短搬运时间，并疏枝、摘叶、包干、带完整土球及完好主、侧根，挖大穴，换上腐殖土，植后草绳卷干或刷白，以防日灼（北方要加强防寒防冻措施），埋三角桩，固定支撑树干。

2）分枝有规律，且愈合能力较差，一般不行修剪，若要，应在夏季花谢后，叶芽开始伸展时进行。以回缩修剪过水平或下垂主枝、疏剪冠内过密枝、病虫枝。对主枝上的各级侧枝不要随意短截和疏除，以免减少开花量。

3）巧用追肥，注意浇灌。除施足基肥外，酸性土壤应增施磷肥。花期与花后连续施2～3次肥。前者为催花肥，后者为复壮树体肥，可使当年与翌年花盛如锦。8月份后不再追肥，以利越冬。在北方地区7～8月份喷1%硼砂液，以增强御寒能力。夏季南方高温干旱，应视天气灌溉保墒。北方除秋末冬初灌冻水外，还应花前灌溉与护根增湿，以提高观赏价值。

4）预防病虫害。广玉兰对多种有毒气体及烟尘抗性强，较少发生病虫害，偶发性主要有斑点病、白藻病及介壳虫类。应适时进行防治，清除病落叶并烧毁，每年4～5月喷洒波尔多液或甲基托布津等药剂。对介壳若虫期喷洒氧化乐果、敌敌畏、亚胺硫磷等任一种药剂。

（3）盆栽

培养土以腐叶土3、沙土2及部分有机肥混合。生长期每周施一次稀释液肥，夏季每天浇水一次，每周施2次肥水，高温时经常叶面喷水降温。广玉兰生长很快，盆栽苗木需逐年换上大盆，4年以后需换入木桶，摆放地点宜湿润、遮荫、避风。10月中旬移入低温温室越冬，室温3℃即可越冬，注意通风见光，少浇水，保持土壤湿润，每15天叶面喷水一次，冲洗尘土，清明节后即可移出温室，放于向阳背风处。

5.欣赏与应用价值

广玉兰与花木中的白玉兰、紫玉兰、含笑等同在木兰科大家族中，它以高雅而素洁、醉人芳香飘天涯赢得人们青睐，是中国长江流域、珠江流域的园林绿化和观赏常见栽培树种之一，湖南省长沙市五一路，东起长沙火车站，西至湘江大桥，宽60米，长5公里的大街两侧，栽植4行740余株的广玉兰树，举目望去，像仪仗队一字排列，翠枝招展，亭亭玉立。"五·一"节过后，碗口般大的荷花状广玉兰花朵洁白如玉，挂满碧绿闪亮的树冠，沿街滴绿喷香，蔚为壮观，令中外游人叹为观止。它花果与绿叶相映，被誉为"美国森林中最华丽的观赏树种"。这位来自南国他乡的贵客，自踏进华夏大地，就显示着它独树一帜的迷人的魅力，它宛若青春少女在蓝天碧海中仪态万方，又宛若端庄少妇，在玉树荡漾中风情万种。春天，新叶初绽，叶绿碧翠，微风吹拂，显出蓬勃生机。在春的骄阳雨露的呵护下，叶片坚挺而革质，油光又发亮，与背面褐色绒毛相照成趣，密密着生在粗壮的枝条上，构成既浓密又雄伟壮丽的树冠，枝上孕育着点点白蕾，那花瓣似玉船如摇篮，清新脱俗，又像玉兔的化身，纯洁无比，而花蕊像沉睡的宝宝，在花瓣的陪护下，在油光滑亮的绿叶的守护下，进入了甜甜的梦乡。远远望去，有一种"万绿丛中点点白，动人春色不须多"的风韵。进入初夏，吐蕾怒放于枝顶，花色洁白如玉，中间衬着多数紫红色的雄蕊，色彩调和，美艳照人。花大洁白，宛如荷莲，又如菡萏。它面大似玉盘，芳香而恬淡，点缀于翠叶丛中，如"烟雨丽质瑶台月""绰约清姿杏溪香"。它把清醇的芳菲和美丽献给人间。它花期一月有余，比起同族的白玉兰花易开易谢盛为一筹，待到满树繁花之际，光辉夺目，如玉树雪山排空而出，临风摇曳，芳香飘涯，呈现出雄奇壮观的美景。当它落英满地，仿佛雪片纷飞，地面一片洁白，恰似"微风吹万舞，好雨尽千妆"，颇为壮观。当果实蓇葖自裂时，红色种子露出笑脸，有"绿树成荫子满枝"的景色。在微风轻拂下，晃晃悠悠，一眼望去，赏心悦目。盛夏酷热，它昂首挺立在烈日中，用苍翠欲滴的绿荫洒下满地浓郁呵护辛劳的路人。秋日，浓荫蔽日，它邀来各种漂亮的鸟儿，栖息在枝间，来来去去，热闹非凡，时时引颈高歌丰收的喜悦。严冬它枝干青苍遒劲，叶绿碧翠，浓荫迎地，是一道遮风挡雨的绿色屏障，使人们在冬天丝毫感觉不到"严冬"之凋零。它总是那样：宠辱不惊，没有轻浮，没有庸俗，没有傲慢，质朴中包孕非凡，挺拔中透露柔美，沉稳中显示朝气，博得世人的厚爱。

广玉兰树姿雄伟壮丽，叶厚实有光泽，四季常青，花硕大，有香气，实为园林中非常具有特色的优美的观花、观叶树种、庭荫树种。清漪园（颐和园前身）的乐寿堂、清花轩及排云殿以东、长廊以北，有大片广玉兰栽植，花开时节一片芳菲。广玉兰树形优美，适宜草坪上孤植，形如巨伞，具有"鹤立鸡群"的效果；更适合在现代建筑物周围进行殖植，或列植于通道两边，所构成的景观气质高雅，显得整齐而有气魄；也可以群植作为背景树，借色彩对比收到较突出的景观效果，其中小型可群植于花坛之中成为纯林小园，与古建筑及西式建筑尤为调和。若丛植于房屋前后，则幽然可观；还可与其他树种组合构成树丛，观赏效果都很好。且耐烟尘、抗风，对二氧化硫等有害气体抗性强，是净化空气、美化及保护环境的良好树种，也是城市周边防风林带、卫生及防火林带的优良树种与工矿区的美化树种。盆栽可作为室内大型花木置放，或装饰阴面门庭。

广玉兰四季常绿，与桃树相配，可以突出桃树春花烂漫；与红枫相配，可以体现霜叶红于二月花的意境，还可以突出"万绿丛中一点红"的艺术效果；与牡丹、荷花、山茶等配置，会出现春天牡丹怒放，炎夏荷花盛开，仲夏玉兰飘香，隆冬山茶吐艳的四季花景；还可以与松树、紫薇、槐树等众多种配置。

材质致密坚实，黄白色，有光泽，抗虫耐腐，为优质用材，宜作高级家具，也可做装饰材料、运动器具及箱柜等。叶可入药，主治高血压，花含芳香油和木兰花碱，可提制花浸膏，可作调制香料原料。叶、嫩梢可提取挥发油。

6.树趣文化

广玉兰是舶来花木，当年在中国还是个稀罕树种。百年前，当时的德国皇帝为慈禧太后60大寿将108棵广玉兰作寿礼。慈禧后来将这批珍贵树种作为特别赠礼送给了当时的直隶总督、北洋重臣李鸿章等人，于是，广玉兰被"御赐"带到了合肥。20世纪80年代初，当时的市政府将评选合肥市树的有奖选票刊登在《合肥晚报》上，奖品是一枚带有广玉兰花图案的胸针。经过市民和专家的一致推荐，最终广玉兰因为合肥气候的适应性，以及在贵市近百年的栽培历史，1984年9月25日市人大常委会九届八次会议决定广玉兰为"市树"。

1986年，黑龙江省鸡西市集邮公司曾发行过一套《百花迎春》明信片，其中就有"荷花玉兰"明信片。辨认"荷花玉兰"有两个重要特征：一是花朵大且像荷花；二是叶片背面颜色是黄色的。1987年外文出版社发行的《插花（第二辑）》也有一枚折枝插花，用的就是"荷花玉兰"。

四川成都九寨沟沁园酒家　广玉兰花蕊，点点白蕾如玉兔

含苞凝香

广玉兰（梁育勤 摄）

西安广玉兰（庄伊美 摄）

广玉兰花艳丽如荷莲

广玉兰花洁白如玉（李世全 摄）

42. 红云飞焰欲满天——荔枝

1.来源

    荔枝Litchi chinensis Sonn.别名离枝、丹荔、丹芝、荔子、山芝、天芝、琼珠、福果、荔锦、妃子笑。为无患子科，荔枝属常绿乔木。中国的特产，古人把荔枝称为"果之牡丹"、"百果之王"，为果中绝品，认为荔枝是世界上最名贵的果品之一。"荔枝始传于汉世"，距今已有2000余年的悠久历史，品种最好，产量最多，质量最乘。被誉称"岭南第一佳果"，是广东省深圳、东莞二市的市树。

    荔枝广泛栽培于中国华南等地，分布北纬18度~31度范围内，经济主产区在北纬22度~24度30分，生长于海拔1300米以下低山丘陵常绿阔叶林。在海南、广东、云南热带亚热带雨林中尚存成片野生荔枝群落景观，被列为国家二级珍贵保护树种。以广东、福建、广西、四川为四大产区，台湾、云南、贵州、浙江也出产，成都、福州为生长之北限。公元17世纪首传于印度等东南亚一带；19世纪初美国传教士蒲鲁士两次携带了世界上最古老的福建莆田"宋家香"荔苗到美国佛罗里达试栽成功，继而又输入巴西、古巴等国，现今世界不少国家和地区的荔枝都系中国莆田"宋家香"的"子孙"。英语中的"Litchi"这个单词就是"荔枝"的音译。著名品种有糯米糍、妃子笑、三月红、桂味、黑叶、增城挂绿等。

2.形态特征

    常绿乔木，高10余米，胸径达2米。树冠是广圆头状。干粗大，光滑，多弯曲，灰褐色。枝条细密而低垂。根系庞大，侧根密集，近树干基部常联结成根盘。偶数羽状复叶互生，小叶2～4对，披针形或长椭圆形，长6～15厘米，宽2～4厘米，初生叶为紫红色、橘红色，后转为浓绿色，光滑、革质、有光泽，背面带灰白色，侧脉不明显，与龙眼的区别点。花小，杂性，聚伞式圆锥花序顶生，被褐色黄色短绒毛，绿白色或淡黄色，无花瓣，花萼杯状，花盘肉质，有蜜腺。果实卵圆形、心脏形或圆形，红色或紫红色，间有黄绿色或绿色带。果壳坚韧，表面具龟裂状突起，有的突起顶端呈刺状。果肉为假种皮，白色，半透明，味甘多汁。花期3～5月，果期5～8月。

3.生长习性

喜光，幼令期耐庇荫，喜温暖至高温湿润气候，怕霜冻，生长发育温度23～26摄氏度，在年平均温21～25摄氏度生长良好，18～24摄氏度开花最盛，2～8摄氏度枝叶受冻，−4摄氏度低温致死，花芽分化要求11～15摄氏度低温阶段和干旱，年降水量1200毫米以上。对土壤适应性强，无论山地红壤、沙质土、砾石土或平地黏性土、冲积土、河边沙质土均能生育。宜植于阳光充沛、土层深厚、排灌良好、肥沃疏松及促进根菌繁殖酸性砂壤土。抗风、抗大气污染，萌芽性强，耐修剪，为内生菌类型，生长缓慢，寿命长。

4.培育要点

(1) 繁殖方法

1）播种育苗 种子选发育健全的"大造"、"淮枝"、"黑叶"、"实生山枝"等生长良好品种。种子易丧失发芽力，应随采随播、浅播。第二年春季移植。经培育1年，株高40厘米以上供嫁接。嫁接用芽片贴接、靠接和合接。

2）高压繁殖 于2～9月选3～4年生，直径2～3厘米向阳丰产健壮母树上的斜生枝条，勿用荫蔽、下垂枝，在离分枝约15～20厘米，皮部光滑处环剥4～5厘米宽的皮层、切口要整齐、刮净残留的形成层。发根基质配制：2/3红壤土加1/3干牛粪，或园土加堆肥、筛过的垃圾等，加上切碎苔藓和磷酸钙更好。环剥处涂上0.5%吲哚丁酸或0.05%～0.1%萘乙酸，生根早、根数多。将保持含适量水分基质紧敷二环剥处，用薄膜紧密包扎，经80～100天后，生根2～3次，末次根老熟后，锯离母树假植或定埴。

经过移栽的高压苗，3～5年间就可结果，其产量和质量都和母树不相上下，达到了快速高产稳产的目的。

（2）栽培要点

一般2～4月定植，清明前后种植最易成活，且生长较快。栽植搭配不同品种，以利授粉。园地一年中耕2～3次，春季除去浮根，防盘根形成，冬季断其根，可抑制冬梢生长，有利花芽分化。春季排涝，防落果，秋季灌溉，促进秋梢生长。每年于2月开花前、5月幼果增大期和7～8月采果后各施1次腐熟有机肥。山地培土，以黏土掺沙，或以沙掺黏土。靠近塘、河等处，以塘、河等泥培壅。为提高结实率，需疏去内膛过密枝、细弱枝，以利透光通风。花前15～20日，截去花穗1/2～2/3，减少雄花量，增加雌花比率。花期放蜂，增加授粉机会。幼果期喷尿素、磷酸二氢钾和"九二〇"等，以减少落果。

注意防治病虫害。病害：干癌病，危害树干；酸腐与霜霉病危害果。早期刮去患部，伤口涂以波尔多液或喷之防治。虫害主要有荔枝蝽象、驳纹细蛾、卷叶蛾类、木蠹蛾类、金龟子、荔枝瘿螨、天牛类、介壳虫类等，也应及时防治。

5.欣赏及应用价值

荔枝树姿壮健持重，树形"团团如帷盖"浓荫覆地，枝繁多拗曲，叶茂四时青翠，一派"绿树成荫子满枝"的优美景色，为优良的庭园风景树和绿荫树，又是具有独特观果优良树种。

每当仲夏时节，那郁郁葱葱，亭亭如盖的树上，绿叶蓬蓬，垂纤累累的荔枝，挂满了枝头，鲜艳悦目的果实上装点着粒粒小瘤体，像红玉似玛瑙晶莹剔透，真是灿若红缯，熠熠生辉，美不胜收。那种"飞焰欲满天"，"红云几万重"的景色，真叫人赏心悦目。

荔枝果实颗大如珠，颜色娇艳，或鲜红欲滴，红如火花霞焰，或翠绿动人，一如少女的彩裙，婀娜曼妙，鲜艳多姿。远远望去，犹如玉液琼浆，甘美无比，真是果照翠树，"瓤内莹白如冰雪，浆液甘酸如醴酪"让人爱不释手，不但人们喜食，而禽鸟也争相食之。明代福州人曹学全在《荔枝歌》中吟道："海内如推百果王，鲜食荔枝终第一"。民间有"花中之王推牡丹，果中之王推荔枝"之说。无怪乎不少诗人赞之曰："重碧拈春酒，轻红擘荔枝"（杜甫《夜戎州杨使君东楼》）。"海山仙人绛罗襦，红纱中单白玉肤，不须更待妃子笑，风骨自是倾城姝"（苏轼《咏荔枝》）。宋孙莘老知福州时，亦有荔枝绝句云："儿童窃食不知禁，隔磔山禽满院飞"。而荔谱言枝未经人摘，百禽不敢近，或已经摘，飞鸟蜂蚁竞来良之。人欲啖鲜荔，最好在黎明风露未消，就树下摘食之，真玉液也。

荔枝家族兴旺发达，各品种众多，其颜色、形状、果核、大小，各具风姿，奇妙无穷。那玲珑奇特的"水晶球""白花、白壳、白核，而浆如血"。那耀眼夺目的"黄泡子""黄花，黄壳，紫浆，青核"。那别具一格的"六月雪，果熟色青，以为未熟，其实已香甜可口"。有种形状"并头观"，开并蒂花，结并头果。有种"七月熟"果形如珠如球，圆滚滚的。又有种竟然形长如指的"龙牙"，真是蔚为奇观。它的核也千差万别，如"五华蛀核荔"，核小如锥，果肉软滑，丰厚多汁，味浓甜。有些荔枝根本无核，往往形小。而它的大小差别亦悬殊，一般重10~20克，而"鹅蛋荔"重40~50克。"蟾蜍红"平均单重53克。"楠木叶"竟重达60余克。荔枝的多种多样，经人们生活增添了无穷乐趣，为"民以食"美味的享受。

荔枝树冠广阔枝叶繁茂如盖，自古以来为南方珍贵果树，优良庭园风景树和绿荫树，种在塘、浦、池、渠边，绛果翠叶，垂映水中，甚为佳丽。果实色、香、味俱美，果肉营养丰富，内含66%葡萄糖、5%蔗糖、多种维生素、矿物质及氨基酸，近代医学证明，对大脑细胞有补养及其生理功能发挥作用。具有"生津、通神、益智、健脾、益人颜色"功效。中国民间一向被视为滋补养颜益寿之品。除鲜食外，可烘干，成为贵重的补品，可做罐头，酿酒，制酱，造果汁，从其中提取有效成分，可用于医药、保健、美容、化妆。发酵后汁，具有降血脂、血糖、血压、软化血管、减肥作用；是食谱中名贵佳肴，如荔枝鱼块、荔枝肉、荔枝炖鸡、荔枝山药粥。其果、核、根、壳等都可入药医疾。荔枝核为散寒去湿，行气止痛的佳品，是肝经血分良药。荔枝根可治遗精、消瘦、肢软。荔枝壳疗痢疾、小儿痘疮病甚验。荔枝木质地坚硬，结构细密，平滑光泽，耐腐无虫蛀，板材大块，无须嵌极，是雕刻工艺品、制各种经久耐用高档家具上等用材，被称"中国酸枝"、"无缝家具"。荔枝花量多、花期长，蜜蜂采集荔枝花而酿成的蜜，则又是蜂蜜中最上乘者。

6.树趣文化

荔枝是南方珍贵水果，它以"形圆而色丹，肉晶而味美"闻名于世。古人把它称作"人间仙果"、"佛果"。汉代大学者王逸唱出了"卓绝类而无俦，超众果而独贵"的赞语。唐代著名宰相张九龄赞美它"味特甘滋，百果这中无一可比。"唐代白居易说"嚼疑无上味，嗅异世间香，润胜莲生水，鲜逾橘得霜"。以其色、香、味、形驰名中外。马达加斯加1992年发行一套《世界名贵》水果邮票共六枚，第一枚就是荔枝。据传，名满天下的广东"增城挂绿"，旧时每逢荔枝成熟时，竟日夜有荷枪实弹的卫士守护在母树下。还相传八仙之一何仙姑，在某年盛夏，漫游至增城西园，她见荔枝葱茏，风光绮丽，便坐在一棵荔枝树下绣花，顺手把翠绿的丝线挂在树上。谁知树沾仙气，从此就枝繁叶茂，佳果累累。更奇的是树上结出的荔枝果，颗颗都有绿色线纹，从果蒂到果顶缠绕一周，果实似用绿色丝线捆悬于枝头。名种"挂绿"一名即由此而来。再若福建兴化的名种"陈紫"，系一户陈姓人家独有，陈家卖荔枝的方法别出心裁：主人将大门关紧，欲购都只能在墙外把钱扔进墙内，主人则随意将采下的荔枝从墙内向墙外掷去，购者仅以得到荔枝为幸，"不敢较其值之多少"。荔枝珍贵难得古人不仅独自品尝，甚至还集社立约合吃。五代刘全长每年于荔枝熟时，设"红云宴"，以荔枝大会宾客。明人徐渤必挑七八个善啖荔枝者作"餐荔会"，且规定啖荔两三枚。荔枝的诱惑力，使佛门弟子也改变了"不尝殷红似血之果"的教规，而疾呼"要得仙，荔枝啖"。

福建莆田盛产优质荔枝而享有"荔城"美誉。"荔枝无处不荔枝"，这是1961年郭沫若来莆田视察时诗咏名句。在荔城，百年荔枝大树多处可见，有株"宋家香"古荔，种植于唐玄宗天宝年间（公元742~755年），距今已有1200多年。在世界果木种植学史上，像"宋家香"这样的千年古荔，有正式历史记录的极少。北宋名臣蔡襄编撰的中国最早果树名著《荔枝谱》一书中，记述："宋公荔枝，树极高大，实如陈紫而小，甘美无异。""宋家香"在漫长岁月中，历遭严寒、飓风和烈火等的灾害，但每次灾害后，都能不断繁生侧枝，郁郁葱葱，丹果飘香，表现出顽强的生命力。

据《新唐书·后妃传》载，当年杨贵妃好吃鲜荔枝，唐玄宗为博美人欢心，下诏：贵妃六月初一生辰之前，必须飞骑把荔枝送至京。路遥天热，为保鲜，飞骑"晓夜不停骖"，致使沿途人马尸骨相枕，天怒人怨。唐玄宗纵情声色，荒废朝纲，终于酿成安史之乱。战乱中玄宗携贵妃仓皇西遁，途中士兵哗变，唐明皇迫于形势，只得命高力士将杨贵妃缢死于马嵬关。

无独有偶，在杨贵妃之前，汉武帝刘彻及其后人汉和帝刘肇也都做过为尝新鲜荔枝而令快马递送的事。

在华夏历史上，留下了许多描绘与赞咏荔枝诗词佳作。唐代诗人杜牧有首脍炙人口《过华清宫》绝句："长安回望绣成堆，山顶千门次第开。一骑红尘妃子笑，无人知是荔枝来。"诗里通过对骊山华清宫的描写与杨贵妃嗜荔的典型事件，鞭挞了唐玄宗和杨贵妃骄奢淫逸的生活。宋代苏轼《食荔枝》曰："罗浮山下四时春，庐橘杨梅次第新。日啖荔枝三百颗，不辞长作岭南人。"表现诗人超旷达观追求美好事物、美好生活的人生态度。宋代欧阳修《浪淘沙》一诗道："五岭麦秋残，荔枝初丹，绛纱囊里水晶光。可惜天教生处远，不近长安。往事忆开元，妃子偏怜。一从魂散马嵬关。只有红尘无驿使，满目骊山。"并有《荔枝叹》诗："十里一置飞尘灰，五里一堠兵火摧。颠坑仆谷相枕籍，知是荔枝龙眼来。飞车跨山鹘横海，风枝露叶如新采。宫中美人一破颜，惊尘溅血流千载。永元荔枝来交州，天宝岁贡取之涪。至今欲食林甫肉，无人举觞酹伯游。"诗中深刻揭露批判统治阶级的荒淫腐败。宋代蔡襄的《荔枝谱》是世界第一部荔枝专著。该谱赞美荔枝艳姿及其风韵神采，"香气清远，色泽鲜紫，壳薄而平，瓤厚而莹；膜如桃花红，核如丁香丹，剥之凝如水精，食之消若绛雪"。唐代杨贵妃《荔枝》赞曰："盈筐佳果香，幸黄封远敕来川广。爱他浓染红绡，薄裹晶丸，入手清芬，沁齿甘凉。便火枣交梨应让，只合来万岁台前，千秋筵上，伴瑶池阿母进琼浆。"广东新兴国恩寺有株1300余年古荔枝系由六祖慧能手植，清代举人陈在谦曾以此树作诗赞曰："龙山侧生枝，仍傍卢公墓（慧能父母坟）。吾师手所植，树老虫不蠹。一千二百岁，旷劫等闲度。云何太支离，亦抱维摩痟。独有横出枝，翩翩入云雾……"福建福州西禅寺古荔枝，为宋代天圣元年（1023年）种植，树迄今已970多年，著名诗人郁达夫1937年曾专程到西禅寺啖荔，并赋诗曰："鹓鶵腐鼠漫相猜，世事因人百念灰。陈紫方红供大嚼，此行真为荔枝来。"林叔学《荔枝花》："只向闽乡说荔枝，荔枝花发几人知？幽香阵阵微风里，苞蕊还分雄与雌。"

盈串串佳果香

飞焰欲满天

广东省增城挂绿园 唐代杨贵妃吃的荔枝树

（李世全 摄）

43. 果中神品，老弱宜之——龙眼

1.来源

龙眼*Dimocarpus longan Lour.*，古称：益智、骊珠、龙目、圆目、蜜脾、绣水团、燕卵、海珠丛、木弹、柱圆、荔枝奴等；又名：桂圆、桂元。是中国特产，也是世界上最名贵的果品之一。原产中国南部、西南部及越南北部。据晋朝稽含著的《南方草木状》（公元290～307年）记载："魏文帝（公元220～226年）诏群臣曰'南方果之珍者有龙眼、荔枝……出九真、交趾。'"汉《神农本草经》载："龙眼别名益智，生南海山谷"，这是中国最早记载龙眼原生于华南的史实。在中国云南、海南、广西等地发现了大面积的野生龙眼，为龙眼起源于中国提供了有力的佐证，已被列为国家二级珍贵树种。据明·王象晋《群芳谱》引《悟浔杂佩》介绍："龙眼自南海尉赴陀献汉高帝始有名"。《三辅黄图》记载："汉武帝元鼎六年……起扶荔宫，以植所得奇花异木……龙眼、荔枝、槟榔、橄榄、千岁子、甘橘皆百余本。"又如《南方草本状》对龙眼的描述："树如荔枝，但枝叶稍小，壳青黄色，形圆如弹刃，核如木梡子而不坚，肉白而带桨，其甘如蜜……荔枝过即龙眼熟，故谓之荔枝奴，言常随其后也。"由此可见，中国种植龙眼有着悠久的历史，迄今已有2000多年历史。先后引至四川（约2000年前）、福建（约1600年前）等适栽地，台湾的龙眼，于郑成功收复台湾后，福建泉州人移居台湾时，将家乡龙眼良种传去，时期亦较晚。19世纪以后，龙眼也逐渐传到美洲、非洲及大洋洲的部分地区。

世界龙眼分布以亚洲南部为主，共有6种，中国有3种，是世界上龙眼栽培地域最广、面积最大、产量最多、品质最优良的龙眼主产国。泰国、印度、越南、菲律宾、缅甸、马来西亚、印度尼西亚、澳大利亚以及美国夏威夷和佛罗里达亦有栽培。

中国龙眼分布在北纬18°～31°，主产区在北纬22°～25°，生于海拔1800米以下中低山地及丘陵山地的疏林中。集中在华南、华东，在丘陵山地、河谷地带、坡地、河流两岸及村寨附近、房前屋后广为栽培。以广东、福建、广西和台湾为四大主产区，海南、四川、云南、贵州、香港特区的新界，有小规模栽培，浙江有零星栽培。著名的品种有东壁、普明庵、石峡、圆粉壳等；干制用的良种有乌龙岭、油潭本、赤壳、大鼻龙楼本等；适于罐藏的有福眼、水涨、九月乌等。早熟品种有处暑本、八一早、早白、麒麟坑早生、白杷早生、八月鲜；晚熟品种有九月乌、秋分本、国庆晚、十月龙眼等。

2.形态特征

龙眼为无患子科、龙眼属常绿乔木，高达15米。树冠半圆形或圆头形，树皮粗糙，薄片状剥落。幼枝及花序被星状毛。偶数羽状复叶互生，小叶3～6对，长椭圆状披针形，长6～17厘米，全缘，革质，初生叶紫红色，成熟后转浓绿色，有光泽，表面侧脉明显。花小，花瓣5，黄白色；圆锥花序顶生或腋生。果球形，径1.2～2.5厘米，熟时果皮较平滑，黄褐色；种子黑褐色。花期4～5月，果7～8月成熟。

中国龙眼品种资源丰富，经2000多年人工栽培和选育，各产区已有适应本地环境条件品种。据不完全统计，全国有200多个品种、品系、株系。迄今发现的龙眼除原变种外，还有三个变种，即大叶龙眼（*D. longan* var. magnifolius Lee Yeong–ching）、钝叶龙眼[*D. longan* var. obtusus(Pierre)Leenh.]、长叶柄龙眼(*D. longan* var. longepetiolulatus Leenh.)。

3.生长习性

龙眼树喜阳、稍耐阴；喜暖热湿润气候，稍比荔枝耐寒耐旱。北纬26°以南地区为其适生区，要求年平均在20～22摄氏度，生长最高气温38～40摄氏度，最低气温为2～3摄氏度，冬季要求8～16摄氏度的低温阶段，以促进花芽的形态分化；20～27摄氏度为开花最盛。不耐霜冻，0～2摄氏度易遭冻害，−4摄氏度时会死亡，年降水量1000～1200毫米以上，才能正常生长结果，要丰产稳产，水分要充足，冬季适当干旱可抑制冬梢生长，忌积水。对土壤适应性强，酸性土、微酸性土、中性土均能适应，但以酸性、微酸性的壤土、冲积土、沙壤土、红壤土可形成高效的共生菌根，pH在5.5~6为宜。深根型，根系发达，主根可深扎土层2~3米，深者达5米多，侧根根幅为冠幅的3.6~7.0倍，萌芽性强，耐修剪，生长尚快，寿命可长达千年。

4.培育要点

（1）繁殖方法

多采用嫁接和圈枝繁殖两种方法。

1）嫁接苗的培育 选择广东的乌圆、广西的广眼、福建的赤壳、乌龙岭、水涨等品种都是适宜培养优良砧木的良种。种子易丧失发芽力，应随采随播。种子取出，洗净，务必剔除种脐上的果肉。按每50公斤净种与50％甲基托布津粉剂250~300克充分拌匀，与湿润河沙（手握成团，松手即散为宜）层积催芽，2~3天后每天检查，将胚根长约0.5厘米拣出条播，株行距（8~10）厘米×（20~25）厘米，播后覆土1~2厘米，盖层干草或搭架盖遮光网。常保持土壤湿润，约经10~15天，幼芽出土，待2对真叶时，间去过密、过弱苗木，施薄肥、除草松土，并防治幼苗炭疽病及虫害。砧木苗高离地10厘米处、茎粗0.6厘米时，即可嫁接。接穗应采自品种纯正，生长旺盛，枝条充实3~5厘米，1~3个饱满芽、丰产稳产、没有鬼帚病的，于3~4月和9~10月进行枝接（切接）或芽接。接后15~40天，接芽萌发新梢，及时除砧芽、解绑，每月施水肥1~2次或施复合肥，清除杂草，注意排灌和防治病虫害，新梢老熟后即可出圃。

2）圈枝苗的培育 又称高压育苗。常用于嫁接亲和性差、成活率低的品种。

圈枝母树选取长势旺健、2~3年生、长40~60厘米、有2~3条分枝、受光良好、生长充实的枝条，于直径为2~4厘米处环剥，剥口宽3~5厘米，刮净皮层和形成层，伤口裸露7~10天，用椰糠泥团或木糠泥团或稻草泥团为基料包扎伤口，泥团最大处的直径为圈枝枝条直径的5~7倍，两头用薄膜绑扎，防止水分散失。3~4月份圈枝，7~8月份当根系生长2~3次，末次根老熟后锯离母树，这个过程需要120~130天；9~10月份圈枝，翌年4~5月可锯离母树，大概需要200多天。圈枝锯下后，除去薄膜，植于营养杯中，淋足定根水，以后每周淋水一次，新梢抽出后，开始施薄肥，注意病虫害防治，做好遮光降温、保湿莳养。

嫁接与圈枝苗定植最好时期是春季（3~4月），其次是秋季（9~10月）。平地果园可适当疏植，山地果园可适当密植。可因地制宜选用5米×6米、4米×5米和3米×5米的种植密度。

龙眼主要病虫害有龙眼鬼帚病（又名丛枝病等）、果实疫病、龙眼煤烟病和地衣、苔藓及藻斑病，蟒象、果蛀虫类、金龟子、木囊蛾、木虱、天牛、象鼻虫、青翅蜡蝉、瘦壁虱等，应对症及时防治。

（2）龙眼的无公害栽培

龙眼、荔枝是加入WTO后具竞争力的农产品，必须加快无公害生产的步伐，其栽培技术关键措施：

1）园地选择 植前要对用水、土壤、大气环境等检测达标才可建园；其次，选择未受或不直接受工业"三废"及农业、城镇生活医疗弃物污染的农业生产区域；再次，要避开公路主干线及土壤、水源等有关的病害高发区。

2）果园设施建设 要注意生态环境保护，果园开垦处要建植被，以牧草、绿肥等残根性一年生草本为主，并合理设置肥料、农药工具仓库等附属设施。

3）基肥选用 选用有机肥作基肥，配合使用石灰、磷矿粉等矿质肥料，禁用工业废弃物或未经处理的生活垃圾作基肥，保证果园不受重金属和辐射性污染物的污染。

4）慎用农药 尽量使用杀菌剂、生物农药；禁止使用剧毒、高毒、高残留或具"三致"（致癌、致畸、致突变）的农药；少用限量及禁用的农药，并注意间隔安全期，对新研制农药要经有关部门检测、申报、批准后才可使用。

5）科学施肥 尽量选用国家生产绿色食品肥料；坚持以施用有机肥为主，化学肥为辅；化肥要注意配方施用，不偏施单一肥分的肥料，严禁偏施氮肥；采果前20～30天，禁止使用无机氮肥；垃圾肥要经过无害化处理，达到标准后才能使用。

6）综合措施 选种优良品种和无病虫害苗木；冬季深翻，喷洒波尔美0.5～1度石硫合剂1～2次清园，减少越冬病虫源；利用肥水和物理方法控制冬梢，增加果园通风透光，减少病虫害发生，果园留草或种草，保持生态平衡，保护天敌或人工饲养、释放天敌，以虫治虫；秋季增施有机肥，以供秋梢结果母枝，健壮树体，提高果树抗逆性；定时人工除虫，果实套袋，减少病虫害为害，降低污染。

5.欣赏与应用价值

龙眼与荔枝是一对孪生兄弟，同属于一个家庭里的成员。其产地也相同，凡是生长荔枝的地方，也有龙眼情影。它与荔枝有一派南国风光，树姿健壮，树形"团团如帷盖"浓荫覆地，叶茂四时翠绿，一派"绿树成荫子满枝"的优美景色，均为华南地区优良的园林观赏树、行道树及防护林，是具有独特著名观果优良树种。

虽然它俩形态接近，却有不同视野，区别在于龙眼羽状复叶小叶4～5对，较荔枝多，龙眼花瓣存在，外果皮较光滑，而荔枝瓣不存在，果皮具瘤状突起，龙眼果实比荔枝小，味也稍逊。在水果里，它俩如影相随，可惜，号百果之王的龙眼，在荔枝阴影下，悲惨地成为陪衬，《开宝本草》谓之亚荔枝。荔枝才过，龙眼即熟，仿佛一个忠实的跟班，《南方草本状》又称它荔枝奴。两种水果居然有君臣主仆之别，对此，宋代诗人苏东坡甚为不平，称"龙眼肉美味醇，可敌荔枝。"明代宋铨则赋诗曰："外裹黄金色，中怀白玉肤，壁破皆走盘，颗颗夜明珠。"李时珍《本草纲目》称"食品以荔枝为贵，而资益则以龙眼为良"，赞其为"果中神品"。汉代皇家曾派使者将橙、橘、龙眼、荔枝赐给匈奴单于，历代列为朝廷珍贵的贡品。民间有"北方是人参，南方是龙眼"之说，可见龙眼在水果中地位不菲。

当春光明媚之时，龙眼花开了，蜂戏蝶绕，相争采花，一时间五彩缤纷，热闹异常，一幅妍丽动人的景象，过了花季，树上便挂满土黄色小果，虽小巧玲珑，但并不过眼，期待仲夏丰收的喜悦。不需要等待太久，树上已缀满了一串串、一累累的黄中泛青的果子，挂满了浓绿婆娑的枝头，压得老枝弯着腰，令人赏心悦目，和风吹拂，香飘十里，惹人垂涎，只要你伸出手来，或者可以不必踮起脚尖就能摘到成串的龙眼，那种喜悦心情顷刻从笑脸中盈了出来，轻轻地剥开壳来，玲珑剔透的果肉，晶莹透明：有的肉脆味浓、芳香；有的果肉软韧，浆汁甜美；有的肉厚核小，清甜爽脆；有的果大肉厚爽脆，不流汁。这些珍品，放入嘴中，用牙齿轻轻一咬，一股清香淡雅甘醇，顿时在口中漫延开了，片刻便齿颊生香，闭上眼，细细品味，有菠萝香甜味、冰糖味、桂花味等不同风味，够口福哩。要是吃得多了肚子胀了，没关系，龙眼产地的老乡有个好办法：喝上一口酱油，不一会儿又可以接着吃了。当然，这胃是自己的，还是珍惜点儿好，适可而止。龙眼是中国南方特产名贵佳果，果品畅销海内外。

龙眼树形高大耸立，挺拔秀丽，主干虬曲苍劲，盘根错节，四季郁郁葱葱，是园林结合生产的好树种。是美化城市、绿化丘陵山地、改善生态环境较理想的树种。宜作为行道树、园景树、防风林树或与其他树种混交组成风景树栽植，亦是南方丘陵山地保持水土、涵养水源的优良树种之一。

龙眼木材结构细致、坚重、极耐腐，不受虫蛀，为工业强材，适作车、船、桥梁、木工、家具等用材及雕刻工艺品的材料。树根、树干可提制烤胶。果核含淀粉45%～50%，是酿酒、制糊精和高级活性炭的原料。

龙眼果可食，经分析，其营养及药用价值极高。现代医学研究表明：果肉除含全糖和还糖外，还含有蛋白质、磷钙、铁和维生素C、D、K及少量的硫胺素、核黄素、抗坏血酸等，故龙眼实为果中神品，老弱宜之。鲜果有开胃健脾、补益安神功效。其加工制品桂圆、龙眼干、龙眼酒、罐头等，自古以来视为贵重的滋补佳品，是治疗病后体虚、贫血萎黄、神经衰弱、产后血亏的理想补品。此外，国内外科学家发现龙眼肉有明显的抗衰老、抗癌作用，这与中国最早的药学专著《神农本草经》中所言龙眼有轻身不老之说相吻合，故此有人认为龙眼是具有较好的开发潜质的抗衰老食品。除果实食用外，龙眼花含蜜量丰富，是极好的蜜源植物。其果壳、核、叶、花、根均可入药，具有医疗价值。龙眼的果核有良好止血定痛作用，用于外伤亦有良效。龙眼壳有散风疏表、凉血清热之功，尤其消疹止痒的功效不凡。

6.树趣文化

龙眼与荔枝、香蕉、菠萝同为华南四大珍果。明代宋铨则赞美龙眼"圆若骊珠，赤如金丸，肉似玻璃，核如黑漆，被精益髓，蠲渴扶肤，美颜色，润肌肤，种种功效，不可枚举。"这是对龙眼生动描写，可谓传神。曹雪芹是深谙龙眼肉的安神定志之药性的。在《红楼梦》第六回中，宝玉梦中初试云雨情，之后迷迷惑惑，若有所失。丫环忙端上桂圆汤来，他呷了两口，才慢慢清醒过来。第一百一十六回中，宝玉失玉后，神情迷糊。后来和尚送回了玉，麝月说了句："……亏的当初没有砸破！"话音刚落，神色突变又复死去，刚弄苏醒，王夫人急忙叫人端了桂圆汤，叫宝玉喝了几口，才定了神。

龙眼为何又叫桂圆？这里还有一段传说：古时兴化湾（今福建"龙眼之乡"的莆田、仙游一带）出了一条孽龙，到处惹祸，闹得民不聊生。一个叫桂元的小伙子要为民除害，带人挖好陷阱，守候在一旁。一天，孽龙又来捣乱，他冲上去，用钢枪扎进龙的右眼，用力一拉，龙眼被拉出来。他又冒险爬上龙颈，抓住龙角，用钢枪挑出左眼。瞎龙因疼痛剧烈翻滚，与桂元一起掉进身边的陷阱中。当人们将桂元救出时，他已经死去，两手还紧抓着两只龙眼，人们含泪将他与龙眼葬在一起。多年后，坟上长出两棵大树，结满圆圆果实，极像龙的眼睛，所以人们叫它龙眼。又因是从桂元坟上长出的，又叫它"桂元"，久而久之，喊成了"桂圆"。

"龙眼树"三个字寓意深刻：其"龙"代表我们都是龙的传人；"眼"代表光明、向往和未来；"树"代表生命、繁荣和发展。龙眼树是光明树，是希望之树，是幸福之树，是和谐之树，自古以来，深受人们喜爱。

在广东省花都市新华镇禄王布村洪秀全纪念馆旁的池塘边有一株葱茏多姿、树高6.7米的龙眼树，据说这棵树是洪秀全13岁（1826年）时亲手种植的。这棵龙眼树远看像一条苍劲的卧龙，有龙头和龙尾，树身披甲带鳞，"龙体"上有五条分枝，像五枝铁柱，挺拔轩昂，树冠浓绿苍郁，复叶凤羽，犹如一顶皇冠，仿佛一位神人立于天地之间。太平天国失败那年，龙眼树被雷电劈成两半，全树几乎枯死，在村民精心抚管下，枯木再生，茁壮成长，枝繁茂，年年硕果累累，整个树形，又像一条巨龙昂首翘尾，欲腾欲飞，象征着中国人民反帝反封建的不屈不挠的斗争精神。

　　新中国第一任最高人民法院院长谢觉哉参观洪秀全纪念馆时，特为此树写下这样诗句：“天在理想今全现，扫尽不平才太平。留着千载龙眼树，年年展眼看分明。”

　　龙眼果不仅肉质晶莹透明，甜脆可口，且植株寿命可达数百年，产量高。晋江县磁灶镇井边村3株龙眼树，植于明万历年间（1573～1620年）是迄今福建已发现最古老树，每逢大年可产果500公斤。仙游县园在镇枫林村，一株植于清道光年间，高11米，地面围径300厘米，冠幅直径18米，荫地近半亩，颇具王者风范。该树虽历经百年沧桑，仍生长旺盛，年可结鲜果1吨，且粒大、肉厚、脆甜，为桂圆之上乘。此外，各地有不少天然成趣的龙眼树。广东肇庆市鼎湖山有两株奇特的“姻缘树”。由人工种植、树高22米的木棉和自然生长、树高12米的龙眼，伴随着岁月的流逝，阳光雨露的沐浴，两树的树茎不断增粗长大，最终木棉宛如平伸手臂，将龙眼拥入怀中，进而“耳鬓厮磨”“相亲相爱”，两者巧妙结合，成为真正的连理，所谓“树因有情两相依，愿似连理结姻缘”。一些追求浪漫、甜蜜爱情、向往幸福、美满婚姻的游客至此，仰望姻缘树，触物生情，情更浓。

　　历代有许多诗人对龙眼的赞誉和爱护，化作精彩的诗词歌赋；南宋刘子翚《龙眼》诗：“幽姿傍挺绿婆娑，啄咂虽微奈美何。香剖出脾知韵胜，价轻鱼目为生多。左思赋咏各初出，玉局揄扬沦岂颇。地极海南秋更暑，登盘犹足洗沉疴。”明代王象晋《龙眼》诗曰：“何缘唤作荔枝奴，艳冶丰滋百果无。琬液醇和羞沆瀣，金丸雪魄赛玑珠。好将姑射仙人产，供作瑶池王母需。应共荔丹称伯仲，况兼益智策勋殊。”初唐诗人丁儒，随闽王南下到古城泉州时，对南国佳果龙眼赞不绝口，写下了“龙眼玉生津，蜜取花间液……呼童多种植，长是此方人”的名句。历代文人骚客，为泉州龙眼留下了不少诗词佳句，大大提高了泉州龙眼的文化品位：“鲤鱼化龙，献珠造塔”、“开元寺龙眼井”、“金鸡斗蛟龙，‘龙眼’化珍果”、“悟空广播龙眼子，八戒大吃桂圆果”等等。在泉州还保留着不少古朴淳厚、独具特色的民俗风情：有“桂圆拜月，龙眼敬七娘妈”、“降龙祈风出海”、“五果敬神祭祖”，以及男女青年“唱龙眼”等等这些弥足珍贵的泉州龙眼文化现象，丰富了泉州文化名城的内涵，提高了龙眼知名度，促进了龙眼产业的发展。

千年古刹270年龙眼树

龙眼果实

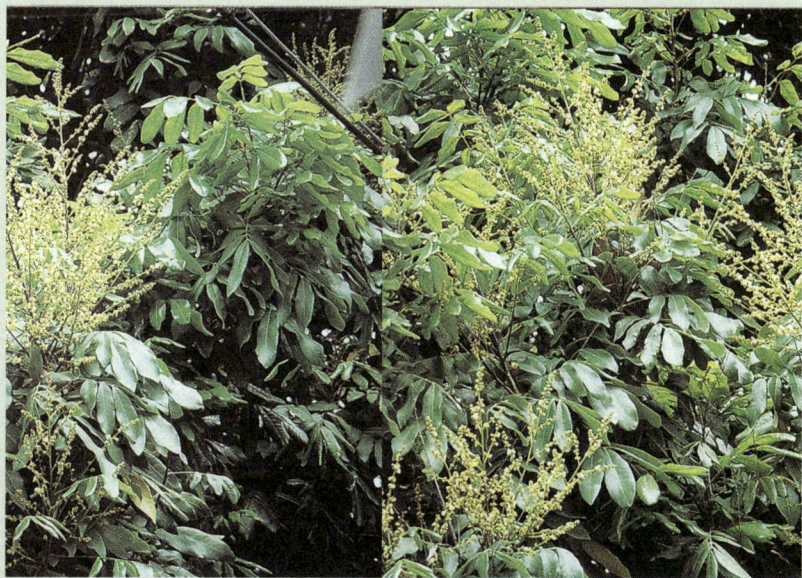
龙眼花穗

44. 风姿楚楚，赫赫有名——樟树

1.来源

    樟树*Cinnamomum camphora* （L) Presl，别名香樟、本樟、小叶樟、乌樟、樟木，为中国珍贵用材和特种经济树种，也是木材王国中的珍品。樟、楠、梓、桐合称为江南四大名木。樟树为亚热带常绿阔叶林的代表树种，早在2000年前就有栽培记载，古时称樟树为豫章、章，《礼记·斗威仪》载："君政讼平，豫章常为生"；汉代司马相如《上林赋》记载："豫章女贞、长千仞，大连抱……被山缘谷，循阪下隰，视为无端，究之无穷。"唐代张守节《正义》中称"章，今之樟木也。"唐宋年间，在官廷殿堂、寺庙、庭院、村舍附近广为种植，华夏大地迄今保存着众多千年以上古樟便是历史的见证。

    樟树起源古老，早在下、上石炭纪已有樟树植物的化石。它的家族十分发达，现在世界约有250种，分布于亚洲热带、亚热带地区、澳大利亚及太平洋岛屿，中国现有46种，都产于江南各省。其适生环境为北纬10°～30°之间，主产地是中国台湾、福建、江西、广东、广西、湖南、湖北、云南、浙江等省（区），尤以台湾为多。多生于低山、丘陵及平原，垂直分布一般在海拔500～600米，但越往南，其垂直分布越高，在湖南与贵州交界处可达海拔1000米。在台湾中北部海拔1000米以下多为人工林，在海拔1800米的高山上还有野生的樟树，但以海拔1500米以下生长最茂盛，多见于低山、丘陵及村庄附近。越南、朝鲜半岛、日本等国也有分布。是浙江省杭州、嘉兴、宁波、金华义乌、宜兴、台州、慈溪、海宁及湖北省十堰、老河口等40市的市树，也是江西省的省树。

2.形态特征

樟树为樟科、樟属常绿乔木，高达50米，胸径5～6米。树冠庞大，呈广卵形。树皮幼时绿色，光滑，老时呈黄褐色或灰褐色，纵裂，全树各部都具有浓烈的樟脑香气。枝条黄绿色，光滑，无毛。叶薄革质，互生，卵形或卵状椭圆形，长6～12厘米，表面深绿色，有光泽，叶背青白色，离其3出羽状脉，脉腋有腺体。圆锥花序腋生，花两性，花小，淡黄绿色。花被裂片椭圆形，外面无毛，内面密被短柔毛。浆果球形，径6～8毫米，熟时紫黑色，果托盘状。花期4～5月，果熟期9～11月。

3.生长习性

樟树为阳性树，稍耐阴。喜温暖湿润气候，不甚耐寒。对土壤要求不严，但以深厚肥沃、湿润、微酸性或中性山地黄壤土最适宜，在干旱、瘠薄和盐碱土上生长不良，易导致黄化病，适生于年平均气温16～17摄氏度，绝对最低气温不低于−7摄氏度的条件。深根性，根系发达，抗风力强，萌芽力强，可萌芽更新，耐修剪，病虫害少，生长较快，寿命长，可达千年以上。抗烟尘，滞尘能力强，对二氧化硫、氯气、氟化氢及氨气等有毒气体抗性，也有一定的抗海潮风，较适应城市环境，可吸收、净化臭氧，1公斤樟树干叶可吸附2200毫克。挥发性物质具杀菌、驱除蚊蝇、净化空气的功效。

4.培育要点

（1）繁殖方法

樟树的繁殖以播种为主，也可用嫩枝扦插及分栽根蘖等法繁殖。选15～40年生健壮母树，10～11月采种，采后及时处理，以防变质发霉。鲜果浸水2～3天，擦去果肉，拌草木灰脱脂12～14小时，洗净晾干，用含水量30%沙，按2:1混种贮藏。宜在"雨水"至"惊蛰"前条播于土层深厚、疏松肥沃、排水透气性能良好、富含腐殖质的土壤，略具庇荫及避风的圃地。行距25厘米，播种量150～200公斤/公顷。播前用0.5%高锰酸钾浸种消毒2小时，50摄氏度温水间歇浸种3～4天，以促进发芽整齐。播后用腐殖土或火烧土覆盖，厚约1.5厘米，盖层草，保持床土湿润，出苗后及时揭去盖草。幼苗3～5片真叶时开始间苗,每平方米保留15~20株;并行切根,即用锋利铁铲在苗行两侧与苗株成45°角切入,深度5~6厘米,以截断主根,促侧根生长。定苗后施一次肥,6~8月是苗木生长高峰期,要每月各施一次以氮肥为主,先淡后浓。10月份应停止施肥。当年生苗高50~60厘米,即可选择冬季或春季的雨后移栽。

(2) 栽培管理

1) 移栽与栽植 生产实践提示,樟苗切忌选用一年生留床苗,应择经移栽数年的苗木。第一次于春季芽萌动时,将小苗挖起,剪去主根,留长10~15厘米,上枝叶剪去1/2~1/3,按40厘米×60厘米株行距移栽于备好畦床培育2~3年,第二次移栽于3~4月或10月上旬进行,需带好土球,行距1.8米。经二次移栽培育大苗可供山地与城市绿化。以选用主干通直青嫩光滑或呈深绿色、高2米以上、树冠匀称健壮的树苗,于4月芽苞将萌动前移栽,挖大苗要疏叶,不必疏枝与截干,要带土球,运苗应轻取轻放,防止土球松散,长途运输,土球要用草包捆扎,可剪去顶梢枝干,以减少水分蒸腾,利于成活。做到随挖、随捆、随运、随栽。株行距2米×2米或2米×3米。栽种穴要大于土球,穴深度控制在栽下后根颈部略高出地面。穴底施层腐熟肥。苗木入穴要苗正、根舒、压实层土、浇足底水,待水分渗透再覆上表土,立支柱护树。在气候较寒冷的地区,栽后应做好防寒措施。

2) 整形修剪 一年生播种苗行一次剪根移栽,以促侧根生长,提高大树移栽成活率。要将顶芽下生长超过主枝的侧枝疏剪4~6个,剥去顶芽附近的侧芽,以保证顶芽优势,如侧枝强,主枝弱,也可去主留侧,以侧代主,并剪去新主枝的竞争枝,修去主干上的重叠枝,保持2~3个为主枝,使其上下错落分布、从下而上渐短。生长季节,要短截主枝延长枝附近的竞争枝,以保证主枝顶端的优势。定植后注意修剪冠内轮生枝,尽量使上、下两层枝条互相错落分布,以改善通风透光条件。粗大的主枝可回缩修剪,以利于扩大树冠,保持其枝叶茂密,树冠圆整。

樟树易萌枝,影响主干生长,栽植数年后,结合抚育除萌抹芽,促进主干生长。栽植公园、庭园内,尽可任其生长,只需适当修剪即可。幼林抚育最好在生长高峰和干旱季节即将到来之前进行。

3) 北方地区盆栽关键 盆土应疏松肥沃,排水良好,富含有机质的沙壤土,每年早春发芽前更换一次盆土,并逐年加大盆景的体量;冬季应维持不低于0摄氏度的棚室温度,秋末经1次至2次枯霜后,移入室内向阳的窗前护养;生长季节供给充足水分,入夏后至中秋前,晴天每日浇水一次,并常喷叶面水。越冬期间盆土以稍呈湿润为好,叶面宜适当喷水,以提高室内空气湿度;春夏秋三季可接受全光照,冬季置于光线、通风较好场所;生长季节每月追施一次稀薄的液肥,入秋后施1~2次0.3%的磷酸二氢钾溶液,可增加植株的抗寒性；生长季节对妨碍冠形的突出枝要适度缩剪，以维持适于室内陈列的蓬径为宜。每年冬季还应进行一次强度缩剪，使翌年多发新枝，形成丰满树冠。

4）病虫害防治　樟树苗的病虫害主要有：樟叶蜂为害树冠上部嫩叶，樟巢螟为害叶片，常将叶吃光，严重影响树木生长和观赏。宜在幼虫刚开始活动，用40％乐果200～300倍液，或90％晶体敌百虫4000～5000倍液或50％马拉松乳剂2000倍液喷杀，即可控制，如幼虫已结成网巢，可人工摘除烧毁。白粉病危害幼苗嫩叶。注意苗圃清洁，适当疏苗，发现病株应立即拔除烧掉，病症明显时，用波尔美0.3～0.5度的石硫合剂，每10天喷一次，连续喷3～4次。

5.欣赏与应用价值

在园林植物的大家族中，樟树可谓风姿楚楚赫赫有名，它树姿优美，形态苍劲洒脱，气宇轩昂，古朴中时时透露出浓浓的朝气和强劲的生机，所以，自古以来，人们世世代代爱樟、植樟、护樟，于是才有今天参天古香樟。在南方无论是乡村、城镇，还是山区平原，也无论古刹大寺和名胜古迹随处可见它浓密翠绿身姿，闻到它樟脑味的飘香，营造了富有江南特色景观，并由此构成不少奇特美景。福建龙岩市儿童公园长着一株奇异樟树，树龄300余年，久经风风雨雨洗礼，干中央木质部已枯死脱落，仅剩一层树皮支撑着高大身躯，形似大烟囱。干中少数未枯萎，像经千百年冲刷而成的熔岩，有的形似海螺，有的像垂吊的冰川，甚为奇特壮观。坐在洞内凉爽宜人，可观到蔚蓝的天空。洞的底部可容纳20～30人，并有3个可自由出入的通道。逢节假日，孩子们穿梭其间，嬉闹玩耍，快乐无穷。

浙江杭州新西湖十景之一的"吴山天凤"正是以满山的古香樟而形成的独具特色的景观，特别是在吴山中心景区茗香楼周围，更是古樟云集，其中一棵宋樟已达800多年，虽然高寿惊人，却仍是满树生机，一点没有老态龙钟的样子。辛亥革命烈士秋瑾在登览吴山时，曾有感于吴山景色之美而赋诗道："老树扶苏文照红，石台高耸近天凤。茫茫灏气连江海，一半青山是越中。"诗中赞颂先辈们植樟护樟不可磨灭的功劳。

樟树具有君子风度，它胸怀坦荡，一年四季葱绿常青，树枝树干从不脱皮，叶子仅仅更新于一夜间，从不干扰任何人，不沽名钓誉是它的风格，令人敬仰。它浓密的树冠，犹如一把巨伞，所营造绿荫效果是家族中难以比拟的。广西全州县王家屯屹立着4株四世同堂、树龄逾2000年的汉代巨型古樟，组成了特有的古樟群，覆盖面积约7.5亩，远看如同一个绿色小丘，呈现出一派古老苍劲、饱经沧桑之态，仍枝叶繁茂，满树绿荫，华冠如盖。在茂密的华盖下面，挡住了炎夏火辣辣的烈日，当人们在树荫下乘凉，何等惬意。下雷阵雨时，给人以庇护，那噼里啪啦的雨点打在叶子上，发出了很响的声音，犹如一首赞颂大地绿色生命的乐曲，令人心旷神怡。冬天里它仍雄伟挺拔，挡住了北来的寒风，顽强坚韧，蓬勃向上。当别的树的叶子变黄了，纷纷飘落之际，它依然油亮翠绿，给人以赏心悦目之感，也衬托出江南美丽的旖旎风光。春天，它长出油光发亮嫩绿的叶子，在阳光下闪着点点金光，美丽之极；开着美丽芳香米黄的花朵，晶莹剔透，香而不艳，不招惹是非，不像有"花王"之称的牡丹，红极一时，香极一阵子，而它开花时香，落花后香，死后也香，即使用它身后的躯体制作的家具，也一如既往地护卫着人们的健康，从而博得了人们的青睐和厚爱。秋天，花儿变成了圆溜溜的小果子，向人们显示着丰收的喜悦，也给深秋大地增添了勃勃生机。这些高挂在枝干上的果子，多像一颗颗美丽的黑珍珠啊！要是把它们串成一条项链，戴在脖子上，定是一件稀珍首饰，该有多漂亮哩。

樟树四季常青，树姿雄伟，枝叶茂密，冠大荫浓，是优良的庭荫树、行道树和营造风景林、防风林理想的树种；亦是工矿区绿化的主选树种，也可盆栽供观赏。配植池边、湖畔、山坡、平地无不相宜。孤植草坪旷地，让树冠充分舒展，浓荫覆地，尤觉宜人。丛植、片植作背景林，酷似绿墙，亦甚得体，入秋后部分叶片变红亦颇美观。如在树丛之中作常绿基调树种时，搭配落叶小乔木和灌木，富有层次，季节变化亦多，更臻和谐。

樟树是经济价值极高的树种，全株都是宝，木材致密美观，有香气，抗虫蛀，抗腐，保存期长，是贵重箱橱家具、高级建筑、造船、体育用品、纺织器材和雕刻等理想用材。南方特产樟木箱，不仅外观美丽，且装衣服久放不潮，不会霉变，不虫蛀，成为传统出口商品，在国际市场上久负盛名。全株各部均可提制樟脑及樟油。中国台湾被誉为世界"樟脑之乡"，成为一大出口商品，为化工医药、香料、食品工业等重要原料。樟脑易于挥发，有特异香味，能杀菌、润皮、提神，在医药上，能强心和作为呼吸系统疾病用药、鸦片中毒的解毒药、急症虚脱的治疗药等，日常所见的清凉油、香水及医用软膏中均有樟脑，还可制赛璐珞、人造橡胶、软片、绝缘体、无烟火药、喷漆等。樟油可作香精、选矿和农药用的溶剂。樟叶提制栲胶，可防水稻螟虫；其饲养樟蚕的蚕丝是纺织渔网的材料，并可作为外科手术的缝合线；樟叶油制剂可治喘息型气管炎及支气管哮喘。根、皮、叶和果供药用，祛风散寒、和中理气功效。根治风湿疼痛、感冒头痛。皮、叶外用治湿毒疥癣、皮肤瘙痒。果实疗胃寒冷痛、食滞腹胀。

6.树趣文化

香樟是坚强、博大、容忍与富强的象征，正是众多城市选定为市树的写照和各城市勇于改革开放、蓬勃向上，腾飞兴旺的表象。瞧它随缘注视着一切，没有因为荣辱而大悲大喜，或许它一生都默默无闻，孤栖空山，却在告诉人们人生的真谛——一生讲奉献，不求索取，一生淡泊名利，如果我们都能像香樟那样对待生命，那么我们的社会将会多么和谐！

华夏大地，樟树在中国众知名古树如榕树、银杏、柳杉、柏木、槐树中最为突出，其数量之多，范围之广，寿命之长，树围、树冠之大，恐为中国之冠，其胸围和冠幅也可以和"世界爷——红杉"相媲美。如台湾南极县信义乡有株古樟树龄达3000年，其干需15人才能合围，这是已知寿命最长的樟树，至今树体仍欣欣向荣。以"古、巨、奇"广受大众青睐，并成了一种特有的乡土文化，尤其是在台湾、福建、江西，还有浙江一带，参天的"古、巨、奇"的樟树更是随处可见。

江西福安县素有"樟树之乡"称誉，有株"三绝"珍稀汉代遗樟，一是大，树的胸围是2150厘米，15个中年人才能合抱，比一间普通住房还大，在1.3米高处萌生整齐支干，现存8干，分叉处附生棕榈、柞木、朴、雀梅藤，大叶薜荔及络石等多种植物，其树围之，是全国樟树之最；二是树龄长，此树植于西汉后期，已有2000多年。在樟树家族的花名册中，唯此"老翁"年岁最高；三是奇，巨樟基部内有一个偌大的洞，从树外一个洞"门"进去，树干内壁上还有两个洞，形成两扇天然的"窗户"。树民把巨樟当神护侍，信奉者，逢年过节仍前往烧香祈福。浙江江山市大桥镇有棵与众不同古樟树，下干分离，胸干合体，恰似两条健壮的腿，支撑起一个修长而婀娜多姿的身躯，真是令人赞叹。浙江天台县大横村有株抱娘樟，酷似小孩依偎娘怀，撒娇求姿态。当地流传着一个动人传说：这原来是母女两樟合生。明末清初，当地一姓张的寡妇与儿子相依为命，儿子成亲后，媳妇视婆婆如同奴仆，婆婆起早摸黑劳作不止，吃的是残羹剩饭。媳妇一不顺心，就拿婆婆打骂出气，以至婆婆一见媳妇，犹如老鼠见到猫。1年后媳妇回娘家省亲，经父母教育使她醒悟，回家后，烧了碗糖氽蛋准备孝敬婆婆，做好后她去溪边喊正在洗衣服的婆婆回家吃蛋。不料婆婆未听清，以为又要挨打，一惊吓，脚一滑掉进了水潭，媳妇慌忙去救，两个都溺水身亡。3天后，婆媳相抱的尸体浮出水面，家人把她俩合葬在溪畔，不知何时坟上长出两株樟树，人们都说这是婆媳的化身。

福建福鼎市大姥山的石兰村有株"榕抱樟"的参天大树。树干如虬龙，树冠似华盖，冠幅300多平方米。树的枝干有的上长，有的倒垂，有的横伸，千姿百态，风韵秀逸。各地还有古拙离奇樟心柏、樟子蜡、樟桐连体、樟抱榕、樟抱朴、樟生榔榆等等，相映成趣，惟妙惟肖，令人叹为观止。

自古以来人们都喜欢用樟树来取名。唐朝诗人姚合的《杭州观涛》中道："楼有樟亭号，涛来自古今。"诗仙李白有首《与从侄杭州刺史良游天竺寺》诗中云："挂席凌蓬丘，观涛憩樟楼。"樟亭、樟楼，足见人们对樟树的钟爱。

旧社会，不少父母担心儿女夭折，往往将刚出生的婴儿寄名于古樟，取名"樟树"、"樟木"、"樟花"、"樟土"、"樟叶"等，以期在古樟神灵的庇佑下儿女得以长大成人。在中国还有不少地方是以它来命名的地名，如江西樟树是中国有名药都，原名为清江，因境内古樟而改此名。清代诗人查慎行游樟树镇赋诗云："潇潇下流棹歌声，一曲清江见底清，老树不知生竟尽，尚凭古社占村名。"具有"樟树之乡"的浙江福安县，全县各地用"樟"字命名的村庄就有20多个，如"樟山"、"樟园"、"樟屋"、"樟树湾"、"樟树垄"、"樟坪"等等，不一而足，樟树成"樟树之乡"人生活的一部分。

早在1500年以前，南朝诗人梁江淹写有《闽中草本颂》共15首，《豫樟颂》是其中的一首，对樟树雄姿进行了生动的描述："伊南有材，匪桂匪椒，下贯金壤，上笼赤霄，盘藻广结，捐瑟曾乔，七年乃识，非日终朝。"杜甫也有诗曰："豫樟翻风白日动，鲸鱼跋浪沧溟开。"清代诗人龚鼎蘖《樟树行》："古樟轮囷异枯柏，植根江岸无水石。风霜盘亘不计年，枝干扶疏讵论尺。""今来荒野忽有此，数亩阴雪争天风"，"寒翠宁因晚岁凋，孤撑不畏狂澜送"，"自古全生贵不材，樟乎匠石忧终用。"这又是中国传统文化另一种理念。

香樟果实（梁育勤 摄）

樟树行道景观

福建龙岩市儿童公园洞樟，树龄300余年

福建省永安市市树古樟

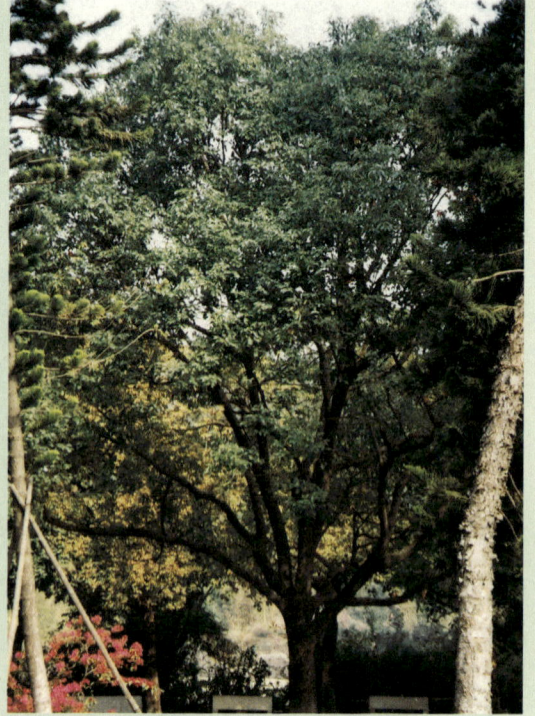

厦门园林植物园 邓小平手植大叶樟树

45. 红杏枝头春意闹——杏树

1.来源

　　杏树*Prunus armeniaca Linn.*，别名甜果、甜梅，有"北梅"之称。中国是杏树的故乡。约在公元前3000多年就有种植，殷商时代的甲骨文中已有"杏"字。公元前685年问世的《管子》一书中记载说："五沃之土，其木宜杏。"公元前400～250年《山海经》云："灵山之下，其木多杏。"《齐民要术》云："文杏实大而甜，核无文彩。"《夏小正》有"正月，梅、杏、杝、桃则华"及"四月，囿有见杏"的记载，自古以来将杏列为"桃、李、杏、枣、梨"的五果之一，是华夏大地最古老栽培果木之一。主要分布北纬44度以南地区，以黄河流域为分布中心，其范围很广，河北、山西、山东、河南、辽宁、吉林、黑龙江、陕西、甘肃、新疆、江苏、安徽以及内蒙古均有栽培。中国素有"南梅北杏"之说，品种品系多达1500多个，著名品种如山东青岛的将军杏、山东济南的金杏、陕西三原的曹杏、河北遵化的香白杏、甘肃东乡的大桃杏、北京的水晶杏和黄魁杏、河南仰诏的黄杏（又称响铃杏）等。杏分为家杏（以食果为主）和山杏（以食杏仁为主）两大类。约在10世纪左右传入中亚，后经希腊传入罗马帝国，被称为"罗马果"，14世纪末传入美国。世界各地均有栽培。叙利亚把杏树定为国树；辽宁省抚顺市定为市树。

2.形态特征

杏树为蔷薇科李属，落叶乔木，高达10米，树冠圆形或椭圆形，树皮暗紫褐色，不规则纵裂，小枝红褐色，无毛，芽单生。单叶对生，两面无毛或背面脉间有柔毛，卵圆形或卵状椭圆形，长5~9厘米，宽4~8厘米，基部圆形或广楔形，先端突尖或渐尖，缘具钝锯齿，叶柄常带红色，长2~3厘米，无毛，基部常具1~6腺体。花单性，3~4月间先叶开放，花蕾纯红，开则渐白，深浅不一；花后反折，花瓣5，白色或带红色，具短爪；雄蕊20~45，稍短于花瓣；子房被短柔毛，花柱1，与雄蕊几等长，下部具柔毛。果实球形，稀倒卵形，径2~3厘米，具纵沟，黄色或带红晕，微被柔毛，果肉多汁，成熟时不开裂。果核卵形或椭圆形，两侧扁，平滑，种仁味苦或甜，6月成熟。

常见变种和同属种有：

垂枝杏　*Var.Pendula.*，小枝下垂。

斑叶杏　*Var.variegata*，叶片具淡黄色斑点。

山　杏　*Var.ansu*，花常二朵并生，果红色，有茸毛。

东北杏　*P.mandshurica*，又称辽杏。花单生，核果扁球形，黄色，有红色晕或红点。

3.生长习性

温带果树，适应大陆性干燥气候，喜光，适应性强。耐寒与耐旱力强，能抗-25~-30摄氏度低温，抗盐性较强，但不耐涝。深根性，根系发达，在土层深厚、排水良好之地生长良好，在黏重土中生长不良，易遭病害。作为果树栽培成材快，结果早，定植后4年开始结果，6年后即可丰产，寿命长，有的树龄可达百年以上，是核果类果树寿命较长的一种，且栽培管理技术要求不高。

4.培育要点

（1）繁殖方法

杏树的繁殖，有播种、嫁接、分株等方法。作为果树栽培，宜用嫁接。播种因花的观赏价值和果的品质不好，少采用。分株于春季将根蘖带根与母体分离另植。

1）嫁接　以杏实生苗作砧木，亦可用李、桃、东北杏作砧木。李砧耐水湿性强；桃砧耐干旱，花密集；东北杏砧抗寒性强。接穗选1年粗壮结果枝，2~3月或10~11月切接。于7

月中下旬进行丁字形芽接。芽接不可太晚，否则离皮困难，成活率低。如当年芽接未成活，可至次年春季枝接。接后壅土埋没接穗，成活后及时摘除萌蘖，除草，施薄肥和防旱。

2）播种　于6月采种，堆放后熟，洗净阴干，秋播或湿砂层积，于翌春2～3月高床条播，行距20厘米，沟深5～6厘米，播后踏实，覆土2厘米，上盖草。幼苗出土后加强管理，生长很快，当年夏秋即可芽接。移植多在秋季，如行春栽应提早栽植。作为果树栽培，1～2年生苗即可栽植。作城市绿化用，则应培育大苗带土栽植。

3）分株　于春季将根蘖带根与母株分离另植。

（2）培植要领

1）建园　杏树开花早，易受霜冻，应选背风向阳坡地，在寒流迎风面和坡地果园上建有效防风林带。应合理选择花期相近，授粉亲和力强的良种，配置授粉树，并深翻改土、施肥。

2）栽植　温暖地区秋栽，华北、西北及东北寒冷地区，幼苗易遭越冬冻害，以春栽为宜。冬季和早春用塑料布缠裹树干或套塑料袋防寒。

（3）抓好秋季管理

1）施肥与灌水　杏树虽耐瘠薄，对肥水要求不严，在充足条件下，可减少退化，花数量多，产量高，品质好，树势强，并可延长寿命。基肥结合秋耕进行，以优质腐熟农家肥为主，配合适量磷钾肥。对长势较弱或进入盛果期的杏树，每月叶面喷1次0.2%～0.4%尿素和0.3%磷酸二氢钾。浇灌结合施肥，若秋旱要注意浇灌。地面出现积水时，应及时挖沟排涝。落叶后土壤封冻前浇一次冻水，有利越冬及翌春生长。

2）整形修剪　整形应顺其生长特性，以自然开心多主枝为好。于主干高40厘米左右，留5～6个主枝，每个主枝留2～3个侧枝，对每个侧枝的结果枝和侧枝延长枝，每年剪1/3或2/5，剪至饱满芽处，保证每年抽生2～3个长枝。采果后，以疏为主，采取抽大枝，压低树高实施短截为主的修剪方法，促进下部及内膛抽发新枝，形成短果枝和花束状果枝。对冠内徒长枝要采取摘心、扭梢等控制其营养生长；对拖地裙枝、病弱枝、过密枝可一并疏除；对生长过旺杏园，可喷多效唑或促控剂PBO来控制树势，以利多形成花芽；对衰老树要进行强剪，有计划地更新主枝，促进恢复树势。

3）病虫害防治　杏树主要病虫害有蚜虫、红蜘蛛、杏球坚介壳虫、缩叶病、流胶病等。防治上：加强苗木检疫，发现病株，及时就地挖除；要禁止家畜入园，防止鼠野动物危害和人为破坏。杏叶芽刚膨大喷洒波尔多液一次；萌芽到花前喷波美5度石硫合剂，病害发生期间，喷洒600～800倍液甲基托布津、多菌灵等杀菌剂。喷1500～2000倍液灭扫利、丰收菊醋等杀虫药，防治各类虫害。

4）提高坐果率　杏树为纯花芽，每芽1朵花，大多发育不全，多数集结于中果枝，长果枝及秋梢与枝基部，又自花授粉不良，导致坐果率低。可采用盛花期人工辅助授粉。花粉液配比：砂糖250克、尿素15克、水500克，兑成混合液，稀释成5％的水溶液后，加干花粉10～12克调匀，过滤去杂质。喷洒时加硼酸5克，粘着剂"6501"5毫升，配好后速喷用，其次花期前2～3天将蜂箱置于杏园内适当处进行放蜂远飞传粉；或花期喷洒0.1％硼酸和0.2％尿素2～3次以提高坐果率。

5.欣赏与应用价值

杏树是闹春的五果之花（桃、李、杏、梨、苹果）中开花最早者，是春天的代表。北国的早春，多数的果木还未从冬眠中苏醒，而烟霭缭绕的林中，杏独树一帜，早已花蕾绽满枝头，捷足先登，率先迎接春天的到来，给人们以春光明媚的温馨，给大地带来无限生机美好的希望。农历二月，当杏花盛开时，繁花丽色，如朝霞，如祥霭，"压园林之香气"，"笼门巷之晴烟"。它鲜艳绚丽而不落凡俗，那傍水的杏花更是风姿绰约，神韵独绝，占尽春风，远胜桃夭与梅艳，号称"活色生香第一流"，誉为春天的象征。瞧那朵朵白花，像一团团瑞雪挂满枝头，而那无数粉红的花艳如霞，在灿烂的朝晖沐浴下，与寥廓澄澈的碧空交相辉映，显得格外鲜艳夺目瑰丽多姿，点染得大地春意盎然，美妍喜人。当它来到人间，尽管是那样妩媚瑰丽，香气四溢但从不故作多情，自恃邀宠，比起梅花少了些许红艳和傲气，而以桃花相对，又少了几分热烈与奔放，它却淡雅中透着温柔，清丽中透着淡淡的质朴，显得随和而亲切，引人亲近，让人爱慕不已，无怪乎人们对杏花情有独钟。它花色奇特多变，含苞未放纯红色，刚开之际变淡红，待开几日，落花之时全为纯白，花朵越开越妩媚，令观赏时乐趣无穷。"杏花飞雪点春波"（元朝倪瓒）"一堆红雪罩轻烟"（宋·王禹偁）。"白白红红一树春"，"道白非真白，言红不若红。请君红白外，别眼看天工"。（宋·杨万里）诗人优美的诗篇，点出了杏花变色的艳丽景象。百花随着杏花的开放而苏醒，农家望杏而开田。杏花开放恰逢清明节，蒙蒙春雨更增加了杏花的魅力与风流，当雨过天晴时走在杏林中，真有红雾湿人衣之感。杏花一旦作别，花带着雨的清亮，雨带着花的清香，便从枝头悄然离去，落得利落干净。雪白的落英铺成满地花絮，恰似"微风吹万舞，好雨尽千妆"，蔚为壮观。花将落时，翠绿的嫩叶就已露头。春末初夏，百花盛开，在那桃李竞艳，万木葱茏的红花绿叶丛中，黄澄澄的杏子纷纷登场了，昂首挺立在艳阳中，累累悬挂压弯了枝头，一派"绿树成荫子满枝"的景象，而红杏美味更令人咋舌。

杏树这个家族中，"寿星"不多见。甘肃省环县城镇有棵100余年大杏树高18米，茎围2.5米，从基部分成三大股，最高年产杏果500公斤。树形优美，几乎是贴地面而展，枝繁叶茂，似一座绿色山包，不论是树高、树冠，还是产量，称为"杏树王"是当之无愧的。

杏树是著名的观赏树种，早春先叶开花，繁花丽色，红霞覆树，春色满园，夏日果熟，满枝金丸，令人留恋。如在庭园中成片种植，花开时，一片云霞，配植水边、湖畔，正如"万树江边杏，照在碧波中"。杏极耐寒，凡梅不能生长的地区，与松、牡丹、山石配景，有"不待春风遍，烟林独早开"之美。栽在庭前、道旁、墙隅、坡地，或美如天仙，或轻如流云，特别是待到雨过乍晴时，娇态艳容更风流。杏老树苍劲，大树垂枝，也很适宜孤植赏玩。如能将杏树傍水依墙而植，每到春暖花开时，则春华映水，红艳出墙，韵味奇出。同时杏树还是沙漠及荒山造林树种。

杏为夏季佳果，鲜甜香糯，具有抗老延寿防癌作用。据报道，南太平洋岛国斐济是个无癌和长寿之国，原因是斐济产杏，全国有吃杏的习惯，有的人还把它当作粮食来吃。

杏果生食，具有生津止渴，润燥补肺功效，也可加工制蜜饯、杏脯、杏干、杏酱、罐头。种仁（杏仁）供药用，古医书称杏仁为"心之果，心病宜食之"，入药以苦杏仁为主，有降气、平喘、止咳、润肠、通便功效，被誉为中医最常用止咳化痰药。甜杏仁有润肺止咳功能，药力较和缓。民谚有"桃饱杏伤人"之说，谓之易上火，又能产生氢氰酸有毒。所以食用杏仁不得过量，以保健康。

杏仁在食品工业中应用很广，如杏仁蛋糕、椒盐杏仁、杏仁牛轧糖、杏仁糖等，颇为大众喜爱。又可制酒、榨油。杏仁油是优质食用油和高级的润滑油，广泛应用于医药、食品、日用化工等工业。

杏仁制作名菜细嫩、香甜、滑润，是夏令宴席常用时菜，如江苏菜系中"菠萝杏仁豆腐"、鲁菜系中的"杏仁豆腐"等。

6.树趣文化

杏树是生命、绿色、和平、友谊、安宁、富足的象征。杏花在中国是吉祥美好的象征。唐代神龙（705～707年）以后，进士及第，宴于杏园，谓之探花宴，人们用"杏林春雨寓意"、"杏林春宴"，祝颂科举高中，杏花缘此被称为"及第花"。春秋时期，孔子周游列国，曾坐在杏坛上讲学，后来便将教师讲台称为"杏坛"含有尊师之意，成为教育界的代名词。关于杏树的来历，有许多美丽传说，相传，三国时吴人董奉为人治病不收报酬，只要求病愈后种几棵杏树。数年后得杏树十万余棵。杏子熟后，随人拿粮食调换，然后用粮食赈济穷人。后来人们常以"誉满杏林"、"杏林满春"来称颂医德高尚的医生。

另据传说：有一次，张大口老虎跑到董奉住宅，有求救状。经细察，虎喉中被一骨卡住，他冒着生命危险，将骨头取出。为报答救命之恩，老虎甘愿留下看守杏林。中药店堂常常挂有"虎守杏林"的条幅，喻医术高超，其典故来源于此。

又传说，明代输林辛士逊夜宿青城山道院，梦中遇见一皇姑，秘授其方：汝旦旦食杏仁7枚，可致长生不老，耳目聪明。此后，他每日早晨洗脸漱口后，便遵秘授，口含7枚杏仁，良久脱去皮，细嚼慢咽，日日食用。数月后，食欲增加，身健面色红润。此法坚持至老年，果然身体轻健，耳聪目明，心力不倦，思维敏捷。

陕北靖边县小河村毛泽东同志住过的窑洞门前有株山杏是毛主席种的。1947年6月8日，红军转战陕北到达靖边县小河村，时值六七月山杏成熟季节，当地群众闻讯毛泽东住在一户农户家里，好多妇女和娃娃带着山杏、大枣等来看望，在树荫下边吃杏边叙家常，吃完顺手埋在地里。一年后，长出一株葱葱郁郁的山杏树来。毛泽东种山杏树的故事从此传为佳话。

古人赞杏树颇具灵性，故寓意"灵性"。又因杏与幸谐音，又寓意"幸运"。难怪自古到今，人们很喜欢用杏花来作街道、村庄及各行各业的雅号，尤其在华夏大地，用"杏花村"命名的地名当数最多。20世纪60年代，电影《我们村里的年青人》，讲的是山西一个称"杏花村"的小村庄里一群年青人劳动、生活、爱情故事。影片主题歌："杏花村里看杏花，儿女正当好年华，男儿能吃千般苦，女儿能绣万种花。人有志气人不老，你看那白发的婆婆，挺起腰杆也像十七八……"诙谐的歌词，优美的旋律，深得人们的喜爱，传唱于大江南北，曾经风靡一时。

无独有偶，山西还有一处酿造美酒而驰名中国的地方，也叫杏花村。地处于汾阳的杏花村酒厂，生产佳酿"竹叶青"及"汾酒"，千百年来长盛不衰。唐代杜牧《清明》诗中："借问酒家何处有？牧童遥指杏花村。"即指安徽贵池杏花村。

杏花是文人喜欢入诗对象，有则梁启超折花对联的趣事。梁自幼聪颖过人，10岁那年随父做客，时值初春，主人院里杏树蓓蕾初绽，花似香雪，梁启超深被杏花所迷，不禁偷折一枝，藏于袖中，欲携家插养。此举被梁父所见，甚感不安，又不便当众训斥，便在宴席前，与众友道："我出一联，令启超对之，以助雅兴。"言毕，上联"袖里笼花，小子暗藏春色。"启超听罢一惊，知道父亲以联责怪自己所为，心中惭愧，便对曰："堂前悬镜，大人明察秋毫。"上下联对仗工整，珠联璧合，众人无不喝彩称绝。

杏花美妍喜人，赢得历代文人雅士的青睐，留下了无数歌颂杏树的名篇佳句。北宋宋祈《玉楼春》词中一句"红杏枝头春意闹"被誉为千古绝句，称诗人为尚书，而都官张先《天仙子》中一句"云破月来花弄影"也成为古今绝唱，誉为郎中。宋代叶绍翁《游园不值》诗赞"春色满园关不住，一枝红杏出墙来。"被千古传诵为佳作。南宋·陆游咏杏名句"小楼一夜听春雨，深巷明朝卖杏花。"唐代杜牧《杏园》诗曰："莫怪杏消损悴去，满城多少插花人。"北周瘐信《杏花》一诗中说："春色方盈野，枝枝绽翠英。依稀映村坞，烂熳开山城。好折待宾客，金盘衬红琼。"唐代王维《游春曲》赞道："万树江边杏，新开一夜风。满园深浅色，照在绿波中。"宋代王安石《北坡杏花》一诗赞曰："一陂春水绕花身，花影妖娆各占春。纵被春风吹着雪，绝胜南陌碾成尘。"朱淑真《杏花》一诗中赞道："浅注胭脂剪绛绡，独将妖艳冠花曹。春心自得东君意，远胜玄都观里桃。"温庭筠《杏花》"红花初绽雪花繁，重叠高低满小园。正见盛时犹怅望，岂堪开处已缤翻。情为世累诗千首，醉是吾乡酒一樽。杏查艳歌春日午，出墙何处隔朱门。"宋代杨万里《杏花》"道白非真白，言红不若红。请君红白外，别眼看天工。"杨尧臣《初见杏花》："不待春风遍，烟林独具开。浅红欺醉粉，肯信有江海。"郑谷《曲江红杏》："遮莫江头柳色遮，日浓莺睡一枝斜。女郎折得殷勤看，道曰春风及茅花。"曾为中国文坛留下《长恨歌》、《琵琶行》等千古绝唱的白居易，既是诗界巨擘还是个花痴，诗中将花比作自己的"夫人"。他在73岁高龄写下了《游赵村杏花》一诗："游村红杏每年开，十五年来春几回。七十三人难再到，今春来是别花来！"此诗成了诗人留给诗坛最后一首赏花诗。古人的杏树诗篇也是中国市树文化中的闪光瑰宝。

满枝金丸

白白红红一树春

杏树：枝枝绽翠英

千年杏树　"寿星奇珍"

红杏枝头春意闹

闹春五果之花

46. 铁秆庄稼——板栗

1.来源

板栗*Castanea mollissima* Bl.，别名：栗、毛栗、大栗、枫栗、毛板栗等。中国特产树种，为华夏古老的树种之一。板栗几与农业文明同时。中国利用栗属植物的历史最长，陕西省西安发掘的新石器时期的半坡村遗址中，就有大量炭化的栗实，证明先人食栗种栗至少有6000多年的历史。《诗经》云"树之榛栗"、"栗在东门之外，不在园圃之间，则行道树也"；《左传》也有"行栗，表道树也"的记载。西汉司马迁在《史记》"货殖列传"中有"安邑千树枣，燕秦千树栗，此其人皆与千户侯等"的记载。《论语·八佾》中有孔子的弟子宰予对答于鲁哀公曰："夏后氏以松，殷人以柏，周人以栗。"记述周代不仅广植栗，且把栗树当成了立社之本和氏族的象征。

全世界栗属植物共7个种，广泛分布于北半球温带的广阔地域。分布于亚洲的有4种，中国有板栗、茅栗和锥栗3种，主要分布于中国大陆；日本栗主要分布于日本及朝鲜半岛。中国栗属最先传入朝鲜、日本，19世纪中叶传至欧美。中国栗产量居世界首位。

中国板栗种质资源极为丰富，已有500多个品种，分布十分广泛，于北纬18°30′～41°20′，跨寒、温、亚热带的广大区域，其南起海南，北至东北吉林、河北一线，东起台湾，西至甘肃，西南至四川、云南等23个省（自治区、直辖市）均有板栗的分布与栽培，以华北最多，垂直分布最低在江苏的新沂、溧阳等地，海拔在50米以下的平原地区，在四川汉源海拔可达1500米地带，最高在云南维西，海拔达2800米。但经济栽培区则在海拔2500米以下地带，以低山丘陵山地、河流冲积台地及村寨附近栽培最多。在中国中部西起四川、陕西北部的长江流域尚有成片野生板栗林生态群落景观。

2.形态特征

板栗为山毛榉科栗属落叶乔木。高达20米，胸径1米。树冠扁球形、半圆形，树皮灰褐色，不规则的深纵裂。幼枝被灰褐色绒毛，无顶芽。单叶互生，卵状椭圆形至椭圆状披针形，长8～18厘米，宽4～7厘米，先端短尖，基部圆形或截形，边有粗锯齿，齿端具芒状尖头，背面被灰白色星状短柔毛；叶柄长0.5～2厘米，托叶大，早落，侧脉10～18对直达齿尖。叶色深绿，有光泽。单性花，雌雄同株，雄葇黄花序直立，1～3朵簇生于花轴上，穗状，雌花2～3朵集生于枝条上部的雄花序基部、球状。每花序常有3朵聚生总苞内，总苞（壳斗）球形或扁球形，带刺径4～6.5厘米，密生分枝长刺，内有坚果1～3粒，果实大，扁圆形，直径2～3厘米，种皮易剥离，暗褐色，肉质细密、味甜、黏质或粉质，品质佳。果可生食。花期5～6月，果期9～10月。$2n=2x=24$。

附种：

茅栗C.seguinii Dode，又称野栗子、毛栗、毛板栗。小乔木，或呈灌木状；小枝有灰色绒毛。叶倒卵状长椭圆形或长椭圆形，齿端尖锐或短芒状。总苞有坚果3粒。与板栗的区别是：茅栗叶背面有褐黄色或淡黄色或黄色腺鳞，无毛，或仅幼时沿脉上有稀疏单毛。总苞连刺径3～5厘米，刺上疏生毛或几无毛；坚果较小，径1～1.5厘米。

锥栗C.henryi Rehd.et Wils，亦称珍珠栗、甜栗。乔木，高达30米，小枝光滑无毛，叶披针形或长卵披针形，长10～17厘米，先端尖，缘有芒状尖头锯齿，两面无毛，总苞较小，坚果单生。产长江流域及其以南山区。为重要的果材兼用树种。

3.生长习性

板栗喜光，尤以花期需充足光照。喜温暖湿润气候，适应性强，北方品种耐寒、耐旱性较强；南方品种喜温暖、耐炎热。以阳坡、肥沃湿润、排水良好的中性或微酸性、富含有机质的砂壤或砾质壤土上生长最适宜，在pH值7.5以上的石岩风化的钙质土和盐碱土上生长不良，在年平均气温10～14摄氏度，生育期（4～10月）16～20摄氏度，花期及传粉受精期气温17～25摄氏度，年降水量600～1400毫米地区生长良好。深根性，根系发达，具有外生菌根，扩展能力强，抗风暴。萌蘖力强，耐修剪，寿命长，对二氧化硫、氯气抗性强。

4.培育要点

（1）繁殖方法

以播种和嫁接法繁殖为主，亦可用分蘖方法。

1）播种繁殖　选15年以上优良类型中的优良单株为采种母树，采种后，选充实、饱满、无病虫的种子随即播种，或在阴凉处沙藏层积处理，于翌年3月上中旬开沟点播，播种株距10厘米，行距25厘米，播时，种子应横卧，覆土3～4厘米厚，压实盖草。约经1个月即可发芽、出苗。苗期精细管理，1年生苗高可达60厘米以上。

2）嫁接繁殖　选2～3生的实生苗或5～6年生的野生板栗为砧木。应选结果多，品质好，树冠外围发育充实的1年生枝条作接穗，于萌芽前剪取，置窖内湿沙埋藏，待砧木树液开始萌动到展叶前进行切接、腹接或插皮接。

（2）栽培管理

移栽应在春季进行，选高1米以上，茎粗2厘米，芽体充实，接口愈合好的2年生嫁接苗进行移栽。每亩植40～110株。起苗时要尽量少伤根，挖穴深60厘米左右，宽50～70厘米，每穴施腐熟堆肥50～100公斤。栽时苗木放在穴中，根系舒展，填入细土踩实，浇透定根水，上盖松土，立支柱，隔3天再浇水一次，封土保墒。已开始结果的壮龄树，采果后须及时莳养。在清除果内的各种杂草和枯枝落叶，剪除树冠内阴枝和冠外病虫枝、纤弱枝、重叠枝、过密枝，短截徒长枝和落花果枝。冠内外喷洒一次0.8～1波美度的石硫合剂水溶液。之后每10～15天喷1000倍乐斯本、800倍甲基托布津混合液，连喷2～3次。每株施沤制腐熟的人畜禽粪35～40公斤拌复合肥2～3公斤。并每7～10天叶面喷施一次0.1%硼砂、0.1%硫酸锌、0.1%硫酸镁、0.2%尿素、0.2%磷酸二氢钾、1000倍三十烷醇混合液，连续喷施3～5次，以迅速恢复树势，促壮结果母枝，为来年高产稳产奠定良好的基础。

（3）病虫害防治

1）栗干枯病，又称栗疫病，真菌性病害，使树干皮层腐烂肿胀。防治措施：及时砍除病重枝干并烧毁，避免人畜损伤树干；冬季树干涂白；病部刮去粗皮，涂刷碳酸钠10倍液或400～500倍液多菌灵，可抑制病斑扩展。

2）栗瘿蜂，又名栗瘤蜂，主要危害芽、嫩梢及花序，严重影响当年及下一年的生长结果。防治措施：秋冬剪虫枝，保护天敌跳小蜂；5月之前摘除生成新虫瘿；成虫羽化出瘿前后，喷洒20%乐果2500~3000倍液，效果较好。

3）栗实象鼻虫，幼虫果内蛀食，导致落果。防治措施：选用抗虫品种；播种前，用50摄氏度热水浸种10分钟，以杀死果内幼虫；9月中下旬振树捕捉成虫。亦可喷辛硫磷或杀螟虫1000~2000倍液。

4）栗实蛾，主要危害树干，伤疤经久不愈，严重的使栗树死亡。防治措施：找有虫粪部位刮除幼虫，成虫期喷洒西维因、害扑威200~300倍液，杀灭成虫及初孵幼虫。

5）栗红蜘蛛，受害叶片呈现苍白色小点，最后变黄褐色焦枯。防治措施：5月上中旬在树干基部刮20厘米左右的环带，深度以见嫩皮为止，涂40%乐果乳剂1~10倍液，或50%久效磷1~20倍液，待药液稍干后再涂一遍，塑料布包扎，发生期喷40%乐果乳1500倍液，或0.2波美度石硫合剂加800倍三氯杀螨砜液。

5.欣赏与应用价值

板栗是中国特有著名干果之一，素有"干果之王"之美誉。山东沂水县有株"栗子王"，一是树龄大，为明朝所植，距今有400多岁；二是树体大，该树高14.1米，胸径1.88米，冠幅19.2米×21.9米；三是产量高，年产量一直在350~500公斤。该树还有两个雅号——"救命果"和"摇钱树"。

板栗在中国分布较广，但在东北寒冷地区却不长。吉林省集安市果树工作者经20多年艰苦努力，选育出中国最抗寒、早熟的板栗良种，已有近百年历史，具有坚果大小适中、整齐、饱满、油亮、美观、果肉油腻、香甜、糯性、适于糖炒、商品性良好、符合出口标准。经嫁接良种，2~3年开始结果，8年左右进入盛果期，盛果期平均单产每亩达200公斤。

云南宜良县盛产板栗，著名狗街乡骆家营一片300年以上的板栗林，有几株老树1年3次结果，这几株高约10米，基径均在1米左右，树冠葳蕤。一般为5月开花，中秋节前果熟。而这几株到9月采果季节却是另一番景象，一些花正盛开，另一些幼果已有蚕豆般大小，带长刺的总苞还未完全形成，而更多的则是总苞裂开完全成熟的果实。枝上的幼果，11月初可采，而正在开花的其果实成熟要到12月了。

在春光明媚，百花丛中，也许栗花算不上引人注目的"宠儿"，却具有高尚品格，既不与桃花争艳，也不与梨花争洁，虽没有姹紫嫣红的艳丽，只有嫩黄的一色，素妆淡雅，像一位独特的少女，以洒脱和质朴妆点着生育她的自然，为人们献上馨香，给人以享受，给人以希望。

瞧那郁郁葱葱的栗树上缀满了鹅黄色的、狗尾巴似的板栗花，远远望去像一团团白云盘旋在绿树之梢，又像天上飘下来的雪花堆积在绿叶之上。近看一朵朵板栗花黄中透白，毛茸茸的，一朵紧挨着一朵，连成一串，在微风的轻揉下，散发出淡淡的清香。与串串绽开的栗苞汇成一道赏心悦目美景，引来了成群的蝴蝶和蜜蜂在花上翩翩起舞，也引来了养蜂人不辞远程跑来放牧他们的精灵。

板栗树论其相貌与其他树种没有什么区别，仲秋硕果高挂，就摆出一副"狰狞"面孔，在高大伟岸树上，个个类似榴莲的带刺壳子，毛毛糙糙像一个个倒挂的刺猬。当板栗成熟之后，毛糙糙的外壳自然裂开了口，一排排红色坚果半露，晶莹透红，像娇羞的少女怯生生藏在壳子里，它好像忘记了先前的凶狠模样，仿佛生来就是一副熠熠生辉的、甜美的、红褐油亮的、招人疼爱的果实。

板栗脾气顶怪的，稍微放任，就自作自贱。嫩白清甜的板栗先是变得干瘪，再变得黑黄相间，最后变得满身疮疤味道发苦。要是给它精心伺候，就变得异常招人喜爱，就像秋冬街头上"糖炒栗子"，把板栗和粗沙相混，一边用大锅炒一边洒糖水，板栗太喜欢这种现场直播，让众人先睹为快，不一会它的脸上就笑开了花，一股香味飘散得满街角落，真是"栗香飘来百味藏"啊！炒熟的板栗变得乖巧极了，油光闪亮，热热乎乎，剥一颗塞进嘴里，将温暖和甜蜜及"健康之友"一起咽下。据说慈禧太后也十分喜欢吃糖炒栗子。

板栗树冠圆阔，枝叶繁茂，总苞球形密被长刺，栗花盛开香气阵阵，植于庭园和草坪上供观赏。也宜在公园坡地孤植，或在偏偶群植，还可以用于荒山绿化造林和城市经济生态林。栗树适应性强，栽培管理简单，一年种，多年生，产量稳定，是群众喜爱的铁秆庄稼，是园林结合生产的好树种。

板栗对二氧化硫和氯气等有害气体抗性较强，可选作厂矿及有污染地区的绿化树种。板栗木材坚硬耐磨，纹理通直，抗腐，耐水蚀，适宜作枕木、矿柱、车辆、薪炭等用材，也是良好的建筑、造船与家具材料。果实营养丰富，富含淀粉、蛋白质、脂肪、糖分、多种氨基酸、矿物质及多种维生素，可生食、炒食、煮食和制点心。栗子是一味保健良药。《名医别录》将其列为上品，可与人参、黄芪、当归媲美。唐代孙思邈说："栗，肾之果也，肾病宜食之。"现代医学认为，栗子所含的不饱和脂肪酸和多种维生素，有对抗高血压、冠心病、动脉硬化等疾病的功效。板栗壳供药用，有清热止咳、除湿化痰的功效。树皮、壳斗等含鞣质，可提栲胶。叶可饲养柞蚕。

6.树趣文化

　　远古东方人认为栗树是种在祭坛周围的祥瑞之林，所结的果实是神圣的祭品。居住在中国南方的纳西族人更把栗树看做是天神的化身，自古便有祭拜它的习俗。汉族人视它为"社稷"的象征。据说这源于华夏始祖巢居树上的时期，当时人们以栗为食。《庄子·盗跖》中说："中者禽兽多而人少，于是民皆巢居以避之，昼食橡栗，暮栖木上，故名之曰有巢氏。"可见，在远古时代，栗子是人类生存的重要食物，华夏祖先的襁褓时期和童年时代，是在"昼食橡栗，暮栖木上"的森林里渡过的。在原始社会里，栗树是人们婚姻之神，年轻人在劳作之余，常聚在栗树下围火烧栗以食，并将熟栗包掷给心上人，若被击中者也有意即以信物相赠，相约结为夫妻。战国时纵横家苏秦到燕国游说，对燕文侯说："燕国南有碣石雁门之饶，北有枣栗之利，民虽不田作，而枣栗之实足食于民矣，此阶谓天府也。"宋人宋子也在《栗热》诗中赞美道："共期秋实充肠饱不羡春华转眼空。"时至今日，栗子仍然属于一种重要的干果和木本粮食。由此可见，栗子与我们中华民族文明史的发展有着极密切的关系。

　　栗子在许多国家认为它能给人们带来健康与好运，是吉祥之树。据说，曾有位阿拉伯国王带着王后和百骑人马到地中海的西西里岛游览，行至埃特纳山附近时，突然遭遇一场可怕大风暴雨，幸得一棵参天大栗树为他们遮风挡雨，百骑人马列才得以无恙。因此，栗树后来被人们称为幸运树，希腊人视它为"神树"，日本人则称"胜果"，意即战斗胜利，又是日本民族的传统年饭的原料。

　　栗树生长期长，代表着长寿，又是力量的象征，所以俄罗斯人庆祝男婴诞生时都会种下一棵栗树。在10世纪欧洲战乱时期，出征将士的妻子会站在栗树上等待丈夫的归来，并为他们祈祷，如果丈夫在战争中负伤归来，妻子会采摘栗树的叶子为其驱邪疗伤。

　　有则吃板栗的传说颇有趣。有一次苏东坡请好友佛印和尚吃板栗，提出先比对对子，赢家才能吃板栗。苏东坡出上联："栗破凤凰（缝黄）现"。和尚答曰："藕断鹭鸶（露丝）飞"。这一联对得绝。和尚以为胜了，伸手便要抓板栗吃。东坡急忙拦住，要佛印也出个上联，要是对不出，才肯服输。和尚出上联："无山得似巫山耸"。东坡应道："何叶能如荷叶圆？"。两人战成平局。苏东坡说："大和尚这样下去，不晓得要对到啥时候才能分胜负。干脆，我问你一个问题，要是你能回答，我甘愿认输。古诗中有一句'鸟宿池边树'，下句是啥子？"佛印答道："僧敲月下门。""那么'时闻啄木鸟'呢？"佛印不耐烦地说："疑是扣门僧嘛！""僧"与"鸟"相对，这"鸟"又是骂人的话，佛印本是僧人，岂不知苏东坡这是在借诗骂自己。如果不回答，板栗吃不成不说，反倒被苏东坡嘲笑一场。佛印和尚微微一笑说："古人以'僧'与'鸟'相对，就像今天，本和尚对着你苏东坡一样。"和尚终于如愿以偿。

　　栗子果肉金黄，独具风味，历代文人墨客，对其颂扬备至，屡见于诗词。杜甫有"羞逐长久社中儿，赤鸡白狗睹梨栗"的诗句；陆游有"齿根浮动叹五衰，山栗炮燔疗夜机"的赞词；苏辙从保健角度吟道："老去身添腰脚病，山翁服栗旧传方；客来为说晨光晚，二咽徐胶白玉浆"。据传，原来苏辙得了软脚病，一直治不好，后来，一位山翁要他每晨用鲜栗十颗，捣碎煎汤饮，连服半个月，果然灵验，故而写了上面这首诗。

千年板栗王

板栗果实

云南板栗林　华盖葳蕤

板栗果　毛毛刺猬倒挂

山东"栗子王"铁秆庄稼

47. "材貌"双全——楸树

1.来源

楸树Catalpa bungei C.A.Mey，别名：旱楸蒜薹、金丝楸、梓桐、水桐、小叶梧桐、金楸等。战国《孟子》谓楸为"槚"。西汉《史记》始称楸。东汉《说文》注云："槚，楸也。"宋《埤雅》又名楸为"木王"。楸树为中国特产，为古老的乡土树种之一，起源于北极白垩纪，第四纪冰川孑遗植物。已有3000多年的栽培历史。公元前6世纪的《诗经·鄘风》载："爰伐琴瑟、椅（楸）、桐、梓、漆。"说明2600多年前，先人就开始利用楸木。在古籍中有关楸树的记载很多，历朝各代的史书、农林名著、文学作品，乃至一些传记，以及大量的地方志，都有关于楸树栽培和利用专门记载。

楸树是中国特有的传统珍贵优质用材树种和著名园林观赏树种，集观赏、环保、防护、耐腐蚀等优点于一身，中国博大的树木园中，唯其"材"貌双全，自古就有"木王"之称。主要分布黄河流域至长江流域，东起黄海之滨，西至甘肃、青藏高原之巅，南到云南、贵州西南边境，北至长城的广大区域内。以江苏、河南、山东、陕西中部和南部最为普遍，垂直分布在1400米以下的山区、丘陵及山沟两侧，常见于宅旁、院中、村旁、路边、沟谷、山脚、河岸等处。多为人工栽培，野生林稀少。由于楸树自花不孕，结实极少，又择优采伐多，栽培发展少，资源濒临枯竭的境地。因此，国家科委、林业部在"七五"期间，把楸树研究列为重大科技攻关项目，以挽救这个濒临灭绝的珍贵树种。

2.形态特征

楸树属紫葳科梓树属落叶乔木，高可达30米，胸径1~2米。树冠圆形或倒卵形，分枝角度小，树冠狭小。树干粗壮直立，树皮灰褐色、浅纵裂。小枝淡褐色、光滑，具有明显的叶痕。单叶对生或3叶轮生，叶三角状卵形或卵状长椭圆形，长6~16厘米，宽6~12厘米，先端长渐尖，基部截形、广楔形或心形，全缘，近基部多具1~3尖形浅裂。叶嫩时红色，后变绿色。叶面深绿色，背面较淡，基部脉腋有紫色腺斑，均无毛，叶柄长2~8厘米。总状花絮呈伞房状，有花3~12朵，顶生，花冠钟形，两性花，长1.2~1.4厘米，宽7~8毫米，顶端尖，紫绿色，花冠2唇形，白色，内外两面密生深紫色斑点及条纹，呈淡红色或淡紫色，长约4厘米，冠幅3~4厘米，发育雄蕊2枚，退化雄蕊3枚，着生于下唇内；子房2室。蒴果细长25~50厘米，径5~6毫米，结实稀少，种子多数，紫褐色，两端钝圆，长3~5厘米，宽2.5~3毫米，背部隆起。花期4~5月，约10天左右。蒴果8~9月成熟。

同属植物中，常栽培种及其形态特征如下：

1）灰楸 *C.fargesii* ，落叶乔木。形态与楸树较接近，主要区别是：灰楸树皮是绿灰色，纵裂较深，小柱灰褐色，幼枝有毛。叶质薄，背面密生灰白色短柔毛。花冠粉红色或淡紫色，蒴果长25~55厘米。花期3~5月。

2）滇楸 *C.duclouxii* ，又名紫楸光质楸。落叶乔木，树皮片状开裂，圆锥花序，花冠淡紫色，具深紫色斑点。与灰楸主要区别是：幼枝、花序和叶片均无毛，为优美的观赏树种。

3）梓树 *C.ovata* ，落叶乔木。叶宽卵形或卵圆形。长与宽几相等，全缘或2~3浅裂。圆锥花序，花冠钟状，淡黄色，内具黄条纹和紫斑点。蒴果冬季宿存树梢，果长20~30厘米。花期5~6月。

4）黄金树 *C.specicosa* ，落叶乔木。叶卵形或卵状长圆形。背面具软毛。顶生圆锥花序，花大，花冠白色，内面黄色，具紫斑点，果扁阔且短，种子有白毛。花期5~6月。原产北美。有较好的观赏价值。

3.生长习性

楸树性喜光，幼苗稍耐庇荫，喜温暖湿润气候，不耐寒冷，适生于年平均气温10~15摄氏度，年降水700~1200毫米的气候环境，对立地条件要求不严，在深厚肥沃、湿润、疏松的中性及微酸性和钙质砂壤土生长迅速。不耐干旱，忌水涝，在干旱瘠薄地区生长缓慢，在低洼积水地和地下水位高的地方不能生存。深根型，根系发达，抗风雪能力强，根蘖与萌芽力强，生长快速，少病虫害，稍耐盐碱，对二氧化硫、氯气、烟尘有较强的抗性。

4.培育要点

（1）繁殖方法

采用播种、埋根、嫁接、插条等方法进行繁殖。

1）种子繁殖　选15～30年生健壮母树，于9月果实由黄绿色变灰褐色，顶端微裂时采种。晾干脱粒后干藏。春播，播前用30摄氏度温水浸种4小时，捞出晾干，混3～5倍于种子的湿沙堆在室内，定时洒水翻动，约10天左右，有30%的种子裂嘴，即可播种，条播行距20～25厘米，每667平方米播种量15～30公斤，覆土0.5厘米，盖草。也可容器育苗。

2）埋根繁殖　是当前育苗主要方法。选大树的根或苗根粗1～2厘米，长15～20厘米，于春季解冻后，未萌芽前随挖、随剪裁、随插埋。分斜埋和平埋，株行距20厘米×30厘米。秋采根条，湿沙层积贮藏过冬，翌春育苗。苗高10厘米左右，及时除蘖，每插穗留一壮芽。苗出齐后，灌透水，行间培土。

3）扦插繁殖　于落叶后采集母树上根蘖条和1年生苗干作种条，截成长15～20厘米，分段后，每50根或100根插穗扎成一捆，竖立在露天沙坑中，混湿沙层积贮藏至翌春3～4月扦插，株行距20厘米×30厘米。

4）嫁接繁殖　采用梓树播种育苗作砧木，从楸树优良母株采当年生健壮枝条的接芽，于清明前后，采用枝接法育苗，或带木质部芽接法，成活率高，一般可达90%左右，当年苗高可达2米以上，地径最大2.5厘米。

（2）栽培管理

楸树栽植季节以落叶后11月底到翌年2月底。秋末冬初，带状整地的带宽1.0～1.5米，块状整地的规格（50～80）厘米×（50～80）厘米，整地深度35厘米，植穴规格（40～50）厘米×（40～50）厘米×（40～50）厘米，表土和心土分开，穴施入基肥。大苗（苗高3～4米以上）栽植，栽时根系舒展，分层覆土压实，浇透定根水，上盖松土，略高于地面。栽后防人畜损坏幼树，每年松土除草2～3次，天旱浇水2～3次。粗壮侧枝要及时短截，掐梢或疏去，促进主梢生长。

（3）主要病虫害防治

1）根瘤线虫病　危害苗木根部，病根腐烂，导致植株逐渐枯死。防治方法：培育无病苗木；禁止运输带病苗木，通过深耕、灌水，把线虫翻入深层致死；清除和烧毁病株。

2）楸蠹野螟　蛀食嫩梢，为害枝条。防治方法：加强检疫，禁止带虫瘿苗木造林或外运。冬季修剪，剪除被虫瘿危害枝梢并烧毁，幼虫期喷10％吡虫啉可湿性粉剂800倍液；成虫出现时喷敌百虫或敌敌畏、马拉松等1000倍液，毒杀初孵化幼虫和成虫。

5.欣赏与应用价值

楸树自古以来就是重要的园林观赏树种，广植于皇宫庭院、刹寺庙宇、盛景名园之中。传说每年的农历四月初八是佛祖释迦牟尼的诞生日，也就是浴佛节。这天，佛祖生下来第一眼就看见一棵大楸树，于是冲着楸树哈哈大笑，从此以后，楸树便被视为佛祖喜欢的树，在各寺庙中广为种植。至今在北京故宫、北海、颐和园、大觉寺及河南少林寺、卧龙岗、昆明的黑龙潭、山东青州的范公亭、贵阳的黔陵公园、南京的明孝陵等诸多名胜古迹中仍能欣赏到数百年古楸苍劲挺拔的风姿。北京故宫宁寿宫花园古华前有棵老楸。当年花园有多株古树，后来建园砍掉许多树，楸树因为乾隆皇帝所喜爱而得以保存下来，并修了精致敞轩，取名"古华轩"，挂着乾隆帝为古楸而题的4块诗匾，轩堂北一块云："轩堂从新构，宫禁原自古，因之有古树，三两列庭宇。"又一诗曰："树植轩之前，轩构树之后，树古不计年，少亦百岁久。"古楸虽历百年风雨，依旧雄伟挺拔，浓荫满地，老楸周围又长出一圈小树，远远看去，就好像一个老爷爷带着几个小孙孙。诗云："楸树生子孙，日一成含三。""孙枝亦其肩，亭立如三友"。颇富情趣，每当微风吹拂，古楸就发出阵阵"哗哗"声，仿佛在向游人娓娓诉说着那百年来的经历与见闻。陕西省岐山周公庙长着两株罕见古楸，高约10米，胸围数人合抱不完，其势健壮，其形奇特，枝叶繁茂，独为一景。据历史记载，古楸植于汉代，至今已有2000余年的树龄，山东省青州市城西的南阳河畔，有一座范公亭，由北宋名臣范仲淹亲自筹建。贤人虽早已作古，但亭前的两株"唐楸"却依然岁岁葱茏蓊郁。范仲淹具备文韬武略，在政治上颇有建树，他的散文亦脍炙人口，特别是在《岳阳楼记》中提出的"先天下之忧而忧，后天下之乐而乐"的著名论点，受到世人的推崇。

楸树干性通直，高大挺拔，茎干乔耸凌云，昂首云天，英姿飒爽，高华可爱，给人优美伟岸感觉。它浓密的树冠，枝叶叠生，逢一阵细雨过后，那三角状卵形的阔大叶片尘埃净尽，更显得葱茏明洁，苍翠欲滴，叶背密生着细毛，具有较强的滞尘、隔音、吸毒能力。冠下遮挡处可降低噪音3～5分贝，烟尘阻隔率15％～20％，空气中含菌量减少

29%～65%，在南京地区二氧化硫污染较严重工厂中，杨树、枫杨等都不能存活而楸树生长尚好，是大气污染地区优良的绿化树木，可以给人们创造一个舒适、优美的人居环境。

它冠如华盖，恰似碧盖翠伞，孤高耸秀，犹如巨大的绿色"壁毯"，垂挂于天地之间，美丽之极，不仅带给人们一片荫凉的休闲之地，还有很强的阻遮太阳直射、降暑的功能。在它树荫下阻光率达100%，最热的中午，树荫下比太阳直射温度低8～12摄氏度，冬季树林遮挡处，比空旷地温高2～4摄氏度。每年4～5月间，暖风吹拂，那高耸入云的枝叶间，层层叠叠，错落有致开满了艳丽的花朵，其花形若钟，白色花冠上红斑点缀，如雪似火，奇趣横生。淡雅别致的花朵3～12朵为一簇，构成总状花序，与嫩绿新叶交相呼应，相映成趣，犹如一片紫红白色的红霞，煞是好看。每至春日花放时节，正值"五·一"佳节，满树繁花，随风摇曳，馨香四溢，沁人心脾，令人赏心悦目。楸果由两心皮合成的蒴果，细长呈长棍形，很像一根筷子，金秋果熟，长角蒴果，垂挂似帘，琳琅满目，别有一番风味，民间常说：怪哉！怪哉！楸树上结"蒜薹"。

楸树树形挺秀，叶荫浓，花紫白相间，艳丽悦目，是城市绿化中优良的观赏树。适宜庭园、道路、广场及建筑周围孤或散植；对植、列植公园入口或群植于山坡、草地无不相宜，配植在树丛中作山层骨干树种，或在亭榭、假山旁点缀一二，幽雅美观。

楸树对二氧化硫、氟化氢、氯气等有毒气体有较强的抗性，吸附粉尘能力强，是厂矿区、"四旁"理想的环保树种，所以古人说：多种楸树可"延年百病除"不无道理。

楸树还可以富民强国，也是退耕还林首选树种，对农民而言是个发财树，林粮兼作很适用。它发叶迟，对夏收作物有利；落叶晚，对秋季晚熟作物可以免遭早霜之害。它根深，不与农作物争水肥，又主干高大冠幅窄，遮阳面积小，透光度大，对农作物生长也有好处，所以说楸树是林粮兼作的好树种，不妨一试。

楸树是珍贵的优质用材树种，木材坚韧、致密、细腻、软硬适中、不翘不裂、不变形、易加工、易雕刻、纹理美观、不易虫蛀、极耐腐朽和水湿，被国家列为重要材种，专门用来加工高档商品和特种商品。主要用于枪托、模型、船舶、人造板、建筑、家具、雕刻和乐器等优质用材。1972年湖南马王堆发掘的西汉古墓，其棺材均为楸木所制，距今已有2200多年，仍完好无损，不朽、不腐、不变形，刨去漆表，木材仍然如新。足可证明楸树木质是何等优良。

楸树的树叶、树皮、种子均可入药，有收敛止血，祛湿止痛之效。种子含有枸橼酸和碱盐，是治疗肾脏病、湿性腹膜炎、外肿性脚气病的良药。根、皮煮汤汁，外部涂洗治瘘疮及一切肿毒。楸叶含有丰富的营养成分，嫩叶可食，花可炒菜或提炼芳香油。

6.树趣文化

楸树自古就有"木王"之称，它与人民生活的联系非常密切，在乡村，建房造屋、修筑门窗离不开它；娶亲嫁女离不开它；农业生产中必不缺的农具也离不开它。许多地区有这样习俗：儿子结婚之前，首先在房前屋后栽植几株楸树，既作为一对新人的白头偕老的象征，又可为将来儿子娶亲盖房或女儿出嫁提供充足的材源。

楸树在古代被作为主要用材树种，在汉代人们不仅大面积栽培楸树，且能从楸树经营中得到丰厚收入。《史记·货殖传》中记载："淮北、常山以南，河济之间千树楸，此其人皆与千户侯等。"说明拥有一千株楸树的人家，其收入可抵掌管一方百姓的千户侯。古时人们还有栽楸树以作财产遗传子孙后代的习惯，南宋朱熹曰："桑、梓二木。古者，五亩之宅，树之墙下，以遗子孙，给蚕食，供器用也。"目前神州大地还保留有数百年以上的大楸树，不仅证明了楸树寿命长，而且反映了楸树在华夏大地的古老历史与文化内涵。地处黄土高原的甘肃省宁县湘乐乡小坳村海拔1330米高原上竟然出现了老茎生花现象。山东省青州市古城门外范公（范仲淹）亭院内，有两株雄伟壮观的唐楸，距今已有1200年的历史，虽历尽世间沧桑，岁月风雨树芯部已干枯，木质部被蚀空，然而，年年岁岁，依然屹立，倔强地撑开一顶枝叶茂盛的"绿伞"。更为奇特的是1995年，其中一棵树干高2.4米处的小树洞口，长出一棵茂盛的枸杞树，树高约0.5米，使苍劲的唐楸增添了异性子孙。

楸树用途之广泛，古代劳动人民将其与人们当时衣食住行关系密切的桑树一样看待，喜称为"桑梓"，普遍植于自家宅旁，故有将"桑梓"比作故乡的。《诗经·小雅》中"维桑与梓，必恭敬之。"意思是说看见桑与梓，容易引起对父母的怀念。张衡《南都赋》："永世克孝，怀桑梓焉；真人南巡，睹旧里焉。"柳宗元《闻黄鹂》诗云："乡禽何时亦来此，令我生心忆桑梓。"这些诗词，蕴涵的"骨肉情深"，对故乡的思念。

古代劳动人民在长期从事楸树栽培的生产活动中，积累了丰富的经验。清《三农纪》记载了分殖楸树之法："实熟收种熟土中，成条，移栽易生。""于树下，取傍生者植之。"因为楸树多花而不实，所以《齐民要术》中说："楸既无子，可于大树四面，掘坑取栽之。方两步一根。"明《农政全书》论述埋根繁殖楸树方法："春月断其根、茎于土，遂能发条，取以分种。"可见，古时候人们就已全面地掌握了培育楸树的多种方法，也充分展现我们祖先的勤劳与智慧，深刻地反映了中国树木文化的特色。

楸树的美学价值得到历代文人墨客的称颂，也在众多古籍中不乏溢美之词，宋朝《神雅》记载："楸，美术也，茎干乔耸凌云，高华可爱。"在题咏诗篇中，宋代诗人梅尧臣的《和王仲仪·楸花十二韵》堪称一绝，诗中赞道："春阳发草木，美好一同时。桃李杂山樱，红白开繁枝。楸英独妩媚，淡紫相参差。大叶与劲干,簇萼密白宜。图出帝宫树,耸向白玉墀。高绝不近俗,直许无人窥。今植郡庭中,根远未可移。但吹东风来,不恨和煦迟。山禽勿蹙踏,蜂蝶休掇之。昔闻韩吏部,为尔作好诗。爱阴无纤穿,就影东西隋。公今亦牵此,端坐曾莫疑。"诗中提到的韩吏部,指的是唐代大文学家韩愈。他一生喜爱楸树,吟颂楸树的诗篇颇丰。《游南十六首·楸树》中称颂道:"青幢紫盖童童,细雨浮烟作彩笼。不得画师来貌取,定知难见一生中"。"几岁生成为大树,一朝缠绕困长藤。谁人与脱青罗帔,看吐高花万万层。"又诗云:"庭楸止五株,芳生十步间。"宋代段克己《楸花》诗:"楸树馨香见未曾,墙西碧盖耸孤棱。会须雨洗尘埃尽,看吐高花一万层。"杜甫《三绝句》中的"楸树馨香倚钓矶,轩新花蕊未应飞。不如醉里风吹尽,可忍醒时雨打稀。"这些经典诗词都印证了楸树巨大美学价值。

古楸花朵:如雪似火

北京北海公园古楸苍劲挺拔

古楸树果实"蒜薹"垂挂似帘

48. 朴实健美——榆树

1.来源

　　榆树*Ulmus pumila* L. 别名：白榆、家榆、钱榆、钻天榆等，是地球上最古老的树种之一，早在一亿年前白垩纪就已基本进化形成现在所具有的形态。间断分布于亚欧与北美，约40种，中国有25种。栽培历史悠久，《诗经·国风·唐风》记载："隰有榆"；《尔雅翼》说"秦汉故塞，其地皆榆"；陶渊明《田园诗》也有"榆树阴后檐"句，可证榆是北方之木，自古华北及边塞普遍可见之。主产于东北、华北、华东及华中各地，尤以华北农村为习见，多生于海拔1500米以下山麓、丘陵、平原、河岸及沙地。河北省赤城县四道沟和黑龙沟天然散生古榆。俄罗斯远东地区、蒙古及朝鲜也有分布。白榆学名为Pumila，字义为低矮，因为外国学者第一次发现白榆地点在东北，因寒冷呈矮生状态而定名。为黑龙江省哈尔滨、西藏拉萨、新疆乌鲁木齐选定的市树。

2.形态特征

　　榆树为榆科榆属落叶乔木，高达25米，胸径1米，树冠圆球形。树皮暗灰色，纵裂粗糙。小枝灰色，细长无毛，排成二列状。单叶互生，椭圆形或椭圆状披针形，长2~8厘米，宽1.5~2.5厘米，先端尖，基部稍歪，两面无毛，或背面脉腋有毛；侧脉9~16对，叶缘有不规则单锯齿，很少重锯齿。叶柄长2~10毫米。花两性，先叶开放，簇生于去年生枝上成聚伞花序；花被钟形，4~5裂；

雄蕊4～5，花药紫色，伸出花被之外，子房扁平，花柱2。翅果近圆形或宽倒卵形，长1.3～1.5厘米，无毛，顶端凹缺，成熟后黄白色；种子位于翅果中部或近中部，很少接近凹缺处；果柄长约2毫米。花期3月上旬；果熟期4月上旬。

同属常用观赏栽培种及变种有：

圆冠榆U.densa，落叶乔木，树冠圆球形。枝叶茂密，树形丰满，常用作行道树。原产俄罗斯，新疆、青海等地有栽培。

裂叶榆U.laciniata，叶先端具3～7裂，裂片三角形，基部不对称，边缘有重锯齿。

大果榆U.macrocarpa，枝条两侧生有木栓质翅，翅果大，倒卵形，长达约3厘米。

榔榆 U.paruifolia，树皮呈不规则鳞片状剥落，叶小质硬，基部偏斜，秋季开花。

红果榆 U.szechuanica，果红色。

垂枝榆 cv.pendula，又名龙爪榆，系栽培变种，枝扭转下垂，树冠伞形。

钻天榆 cv.pyramidalis，系栽培变种，树干直，树冠窄，生长迅速，适应性强。

此外，还有3种濒危植物，已被收入《中国珍稀濒危保护植物名录》：

长序榆 U.elongata，产于浙江、安徽、福建、江西。

　珓榆 U.chenmoui，叶片下面密生软绒毛，极为特殊，安徽滁县琅珓山特产。

醉翁榆 U.gaussenii，叶两面都有刚毛。安徽特产。

3.生长习性

榆树为阳性树种，喜光，幼令时侧枝多向阳排列成行。适应性强，耐寒，在-40摄氏度严寒地区也能生长。抗旱性强，在年降水量不足200毫米、空气相对湿度50%以下的干旱地区也能正常生长，但喜生长湿润、深厚肥沃的土壤中。耐盐碱性强，在0.3%的盐土及0.35%的碳酸钠盐土、pH值为9时尚能生长。根系发达，具有强大的主根和侧根，抗风力强，保土固沙力强，耐瘠薄，不耐水湿，地下水位高或排水不良的洼地，常引起主根腐烂。萌芽力强，生长速度尚快，耐修剪，寿命较长，可达400年以上。对烟尘、氯气、氟化氢、铝蒸气等有害气体抗性较强。

4.培育要点

（1）繁殖方法
以播种繁殖法为主，也可扦插、嫁接繁殖。

选15～30年生健壮母树，4～5月果实呈黄白色并少量开始飞落时及时采种。种子采下后置于通风处晾干，清除杂物，随即播种，如不能及时播种，应密封贮藏。播种期5～6月，播前施足底肥。条播，行距20厘米，覆土厚1厘米，稍加镇压，保持土壤湿润，苗高3～4厘米间苗，8～10厘米定苗，每周喷洒一次1%波尔多液。苗木生长期保持土壤湿润，夏秋季结合松土清除杂草，6～7月间每隔半月追肥一次，当年苗高50～80厘米以上，第二年即可移栽分苗，或用于绿化。

(2) **栽培管理**

1) 栽植 分春、秋两季，采用2～3年生大苗造林，初时适当密植，一般株行距2米×2米，以培养树干端正。大苗移栽先掘穴，穴径60厘米，穴深50厘米，掘苗先将根切断后再移，其根皮韧性较强，不必带土球，只需剪去过长主根。栽时苗正根舒，填入细土踩实，浇水培土。

2) 整形修剪 植后2～3年，要常松土、除草和培土，还应注意整形修剪。榆树萌芽力强，幼龄期萌枝多，枝杈横生，干形不良，每年应进行冬剪与夏修，其做法：

冬剪：冬春季节直到发芽前短截顶梢，注意长势强的顶梢轻剪，长势弱的顶梢强剪。定植苗应剪去当年生顶梢的一半，侧枝直径超过主干直径1/2的宜重剪，疏剪密生侧枝，使侧枝长度自下向上错落分布，逐个缩短，促进主干生长。

夏修：在新枝中选一个最好的枝作主干延长枝，将其余3～5个新枝剪去1/2～2/3。在新的主干上端，短截可能产生的二次枝，保证主干优势。因为主干延长生长很快，还要适当疏剪下部侧枝，保持冠高比为2：3左右。冠形不好的幼树可用高截干法修剪，以利形成美观的庭荫树冠。

干高固定后，则可任树冠自然生长。为了使树干生长匀称，必须做到全树侧枝分布均匀，要短截树冠基部的侧枝和树冠内部的侧枝，及时除去老枝和枯枝等。

(3) **主要虫害防治**

1) 榆紫金花虫 幼、成虫均为害叶片。早春捕杀上树成虫；喷洒90%敌百虫800～1000倍液毒杀幼、成虫。

2) 黑绒金龟子 成虫喜食嫩叶、幼芽，夜间潜伏，午后群集为害。成虫出现盛期，灯光诱杀与捕杀，或50%敌敌畏乳剂800～1000倍液毒杀。

3) 榆天社蛾 幼虫多群集于叶上，昼夜取食。8～9月为害最严重。幼虫多惊吐丝落地、成虫趋光习性，灯光诱杀与捕杀。幼虫群集时，喷洒90%敌百虫800～1000倍液毒杀。秋后在树干周围土中挖蛹灭之。

(4) **盆景制作**

榆树树姿潇洒优美，根干朴拙古雅，寿命长，生长力强，易造型，耐修剪，是中国树桩盆景主要树种之一，素有盆景树种"七贤"之一的美称，为岭南盆景中的五大名树（注：五大名树指九里香、雀梅、福建茶、榆树、满天星）之一。

制作盆景以榔榆、红榆等小叶稠密，根干苍劲虬曲的品种。繁殖以根插为主，也可采用高压法，或就地挖野生老桩。二三月萌芽前移栽，成活率高。制作前先栽于沙土中"养坯"，栽种前适当修剪枝干、根系，切口用蜡、漆等涂。盆土以疏松、肥沃、通气透水性良好的林间表土、腐殖土、田园土、塘泥等，掺拌适量细河沙及火烧土。栽后将土压实，不要马上浇水，可每天向枝干喷数次清水，过2～3天后再浇一次透水。以后将植株置于阳光充足、通风良好处养护。

榆树盆景造型可采用完全修剪法（即：截干蓄枝法），也可"粗扎细剪"或"精扎细剪"，或以扎为主，以剪为辅的方法加工造型，蟠扎多在秋季落叶后至翌春萌芽前进行。造型时可按创作的需要进行劈干、雕凿、折枝、撕皮（挑皮）、打击（磕碰）等加工处理。树形可根据树桩的基本形状制作成直干式、曲干式、斜干式、卧干式、悬崖式、丛林式等。树冠既可用潇洒扶疏的自然状，也可采用圆顶的大树形，还可制成云片状或云朵状。

制作好盆景放在通风透光处养护，夏季保持盆土湿润就不怕日晒，盆内忌积水。冬季在北方，应移入5摄氏度的室内越冬。每年秋季落叶后至翌春萌芽前整形修剪一次，生长季节适时疏芽、摘心和修剪，以保持造型优美。每年3～10月初，每20天左右施一次腐熟的稀薄液肥。每隔2～3年于早春翻盆换土一次。榆树喜光，盆景不论夏冬，都应常晒太阳，才能生长健壮。

榆树盆景常见虫害有榆叶金花虫、介壳虫、天牛、红蜘蛛、刺蛾等，应注意防治。

5.欣赏与应用价值

榆树以它自身的朴实无华和苍劲神奇而独具风采。神州大地古榆众多，有的高达30余米，冠若华盖；有的形如卧牛，前俯昂首，惟妙惟肖；有的干上长瘤体；有的形如奇猴；有的像兽面兽头，有的像蟾蜍，天工巧成，栩栩如生；有的榆伴柳，盘根错节，老幼相拥，相依为命；有的被山皂角拥抱，相伴而长，妙趣横生；有的槐抱榆，枝壮叶绿，充满生机；有的桑抱榆，挺拔壮观，天然成趣，古拙离奇，令人赞叹。

榆树只要有根，就能战胜死亡，倔强地生长，即使在不见人烟，一望无际的沙丘上，也能顽强地生长。不管腊月寒冬，或炎夏酷暑，还是干旱季节，立在那里就能愉快安家落户，这种顽强、勇敢的品格，令人赞仰。在北京市怀柔县碾子乡郑栅子村东北坡干旱瘠薄的沟台上，生长着一棵野生白榆树，树龄500余年，干径192厘米，树高18米，冠幅72米×15米。遒劲挺拔的躯干，婆娑如盖的枝叶，让人感觉到它的坚韧、顽强，催人奋进。虽历阅沧桑，经受风霜，依然郁郁葱葱，生机盎然，已被列为怀柔县一级古树，予以保护。

古榆，有它超凡脱俗之处。初春，乍暖还寒，初绽蓓蕾已缀满枝头，暮春之际万木葱茏，枝梢上缀满串串嫩绿的翅果，其状薄如纸，酷似古币小铜钱，故俗称"榆钱"，待榆钱成熟，满树金装，犹如一擎天之华盖。微风吹拂，翅果凭风飘荡四处飞翔，到四面八方去传宗代，展现出很强的繁衍生息之力。夏天，枝叶繁茂，满树黛色如云，华冠如盖，浓荫不透，挡住炎夏辣辣烈日，在树荫下阵阵凉风习习，备觉神清气爽。金秋之际，百草枯析，落木萧萧时，古榆却显示出一副众芳摇落独喧妍的神态，霜后微红的盛妆迟迟不肯脱去直至初冬。冬天是古榆最具神韵之时，它脱去所有装饰，风骨毕露，粗壮劲挺的枝干，显得特别奇倔，在寒风之中，展现出顽强生命力，让人备觉它的俊伟与气势。

榆树树形高大，树干圆直，树冠开阔均匀，枝叶稠密，落叶期晚，适应性强，管理可粗放，对土壤要求不严，抗多种有害毒气烟尘，是城乡及矿区绿化的优选树种，根系发达，主根粗壮，抗风力强，可用于防风、固沙、水土保持、盐碱地造林，据《汉书》记载："蒙恬为秦侵胡，辟地数千里，累石为城，树榆为塞。"说明秦时已出现了"累石"与"树榆"并举国防工程当时依长城栽培的榆树防风林带规模之大，所气魄之雄伟，史无前例。唐代骆宾王诗赞："边烽警榆塞，侠客度桑乾。"

榆树的寿命长，萌芽力强，耐修剪，可用于风景区、公园、庭园、街道绿化用，可丛植、群植和片植，也可作绿篱，老茎残根，姿态古雅，是制作老桩盆景的好材料。东北地区常修剪成绿篱。清代朱鹤龄《连理榆》诗曰："白榆历历种无谁，影落人间并千奇。发籁韵兮弦律吕，冲星光映匣雄雌。合欢灵卉原同性，并命仙禽许压枝，者益婆娑情不少，劳生何事苦分离。"颇有风味，人世间情意。

榆树木材纹理、结构较粗，但很坚韧，宜作房屋装饰、家具、农具、文具、运动器材、乐器、人造板等。叶、翅果、树皮磨粉可食用，是过去灾害年的食用佳品。唐宋八大家之一的欧阳修就曾写有："杯盘饧粥春风冷，池馆榆钱夜雨新"的诗句。榆树早春开花，花期早，是优良的蜜源植物。果、树皮和叶入药，能安神、利尿、治神经衰弱、失眠及浮肿等病症，还可制土药，用以杀虫、杀菌，亦可制取纤维，做绳索等。

6.树趣文化

榆树在西方文化中是女性、高贵的象征，北欧神话甚至认为女人是榆树做的。过去，法国女性去拜访不相识的男性前，要在信中夹上榆树叶子，以表明性别。在中国神话中，榆树是王母娘娘的金簪变成的，用于镇压妖魔鬼怪，并认为，通过能飞的碟状翅果传播繁殖，本身就具有女性的意味。在蒙古族人的生育上具有重要意义。当婴儿降生后，门上挂上长榆条做的弓，弓上系着三支箭，箭上缀有红布表示婴儿为男孩，期望孩子长大后成为能骑善射的英雄，只系箭一支缀有红布者为女孩，象征吉祥。一代风流、一生身不离马鞍的清太祖努尔哈赤，南征北战，弯弓射大雕，为200多年的大清帝业打基础，展宏图，他手中那金镶玉饰、在无数战斗中立下汗马功劳的弯弓之背，就是那平凡的榆木所制成。

在甘肃省玉门市镇政府院内，有一相传由左宗棠于1879年（清光绪五年）亲植的白榆，迄今已有120余岁。关于左公亲植榆树，还有一段鲜为人知的溢美传闻：

清朝同治末年，左宗棠率部西征驻扎玉门镇。一天，他闲暇散步，见一老人蹲在一辆大轱辘牛车旁抹泪，他便上前询问缘由。原来牛车轴断了，车是借的，车轴是榆木做，此地没有榆木，老人才伤心落泪。原来，当地有"苦心栽杨，无意插柳，榆木难活"之说。西庄李财主家有棵榆树，是用三峰骆驼从甘州换的幼苗移回栽活的。

左公打听后，捻须沉思道："想我征战西北十二年，所到之处插柳栽杨，遍地布翠，难道说小小榆树真不能栽活？"想到此，便飞马来到李财主家，飞剑砍取一榆枝，回到营房，亲自挖坑栽上，指日发誓："若此榆不活，老夫决不回朝，情愿黄沙裹尸，在西北植榆一生！"

来年春天，那榆枝竟奇迹般地活了。"左公榆"至今仍然枝繁叶茂，挺拔苍翠，傲然而立。

关于榆树，在中墨交流中还有段趣事。1973年，墨西哥一庄园主胡安与墨西哥前总统埃切维里访问中国时，听周恩来总理介绍说榆树耐寒、生长快，是中国北方重要绿化树种之一，胡安说想让它在墨西哥高原生长，于是周总理派人送去7根榆树插条及种植的说明书。3年后，首批小榆树成活，后来，通过扦插繁殖变得越来越多，今天已形成一条林荫道。2006年4月26日，庄园举行仪式把这条林荫道命名为"周恩来榆树林荫道。"

在黑龙江省牡丹市郊区铁岭镇北岔村有棵古垂枝榆，树龄近千年，是当地农民观测天气变化的"气象树"。农谚"榆树挂钱（结实），好种大田。"还能预报农业丰歉和天气阴晴。清明节这天，树叶向北飘斜（即全天为南风），这年就会风调雨顺，丰收年。夏天见树叶翻转，准保要变天（下雨）。盛夏连阴雨时，群鸟在古榆树上鸣叫，第三天必定晴天。真是万木有情，奇树异木。

在祖国美丽富饶的东北"那里有森林煤矿，还有那满山遍野的大豆高粱"，而葱郁、健美的榆树成了北国一道亮丽的风景线，以榆命名地名，比比皆是，如山海关亦名榆关；哈尔滨的三棵树火车站，起名于那里原有三棵榆树；长春东北有个榆树县，是吉林省的重要产粮地；沈阳附近有个名为榆树台的车站……

历代有诗赞咏。宋代苏轼《御义台榆》诗曰："我行汴提上，厌见榆阴绿。千株不盈亩，斩伐同一束。及居幽囚中，亦复见此木。蠹皮溜秋雨，病叶埋墙曲。谁言霜雪苦，生意殊未足。坐待春风至，飞英覆空屋。"宋代孔平仲《榆钱》诗道："镂雪裁绡个个圆，日斜风定稳如穿。凭谁细与东君说，买住青春贵几钱。"这些诗词，字里行间透露着榆树富有生机及朴素之美，古人的榆树诗，也是中国树文化中的闪光瑰宝。

福建第三届盆景展一等奖——榆树

福建省盆景展一等奖——榆树（历尽沧桑）

福建第三届盆景展二等奖——榆树（人品）

周恩来故居千年古榆

49. 健康之友——核桃

1. 来源

核桃*Juglans regia* L. 别名:胡桃、羌桃、乃岁子,日本称"陈平珍果"。为珍贵第三纪温带落叶阔叶林的残遗成分,与腰果、扁桃、榛子为世界著名的四大干果;亦是珍贵的木本油料果树。与龙眼、红枣俗称三果,用祀神祇。据文献记载,中国核桃于汉朝张骞出使西域时(公元前122年)带回,已有2000多年历史。《西京杂记》就记载说汉朝的上林苑中种有胡桃。近年考古遗存发现:河北省武安县磁山村距今7355±100年的原始社会遗址(新石器时代)的出土文物中有炭化的核桃;陕西省西安半坡村原始氏族公社部落遗址出土文物也发现核桃孢粉,距今有6000年;在西藏聂聂雄湖相沉积中也发现丰富的核桃和山核桃孢粉,证明中国是世界核桃的原产中心之一。在新疆天山西部伊犁谷地巩留县和霍城县,在海拔1400～1700米之间的山坡下部或峡谷沟底仍生长较大面积天然林群落景观。阿富汗、印度、伊朗、意大利及东欧地区也有分布。

中国核桃栽培历史悠久,面积大,分布广,种质资源极为丰富,年产量居世界第二位,除黑龙江、上海、广东、海南外,其他25个省(自治区、直辖区)均有栽培,以西北、华北地区最多。中国核桃栽培区域大都在较温暖的地带,北纬30～40度,主要是普通核桃和铁核桃(又称漾濞核桃、泡核桃)。铁核桃主要分布在云南、贵州全境和四川、湖南、广西的西部及西藏南部,其他地区栽培的均为普通核桃。约有4000多个农家品种,分早实和晚实两大类型。

2.形态特征

核桃为胡桃科胡桃属落叶乔木，高10~20米，最高可达30米以上。树冠大而开展，呈伞状半圆形或圆头状。树皮灰白色，幼时平滑，老树变暗，呈不规则纵裂。枝粗壮，光滑，新枝绿褐色，具白色皮孔。混合芽圆形或阔三角形，营养芽为三角形，隐芽很小，着生在新枝基部，雄花芽为裸芽，圆柱形，呈鳞片状。奇数羽状复叶，互生，复叶长30~40厘米，小叶5~9，侧脉11~15对，复叶叶柄圆形，基部肥大有腺点，脱落后，叶痕大，呈三角形。小叶长圆形、倒卵形或广椭圆形，具短柄，先端微突尖，基部心形或扁圆形，全缘或具微锯齿，表面浓绿色而有光泽，背面苍白色，脉腋有簇毛，幼叶背面有油腺点。雌雄同株，雄花序葇荑状下垂，长8~12厘米，花被6裂，每小花有雄蕊12~26枚，花丝极短，成熟花药黄色。雌花序顶生，小花2~3簇生，子房外面密生细柔毛，柱头2裂，偶有3~4裂，呈羽状反曲，浅绿色。核果，球形，径4~5厘米，初被毛，熟时光滑，皮孔褐色，果皮肉质，不裂，内果皮骨质，表面凹凸或皱折，有两条纵棱。种仁呈脑状，外被黄白色或黄褐色的薄种皮，其上有明显或不明显的脉络。花期4~5月，果熟期9~10月。10月下旬落叶。

附种：

野核桃（野胡桃）*Juglans calthayensis* Dede，被枝粗，密被黄色腺点、星状毛及柔毛，顶芽大；小叶9~17片，具细锯齿，表面密被星状毛，背面密被柔毛；雄花序长20~30厘米；核果卵形，常6~15个成串，壳厚，仁小。

铁核桃（漾濞核桃）*Juglans sigillata* Dede，与普通核桃的主要区别是：小叶9~15，椭圆状披针形或长卵形，侧脉15~23对，全缘；核果扁球形。

3.生长习性

核桃喜光，喜温凉湿润而有季节性干燥气候，耐干凉，能耐-25摄氏度低温，不耐湿热与40摄氏度高温；在年平均气温8~14摄氏度，年降雨量400~1200毫米的气候条件下均能正常生长。喜深厚、肥沃、湿润而排水良好的微酸性至弱碱性土壤，不耐盐碱，在碱性、酸性强及地下水位过高低湿地均不能生长；深根性，有粗大肉质直根，忌水淹，抗风性较强，不耐移植，根际萌芽能力强，对有害气体抗性中等，其花、叶、果均可产生挥发性气体，具有杀菌、杀虫作用。寿命长，二三百年的大树仍能开花结果。

4.培育要点

（1）繁殖方法：播种、嫁接方法进行繁殖

1）种子繁殖　春、秋季均可播种，3月中下旬进行，播前种子混湿沙层积催芽2～3个月，选完全裂口种子，高床点播，行距40～60厘米，株距12厘米，每亩播种100～120公斤。播深为种子的3～5倍，春播覆土3～5厘米，秋冬播覆土5～7厘米。播时种子摆放以核果的合缝线与地面垂直，约经1个月即可发芽、出苗。苗期及时灌水、松土、除草，5～6月生长期追施氮肥2次，及根外追肥。前期喷洒0.5%尿素，后期0.5%磷酸二氢钾。晚秋防浮尘子产卵危害；上冻前灌冻水，寒冷地区培土防寒。

2）嫁接繁殖　可用芽接法或枝接法。采集优良单株上接穗。枝接接穗于落叶后到芽萌动前采集。以秋末冬初（11～12月）采集为宜。剪口及时封蜡，置于地窖、窑洞、冷库处，贮存适温0～5摄氏度，最高不超过8摄氏度。芽接接穗，应随采随接。采下接穗及时剪叶，湿布包裹待用。枝接宜在砧木萌芽之后进行，用核桃楸作砧木。芽接以5～6月成活率较高，砧木可用野核桃、枫杨及核桃实生苗。接后注意适时解包、修砧抹芽，复绑解绑。

（2）栽培管理

1）栽植　移栽应在春季进行，起苗少伤根，植穴的直径和深度不小于0.8～1.0米，每穴施优质腐熟农家肥20～50公斤、磷肥2～3公斤。一般株行距6米×12米或7米×14米。栽时苗木放穴中，舒展根系，主干保持垂直，边填土边踏实，使根颈高于地面5厘米左右，浇足水，并培土，立支柱，封土保墒。

2）水肥　每年可施肥3次，5月下旬和7月上旬分别每株追施1.5～2.5公斤、过磷酸钙2.5～3.5公斤，秋末开沟，每株施腐熟堆肥150～250公斤。灌水一般春灌在解冻后到发芽前进行；春梢停长后到秋梢停长前控水，即6月中旬后到8月上旬，一般不灌水，雨季注意排水。秋施基肥后灌水；落叶后至封冻前可灌冻水。没有灌溉条件的地区，要做好水土保持，提倡树冠下覆草，以不露地表为准，一般厚度为5～10厘米。草类可用鲜草、干草、碎秸秆等。

3）修剪　合理的整形修剪，是取得丰产的一项重要技术措施。修剪应在采收后到叶片未黄以前进行，结果树以秋剪为宜，幼树则在春夏秋剪。树形应顺其自然生长，则多属中央主干式自然圆头形或半圆形，可采用中央领导枝或多枝式整形方式，让其向高空及四周扩展。植后，主干达1.3～2.0米处着生的侧枝留2～3个，主干不截顶，以形成明显中心领导干。2～3年后，再增加1～2层主枝，之后任其生长，待树冠郁闭时，剪掉中央主枝的初长树。树形成形后，不宜多剪，每年仅剪去交叉枝、过密枝、枯枝和病虫枝。核桃果多着生于枝条顶芽上，整形修剪过程中，不宜短截。

4）人工辅助授粉　核桃系异花授粉，风媒传粉。自然授粉受自然条件所限，进行人工辅助授粉可提高着果率。其操作为：从健壮树上采集基部小花的刚散粉雄花序，置于室内20～25摄氏度晾干，大都散粉时筛出花粉，装瓶，置2～5摄氏度备用。当柱头呈倒八字张开、分泌黏液最多时为授粉佳期。一般只有2～3天时间，应抓住时机。将原花粉1份加10份粉面混合拌匀，装于双层布袋，人工抖授；或配成花粉水悬液1：5000进行喷授。应两次授粉，坐果率高。

5）疏花　研究试验表明，疏雄花，可提高着果率，明显增加产量。当雄花芽膨大时去雄效果最佳，用手指抹去或用木钩去掉。一般疏除全树雄花芽的70%～80%较为适宜。

疏雌花是一项提高坚果质量、稳产、延长结果寿命的十分必要技术措施。于生理落花之后进行，大约在核桃长至1～1.5厘米时，疏除细、弱枝上的雌花，内膛及外围处长枝多疏，保证40%～50%的生长量。

（3）病虫害防治

主要虫害

1）核桃举枝蛾　以幼虫蛀果，被危害率高达90%以上。4月上旬每株25%辛硫磷微胶囊剂25克，拌土5～7.5公斤，均匀散施树盘上，以杀死越冬幼虫；6月中旬20%灭扫利2000倍液，每隔10～15天喷1次，连喷2～3次，可杀死羽毛成虫；7月中旬落果盛期，及时收集落果烧毁，可杀死果内幼虫，降低黑果率。

2）木镣尺蛾　以幼虫嚼食叶片。结冻前或早春解冻人工挖蛹；成虫羽化盛期的5～7月，晚间黑灯光诱杀；幼虫3龄前，用10%氯氰菊酯1500～2000倍液喷雾防治效果好。

3）云斑天牛　危害枝干，是核桃毁灭性害虫。成虫期利用假死性人工振落或捕抓；6～7月黑光灯捕杀成虫；冬季或5～6月成虫产卵期，用石灰5公斤、硫磺0.5公斤、食盐0.25公斤、水20公斤充分拌和后，涂刷树干基部，能防止成虫产卵；7～8月每隔10～15天喷40%杀虫净乳剂500～1000倍液防成虫；清除排泄并封好孔口，杀死幼虫。

4）刺蛾　幼、成虫均危害树叶。于羽化期点灯诱杀效果好；初龄幼虫期用马拉硫磷1000～2000倍液或亚胺硫磷1000～1500倍液效果较好。

主要病害

1）核桃黑斑病　系世界性病害。选育抗病品种，新区禁用病苗定植；加强抚育，发芽前喷5度Be石硫合剂，消灭幼虫病菌；展叶前喷1：0.5：200的波尔多液，5～6月发病期，用50%托布津可湿性粉剂1000～1500倍液防治；采收后，结合修剪，清除病枝、病果并烧毁或深埋。

2）核桃腐烂病　加强核桃园综合管理，常检查，及时刮治病斑，用40%福美砷可湿性粉剂50～80倍液，或50%甲基托布津可湿性粉剂50倍液，或50%退菌特可湿性粉剂50倍液，或1%硫酸铜液进行涂抹消毒，然后涂波尔多液保护伤口，所刮下病屑应及时收集烧毁；采收核桃后，结合修剪，剪除病虫枝，刮除病皮并烧毁。

3）核桃枝枯病　加强栽培管理，剪除枯枝；6～8月连续3次每隔10天喷一次300倍液代森锰锌。

5.欣赏与应用价值

核桃树冠庞大，主干挺拔雄伟，干皮灰白洁净，枝繁叶茂，绿荫匝地。有株参天山核桃大树着落于湖南东安县舜皇山国家公园内，这棵野生野长的山核桃，冠压"群芳"，已有300多岁，主侧根穿透石岩缝，根系庞大，主干8米处分生5大干枝，19股侧枝，如巨伞华盖。年年硕果累累，年均产果250～300公斤，最高年产500公斤，为湖南省罕见。1991年，美国农业研究署东南亚水果和坚果研究室布鲁斯·伍德等三位博士专程来考察，确认它属于野生，为残遗古树时，十分惊叹其顽强生命力和长期稳定结实能力。

在西藏自治区拉萨市的堆龙德庆县有一个甲木村，相传文成公主妊娠后在"甲木村"（即汉族姑娘居住的村子）待产，产后儿子夭折，公主悲痛不已。为表示对儿子的垂念，公主在儿子墓前亲手植核桃树一株。1300年过去了，如今核桃树老干横地，4根枝条长得高达27米，胸围300～470厘米不等，枝叶依然繁茂。树旁有一焚香炉，炉中香烟袅袅，村民依然在怀念文成公主。

人们常见核桃是黄白色或棕色，其实真正挂在枝头上却是着艳丽的绿色的外衣，它们像葡萄一样成串聚一枝，待外衣变成淡黄色，便"笑口常开"，褪去青涩外衣，露出饱满坚硬的果壳，宣布自己已经长大成熟了，个头与杏差不多，却难看极了，一身铁甲，满脸皱纹，老态龙钟，宛如丑八戒。虽外貌不扬，却很有性格，在大千繁多果品中，找不到像它既有棱又有角的性格。瞧它凹凸不平，经纬交织的表面又何尝不是一种天然的雕刻艺术！

核桃的构造异常奇特，像个球形套房，内有相等的四间居室，且布局幽深曲折，核仁就居于这些居室内而又彼此连为一体，可谓分居而不分家。一粒完整的核仁并非浑圆的一块，而是深沟险壑，纵横凸出像一团脑髓镶嵌在这"骨缝石罅"中，彼此结合、包容、呵护，令人惊叹。这种结构上的精巧、细致和曲折美正是中国艺术与文化上的一种追求。

核桃是个"长寿果"，中医历来认为核桃是温补肺肾的良药。美国饮食协会建议人们，每周最好吃两三次核桃，尤其是中老年人和绝经期妇女，因为核桃中所含精氨酸、油酸、抗氧化物质及丰富蛋白质、磷、钙和多种维生素，对保护心血管、降低人体胆固醇、预防冠心病、中风、老人痴呆及润肌肤、美容、乌须发等颇有裨益。核桃仁营养丰富，既是理想的滋补佳品，又是食疗、养生的"健康之友"。

核桃食法多种，其中"自锤自食"法，能从中享受到乐趣，又能吃出核桃的境界。其奥妙一在锤，二在于品。自锤得安排在自家内闲情之际，还要一副好心态，技巧地轻敲智取，才能洁净完好将脑髓一般的果仁从曲折幽沙"峡谷岩缝"里取出就像取宝一样，此时此刻，会让心头涌起一阵惊喜，身心得到满足和快感；同时在修哉、游哉品尝核桃滋味过程，悟出生活的愉悦，其乐无穷。

核桃树树冠庞大雄伟，枝叶茂密，绿荫覆地，是良好庭荫树和道路绿化树种，在园林中常孤植或群植，其景观颇为宜人；核桃树枝、叶及花果挥发的芳香气味具有杀菌、杀虫的保护功效，对净化居住环境的空气有很高效果，可配植于风景疗养区；果实是著名的干果及木本油料和重要的中药材；果仁油是高级食用油和工业用油；木材坚韧，为高级用材；树皮、叶及果皮可提制鞣酸；核桃壳可制活性炭。核桃是园林绿化结合生产的理想树种之一，为国家二级重点保护树种。

6.树趣文化

核桃仁因状似人脑，在西方文化中是人类智慧的象征，有"智力果、长寿果"之称。在伊朗、阿富汗一带，是当地人重要食物之一，房前屋后处处可见核桃倩影，人们将核桃视为高大伟岸男性象征。对中国人而言，是生命力的象征，在传统民俗上，由老人将核桃撒落在新婚夫妇的婚床上，象征早生贵子，此物其他人不准抢食，只能由新郎和新娘共同食用。逢小孩生日，在精制的馒头下部塞一个核桃象征男女结合，延续着古时人们对生殖、对生命的赞美与崇拜。在《红楼梦》中以核桃的形状及大小来形容器物，如第八回用来形容宝玉发冠上的绛绒簪缨；三十六回薛姨妈用"核桃车子"来比喻凤姐嘴巴伶俐，说话有条理；第四十五回则用来形容宝玉金表大小。

核桃具有医疗作用，其中玩核桃也能养生。据考证玩核桃的风气在华夏大地由来已久，于清朝达到了鼎盛时期。当时北京"八旗一条街"（今前门大栅栏一带）最为火爆，手中玩着核桃的人随时可见。玩核桃一则活动筋骨，促进血液循环；二则借助其皴襞与棱角儿，刺激手掌与手指上诸多穴位，从而疏通经络，祛病延年，不易患高血压、脑血栓等血管疾病。梨园界的鼓手与琴师，亦多喜揉山核桃，以保持其手指的灵活性。眼下社会上悄然兴起玩核桃热,不光是中国人,国外包括日本、韩国玩核桃的人越来越多了。他们认为手中有一对好核桃比戴大钻戒有品位得多。

有则核桃女的故事,说的是盛产核桃的药都,有位穷秀才家的闺女,人称核桃女,其父亲李方域45岁了仍未中举。她与母亲深信其父定能取得功名,母女俩挑起这个家,好让李方域安心读书。她们在自家凉暑园种上不少核桃,每当核桃成熟之际,核桃女觉得来收购商贩价格太低,就亲自挑到学堂、书院卖给读书人。

乾隆十三年秋,南京乡试因大水改在药都,来了上千名秀才,正逢新核桃上市。主考乡试的主考官傅淳平日间到客栈看看应试的秀才们,见他们津津有味吃核桃,有些不解,又不好多问,这一天,核桃女挎着盛满核桃仁篮子又来叫卖,一见主考官,就说:"先生,拿几个尝尝。"傅淳尝后,顿觉一股香味钻进了脑壳里;第二天又吃一些,觉得脑子很清爽。核桃女每天都来给他送核桃仁,时间长了,傅淳就知道她父亲是个没中举的老秀才,想考考核桃女,出了几个对联:"天上太阳堂内日"、"架鼓鼓架陈皮半下(半夏)"。核桃女对答如流:"面前考官瞳中人"、"灯笼笼灯白纸(白芷)防风"。傅淳心里一震:好聪明的女子啊!再出一联"玉枝金叶老夫喜",答曰:"珠项花翎少女爱。"话刚一说完,傅淳突然把核桃女揽在怀里……

临开考三天,核桃女卖核桃回来,递给父亲一张小张条说:"听秀才们都在做这篇文章,你也试试。"考场上考的正是核桃女说的那篇文章,李方域甚是高兴,一出考场无意中张口说出那就是女儿让他写的那题。李方域也终于榜上有名了。但是,不久就传开了,说李方域让核桃女用身子换了考题。不久朝廷派御使来药都查办此事。李方域自尽身亡。傅淳和核桃女均被处死。从此,药都考功名的风气,随岁月而淡忘了。

核桃作为吉祥物于亲朋好友间互赠,寓言彼此幸福安康,如东汉孔融《与诸卿书》写道:"多惠胡桃,深知笃意。"清代黄钺《核桃》诗曰:"青肤著手欲烂,玉瓤对面皴。自是中傲骨,不惜碎身求仁。"宋代杨万里也有《谢送胡桃诗》:"三韩万里半无松,方文蓬莱东复东。珠玉镶成千岁宝,冰霜吹落九秋风。酒边腽膀牙车响,座上须臾漆榾空。新果新尝正新暑,绣衣使者念山翁。"

核桃仁"健康之友"

核桃欢聚一堂

50. 万木之王——杉木

1.来源

　　杉木Cunninghamia lanceolata (Lamb.) Hook.B., 别名: 沙木、沙树 (西南地区)、刺杉 (江西、安徽)、皮槁 (安徽、江苏)、杉树 (长江流域)、柽木、江木等。中国特有种。是7500年前遗留下来的活化石。公元前2世纪《诗经·尔雅·释木》中记载: 称杉为"煔", 东晋郭璞为《尔雅》作注解, 指出"煔似松, 生江南"。嵇含在《南方草木状》一书中提到: "杉, 一名柀煔。"直到明、清时, 杉字才被通用。中国杉树栽培历史悠久, 野生资源 (天然杉木林) 已极为罕见, 广泛的为人工栽培, 据可靠史料记载, 杉木人工栽培始于东晋时期, 约有1600多年的历史。因寿命很长, 数百以至千年以上, 在神州大地上至今尚保存有不少古杉木人工群落和为数众多的巨杉古树。素有"万木之王"的美称, 古人誉为"木中之高士"。

　　中国杉木资源丰富, 地域十分广阔。自然分布于中国秦岭、淮河以南温暖地区, 北起秦岭南坡、伏牛山、桐柏山、大别山一线至江苏宁镇山区以南, 东至台湾及浙江沿海, 西至云南西南和四川盆地边缘的安宁河、大渡河下游, 南至广东、广西中部和云南东南部, 大约相当于东经102~122度, 北纬22~34度之间, 包括湘、黔、浙、闽、赣、粤、桂、蜀、渝、鄂、滇、皖、苏、豫、陕、甘及台湾等省区; 其垂直分布是南方高、北方低, 西部高、东部低。北部为海拔800米以下, 东部为海拔200米以下, 西部为海拔1800米以下, 在云南省境内海拔高度可达2800米。著名杉木产地有湖南的会洞、江华，贵州的锦屏，广西的三江、龙胜，福建的南平、建瓯，安徽的休宁、祁门等地。其中广木（广东、广西、福建等地）、江木（江西、湖北、湖南等地）、苗木（贵州、云南等地）、徽木（安徽、浙江等地），号称"四大名杉"。

2.形态特征

杉木为裸子植物杉科、杉木属常绿大乔木。高达30米；胸径2.5～3米。树干通直圆满，幼时树冠尖塔形，大树树冠圆锥形，树皮灰褐色，裂成长条片，内皮淡红色，大枝平展，小枝对生或轮生；成2列状，幼枝绿色，光滑无毛，冬芽近球形。具小形叶状芽鳞，叶披针形或条状披针形，扁平，革质，坚硬，深绿而有光泽，长2～6厘米，宽3～5毫米，端渐尖，刺状，故又称刺杉，螺旋状排列，侧枝叶扭旋呈2列状，线状披针形，先端尖而稍硬，叶缘具细锯齿，上下两面中脉两侧有气孔线，下面更多。球花单性，雌雄同株，雄球花多数，簇生于枝顶，圆锥状长圆形；雌球花单生，或2～3个集生枝顶，球形或卵形；苞鳞与珠鳞结合而生，螺旋状排列，珠鳞先端3裂，每珠鳞具3个胚珠，苞鳞较大。球果近球形或卵圆形，长2.5～5厘米，径2～4厘米，熟时苞鳞革质，棕黄色，三角状卵形，先端反卷或不反卷，宿存；种鳞较小，每种鳞着生种子3粒，种子长卵形或长圆形，长0.7～0.8厘米，宽0.5厘米，暗褐色，扁平，两侧有窄翅，具光泽。花期3～4月；果熟期10～11月。

常见栽培品种及形态特征：

黄杉 CV.'Longceolata'，嫩枝和新叶均为黄绿色，无白粉，有光泽，叶片尖而硬，木材色红而坚实，生长稍慢，但抗旱性较强，栽培普遍。

灰杉 CV.'Glauca'，叶呈灰绿色或蓝绿色，两面被明显白粉，散生于杉木林中。

线杉 CV.'Mollifolia'，又称软叶杉木，叶片质地较薄，柔软，先端不尖，产于云南及湖南两省的杉木林下，材质较优。

3.生长习性

杉木为阳性树，喜光，幼龄稍耐侧方庇荫。喜气候温暖、空气湿度较大的丘陵山地，最适宜生长在夏无酷暑、多雨、静风多雾的环境，不耐干旱与贫瘠土壤，怕水渍，不耐盐碱。喜土层深厚、疏松、肥沃、排水良好的微酸性土壤条件，以背风面的山麓、山腹或谷地生长较好。对土壤要求：土层厚度60厘米以上，在杉木生长季节土壤的含水量在25%

以上，土壤腐殖质厚度不低于15厘米，有机质含量在40厘米厚的土层内应不低于20%，以3%～4%为最佳，土壤pH值为4.5～6.5之间为适。气候要求：年平均气温15～23摄氏度，1月份平均气温在1～12摄氏度，极端最低气温不低于-17摄氏度，年有效积温5100～6000摄氏度，年降水量在800～2000毫米，相对湿度为77%以上，全年雨日约150～160天，有霜期2～3个月。在这样的土壤和气候条件下，对杉木的生长最为有利。

杉木系浅根型，侧根、须根发达，易生不定根，再生能力强，萌芽更新良好，生长迅速，单产高，寿命长达千年以上，对有毒气体有一定的抗性。

4.培育要点

（1）繁殖方法

多采用种子、扦插繁殖方法。

选20年生以上优良类型或优良单株，于10～11月球果呈褐色时采种。球果经曝晒脱出种子，置于通风处干藏。圃地宜选土质疏松、湿润、肥沃的微酸性（pH值为4.5～6.5）土壤，播前种子水选，并用0.5%的高锰酸钾溶液浸种30分钟，或0.15%～0.3%的福尔马林浸种15分钟后，再将种子封盖60分钟即可播种。早春高床条播，行距25厘米，播前播后应在苗床上覆盖火烧土或黄心土，并盖草。播种量每公顷约75公斤。幼苗出土揭草至60%～70%时即全部揭完，定期喷洒波尔多液，并及时遮荫、追肥、灌溉和除草。也可用杉木优树建立采穗圃，从圃地剪取萌蘖条扦插于苗床培育无性繁殖苗。山地也可剪取根桩上1年生健壮萌芽条按上留21厘米下入土24厘米，于早春扦插栽植。加强抚育管理，适时搭棚遮荫，苗期有松杉立枯病，并有蛴螬、白蚁为害根、茎，应注意防治。一年生苗高50～60厘米，当年可出圃造林，城镇绿化应分栽培育。

（2）杉木造林技术

1）林地选择与整地　选择杉木造林立地适宜环境，是取得速生关键。先人栽杉选择造林地有着极丰富的实践经验，值得借鉴。《群芳谱》载："江南宣、歙、池、饶等处，山广土肥，堪插杉。"清代郭柏苍《闽产录异》载："择旷而种，土力深厚，其生也易"。清同治《永新县志》载："近山之阴植杉最茂"。栽杉前于立秋至立春之间进行劈山、炼山、烧山，注意防火防范。垦地常采用带状整地，通常整理宽度为60～100厘米，清净草根、残桩、石块。挖土带宽1.3米，保留带宽度约0.7米即可；块状整地，多采大穴整地，挖穴翻土，一般挖深40～60厘米，宽度为50～70厘米，每穴施用钙、磷肥或掺拌火烧土。多于春季栽植，一般立地条件的山腰、山坡，每亩栽植150～200株，主要是培育中径级用材。南北边缘产区及丘陵地区的造林密度可以适当密些，每亩200株左右为宜，适当密植，利于树高与胸径平衡生长。

2）幼树抚育　杉木造林后，"一年造林，长期管理"的抚育措施。林粮间作的林段，每年中耕除草、松土1～2次，直至林分初步郁闭。无间作的，头2年每年抚育2～3次，第三四年每年抚育1～2次，连续抚育3～5年。幼树萌蘖性强，应及时除萌，此项宜早不宜迟。除萌时留桩要高，并加培土，以抑制萌蘖，还应注意扶正，培养干形通直及注意防治蛴螬、蝼蛄、金针虫和天牛害虫及杉树的黄化病。杉木林抚育间伐，目前倾向于较大的强度（间伐30%～50%），其间伐期的间隔时间也较长。主伐年龄为20～30年（边缘产区及丘陵地区轮伐期约为20年，中心产区及山区轮伐期约为25年，培养大径材为30年以上），杉木间伐一般不超过3次，间隔时间为4～6年，如采取较大强度间伐，只需间伐2次即可。

5.欣赏与应用价值

在神州大地有常见近200种速生用材树种，若论栽培历史之悠久，分布区域之广，生态适应性之强，速生丰产性之良好，优良地理种源遗传增益之显著，栽培规模之巨大，木材质量之精美，诸般用途之广博，在国人心目中品位之高、口碑之好，莫过于大名鼎鼎的王牌用材树种——杉木。我们的祖先留下一份不可多得的林业遗产。在江西省信丰县何连山林场自然保护区内发现有一片中国最早的人工杉木群落，据专家调查考证，共有古杉54株，乃东晋时人工营造的遗留，已有1600多年的历史；其中最高的一株高达40多米，胸径3.45米，堪称"杉木之王"。江西省资源县（古属徽州），尚保留南宋著名哲学家、教育家朱熹亲手栽植16株出类拔萃古杉。高者达38.5米，胸径100厘米，历经800多年，株株伟岸挺拔，直耸云霄，成为江南罕见的古杉群，单株树龄逾千年的古杉木更是为数众多，如湖南省城步苗族自治县岩寨乡金南村，发现一片东晋建武年间(317～318年)栽培的古杉木人工林，最大1株胸径2.25米，要5个成年人才能合抱，树高26米，单株材积48立方米，树龄达1670年，据传该杉群乃为侗族的祖先插条栽种的建材"神树"；位于四川省甘孜藏族自治州泸定县磨西乡杉木村海拔1860米处，有株被称作"香杉"的神树，树高28.3米，胸径2.78米，树冠荫地面积达404平方米，树龄1500岁；福建省宁德市虎见乡海拔890米的彭家村旁生长着一株大杉木，树高18米，胸径2.72米，树龄1100多年，系唐僖宗光启年彭氏祖先迁居此地时所植，是福建省最大的"杉木王"。村民把它誉为"神树"，因树形呈伞状，又称为"伞树"。《彭氏家谱》有诗云："枝繁叶茂历悠悠，伴祖肇迁有千秋。馨竹国史传铭志，伞形家声万古流"。这是一批活着的古文物，是幸存的历史见证者，具有极高的科研和历史价值，应该严格加以保护。

它端直的身躯，修长而伟岸，大者数围，有顶天立地之感，秀丽壮观。它干上群枝齐发，有的大，有的小，有的斜展呈弧形，有的直展或悬垂，错落有致，有的弯弯曲曲，盘结如鼓，整树浑然一体，气势磅礴，雄伟壮观。它四季常青，叶色苍翠，冬去春至，新绿的嫩叶，伴随着黄色的雄球花，生机勃勃，春意浓浓，给人们展示出春光明媚，妍丽动人的景象；盛夏，尖塔形树冠，犹如华盖，秀美端庄，酷似一把大绿伞，碧荫欲坠；深秋球形硕果累累，悬挂于枝头上球果，嫩的绿如翡翠，熟时亮似黄金，在阳光映照，闪闪发光，向人们展示着丰收的喜悦，严冬时节，深翠郁郁，若遇冰雪，树上一片银白，仿佛棉絮簇聚，玉树琼枝，更为壮观。

杉木树干挺拔，甚为壮观。适宜在园林中排水良好的空旷地、山坡片植、群植组成风景林，亦可与毛竹、枫香、酸枣、栎类等组成混交林，互相庇荫，长势尤好。在山谷、溪边、林缘群植配置，建筑物附近成丛点缀，或山岩亭台之后片栽，尤觉幽深。在平坦草地，采取大丛错落植于边缘，前以多年生草花衬脚，形成空间明快开朗，有山野景趣。杉木为中国南方重要速生商品材树种，是园林结合生产推广应用的优良树种之一。

杉木对有害气体具有一定的抗性，在山区、厂矿种植，亦可绿化环境。

杉木材质较轻软细致，有香气，耐久，纹理直，不挠不裂，耐腐力强，不受白蚁蛀食，又易加工，自古即为宫殿庙宇的栋梁之材，也是南方制造家具、船舶、桥梁、建筑、电杆及木纤维、纺织等工业原料。中国建设用材约1/4是杉木。

树皮含单宁，根叶、球果、树皮均可入药，有祛风燥湿，收敛止血、止痛之效。杉子治疝气、遗精、乳痛等症；杉木油主治顽癣、烫伤及创伤出血；杉叶可治慢性气管炎、牙痛、烧伤等。

6.树趣文化

杉木叶翠干直，四时不凋，临冬更茂，伐而复生，剪而又茂，不荣不枯，因此古人誉为"木中之高士"。杉木入土不腐，不生白蚁，做棺木最好。官宦人家都喜用杉木棺，西汉马王堆出土的汉代女尸，棺材就是杉木做的。《红楼梦》第十三回，秦可卿遽逝，贾珍为表达对媳妇的心意，要用比杉木高级的棺木。即使贾政建议殓以上等杉木即可，贾珍还是不听，最后选用"帮底"（樯木）厚达八寸，纹若槟榔，味如檀麝，以手叩之，声如玉石的楠木棺。

在贵州省黎平县文物管理所"两湖会馆"内，放着一株巨大的杉木阴沉木，据专家研究考证，系千年古木，树龄1245.5±33年，仍油光闪闪，香气扑鼻，真乃奇木。

中国的用材树种有"北松南杉"之说，南方处处种杉，在温暖湿润的气候下生长迅速，二十年生林木即可成材，有的地方甚至七八年即可成材利用，是裸子植物（针叶树种）中生长最快者，且易于繁殖，无严重病虫害。砍伐后，可由根株萌发新株，不用重新播种造林，是中国南方重要的造林树种之一。

福建南平市王台镇素有"绿色金库"之誉，林业生产历史悠久，明代崇祯年间已普遍栽植杉木。1919年春，溪后村3位农民，用插条繁殖营造3.33公顷（50亩）的杉木林，精心莳养，挺拔俊秀。1956年9月经多位专家对这片杉木丰产林树干解析，经测定1/15公顷（每亩）蓄积量高达78.9立方米，居全国之首，堪称杉木高产之最。1958年周恩来总理在万隆会议上向外公布这一成果时，轰动了国内外林学界。1958年全国农业社会主义建设先进单位、先进生产者代表大会，周恩来总理在会上授予王台乡"绿色金库"称号。

福建闽西梅花山海拔1450米将军山罗胜村岭一片数万株硕大无比的天然巨杉木林，高处远望丛生杉木如"七将军"、"五壮士"，俨然像杉木"大本营"的彪形护卫。3万多棵杉木，圆满通直，高大魁梧，其中两棵据传是宋朝天圣二年（公元1024年）保存下来的，树龄900多年，最大一棵要6个大汉张臂才能环抱，站在十几米以外才能看清树顶，其胸径191厘米，树高34米，单株材积28.6立方米，是福建省目前单株材积最大的杉木王。

历代文人对杉木喜爱有加，留下了优美赞颂诗词：唐代白居易《栽杉》诗曰："劲叶森利戟，孤茎挺端标。才高四五尺，势若干青霄。移栽东窗前，爱尔冬不凋"；贾岛的《咏杉》诗"但爱杉倚月，我倚杉为三。月仍不上杉，上杉难相参。"酷爱杉树的又何止白居易、贾岛等人。翻开历史，比比皆是。《善化县志·古树》（注：善化即今长沙市）载："古杉树，垂岳麓山下，晋，陶侃依杉结庵，后庵废杉存。"长沙市因"万里沙祠"（沙与杉通）即古杉多而得名。

杉木球果嫩如翡翠熟似黄金

杉木群落气势磅礴

杉木王顶天立地万木之王

杉材加工双面雕花　座屏

主要参考文献

[1]　傅立国主编.中国植物红皮书（第一册）[M].北京：科学出版社，1992.

[2]　国家林业局编.中国树木奇观 [M].北京：中国林业出版社，2003.

[3]　中国花卉报.北京古树名木评价标准 [J].园林景观周刊，2007（7）.

[4]　福建树木奇观编辑委员会.福建植木奇观 [M].福州：福建科技出版社，1999.

[5]　彭镇华著.城乡乔木.北京：中国林业出版社，2002.

[6]　刘少宗主编.习见园林植物 [M].天津：天津大学出版社，2003.

[7]　陈俊愉，程绪柯主编.中国花经 [M].上海：上海文化出版社，1990.

[8]　林学会等编.中国名树名花名鸟 [M].上海：中国林业出版社，2007.

[9]　尤雅宜主编.常见园林植物知识手册 [M].北京：中国林业出版社，2006.

[10]　吴涤新编著.花卉与都市环境 [M].北京：中国农业出版社，2000.

[11]　深圳城市管理办公室等编.深圳园林植物 [M].北京：中国林业出版社，1998.

[12]　施振周，刘祖祺主编.园林花木栽培新技术 [M].北京：中国农业出版社，1999.

[13]　董淑炎主编.290种环保花木栽培技术 [M].北京：中国农业出版社，2006.

[14]　郗荣庭，刘孟群主编.中国干果 [M].北京：中国林业出版社，2005.

[15]　梁盛业主编.金花茶 [M].北京：中国林业出版社，1993.

[16]　王莲英等主篇.中国名贵花卉鉴赏与栽培 [M].合肥：安徽科学技术出版社，1997.

[17]　李虹，王青主编.都市花影 [M].杭州：浙江大学出版社，2003.

[18]　陈裕等编著.中国市花培育与欣赏 [M].北京：金盾出版社，2005.

[19]　青竹主编.礼仪花卉 [M].北京：气象出版社，2001.

尊敬的读者：

感谢您选购我社图书！建工版图书按图书销售分类在卖场上架，共设22个一级分类及43个二级分类，根据图书销售分类选购建筑类图书会节省您的大量时间。现将建工版图书销售分类及与我社联系方式介绍给您，欢迎随时与我们联系。

★建工版图书销售分类表（见下表）。

★欢迎登陆中国建筑工业出版社网站www.cabp.com.cn，本网站为您提供建工版图书信息查询，网上留言、购书服务，并邀请您加入网上读者俱乐部。

★中国建筑工业出版社总编室　　电　话：010—58934845　　传　真：010—68321361

★中国建筑工业出版社发行部　　电　话：010—58933865　　传　真：010—68325420
　　　　　　　　　　　　　　　　E—mail：hbw@cabp.com.cn

建工版图书销售分类表

一级分类名称（代码）	二级分类名称（代码）	一级分类名称（代码）	二级分类名称（代码）
建筑学（A）	建筑历史与理论（A10）	园林景观（G）	园林史与园林景观理论（G10）
	建筑设计（A20）		园林景观规划与设计（G20）
	建筑技术（A30）		环境艺术设计（G30）
	建筑表现·建筑制图（A40）		园林景观施工（G40）
	建筑艺术（A50）		园林植物与应用（G50）
建筑设备·建筑材料（F）	暖通空调（F10）	城乡建设·市政工程·环境工程（B）	城镇与乡（村）建设（B10）
	建筑给水排水（F20）		道路桥梁工程（B20）
	建筑电气与建筑智能化技术（F30）		市政给水排水工程（B30）
	建筑节能·建筑防火（F40）		市政供热、供燃气工程（B40）
	建筑材料（F50）		环境工程（B50）
城市规划·城市设计（P）	城市史与城市规划理论（P10）	建筑结构与岩土工程（S）	建筑结构（S10）
	城市规划与城市设计（P20）		岩土工程（S20）
室内设计·装饰装修（D）	室内设计与表现（D10）	建筑施工·设备安装技术（C）	施工技术（C10）
	家具与装饰（D20）		设备安装技术（C20）
	装修材料与施工（D30）		工程质量与安全（C30）
建筑工程经济与管理（M）	施工管理（M10）	房地产开发管理（E）	房地产开发与经营（E10）
	工程管理（M20）		物业管理（E20）
	工程监理（M30）	辞典·连续出版物（Z）	辞典（Z10）
	工程经济与造价（M40）		连续出版物（Z20）
艺术·设计（K）	艺术（K10）	旅游·其他（Q）	旅游（Q10）
	工业设计（K20）		其他（Q20）
	平面设计（K30）	土木建筑计算机应用系列（J）	
执业资格考试用书（R）		法律法规与标准规范单行本（T）	
高校教材（V）		法律法规与标准规范汇编/大全（U）	
高职高专教材（X）		培训教材（Y）	
中职中专教材（W）		电子出版物（H）	

注：建工版图书销售分类已标注于图书封底。